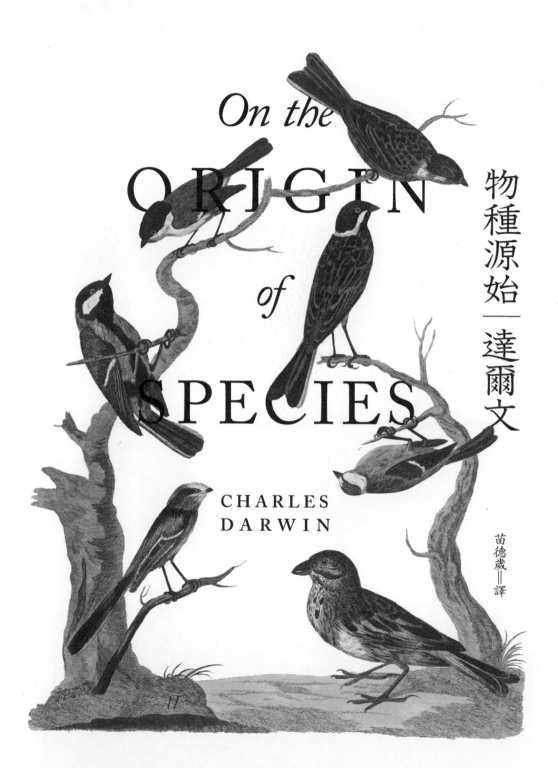

On the ORIGIN of SPECIES

物種源始｜達爾文

CHARLES DARWIN

苗德歲＝譯

本書目次

編輯弁言：如何使用本書　　　　　　　　5

導讀　　　　　　　　　　　　　　　　7

譯序　　　　　　　　　　　　　　　　19

版本說明　　　　　　　　　　　　　　23

物種源始　　　　　　　　　　　　　　27

譯後記　　　　　　　　　　　　　　　479

附錄：譯名芻議　　　　　　　　　　　485

索引　　　　　　　　　　　　　　　　488

關於達爾文　　　　　　　　　　　　　508

如何使用本書

《物種源始》是達爾文一生中最重要的作品。這本劃時代的鉅著在他的年代極具爭議，而為了回應外界的批評與指謫，達爾文在1859到1872年間總共進行了六次改版。（關於版本的詳細解說，可以參考譯序與本次出版特別收錄，譯者所作的〈版本說明〉。）此次出版希望以經典方式讓這本引領時代的重要作品重現，在編排架構上分為達爾文的原書內容（27頁起至478頁）與本次中文版收錄的導讀與附錄。

為了忠於達爾文的原意，此次出版選用的是以1860年的第二版為基礎的譯文，避免掉後續版本中達爾文增添的對外界質疑的回應。另外，本此也收錄達爾文在第三版所加入的簡史，向一路發展物種起源學說的學者致敬。此次出版也特別邀請古生物學專家程延年老師為本書專文導讀，詳細說明達爾文的論述架構與思考推理過程。

論自然汰擇機制下演化理論的心路歷程——我們的孩子怎樣才會成為另一位達爾文，或教育的終極目標到底是什麼？

程延年

　　科學革命有兩種關鍵機制的推波助瀾。一是科學技術上的突破發明與創新：持一支透析、探索的儀器；一是科學思維上的突破建構：換一個嶄新的腦袋。從這樣的視窗中洞見——達爾文是典範轉移的巨擘（paradigm shift，湯瑪斯孔恩語意）。《物種源始》是歷久彌新、不朽的聖典！

　　達爾文在 1859 年問世的曠世巨作，坊間多慣稱《物種源始》。憶當年，我負笈北美攻讀學位。甄試委員的一名老者提問：達爾文名著的書名全名是什麼？我一時啞口，夫子哂之！趕緊到圖書室一查，《論物種源始經由自然汰擇，或通過在奮戰求存中受偏好族群之保存》（*On the Origin of Species by Means of Favoured Races in the Struggle for Life*）。好一個維多利亞式的文句！東施效顰，我也題名這篇導讀文題曰：**論自然汰擇機制下演化理論的心路歷程 —— 我們的孩子怎樣才會成為另一位達爾文，或教育的終極目標到底是什麼？**

　　達爾文、演化論、物種源始，我將它們視為等量齊觀的三位一體。達爾文是一位傳奇人物、博物學家、生物學家、古生物學家、地質學家、演化學家，也是一位哲學家。十九世紀初葉以來，風雲際會，他周遊列國，進行了人類史上最了不起的田野採集、觀察、記錄與研究。最終，石破天驚，被迫匆匆地撰寫了一本構想中大書的「冗長摘要」。1859 年，為後世科學界定義為「演化論元年」。而演化論，是科學上的一項假說、一項理論、一個哲學思想。它，一如其他所有的理論，持續地與時推移在演化著。最後一只聖杯《物種源始》，這本書是一本聖經，生命科學家的寶典，一本從未能問世、虛擬大書的冗長摘要。這三物，擰在一起，你泥中有我，我泥中有你，難以分離。美國科學史大家孔恩說過，欲理解科學，我們必得探究其史（科學史是也），以及它當今的發展。溯源尋根，演化，是一項理論，一個恆變的過程。演化史，則是人們在探究大自然中，生命恆變現象所洞見的史觀與其歷程，依序排比羅列。

從兩本書談起

　　2018 年，我退出江湖，大隱於市，遊歷了澳大利亞新大陸近月。在首府坎培拉國家圖書館的書店，購得最近上架的《達爾文的

化石——塑形演化理論的發掘與發現》一書（2018，倫敦）。那是英國倫敦自然史博物館的古生物學、演化生物學大家，李斯特教授的最新力作。他幸運的得地利之便，重新整理並詮釋達爾文近二個世紀前，從小獵犬號遠征探險所發掘、而今典藏在大英博物館體系的自然史館寶庫中，那一群豐富的珍寶群象。在南半球酷熱晴朗、一塵不染的盛夏日，我六天讀畢，真是暢快舒爽！書中精準的點出：達爾文漫長探險之旅中，最關鍵發掘事物就是化石的挖掘與搜集。它們成為了誘發、導致擁抱演化理論的堅實證物。由此觀之，這些豐碩的化石標本，誠然在整個科學史中，具有著最驚人的凸顯角色！

第二本書，同樣地在 2018 年在紐約問世的訪談紀實大書（全書 461 頁）《糾纏交錯的樹型：生命的一趟激進嶄新之歷程》，在我書桌上已擺了近年。作者是科普著述的多產大家，大衛·逵曼。我深深著迷另一本、他在 2008 年主編的《物種源始：圖解增訂版》，圖文並茂印刷精美，讓人賞心悅目，不忍釋手。而這本書是完整講述當代最新科學研究的成果，好幾位戴著諾貝爾桂冠的學者涉入其中。概說引言中，開宗明義就劈頭指出當今科學中最新的大突破——引用所稱分子系譜分類學方法，一探生命的系譜演化關係。三項大發現震驚了整個科學界，也似乎撼動了達爾文 150 餘年創建的那棵演化大樹。

第一項驚奇，是界定了前所未有的生命第三界域：古菌類群。第二項大驚奇，是另類遺傳改變的嶄新方式，名之為「水平的基因移轉」（相對於親代與子代的垂直轉移）。第三項大驚奇，是可能的牽涉到關乎我們人類自身種屬的最深層、遙遠的祖型——我是

誰？我從何處來？那正是科學的、神學的與哲學的終極追尋。直言之，演化是一項神奇的戲法，較我們近二個世紀以來所理解、開悟、掌握的更加糾結。這棵嶄新的生命樹型，較諸達爾文一個半世紀前所描繪的，可能更加糾纏交錯而盤根錯節呢！達爾文錯了嗎！?

　　兩本新書，兩扇視窗，一窺我們的星球、我們近四十億年的生命歷程。兩種迥異的一錘定音。讀者們要相信誰？我將在本文最終篇，淺談教育的本質與科學信仰的本質。這裡蜻蜓點水式的按下伏筆：**所有科學的結論，都是一種暫存的假說！**科學領地中，沒有終極的答案與真理，沒有永恆不變、不朽之事。迥異於聖賢、偉人、英雄之名，這就是演化的真諦：恆變。

浮光掠影・雪泥鴻爪

　　本書（為原作第二版本，中譯苗德歲本）總共十四章，再加上概說與附錄。在諸多層面上，這誠然是一本奇特、令人驚豔的大作。在英文的散文文體書中，罕有如此兼具充滿著危機四伏、具裂解的本質，又洋溢著自負、自誇的作品。而其筆觸、口吻又是如此謙遜且溫柔的。那或許是源於其作者，達爾文爵士原本就是在舉止上略顯害羞，而對其大思維又是信心十足的──他在字裡行間，總是試圖說明，而非巧辯、脅迫讀者。一如十九世紀維多利亞時代，下午茶間的喃喃自語。這從整本書開宗明義第一段文字就能略窺其梗概：「……身為一位博物學家，當在小獵犬號航行之途，我對在南美洲大陸生物群的分布，感到無比震驚於伴隨著某些事實。這些

證據對我而言，似乎對於物種起源之論，點燃了些許的光照。那正是當代最偉大的哲學家所宣稱的『神祕中最奧祕』的議題」。這位哲學家就是約翰・赫歇爾爵士，他的自然哲學論深深吸引著年輕達爾文的心靈。

這項演化理論，無疑最早成形於 1838 年 11 月 27 日，他著名的「筆記 F 本」的第 58 頁之中。三個基調，在大航行返家之後二年的光景，就隱然成形。一是子孫輩承襲類同其祖先輩；二是個體傾向於些許的變異，尤其是伴隨著形態特徵上的改變；三是多產性成正比例於所能支撐之親代 —— 這意味著「人口超盛」之壓力（全然受到馬爾薩斯人口論一書的啟發）。「大書」的初稿在 1824 年隱然成形，卻封鎖於密室未急於發表，他同時告知心愛的妻子伊瑪 —— 假若我驟然逝去，請取出發表它。接續下來的天降變局，1858 年的軼事，華萊士不經意的飛鴿傳書，人人都能朗朗上口。終究，第一版「冗長摘要」的 1,250 本，在上架的當天全部售罄，一時洛陽紙貴。一個傳說軼事是這樣流傳至今的：在上架當天午後，英國教皇的妻子正在貴婦們環繞下，啜飲著下午茶。旁人略顯驚慌的告知她，有一個「瘋子」出版了一本書，很暢銷。那是重磅打擊她丈夫神授說、創生論的另類邪門歪道。妻子幽幽的說了兩句話。第一句話，哇，那最好不會是真的！第二句話，哦，如果是真的，最好不要有太多人知道！它終究是真的，而且有很多人知道了。在達爾文一生中，同樣書名（除了最後一版，去掉一個字「On」）伴隨他總計修訂了六個版本（1859-1872，前後 13 年光景！）。最終版的主標題乾淨俐落、擲地有聲 —— *Origin of Species*。達爾文，一代巨人，在 1882 年 4 月 19 日，終其一生，長眠英倫，安葬於西敏寺，

與牛頓為伴，得年七十三歲。

本書一開始是刻意進入到一扇迥異的視窗中，達爾文引領著普羅大眾思考，與「創生的遺跡」迥然不同的──仔細探究人們久遠以來飼養下的動物和刻意栽培下的植物，如何產出變異性？如何透過「人擇」的手段（機制）去蕪存菁：人們所熟知西方貴族豢養的家鴿品系，與古代中國玩家觀賞的突變金魚。這中間涉及二個面向：淘汰（去蕪）與保留（存菁）。這也就是我始終傾向於，將演化論最核心的 Selection 一詞，譯作「汰擇」之根本原由。作者為其後的篇章布妥了舞台，鋪陳出伏筆，高明至極！

第二章，**大自然運作下的變異**。順其自然的過渡，戲碼場景回歸到大自然母親的懷抱。變種一詞，打從林奈創建二名法以來，物種的界定範疇就引發困境。生物的個體之差異遍存，因而一個新的物種如何產生？大自然中果真有一位至高無上的創生者運作指令嗎？歷經南美洲大陸之旅，達爾文觀察包括雀類的變異，他胸有成竹於大自然「選擇」之大力。他在諸多鳥類學家、植物學家、昆蟲學家等同儕的協力合作下，不厭其煩的闡明了「變種」與「物種」的遍存性，了然於其廣泛分布的事實及其遺傳、延續子嗣後裔的「優越性」。

接下第三章，直搗核心：**奮戰求存**。我經常和大、小孩子們談及演化論的一字訣與八字箴言。物競、天擇、適應、存活。意味著四個概念：競爭、汰擇、適應、存活。或者更精簡的說：「變」。世間沒有永恆，唯一恆久不變的，就是它一直在變！在大自然運作下，自然汰擇（下一章的主軸戲碼）如何與奮戰求存掛上了勾？這裡，達爾文深深受到了馬爾薩斯《人口論》的啟示。僧多粥少的窘

局下，怎麼辦？生命如何力爭上游，奮戰求存，各顯神通？這裡，著名的隱喻「楔子說」應運而生。在有限的空間資源下，大自然井然有序。打進了一個楔子必然要排除另一個楔子。大自然中生命的存活，是血腥的利齒與銳爪之鬥。誠然，競爭一詞，浮現而出。

接續（第四章），人擇的伏筆誘發出演化理論核心議題：**自然汰擇**。這是達爾文的洞見。跨越了 What？Where？When？直接索命 Why？的核心機制。他娓娓道來各種關鍵的多變因子：性選擇、雜交的遍存性、隔離與種群數量的影響、選擇與變異的時序漸變性、物種消逝與全體滅絕的肇因等等。這裡，在探究性狀分異中，全書唯一的一張附圖，名為「分類單元趨異性」，一棵最雛形、最誘人，也是當今最引發爭議、受到批判的樹型，述說著物種通過「伴生變異之後裔」（descent with modification），而枝葉扶疏的意象。樹型，而今而後取代了攀升的階梯（登峰造極），或者生命了不起的鎖鏈之議。我當年，教一群孩子們，第一堂課就是帶他們到科博館後花園中，看樹去！

第五章，**變異之律法**。遺傳學是演化論核心中的核心，卻也不幸的是十九世紀中葉之前那個年代，大惑難解的奧祕。直到聲聲召喚出那栽種豌豆的僧侶孟德爾，才揭開了第一道神祕的面紗，得以一窺究竟。那不解的幕後推手，歸諸於大自然，或者訴諸於中譯的「天」──不可說，不可說，才說即滅。或許是高明的暫時封存!?是先哲拉馬克概念中器官的用與不用所導致，一如長頸鹿脖子的案例？達爾文在本章中，坦然承認我們對變異法則是極度無知的！面對神奇無比的靈魂之窗眼睛之讚嘆，一如對鳥類飛羽細緻構造之來龍去脈，一籌莫展。我們就很能理解到，在那個科學知識啟

蒙而依然荒蕪的年代，神授說、創生論之魅力了。

劇碼推演，幕起幕落，接續五章中，依序探究著**理論之困境難處，本能、雜交、地質紀錄的不完整性與生物在地史上的演替**。這裡，冗長的辯論與大書的摘要，終究潛進了演化論的深水區，既幽暗又神祕。達爾文掌握太多的知識證據、原本研議的重磅大書擱置，要萃取其精華。他不厭其煩的述說、胸有成竹的抽絲剝繭──或許內情太過複雜迷離，難以三言兩語；或許他太謹慎小心，免於在創生論當道的洪流大潮中，稍一不慎引來滅頂的殺身之禍！他坦誠面對困境，一一論述過渡型、變種中間的「失落環節」何以如此罕見？那些具有極為特異的習性行為與構造的生物群，若非源自創生者之手，又源於何處？又是如何歷經變異而演化到極致？進而探究到面相之下，更為隱晦難解的行為「本能」，是否在深層中有其共性？蜜蜂營造蜂房的本能如何詮釋？

做為一位地質學者與古生物專業的我，面對第九、十章，格外興味十足──論地質紀錄的不完美與生物在地史上的演替，即化石紀錄的不完整性。眾所皆知，達爾文受到地質學之父萊伊爾的關鍵性啟發。其中關鍵詞：古今同一律（uniformitarianism），亦即引申為「以古鑑今可以知興替也」。以今推古，亦然。這兩章彰顯了做為十九世紀博物學家的達爾文，兼具有某種專業程度的地質學與古生物學的深厚素養。其敏銳觀察的對象，就是地層與化石。針對於在歐陸地層岩石中所發掘，過往生物的遺體、遺跡，缺失所謂「中間過渡型」物種，以及在當時所理解「顯生宙」、寒武紀地層中，驟然出現的大量、複雜構造，多樣性的三葉蟲化石群，既無其親代祖型的來龍、亦無子嗣「失落環節中間型」的後裔之去脈。達

爾文想當然耳的，歸咎於地層紀錄與化石紀錄雙雙不完整被保存！誠然，經過滄海桑田，能幸運保存下來的完整生態系，所稱化石寶庫實屬罕見。然而，經由一個半世紀以上的艱辛、持續搜尋，古生物與地質學者對於地史上所稱「寒武紀大爆發事件」、「生命五大滅絕事件」，有了更清晰的視窗，揭露了神祕中的神祕多層面紗，修正了達爾文歸咎二大不完整的偏頗與誤判。

　　哈姆雷特的大戲來到了尾聲，第十一到十三章的**地理分布與生物的共同親緣：形態、胚胎、遺痕（退化）器官**。大書冗長摘要的高潮迭起已然退逝，最終三章中達爾文試圖詮釋，當今生物群在全球分布的相似性與相異性──這就要再次提到華萊士的了不起貢獻。他在悄然於退隱二線，將演化論的桂冠戴上達爾文高貴的頭頂，他卻在「生物地理學」上大放異彩。我們所稱的華萊士線，即是闡述生物在全球地理上分布的界限之細節。最終，達爾文於終篇的第十三章，不厭其煩的試圖探究全球生物的相互親緣關係──從三個視窗中，企圖補遺整個理論的完備性：形態學、胚胎學，以及發育不全器官（遺痕器官）的洞見。

　　鑼鼓再次喧天價響，要角逐一退場，布幕緩緩降下。像是一位謙遜的老者，達爾文諄諄告誡，反覆述說。他再次複述支撐這個理論的普遍性與特殊性的案例；他重申一般人為什麼深信物種不變、神創說的根本原因；並且捫心自問這個理論到底能引申多廣多遠？以及這個理論的採用，對自然史的爾後研究，到底會有多大衝擊、影響力？他心中篤定，我想這從全書，一帖冗長的摘要，最終的一段文字可以一窺端倪。達爾文以維多利亞式文法，英國文學散文中最絢麗的文字落筆。「*There is grandeur in this view of life, with its several powers, having been originally breathed into a few forms or into one; and that, whilst this planet has gone cycling on according to the fixed law of gravity, from so simple a beginning endless forms most beautiful and most wonderful have been, and are being, evolved.*」優美的詞句營造出如是壯闊、瑰麗之情景，難於中譯。勉力為之，或許可以簡譯成：「以此觀之，生命如是壯闊。其大力曾潛入多個甚或獨一的生命形式之中。當吾人棲居之星球，依循著萬有引力之律運行之時，它肇始於一個最簡單的開端，演化成無窮盡、最美豔、最奇特的芸芸眾生。」

終篇跋文

多年之前，天下文化的一個專欄中，華裔科學家、首席地質學者許靖華教授撰寫了一篇專文「為什麼牛頓不會是中國人？」，他從漢字、中文在科學表達之不精準這個觀點一窺究竟。多年之後，我在一本受邀的專書導讀文中，東施效顰寫道：為什麼達爾文不是中國人？我們的孩子怎麼樣才能成為另一位達爾文。我從教育本質、台灣教育大策略（尤其是九年國教的亂象），其內涵教授法的另一扇視窗去班門弄斧。

我在退休前的十餘年間，義務的帶領一大群小三到小六的孩子們，共遊「科博館之旅」。我和他們共同笑談於五個大領地：地球、化石、恐龍、自然與信仰。人們都說：他瘋了！而孩子們的家長卻都感佩五衷。我帶領他們看樹、觀雲、賞化石、談恐龍，同時跑田野、遠征美國，看七座博物館，終點落腳大峽谷。一探大自然

的鬼斧神工、一究地球的滄海桑田。十餘年後，孩子們都長大了，在腦海中依然烙印著我的話語，理解其深義，卻是與時而俱進：**真理，是天邊的彩霞（稍縱即逝）。科學，是另一種信仰。信仰，定奪我們對大自然的觀點。而大自然，是神祕的！**這意味著一種科學的哲學觀。如何用最淺顯的話語，在嬉戲中靈光一現，注入、烙印在孩子們最純淨的腦海中，讓他們不時的從晶片中提取、咀嚼、修飾、玩味。

科學的本質是什麼？教育的終極目標又是什麼？我在劍橋學府的通識教育大樓門楣上，凝視一塊扁額，發人深省：**教育的終極目標到底是什麼？教育，在教導、啟迪人們如何去應對生活！**轉到更古老的牛津大學，一張小小卡片，讓我頓悟：**為什麼要學習（Why study?）**，四句話，言簡意賅 ── **我學習的愈多，我知道的愈多。我知道的愈多，我遺忘的愈多，我忘掉的愈多，我知道的就愈少。那麼，為什麼要學習？**當頭棒喝、直指考試（記憶）的機器與思考的機制之別。

愛因斯坦說過：神祕，是人類所能經歷最美妙的經驗。它是所有科學與藝術之源泉！牛頓死前，面對大海，在沙灘中漫步，說道：我就像是海邊嬉戲的孩子，偶爾撿拾那美麗的貝殼。而面對汪洋大海的真相，我依然是一無所知啊！面對孩子們，如何誘發他們的好奇心（做一個問題兒童，會問問題的孩子！）；如何引領他們的想像力（會作夢的孩子）；建築大體系、大架構。在博物館逾四分之一世紀的生涯中，我一直認定在「搭一座橋」，渡人。如何從「看熱鬧」的芸芸眾生之中，引渡他們到「觀門道」的另一方田地。夫子之牆萬仞，不入其門，難窺宗廟之美、百官之富！如何

從考試排名、競賽的機器中解放，鍛鍊成一具思考機制的軀體，一如達爾文如何從維多利亞主流洪潮中的「創生論」中解放，建構起「演化論」的大機制。科學革命，為之一「變」！

達爾文與他孕育的孩子——《物種源始》面對當代，到底是千古悼念？還是萬世磐石？讀者們閱讀它，深思之！

於冥古書齋

二〇一九年四月廿一日

子夜燈下

譯序

　　名著如同名人，對其評頭品足者多，而對其親閱親知者少。達爾文及其《物種源始》便是這一現象的明顯例子。在紀念達爾文誕辰 200 週年及《物種源始》問世 150 週年的各種活動塵埃落定之後，譯林出版社卻誠邀我翻譯《物種源始》，這本身似乎即是一件不按常理出牌的事。也許有人會問，《物種源始》一書已有多個中譯本，還有必要重譯嗎？其實，這也是我在接受邀請前考量最多的問題，但在我發現此前所有的中譯本均是根據該書第六版所譯之後，旋即決定翻譯該書的第二版《論物種起源》（這個「論」字是在第六版才消失的，為方便理解，下文均用《物種源始》指代該著作），由於這是一本與該書第一版差別極小卻與第六版甚為不同的書，故不再是嚴格意義上的「重譯」，而是試圖趕上近二十餘年來國外達爾文研究的新潮流了（詳見《版本說明》一節）。

　　正如著名的達爾文學者布朗（Janet Browne, 2010）所說，每個時代的達爾文傳記的作者，都會描繪出一個略微不同的達爾文形象，並與當時流行的認知程度「琴瑟和鳴」：從 19 世紀末的刻苦勤奮的達爾文，到 1930 年代的受人尊敬、顧家舐犢的達爾文，再到 1950 年代的生物學家的達爾文，直到 1990 年代的書信通四海、廣結通訊網的達爾文。當然，這些多種臉譜的達爾文形象，並非相

互排斥，而是相得益彰的。同樣，對《物種源始》一書的解讀亦復如此。有人曾戲言，達爾文的學說像塊豆腐，本身其實並沒有什麼特別的味道，全看廚師加上何種佐料；個中最著名的例子，莫過於曾風靡一時的「社會達爾文主義」與「優生學」，以及後來更為時髦的「歷史發展的自然規律」一說了。即令在當下互聯網的「Google」和「百度」時代，滑鼠一動，達爾文的文字便可跳上螢幕，卻依然發生了一些蜚聲中外的研究機構把自己的話硬塞到達爾文嘴裡的怪事。在倫敦自然歷史博物館（即原來的大英自然歷史博物館）的網頁上，竟一度出現過下面這一句「所謂」摘自達爾文《物種源始》的引語：「在生存競爭中，最適者之所以勝出，是因為它們能夠最好地適應其環境。」事實上，達爾文壓根兒就未曾說過這樣的話，儘管他從《物種源始》第五版開始，引用了斯賓塞的「適者生存」一語，但他對此卻是不無警戒的！更令人啼笑皆非的是，位於舊金山的加州科學院總部新大樓的石板地面上，竟鐫刻著偽託達爾文的「名言」：「不是最強大的物種得以生存，也不是最智慧的物種得以生存，而是最適應於變化的物種得以生存。」（James Secord, 2010）可見，人們是多麼容易把自己的觀點想當然地強加於達爾文的頭上啊！達爾文若地下有知，真不知道他會作何感想。

　　對達爾文的眾多誤讀，有的是連達爾文本人也難辭其咎的。譬如，一般的達爾文傳記多把達爾文描寫成在中小學階段智力平平，又曾從愛丁堡大學中途輟學。但達爾文實際上是十九世紀的比爾·蓋茨，他們之所以都從名校中途輟學，皆因所學與其興趣相悖所致。而達爾文的博學、慎思、洞見與雄辯，恰恰說明了他的智力超

群。1831 年，他在劍橋大學畢業的近 400 名畢業生中，成績名列第十，豈是一個智力泛泛之人呢？原來是達爾文在其《自傳》中，極為謙虛地稱自己不曾是個好學生，因而一百多年來著實誤導了許多人呢！又如，一般人都認為達爾文是在「小獵犬號」的環球考察期間轉變成為演化論者；達爾文在《物種源始》的《緒論》中就開宗明義寫道：「作為博物學家，我曾隨『小獵犬號』皇家軍艦，做環遊世界的探索之旅，在此期間，南美的生物地理分布以及那裡的現代生物與古生物之間的地質關係等等事實，深深打動了我。這些事實似乎對物種起源的問題也有所啟迪；而這一問題，曾被我們最偉大的哲學家稱為『謎中之謎』。」這便引起了很多人的誤讀；事實上，現在大量的研究表明，儘管他在五年的環球考察中，以地質學家賴爾漸變說的眼光觀察沿途所見的一切，並對物種固定論的信念逐漸產生了動搖，但達爾文從一個正統的基督宗教信仰者朝向徹頭徹尾演化論者的轉變，則是他環球考察回到英國兩年後才開始的事。

　　上述種種近乎怪誕的現象，委實印證了一種說法，即：《物種源始》一書雖然被廣泛引用，卻鮮為人從頭至尾通讀。這究竟是何原因呢？竊以為，由於《物種源始》的影響遠遠超出了科學領域，愈來愈多的人意欲閱讀它，但苦於書中涉獵的科學領域極廣（博物學、地質學、古生物學、生物學、生物地理學、生態學、胚胎學、形態學、分類學、行為科學等等），加之達爾文為了說服讀者而在書中不厭其煩舉證，故往往使缺乏耐心的讀者知難而退或淺嘗輒止。尤其是在資訊大爆炸的時下，即令是科學研究人員，也大多無暇去通讀或精讀此類經典著作，常常拾得隻言片語，甚或斷章取

義，把它們當作教條式的簡單結論，而不是視為可證真偽的理論範式。

　　達爾文自謂《物種源始》從頭至尾是一「長篇的論爭」，他深知不同凡響的立論要有不同尋常的證據支持方能站得住腳，故該書的偉大之處在於他蒐集了大量的證據，闡明了物種不是固定不變的，不是超自然的神力所創造的，而是由共同祖先演化而來的，演化的機制則是自然選擇，演化是真實的、漸進的，整個生物自然系統宛若一株「生命之樹」，敗落的枝條代表滅絕了的物種，其中僅有極少數有幸保存為化石，而生命之樹常青。總之，《物種源始》是一部劃時代的鴻篇巨制，它不僅是現代生物學的奠基百科，也是一種嶄新世界觀的哲學論著，還是科學寫作的經典範本。譯者在翻譯本書的過程中，時常為其構思之巧妙、立論之縝密、舉證之充分、爭辯之有力、治學之嚴謹、行文之順暢、用詞之精準，而拍案叫絕、激動不已。《物種源始》問世 150 多年來，印行了無數次，翻譯成 30 多種語言，可見其傳播之普遍、影響之深遠。儘管時隔 150 多年，對我們來說，《物種源始》遠非只是一部可以束之高閣、僅供景仰膜拜的科學歷史元典，而是一泓能夠常讀常新、激發科研靈感的源頭活水。《物種源始》是一座巨大的寶庫，有待每一位讀者躬身竭力地去親手挖掘。同時，我堅信對作者最大的尊重和感念，莫過於去認真研讀他們本人的文字，故走筆至此，我得適時打住，還是讓大家去書中細細體味達爾文的博大精深吧。

版本說明

苗德歲

在 1859 年至 1872 年間，《物種源始》一書總共出了六版。此外，在《物種源始》一書問世百年紀念的 1959 年，美國費城的賓夕法尼亞大學出版社出版了由維多利亞文學研究者派克漢姆先生編纂的《達爾文〈物種源始〉集注本》；《集注本》對各個版本的增刪情況進行了逐字逐句的對照。在眾多的英文版本中，以第一版的重印本最多，而在 20 世紀的前八十年間，最常見的卻是 1872 年第 6 版的重印本。

按照達爾文本人的說法，第一版是 1859 年 11 月 24 日出版，第二版是 1860 年 1 月 7 日出版；派克漢姆先生查閱了該書出版社的出版紀錄，則認為第一版是 1859 年 11 月 26 日出版，第二版是 1859 年 12 月 26 日出版。也就是說，第二版與第一版相隔只有一個半月或一個整月的時間。第二版在字體、紙張和裝訂上，跟第一版不無二致，最重要的是沒有經過重新排版（兩版的頁數相同），故可說是第二次印刷。但根據派克漢姆先生的研究，達爾文在第二版中刪除了第一版中的 9 個句子，新增了 30 個句子，修改了 483 個句子（大多為標點符號的修改）。但主要的還是改正了一些印刷、標點符號、拼寫、語法、措辭等方面的錯誤。在其後的十二年間的第三（1861）、四（1866）、五（1869）及六（1872）版中，

尤其是自第四版開始，達爾文為了應對別人的批評，做了大量的修改，以至於第六版的篇幅比第一、二兩版多出了三分之一。值得指出的是，從第三版開始，達爾文增添了〈人們對物種起源認識進程的簡史〉；從第五版開始，他採納了斯賓塞的「適者生存」（「the survival of the fittest」）一說；從第六版開始，他把原標題「On the origin of species」開頭的「On」字刪除了；並將〈人們對物種起源認識進程的簡史〉的題目改成〈本書第一版問世前，人們對物種起源認識進程的簡史〉。

達爾文在第三、四、五及六版修訂的過程中，為了回應同時代人的批評（尤其是有關地球的年齡以及缺乏遺傳機制等方面的批評），做了連篇累牘的答覆，甚至「違心」的妥協，以至於愈來愈偏離其原先的立場（譬如愈來愈求助於拉馬克的「獲得性性狀的遺傳」的觀點）。現在看來，限於當時的認識水準，那些對他的批評很多是錯誤的，而他的答覆往往也是錯誤的。不特此也，孰知這樣一來，新增的很多零亂的線索與內容，完全破壞了他第一、第二版的構思之精巧、立論之縝密、申辯之有力、行文之順暢、文字之凝練。鑑於此，當今的生物學家以及達爾文研究者們，大都垂青與推重第一版；而近二十年來，西方各出版社重新印行的，也多為第一版。然而，牛津大學出版社的「牛津世界經典叢書」（Oxford World's Classics）的 1996 版以及 2008 修訂版，卻都採用了第二版，理由很簡單：與第一版相比，它糾正了一些明顯的錯誤，但總體上基本沒有什麼大的變動。

譯者經過對第一、二版的反覆比較，最後決定採用牛津大學出版社「牛津世界經典叢書」2008 修訂版的正文為這個譯本的藍本，

並在翻譯過程中，始終參照「牛津世界經典叢書」1996 版、哈佛大學出版社 1964 年《論物種起源（第一版影印本）》以及派克漢姆先生編纂的《達爾文〈物種源始〉集注本》。因而，在翻譯過程中所發現的「牛津世界經典叢書」2008 修訂版中的幾處印刷上的錯誤（漏印、誤印），均已根據多個版本的檢校，在譯文中改正了過來，並以「譯注」的形式在譯文中做了相應的說明。鑑於第三版中才開始出現的《人們對物種起源認識進程的簡史》，有助於讀者了解那一進程，故譯者將其收入本書中（以「企鵝經典叢書」1985 年重印本中的該節原文為藍本，並參檢了派克漢姆先生編纂的《達爾文〈物種源始〉集注本》）。

據譯者所知，時下通行的《物種源始》中譯本，均為第六版的譯本，由於上述的原著第一、二兩版與第六版之間在內容上的顯著差別，故本書其實是一本與其他中譯本十分不同的書。

On the
ORIGIN
of
SPECIES

CHARLES DARWIN

目 次

本書第一版問世前，對物種起源認識的簡史　　　　　39

緒論　　　　　51

第一章　家養下的變異　　　　　57

變異性諸原因－習性的效應－生長的相關－遺傳－
家養變種的性狀－區別物種和變種的困難－家養變
種起源於一個或多個物種－家鴿及其差異和起源－
自古沿襲的選擇原理及其效果－著意的選擇及無心
的選擇－家養生物的不明起源－人工選擇的有利條
件。

第二章　自然狀態下的變異　　　　　91

變異性－個體差異－懸疑物種－廣布的、分散的和
常見的物種變異最多－任何地方的大屬物種均比小
屬物種變異更多－大屬裡很多物種類似於變種，有
著很近但不均等的親緣關係，而且分布範圍局限。

第三章　生存競爭　　　　　　　　　　　　　105

與自然選擇的關係—該名詞的廣義運用—幾何比率
的增長—歸化動、植物的迅速增加—抑制繁殖的本
質因素—競爭的普遍性—氣候的效果—出自個體數
目的保護—自然界裡所有動、植物間的複雜關係—
生存競爭在同種的個體間以及變種間最為激烈，在
同屬的物種間也常常很激烈—生物個體間的關係在
所有關係中最為重要。

第四章　自然選擇　　　　　　　　　　　　　121

自然選擇—其力量與人工選擇的比較—於非重要性
狀的作用—對於各年齡以及雌雄兩性的作用—性選
擇—同一物種個體間雜交的普遍性—對自然選擇有
利和不利的諸條件：雜交、隔離、個體數目—緩慢
的作用—自然選擇所引起的滅絕—性狀分異，與任
何小地區生物多樣性的關係，以及與外來物種歸化
的關係—透過性狀分異和滅絕，自然選擇對於一個
共同祖先的後代的作用—對於所有生物的類群歸屬
的解釋。

第五章　變異的法則　　　　　　　　　　　　165

外界條件的效應—器官的使用與不使用，與自然選
擇相結合；飛翔器官和視覺器官—氣候適應—生長
相關性—不同部分增長的相互消長與節約措施—偽
相關—重複、退化及低等的結構易於變異—發育異
常的部分易於高度變異：物種的性狀比屬的性狀更
易變異：副性徵易於變異—同屬內的物種以類似的
方式發生變異—消失已久的性狀的重現—本章概
述。

第六章　理論的諸項難點 199

兼變傳衍理論的諸項難點－過渡－過渡變種的缺失
或稀少－生活習性的過渡－同一物種中多種多樣的
習性－具有與近緣物種極為不同習性的物種－極度
完善的器官－過渡的方式－難點的例子－自然界中
無飛躍－重要性低的器官－並非總是絕對完善的器
官－自然選擇理論所包含的型體一致性法則及生存
條件法則

第七章　本能 231

本能與習性可比，但其起源不同－本能的分級－蚜
蟲與螞蟻－本能是可變的－家養的本能及其起源－
杜鵑、鴕鳥與寄生蜂的自然本能－蓄奴蟻－蜜蜂及
其營造蜂房的本能－本能的自然選擇理論之難點－
中性的或不育的昆蟲－本章概述。

第八章　雜交現象 263

首代雜交的不育性與雜種的不育性之間的區別－不
育性的程度各異，但並非隨處可見，受近親交配所
影響，被家養馴化所消除－支配雜種不育性的法
則－不育性並非專門的天賦特性，而是隨其他差
異次生出現的－首代雜交不育性和雜種不育性的原
因－生活條件（產生）變化的效果與雜交的效果之
間的平行現象－變種雜交的能育性及混種後代的能
育性並非普遍如是－除能育性外，雜種與混種的比
較－概要。

第九章　論地質紀錄的不完整性　293

論當今中間類型的缺失－論滅絕的中間類型的性質及其數量－論基於沉積與剝蝕的速率推算出來的漫長時間間隔－論古生物化石標本的貧乏－論地層的間斷－論單套地層中的中間類型的缺失－論成群物種的突然出現－論成群物種在已知最底部含化石層位中的突然出現。

第十章　論生物在地史上的演替　321

論新種緩慢相繼的出現－論它們變化的不同速率－物種一旦消失便不會重現－成群物種出現與消失所遵循的一般規律跟單一物種相同－論滅絕－論生物類型在全世界同時發生變化－論滅絕物種彼此之間及其與現存種之間的親緣關係－論遠古類型的發展程度－論相同區域內相同類型的演替－前一章與本章概述。

第十一章　地理分布　351

現今的分布不是物理條件的差異所能解釋－屏障的重要性－同一大陸的生物的親緣關係－創造的中心－由於氣候的變化、陸地水平的變化，以及偶然方式的擴散方法－在冰期中與世界共同擴張的擴散。

第十二章　地理分布（續）　　　　　　　　　383

　　　淡水生物的分布－論大洋島上的生物－兩棲類與
　　　陸生哺乳類的缺失－論海島生物與最鄰近的大陸
　　　生物的關係－論生物從最鄰近原產地移居落戶及
　　　其後的變化－前一章及本章的概述。

第十三章　生物的相互親緣關係：　　　　　　409
　　　　　形態學、胚胎學、發育不全的器官

　　　分類，類群之下復有從屬的類群－自然系統－分
　　　類中的規則與困難，用兼變傳衍的理論予以解
　　　釋－變種的分類－世系傳總被用於分類－同功的
　　　或適應的性狀－一般的、複雜的與輻射型的親緣
　　　關係－滅絕分開並界定了生物類群－形態學：見
　　　於同綱成員之間、同一個體各部分之間－胚胎學
　　　之法則：根據變異不在早期發生，而在相應發育
　　　期才遺傳來解釋－發育不全的器官：其起源的解
　　　釋－本章概述。

第十四章　複述與結論　　　　　　　　　　451

　　　複述自然選擇理論的難點－複述支持該理論的一
　　　般與特殊情況－一般相信物種不變的原因－自然
　　　選擇理論可引伸多遠－該理論的採用對自然史研
　　　究的影響－結語。

論透過自然選擇的物種起源，
或生存競爭中優賦族群之保存

But with regard to the material world, we can at least go so far as this—we can perceive that events are brought about not by insulated interpositions of Divine power, exerted in each particular case, but by the establishment of general laws.

—— Whewell, *Bridgewater Treatise*

我們至少能夠說，我們得以看到，物質世界發生的事件，不是神力在每一特定場合的孤立干預所致，而是由於普遍法則的實施所致。

—— 惠威爾，《布里吉沃特論文集》

The only distinct meaning of the word 'natural' is stated, fixed or settled; since what is natural as much requires and presupposes an intelligent agent to render it so, i.e., to effect it continually or at stated times, as what is supernatural or miraculous does to effect it for once.

—— Butler, *Analogy of Revealed Religion*

「自然的」一詞唯一獨特的意思是規定的、固定的或裁定的；正如所謂超自然的或神奇的事物需要或預先假定有一個智慧的實體使其一蹴而成，所謂「自然的」事物則需要或預先假定有一個智慧的實體不時地或在預定的時段進行干預，使之保持其特性。

—— 巴特勒，《啟示宗教之類比》

To conclude, therefore, let no man out of a weak conceit of sobriety, or an ill-applied moderation, think or maintain, that a man can search too far or be too well studied in the book of God's word, or in the book of God's works; divinity or philosophy; but rather let men endeavour an endless progress or proficience in both.

—— Bacon, *Advancement of Learning*

因而，任何人不應出於對莊重或節制的不當考慮，誤以為對上帝的話語或上帝的創作之書不應過分深入探究或過於仔細琢磨（無論是神學還是哲學方面）；相反，人們本應盡力地在這兩方面都追求無止境的進步或趨近嫻熟。

—— 培根，《論學問之進步》

本書第一版問世前，對物種起源認識的簡史[1]

    在此，我將簡要地介紹人們對物種起源的認識進程。直到最近為止，絕大多數的博物學家們，曾相信物種是固定不變的產物，而且是被逐個分別創造出來的。很多作者曾力主這一觀點。另一方面，有少數的博物學家，相信物種經歷過變異，並相信現存的生物類型均為以往生物類型的真傳後裔。姑且不談古代學者[2]在這一問題上的語焉不詳，即令在近代學者中，能以科學精神予以討論者，當首推布封。然而，由於他的見解在不同的時期波動極大，加之他對物種可變性的原因或途徑也未曾論及，所以，我也無須在此贅述。

    對這個問題所做的結論，真正引起了人們廣泛注意的，拉馬克當屬第一人。這位實至名歸的博物學家，於 1801 年首次發表了他

1　譯注：從 1861 年出版的《物種源始》第三版開始，達爾文增添了這一《簡史》，但開始的題目是《人們對物種起源的認識進程的簡史》。到了 1872 年該書第六版刊行時，達爾文又在題目上加上了「本書第一版問世前」，以期平息一些人對他的指責。這些指責，主要批評他對前人在物種起源問題上的貢獻，沒有給予足夠的和適當的闡述。

的觀點。他在 1809 年的《動物哲學》，以及其後 1815 年的《無脊椎動物自然史》的緒論裡，又充分地擴展了他的觀點。在這些著作中，他堅持所有物種（包括人類在內）都是從其他物種傳而來的信條。是他最先有力地喚起了人們去關注這樣一種可能性，即有機界以及無機界的一切變化，都是自然法則的結果，而非神奇的介入。拉馬克之所以得出了物種漸變的結論，似乎主要是由於區分物種與變種的困難性，加之某些類群中不同類型之間幾近完美的漸變，以及與一些家養種類的類比。他把變異的途徑，一部分歸因於生物的自然環境的直接干預，一部分歸因於業已存在的類型間的雜交，更多的則歸因於器官的「用與不用」，亦即習性的效果。他似乎認為，大自然中的一切美妙的適應，皆因「使用」與「不使用」使然；例如，他認為長頸鹿的長頸，是由於引頸取食樹上的枝葉所致。然而，他同樣也相信「向前發展」的法則（law of progressive development）；由於所有的生物都是趨於向前發展的，為了解釋時下諸多簡單生物的存在，他認為這些簡單生物是現今自然發生的。[3]

聖提雷爾在其子為他撰寫的「生平」裡做如是說：早在 1795 年他就猜想過，我們所謂的物種，其實是同一類型的各種蛻變物（degenerations）。直到 1828 年，他才公開發表了他所確信的觀點：萬物自起源以來，同樣的類型並非是永恆不朽的。聖提雷爾似乎把變化的原因主要歸因於生活條件，即「周圍世界」（monde ambient）。他立論謹慎，並不相信現生的物種正在發生著變異。正如其子所述，「因此，這是一個完全應該留待將來去討論的問題——如若將來竟能解決這一問題的話」。

1813 年，威爾斯博士在皇家學會宣讀了一篇論文，題為〈記述一位白人婦女的局部皮膚與黑人皮膚相似〉；然而，這篇論文直到他 1818 年的名著《關於複視與單視的兩篇論文》問世後才得以

2　亞里斯多德在《聽診術》裡談及，降雨並非為了令穀物生長，正如降雨也不是為了毀壞室外打穀場上農民的穀物一樣。爾後，他將此理應用到生物結構上。他接著說道〔此乃克雷爾·格雷斯先生所譯，也是他最先向我介紹了這一段話〕：「因此，自然界中身體的不同部分為何不能產生這種純屬偶然的關聯呢？譬如，由於牙齒應『需』而生了，前面的牙齒尖銳，適於切割食物，後面的白齒平鈍，用於咀嚼食物。不同的牙齒既然並不是為此目的而生的，就必然是偶然的結果。那些似乎存在著對某種目的適應的身體的其他部分亦同此理。因此，所有作為整體的東西（即一個完整個體的所有部分），都好像是為了某種目的而形成的。那些憑藉內在的自發力量而得以適當組構的，便保存了下來。不具適當組構的，或者已經消亡了，或者終將消亡。」我們從這裡看到了自然選擇原理的端倪，但亞里斯多德對牙齒形成的評論，卻顯示了他對這一原理也僅僅是一知半解而已。

3　拉馬克學說問世的日期，我是從小聖提雷爾的《博物學通論》（第二卷第 405 頁，1859 年）一書中得來的，該書對這一問題的來龍去脈有著精采的闡述。該書還詳細記述了布封對同一問題所做的結論。奇怪的是，我的祖父伊拉茲馬斯·達爾文醫生在 1794 年出版的《動物學》（第一卷第 500 ～ 510 頁）裡，已經在拉馬克之前預先表達了大致的觀點及其錯誤的因緣論述。據小聖提雷爾說，歌德無疑也是力主這一觀點者，從他寫於 1794 年和 1795 年，但很久以後才得以發表的一本著作的「緒論」中可以查證。他曾尖銳地指出，博物學家們將來面對的問題，若以牛角為例，不在於牛角是幹什麼的，而在於牛角是怎麼來的〔梅丁博士：《作為博物學家的歌德》第 34 頁〕。這種幾乎是同時發表了類似的觀點的情形，堪稱獨一無二。也就是說，在 1794 年至 1795 年間，德國的歌德、英國的達爾文醫生以及法國的聖提雷爾（我們即將談及），對於物種起源問題，曾得出了相同的結論。

發表。在這篇論文裡，他明確地認識到了自然選擇的原理；這也是所知對自然選擇的最早認識。但是，他將這一原理僅用於人種，並且僅限於某些性狀。在指出黑人與黑白混血種對某些熱帶疾病具有免疫力之後，他說：第一，所有動物在某種程度上都有變異的傾向；第二，農學家們利用選擇來改良他們的家養動物。然後，他又說：「農學家們在後面這一種情況裡透過『匠技』所實現的，大自然似乎也能等效地實現（只是更為緩慢而已），使人類形成不同變種，以適應其居住的各種疆土地域。最初大概散居在非洲中部的少數人中，偶然出現了一些人類的變種，其中有的比其他人更適於承受一些地方病。這個種族結果得以繁衍，而其他種族則趨衰減，這不僅是因為他們無力抵禦疾病的侵襲，也因為他們無力與強鄰競爭。如前所述，我想當然地認為，這個強壯種族的膚色應該是黑的。但是，形成這些變種的同一傾向依然存在，那麼長此以往，一個愈來愈黑的種族便出現了；而且由於最黑的種族最能適應當地的氣候，那麼最黑的種族在其特定的發源地，到頭來即令不是唯一的種族，也會成為最普遍的種族。」他接著把同一觀點，又引申到居住在氣候較冷的地方的白種人身上。我感謝美國的羅利先生，他透過布萊斯先生，告知上面我所引述的一段威爾斯博士的論著。

後來曾任曼徹斯特教長的赫伯特牧師，在 1822 年《園藝學報》第四卷和他的著作《石蒜科》一書（1837 年，第 19、339 頁）中聲稱：「園藝試驗無可辯駁地證明了植物物種只是一類更為高等、更為持久的變種而已。」他把同一觀點引申到動物身上。這位教長相信，每一個屬的單一物種，都是在原來可塑性極大的情況下創造出來的，這些物種主要是透過雜交，並且同樣也透過變異，產

生了所有現存的物種。

　　1826 年，葛蘭特教授在其討論淡水海綿的著名論文（《愛丁堡哲學學報》，第十四卷第 283 頁）的末尾一段中，明確宣稱他相信物種是由其他物種傳而來的，而且在變異過程中得到了改進。同一觀點還見於他的第五十五次演講中，發表在 1834 年的《柳葉刀》醫學叢刊上。

　　1831 年，派翠克・馬修先生發表了《造船木材及植樹》，在該書中，他所表達的有關物種起源的觀點，與華萊士先生和我本人在《林奈學報》）上所發表的觀點（詳見下文），以及本書中所擴充的這一觀點，完全一致。遺憾的是，馬修先生的這一觀點，只是浮光掠影地散見於一篇不同論題著作的附錄中。因此，直到馬修先生本人在 1860 年 4 月 7 日的《園藝師紀事》中重提此事，方引起人們的注意。馬修先生與我之間的觀點差異，是微不足道的：他似乎認為世界上的生物，曾連續地消滅，幾近滅絕，爾後又重新繁衍，布滿世界。他還給了我們另一種說法，即「沒有以往生物的胞體或胚芽」，新類型也有可能產生。我不敢確定我對於某些段落真正理解了，然而，他似乎著重歸因於生活條件的直接作用。無論如何，他已清楚地看到了自然選擇原理的沛然給力。

　　著名地質學家和博物學家馮巴哈在《加那利群島自然地理記述》（1836 年，第 147 頁）這一優秀著作中明確地表示，他相信變種可以緩慢地變為永久的物種，而永久的物種就不能再進行雜交了。

　　拉菲納斯克在其 1836 年出版的《北美新植物志》一書的第 6 頁裡寫道：「所有物種均可能一度曾為變種，而許多變種因表現出

固定和特殊的性狀，便逐漸地變成了物種。」但接下去到了 18 頁上，他又寫道：「每一屬的祖先或初始類型，均不在此之列。」

1843 年至 1844 年，霍爾德曼教授在《美國波士頓博物學報》（第四卷，第 468 頁）上，對物種的發展和變異假說的正反兩方面論點，做了精采的陳述，他似乎是傾向於主張物種有變的一方。

《創世的遺跡》一書，於 1844 年問世。在大有改進的第十版（1853 年）裡，這位匿名的作者寫道（第 155 頁）：「我的主張是經過反覆考慮後才決定的，即動物界的若干系列，自最簡單和最古老的至最高級和最近代的，都是在上帝的旨意下，受兩種衝動所支配的結果。賦予各種生物類型的第一種衝動，是在一定時期內，透過生殖，推進生物經過不同層次的組織結構，直至達到最高級的雙子葉植物和脊椎動物。這些組織結構的級數為數並不多，而且通常以生物性狀的間斷為標誌，而這些生物性狀的間斷，正是我們在確定生物間親緣關係方面所要遭遇到的實際困難。第二種衝動，是與活力相連的另一種衝動；它一代又一代地改造生物結構，使其適應外界環境，諸如食物、居住地的性質以及氣候條件；這些也就是自然神學所謂的『適應性』」。作者顯然相信生物組織結構的進展是突然的跳躍，而生活條件所產生的影響則是逐漸的。他根據一般理由，有力地論述了物種並不是一成不變的產物。但我無法理解，這兩種假定的「衝動」何以從科學意義上來闡明我們在自然界隨處可見的、無數美妙的相互適應？例如，我們不能依照這一說法，去理解啄木鳥何以變得如此地適應牠特殊的生活習性。儘管該書在最初幾版中，鮮有精確的知識並缺乏科學上的嚴謹，然而它的強勁和出色的風格，令其不脛而走、洛陽紙貴。竊以為，該書在英國已

屬貢獻卓著，它已喚起了人們對這一問題的注意、消除了偏見，並為接受類似的觀點鋪平了道路。

1846 年，老練的地質學家德馬留斯‧達羅伊在一篇短小精悍的論文（《布魯塞爾皇家學會學報》第十三卷第 581 頁）裡指出，新物種更可能是經變異而傳下來的，而不像是被分別創造出來的。他早在 1831 年就首次發表了自己的這一觀點。

歐文教授在 1849 年寫道（《四肢的性質》第 86 頁）：「原型的（archetypal）概念，遠在實際例證這種概念的那些動物物種存在之前，就在這顆星球上、在諸如此類的多種變異下，栩栩如生地昭顯出來了。至於這種生物現象有序的演替與進展，究竟源於何種自然法則或次級原因，我們尚不得而知。」1858 年，他在「英國科學協會」演講時曾談及「創造力的連續作用的原理，或生物循規蹈矩而成的原理」（第 51 頁）。其後（第 90 頁），在提及地理分布之後，他接著指出：「這些現象動搖了我們對如下的結論的信心，即紐西蘭的無翼鳥（*Apteryx*）（即奇異鳥）與英國的紅松雞（red grouse）是分別在這些島上或為了這些島而創造出來的。此外，應該牢記，動物學家所謂的『創造』，意味著『對這一過程，他不知就裡』。」他為充實這一看法，接著說道：當紅松雞這類情形，「被動物學家用來作為該鳥在這些島上以及為這些島嶼而特別創造的例證時，他主要表明了他對紅松雞是如何發生在那裡，並且為何只發生在那裡，是一無所知的。同時，這種表示無知的方式，也顯示了他相信：鳥和島的起源，都歸因於一個偉大的造物的第一機緣」。如果我們逐一解釋他的同一演講中這些詞句的話，這位著名哲學家在 1858 年，似乎業已動搖了對下述情況的信念，即他對

無翼鳥與紅松雞是如何在牠們各自的鄉土上發生的,「不知其所以然」,抑或對牠們發生的過程,「也不知其然」。

歐文教授的這一演講,發表於華萊士先生和我在林奈學會宣讀過關於物種起源的論文(詳見下文)之後。本書第一版出版時,我和其他許多人一樣,完全被「創造力的連續作用」這一表述所蒙蔽,以至於我把歐文教授同其他堅信物種不變的古生物學家們混為一談。可是,這似乎是我的十分荒謬的誤解〔《脊椎動物解剖學》,第三卷第 796 頁〕。在本書的前一版 [4] 裡,我根據以「毫無疑問,基本型(type-form)」開始的那一段話(同前書,第一卷第 35 頁),推論歐文教授曾承認自然選擇對新種的形成可能起過一些作用;我的這一推論,現在看來仍然是完全合理的。可是,根據該書第三卷第 798 頁看來似乎是不正確的,也是沒有證據的。我也曾摘錄過歐文教授與《倫敦論評》編輯之間的通信,從中可見該刊編輯和我本人似乎都覺得,歐文教授在聲稱,他是先我之前已刊布了自然選擇的理論;對於這一聲言,我曾表示過驚訝和滿意;但根據我所能理解的他最近所發表的一些章節(同前書,第三卷,第 798 頁)來看,我又部分或全部弄錯了。聊以慰藉的是,誠如敝人一樣,其他人也發現,歐文教授頗有爭議的文章,是難以理解且自相矛盾的。至於歐文教授是否先我而發表自然選擇的原理,實在是無傷大體;誠如本章〈簡史〉所顯示的,威爾斯博士與馬修先生均早已走在我們兩人之前了。

小聖提雷爾在 1850 年的講演中〔其摘要刊於 1851 年 1 月的《動物論評雜誌》〕,簡要地陳述了他緣何相信,物種的性狀「處於同一環境條件下會保持不變,倘若環境條件發生變化,其性狀也

將隨之變化」。「總之，我們對野生動物的觀察已經顯示了物種的有限的變異性。野生動物馴化為家養動物以及家養動物重歸野生的實驗，更清楚地顯示了這一點。此外，同樣的實驗還證實，如此而產生的變異具有屬的價值。」他在《博物學通論》（1859年，第二卷第430頁）中，擴展了類似的結論。

新近出版的一份通報似乎顯示，弗瑞克博士早在1851年就提出了下述的信條：所有的生物都是從一個原始類型（primordial form）傳下來的（《都柏林醫學通訊》，第322頁）。此信念的依據以及他對這一問題的處理方式，與我的大相逕庭。但是，隨著弗瑞克博士現在（1861年）[5] 題為〈透過生物的親緣關係來說明物種起源〉的論文的發表，我若再費力地解析他的觀點，豈非多此一舉了。

赫伯特・斯賓塞先生在一篇論文〔原於1852年3月發表於《領袖》，並且於1858年重新收入他的論文集〕裡，非常高明且有力地對比了生物的「創造說」與「發展說」這兩種理論。透過與家養生物的類比，根據很多物種的胚胎所經歷的變化，根據物種與變種之間的難於區分，並根據生物的一般逐級過渡變化的原理，他論證了物種已經發生了變異。而且，他把這種變異歸因於環境的變化。該作者（1855年）還把每一智力和智慧都必然是逐漸獲得的原理，運用於心理學研究。

4　譯注：即第二版。
5　譯注：達爾文的這篇〈簡史〉是1861年《物種源始》第三版出版時新增的。

1852 年，著名植物學家諾丁在論述物種起源的一篇卓越的論文（原載於《園藝學論評》，102 頁；後又部分地重刊於《博物館新報》，第一卷，第 171 頁）裡，明確地表達了他的信念，即物種形成的方式可以跟變種在栽培狀況下形成的方式類比，並把變種形成過程歸因於人工選擇的力量。但是，他沒有說明在自然狀況下是怎樣進行選擇的。和赫伯特教長一樣，他也相信物種在初生時比現在更具可塑性。他著重地強調了他所謂的宿命論（principle of finality），即：「一種神祕的、無法確定的力量；對某些生物而言，它是宿命的；對另一些生物而言，它卻是上帝的意志；為了所屬類群的命運，這一力量時時刻刻、持續不斷地施加於生物身上，決定了各個生物的形態、大小和壽命。也正是該力量透過指定個體在整個自然組織中所必須擔負的功能，從而促成了個體在整體中的和諧，這一功能亦即個體存在之緣由。」[6]

　　1853 年，著名的地質學家凱薩林伯爵提出（《地質學會會刊》，第二編，第十卷，第 357 頁），假定由某種瘴氣所引起的一些新疾病已經發生並傳遍世界，那麼現存物種的胚芽在某個時期

6　據勃龍的《進化法則之研究》所載，似乎著名植物學家和古生物學家翁格在 1852 年，就發表了他相信物種是經歷著發展和變異的觀點。同樣，戴爾頓在其與潘德爾合著的有關樹懶化石的著作（1821 年）中，也表達了相似的信念。眾所周知，奧根在其神祕的《自然哲學》中也持有相似的觀點。從高德龍所著《論物種》中可知，聖文森特、布達赫、波伊列和付瑞斯也都承認新種在不斷地產生。

　　容我加一句，這篇〈簡史〉所提到的三十四位作者，都相信物種的變異，或起碼不相信物種是被分別創造出來的，其中二十七位都在博物學或地質學的某一分支學科裡有過著述。

內，也可能從其周圍的具有特殊性質的分子那裡受到化學影響，因而產生新的類型。

同在 1853 年，沙福豪生博士發表了一本很棒的小冊子《普魯士萊茵地方博物學協會討論會紀要》。其中，他支持地球上的生物類型是發展而來的論點。他推論很多物種長期不變，而少數物種卻發生了變異。他用中間過渡類型的消亡來解釋物種間的區分。「現生的植物和動物並非由於新的創造而跟滅絕了的生物隔離開來，應看成是滅絕了的生物的繼續繁殖下來的後裔。」

著名法國植物學家勒考克在 1854 年寫道（《植物地理學研究》，第一卷，第 250 頁），「人們可以看到，我們對物種的固定性或者變異性的研究，直接把我們引向聖提雷爾與歌德這兩位名副其實的傑出學者所提出的觀點」。散見於勒考克的這部巨著中的一些其他章節，讓人對他在物種變異這一觀點上拓展的尺度不免有點兒懷疑。

巴登·鮑維爾牧師 1855 年在《大千世界統一性文集》中，精湛地討論了「創造的哲學」。他以無與倫比的高明方式，指出了新種的產生是一種「有規律的而不是偶然的現象」，或像約翰·赫舍爾爵士所表達的那樣，這是「一種自然而非神祕的過程」。

《林奈學會學報》第三卷上刊載了華萊士先生和我的論文，同是在 1858 年 7 月 1 日宣讀的。正如本書緒論所言，華萊士先生以令人稱羨的力度和清晰的條理，傳播了自然選擇的理論。

深受所有動物學家敬重的馮貝爾大約在 1859 年表達了他的信念（參閱魯道夫·瓦格納教授 1861 年出版的《動物學與人類學研究》，第 51 頁）。主要依據生物地理分布法則，他認為：現在完

全不同的類型是從一個單個的親本類型（a single parent-form）傳下來的。

1859 年 6 月，赫胥黎教授在皇家研究院做過一次演講，題為〈動物界的持續生存類型〉。關於這些情形，他說，「倘若我們假定動植物的每一物種或每一組織大類，皆由單個的創造行動，在相隔年代久遠的不同時段單獨形成並被逐一安置在地表上，那麼，就很難理解『動物界的持續類型』這類事實的意義了。值得注意的是，這種假定既與自然界的一般類比法相左，也無傳統或啟示的支持。反之，倘若我們假定生活在任何時代的物種，皆為先存的物種逐漸變異的結果，並以此來考慮『持續類型』的話，那麼，即使這一假定尚未得到證明，且被它的某些支持者們可悲地損害了，它依然是生理學所能撐腰的唯一假說。這些持續類型的存在似乎顯示，生物在地質時期中所發生的變異量，比之它們所經歷的整體變化系列而言，實在是微不足道的」。

1859 年 12 月，胡克博士的《澳洲植物志導論》出版。在這部巨著的第一部分裡，他承認了物種的傳衍與變異是真實的，並用很多原始的觀察來支持這一信念。

該書第一版於 1859 年 11 月 24 日問世；第二版於 1860 年 1 月 7 日出版。

緒論

　　做為博物學家，我曾隨「小獵犬號」皇家軍艦，做環遊世界的探索之旅，此間，南美的生物地理分布以及那裡的生物與古生物間地質關係的一些事實，深深地打動了我。這些事實似乎對物種起源的問題有所啟迪，而這一問題，曾被我們最偉大的哲學家之一者稱為「謎中之謎」[1]。歸來之後，我於 1837 年就意識到，耐心地蒐集和思考各種可能與此相關的事實，也許有助於這一問題的解決。經過五年的研究，我允許自己對這一問題予以「大膽假設」，並做了一些簡短的筆記；我於 1844 年將其擴充為一篇綱要，概括了當時看來似乎是比較確定的結論。從那時起直到如今，我一直不懈地追求著同一個目標。我希望讀者原諒我贅述這些個人的細枝末節，我只是想借此表明，我未曾倉促立論而已。

　　我的工作已接近尾聲；然而，真的要完成它，尚需兩三年的時間，加之我的身體又遠非健壯，因此我被敦促先發表這一摘要。令我這樣做的特殊緣由，蓋因正在研究馬來群島自然史的華萊士

1　譯注：達爾文這裡所指的「我們最偉大的哲學家之一者」，乃英國偉大的數學家和天文學家約翰·赫舍爾爵士（1792-1871）。維多利亞時代的「哲學家」概念，也包括「自然哲（科）學家」在內。赫舍爾爵士所稱「謎中之謎」的問題，出自他 1836 年寫給賴爾爵士的一封信。

先生，在物種起源上得出了幾乎與我完全一致的綜合結論。去年他曾寄給我有關這個問題的一篇論文，並托我轉交給查理斯‧賴爾爵士，賴爾爵士遂將這篇論文送給林奈學會，刊載在該會會刊的第三卷裡。賴爾爵士和胡克博士認為，應該把我的原稿的某些提要與華萊士先生的卓越論文一起發表，以表彰我的貢獻。二位都了解我的工作，胡克還讀過我寫於 1844 年的那篇綱要。

我現在發表的這個摘要，誠然不夠完善。我無法在此為我的若干論述提供參考文獻和依據來源；我期望讀者會對我論述的準確性給予一定的信任。雖然我誠望自己一向謹小慎微、從來只信賴可靠的依據來源，但錯誤的混入仍可能在所難免。在此，儘管我只能陳述我所獲得的一般性結論，並以少數事實為例，但我希望，在大多數情況下，這樣做也就夠了。當然，我比任何人更能深切地感受到，今後有必要把我的結論所依據的全部事實，連同其參考資料詳細地發表出來；我希望能在未來的新著中了此心願。因為我十分清楚，本書所討論的方方面面，幾乎無一不可用事實來參證，而這些事實引出的結論，卻常常顯得與我所得出的結論南轅北轍。唯有對每一個問題的正反兩面的事實與爭論均予以充分地表述和權衡，方能得出公允的結果；但在這裡，這卻是不可企及的了。

非常遺憾的是，由於篇幅所限，在此我不能盡情地對許許多多曾慷慨相助的博物學家們一一表示謝忱，其中有些人還從未謀面。然而，我無論如何不能坐失對胡克博士表示深摯感激的良機，十五年來，他以淵博的學養與卓越的識見，給了我盡可能多的、方方面面的幫助。

關於物種起源，完全可以想見的是，倘若一位博物學家考慮到

生物間的相互親緣關係、胚胎關係、地理分布、地質演替以及其他諸如此類的事實的話，那麼或許會得出如下的結論：每一個物種不是獨立創造出來的，而如同各種變種一樣，是從其他的物種傳而來的。儘管如此，這一結論即令是有根有據，卻依然不能令人信服，除非我們能夠闡明這大千世界的無數物種是如何地產生了變異，進而在結構和相互適應性（coadaptation）方面達到了如此完美、讓我們歎為觀止的程度。博物學家們繼續把變異的唯一可能的原因，歸諸於外界條件，如氣候、食物等等。從某一極為狹義的角度而言，正如下述可見，這種說法或許是正確的。可是比方說，若把啄木鳥的結構，連同牠的腳、尾、喙以及舌能如此令人傾倒地適應於捉取樹皮下的昆蟲，也都純粹地歸因於外界條件的話，那便是十分荒謬的了。在槲寄生的這個例子裡，它只從幾種特定的樹木中吸取營養，而這幾種樹木的種子又必須由幾種特定的鳥類來傳播。不特此也，這幾種樹木還是雌雄異花，並一定需要幾種特定的昆蟲的幫助，才能完成異花授粉。那麼在這種情況下，用外界條件、習性，或植物本身的意志的作用，來說明這種寄生生物的結構以及它與幾種截然不同的生物間的關係，同樣也是十分荒謬的。

我想，《創世的遺跡》的作者會說，在不知多少世代之後，某種鳥孵育了啄木鳥，某種植物生出了槲寄生，而這些生物生來之初便像我們現在所見的那樣完美。可是，這一假定在我看來，什麼也解釋不了；因為它對生物彼此之間以及生物與自然環境之間的協同適應現象，既沒有觸及也沒有解釋。

因此，至關重要的是要釐清變異與協同適應的途徑。我在觀察這一問題伊始就察覺到，仔細研究家養動物和栽培植物，對於釐清

這一難題，可能會提供一個最佳機緣。而它果然沒有讓我失望。在這種場合以及所有其他錯綜複雜的場合下，我總是發現，有關家養下變異的知識，即令不那麼完善，卻也總能提供最好和最為可靠的線索。我不揣冒昧地表示，我堅信家養變異方面的這類研究具有很高的價值，儘管它通常被博物學家們所忽視。

鑑於此，本摘要的第一章將專門用來討論家養下的變異。因此，我們將會看到，大量的遺傳變異至少是可能的；同樣重要甚或更為重要的是，我們將會看到，在積累連續微小的變異方面，人類進行選擇的力量是如何之大。然後，我將討論物種在自然狀況下的變異；但遺憾的是，只有陳述連篇累牘的事實，方可適當地討論這一問題。因而，在此我只能蜻蜓點水般地討論一下。儘管如此，我們仍將能夠討論什麼樣的環境條件，對變異是最為有利的。接下來的一章要討論的是，世界上所有生物之間的生存競爭，這是它們按照幾何級數高速增生的難以避免的結果。這便是馬爾薩斯學說（doctrine of Malthus）在整個動物界和植物界的應用。每一物種所產生的個體數，遠遠超過其可能存活的個體數。其結果是，由於生存競爭此起彼伏，倘若任何生物所發生的無論多麼微小的變異，只要能透過任一方式在錯綜複雜且時而變化的生活條件下有所獲益，獲得更好的生存機會的話，便會被自然選擇了。根據強有力的遺傳原理，任何被選擇下來的變種，都會趨於繁殖新的、變異的類型。

自然選擇的這一根本問題，我將在第四章裡詳述；我們將會看到，自然選擇如何幾乎不可避免地導致完善程度較低的生物大量滅絕，並且導致我所謂的「性狀分異」（divergence of character）。在接下來的一章裡，我將討論複雜的、並鮮為人知的變異法則與相

關生長律法則（laws of variation and of correlation of growth）。在其後的四章裡，我將討論演化理論所遭遇的最顯著以及最嚴重的困難。第一，轉變（transition）的困難性；或者說，一種簡單的生物或一個簡單的器官，如何變成及改善成為一種高度發展的生物或構造複雜精良的器官。第二，本能（instinct）的問題，或是動物的智慧。第三，雜交（hybridism），或是種間雜交的不育性以及變種間雜交的可育性。第四，地質紀錄的不完整。在接下來的一章裡，我將考慮生物在時間上的地質演替。在第十一章和第十二章裡，我則探討生物在空間上的地理分布。在第十三章裡，我將討論生物的分類或相互的親緣關係，既包括成熟期也包含胚胎期。在最後一章裡，我將對全書做一簡要的複述，加之我的結束語。

如果我們願意承認，自己對生活在我們周圍的許多生物之間的相互關係幾近一無所知的話，恐怕就沒有人會對關於物種與變種的起源不甚了了的現狀感到大驚小怪。我們對地史上的很多地質時期、世界上無數生物間的相互關係，所知就更少了。誰能解釋，為什麼某一物種分布廣且個體多，而另一與其親緣關係很近的物種卻分布窄且個體少呢？然而，這些關係具有高度的重要性，因為它們決定了世上萬物現今的繁盛。而且我相信，它們也將決定世上萬物未來的成功與變異。儘管很多問題至今還撲朔迷離，甚或在今後很長時期內依然撲朔迷離，但透過我所擅長的最為審慎的研究以及冷靜的判斷，我毫無疑問地認為，大多數博物學家所持有的，也是我過去曾經持有過的觀點（即每一物種都是獨立創造出來的）是錯誤的。我完全相信，物種並非是一成不變的；而那些所謂同一個屬的物種，都是某些其他的並通常業已滅絕的物種的直系後裔，正如

任何一個物種的各個公認的變種，乃是該物種的後裔一模一樣。此外，我深信：自然選擇是變異的主要途徑，雖然並非是唯一途徑。

第一章
家養下的變異

變異性諸原因－習性的效應－生長的相關－遺傳－家
養變種的性狀－區別物種和變種的困難－家養變種起
源於一個或多個物種－家鴿及其差異和起源－自古沿
襲的選擇原理及其效果－著意的選擇及無心的選擇－
家養生物的不明起源－人工選擇的有利條件。

在較古即已栽培的植物和家養的動物中，當我們觀察同一變種
或亞變種的不同個體時，最引人注目的一點是，它們相互間的差
異，通常遠大於自然狀態下的任何物種或變種的個體間的差異。
植物經過栽培，動物經過馴養，並世代生活在氣候與環境影響迥異
的狀況下，因而發生了變異，方才變得五花八門、形形色色；倘
若作如是觀，我想我們定會得出如下結論：此種巨大的變異性，是
由於我們的家養生物所處的生活條件，不像自然狀態下的親本種
（parent-species）所處的生活條件那樣統一，而且與自然條件也有
所不同。耐特指出，這種變異性或許與食料過剩有著部分的關聯；
我想，他的這一觀點，也有一些可能性。似乎很明顯的是，生物必
須在新條件下生長幾個世代後，方能發生可觀的變異；而且，生物

組織結構一旦開始變異，通常能夠持續變異很多世代。沒有紀錄表明，一種可變異的生物體會在培育狀態下停止變異。諸如小麥之類最古老的栽培植物，迄今還常常產生新的變種；最古老的家養動物，至今仍能迅速地改進或變異。

無論變異的原因可能是什麼，一直饒有爭議的是：通常在生命的哪一個階段，變異的諸原因在起著作用？是在胚胎發育的早期還是晚期，抑或是在受孕的瞬間？老聖提雷爾的一系列實驗顯示，對胚胎的非自然的處理會造成畸形；然而，畸形與單純的變異之間，並無明顯的界線存在。但是，我極度傾向於猜測，變異最常見的原因，可以歸因於受孕發生前，雌雄生殖器官或成分所受到的影響。數種原因令我相信這一點，但其中主要的一點是，隔離或馴化對生殖系統功能所起的顯著作用；對於生活條件的任何變化，該系統似乎比生物組織結構的任何其他系統，都更為敏感地受到影響。要去馴養動物，是最容易不過的事了；然而，若讓牠們圈養在檻內、自由地繁殖，則是再難不過的事了；在很多情況下，即令雌雄交配，也難以生殖。有多少動物，即使在原產地、在沒有很嚴密圈養限制的狀態下，也不能繁殖！這種情形通常歸因於本能缺陷，可是，很多栽培植物外觀極為茁壯，卻鮮於結實，或從不結實！在少數情況下，也曾發現一些微不足道的變化，例如在某一特殊的生長期內，水分稍多一些或稍少一些，便能決定植物會否結實。對這個奇妙的問題，我已蒐集了大量的細節，然而無法在此詳述；但要表明決定圈養動物生殖的諸法則是何等地奇妙，我只想提一下（即便來自熱帶的）肉食動物中，除了蹠行類或熊科外，均能較自由地在本國的檻內繁殖。然而，肉食性鳥類，除極少數的例外情況，幾乎從

未產出過能夠孵化的卵。很多外來的植物，就像最不育的雜種一模一樣，其花粉是完全無用的。一方面，我們目睹多種家養的動物和植物，雖然常常體弱多病，但尚能在檻內非常自由地繁殖；另一方面，我們卻看到一些個體，雖然自幼就脫離了大自然，並已被完全馴化，且長壽和健康（我可以舉出無數例證），然而，牠們的生殖系統卻不知何故而受到了嚴重的影響，以至於喪失了功能。在這種情況下，當我們看到生殖系統即便在檻中行事時，也很不規則，而且所產出的後代同牠們的雙親也不十分相像，我們也就無需大驚小怪了。

不育性被認為是園藝的剋星；但就此而言，我們把變異和不育歸於相同的原因；而變異性則是花園裡所有精選產物之源頭活水。容我補充一點，有些生物能在最不自然的條件下（例如養在籠子裡的兔和貂）自由繁殖，這顯示牠們的生殖系統並未因此受到影響；同理，有些動物和植物能夠禁受住家養或栽培，而且變化非常細微——也許幾乎不會大於在自然狀態下所發生的變化。

把「芽變植物」（sporting plants）列成一張長長的單子，是件輕而易舉的事；園藝家用這一名詞來指一個單芽或旁支，它突然有了新的、有時是與同株的其餘部分有著顯著不同的性狀。它們可用嫁接等方法來繁殖，有時候也可用種子來繁殖。這些「芽變」在自然狀態下極為稀少，但在栽培狀態下則遠非罕見。在這種情況下，我們看到了對親本的處理，已經影響了一個單芽或旁支，但並未影響到胚珠或花粉。然而，絕大多數生理學家認為，在一個單芽和胚珠形成的最初階段，它們之間並無實質性的差別；事實上，「芽變」支持了我的觀點，即變異性可能主要歸因於胚珠或花粉（抑或

兩者）受到了授粉前它們的親本植物所經過的處理的影響。總之，這些例子表明，變異並不像一些作者所認為的那樣，一定跟生殖的行為相關。

正如穆勒所指出的，儘管幼體跟其雙親有著完全相同的生活條件，但同一果實生出的樹苗以及同一窩裡下出的幼崽，有時候相互間差異極大。這說明，相較於生殖、生長及遺傳諸方面的法則，生活條件的直接效果是多麼地無足輕重。倘若生活條件的作用有直接影響的話，那麼若任何幼體發生變異，大概所有的都應以同樣的方式發生了變異。就任何變異而言，要判斷有多少應歸因於熱、水分、光照、食物等等的直接作用，是最為困難的：我的印象是，對動物而言，上述因素直接作用的影響微乎其微，但是對植物而言，影響顯然會大一些。根據這一觀點，巴克曼先生最近的一系列有關植物的實驗尤為珍貴。當面臨某些條件的所有的或近乎所有的個體，都受到同樣的影響時，那麼這種變化起初看起來與那些條件直接相關；然而，在一些情況下，業經顯示，完全相反的條件，卻產生了相似的結構變化。無論如何，我認為一些輕微的變化是可以歸因於生活條件的直接作用的 —— 在某些情況下，諸如個頭的增大與食物的數量有關，顏色與特定種類的食物或光照有關，以及毛皮的厚度與氣候有關。

習性肯定有著影響，誠如植物從一種氣候下被移至另一種氣候下，其開花期便會發生變化。至於動物，其影響則更為顯著。譬如我發現，與整體骨骼重量的比例相較，家鴨的翅骨要比野鴨的翅骨輕，而其腿骨卻比野鴨的腿骨重。我認為把這種變化歸因於家鴨比其野生祖先飛翔劇減而行走大增，大概是錯不了的。另一個「用進

廢退」的例子是，在慣常擠奶的地方，牛與山羊的乳房要比在那些不擠奶的地方，更為發育，而且這種發育是遺傳的。家養動物中，總會在某些地方，發現長有下垂的耳朵的，無一例外；有些作者認為，家養動物耳朵的下垂，是因為很少受到危險的驚嚇、耳朵肌肉派不上用場所致，這一觀點似乎是大差不離的。

支配變異的法則眾多，其中只有少數幾條，我們現在算是略知皮毛，這些將在稍後簡要提及。在此，我將僅僅間接地談一談或可稱為「生長相關」（correlation of growth）的現象。胚胎或幼蟲如若發生任何變化，幾乎肯定也會引起成體動物發生變化。在畸形生物裡，迥然不同的器官之間的相關性，是很奇特的；小聖提雷爾在論述這一問題的傑作裡，記載了很多的實例。飼養者們都相信，修長的四肢幾乎常常與加長了的頭部相伴。有些相關的例子還十分蹊蹺，例如藍眼睛的貓無一不聾；體色與體質特性的關聯，在動植物中更是不乏顯著的實例。霍依辛格蒐集的事實顯示，對於某些植物中的毒素，白色的綿羊和豬與其有色的個體之間，所受影響不盡相同。無毛的狗，牙齒不健全；毛長與毛粗的動物，據說有角長或多角的傾向；具足羽的鴿子，外趾間有皮；短喙的鴿子足小，而長喙的鴿子則足大。因此，如果人們選擇並藉此加強任何特性的話，那麼由於有此神祕的生長相關律，幾乎必然地會在無意之中，改變身體其他部分的結構。

各種不同的、全然不明的或略知皮毛的變異法則，有著無限複雜及形形色色的結果。對於幾種古老的栽培植物（如風信子、馬鈴薯，甚至大理花等）的論文，去進行一番仔細的研究，是十分值得的；變種與亞變種之間，在構造和體質的方方面面，彼此間存在的

些微差異，委實令我們驚訝不已。整個生物的組織結構似乎已成為可塑的了，並傾向於在細小的程度上偏離其親本類型的組織結構。

　　任何不遺傳的變異，對於我們來說，皆無關緊要。但是，能夠遺傳的結構差異，無論是輕微的或是在生理上相當重要的，它們的數量和多樣性都是無窮盡的。盧卡斯博士的兩大卷論文，是有關這一論題最全面及最優秀的著作。飼養者中無人會懷疑遺傳傾向是何等之強，「龍生龍、鳳生鳳」（「like produces like」）是他們的基本信念：只有空頭理論家才對這一原理提出一些質疑。當某一結構上的任何偏差常常出現，而且既出現在父親身上也出現在子女身上的時候，我們無法識別這是否是由於同一原因作用於二者之故。但是，在眾多的個體中，明顯地遭遇相同的條件，那麼，當任何非常罕見的偏差（由於環境條件的某種異常結合），既出現於親代（例如數百萬個體中的一個），又重現於子代時，簡單機率的原則就幾乎要迫使我們把它的重現歸因於遺傳。每個人想必都聽說過白化病（albinism）、刺皮及身上多毛等出現在同一家庭中數個成員身上的病例。倘若稀奇的結構偏差確實會遺傳的話，那麼，不甚奇異的與較為常見的偏差，自然也可以被理所當然地認為是可遺傳的了。也許認識這整個問題的正確方式應該是：每一性狀皆視其遺傳為通則，視其非遺傳（non-inheritance）為例外。

　　支配遺傳的諸法則很不易解。沒有人能夠解釋清楚，為何同一特性在同種的不同個體間或者異種的個體間，有時候能遺傳，有時候則不能遺傳；為何子代常常重現祖父或祖母甚或其他更遠祖先的某些性狀；為何一種特性常常從一種性別傳給雌雄兩性，或只傳給其中的一種性別，常常但並不總是傳給跟自己相同的那種性別。

一個有趣的事實是，出現於雄性家養動物的一些特性，通常是完全或者極大程度地傳給了雄性。還有一個更為重要的規律，我認為是可信的，即一種特性，無論在生命的哪一個時期中初次[1]出現，它傾向於在相應年齡的後代身上出現，雖然有時候會提早一些。在諸多例子裡，這是必定如此的情況：例如，牛角的遺傳特性，僅在其後代行將成熟時方會出現；我們所知蠶的一些特性，亦出現於相應的幼蟲期或蛹期裡。但是，遺傳性的疾病以及其他一些事實使我相信，這一規律有著更廣的適用範圍，而且，儘管沒有明顯的理由可說明為何一種特性竟會在特定的年齡段出現，然而這種特性在後代身上出現的年齡段，確實傾向於與其初次出現在父（或母）身上的時期是相同的。我相信，這一規律對解釋胚胎學的法則，是極端重要的。這些意見當然是專指特性的初次**出現**，而不是指其初始原因，初始原因或許已經對胚珠或雄性元素（male element）產生了影響；幾乎是以同樣的方式，一如短角母牛和長角公牛交配後，其雜交的後代的角也加長了，這雖然出現的較晚，但顯然是由於雄性元素所致。

我已經間接地談到了返祖的問題，在此我願提及博物學家時常論述的一點——當我們的家養變種返歸野生狀態時，必然會逐漸地重現它們原始祖先的性狀。因此，有人曾經力主，不能用演繹法從家養的族群來推論自然狀態下的物種。我曾費盡心力地探究，人們如此頻繁並大膽地作此論斷，其確鑿的事實依據是什麼。但這是徒勞的，要證明其真實性，實在極其困難。我們可以有把握地得出以

1　譯注：2008 年牛津版在此處漏了「初次」（first）一詞。

下的結論，即很多高度馴化的家養變種，大概不可能再生活於野生狀態下了。很多情況下，我們無法知曉其原始祖先為何物，因而，我們也就無法辨識所發生的返祖現象是否近乎完全。為了防止雜交的效應，似有必要僅將一單個變種放歸其山野新家。儘管如此，由於我們的變種，確實偶爾會重現祖代類型的某些性狀，因而，下述情形依我看來是可能發生的：譬如，如果我們能成功地在許多世代裡，讓捲心菜的若干族群，在極其瘠薄的土壤裡去歸化抑或栽培，它們將會大部分甚或完全地重現野生原始祖先的性狀（然而，在這種情形下，有些影響必須歸因於瘠薄土壤的直接作用）。這一試驗能否成功，對於我們的論辯，並不十分重要，因為試驗本身已經改變了它們的生活條件。倘若能夠顯示，當把我們的家養變種放在相同的條件下，並且大群地養在一起，以至於能借助相互混合而讓其自由雜交，以防止它們在結構上有絲毫的偏差，這樣，如果它們依舊顯示強烈的返祖傾向 —— 即失去它們所獲得的性狀的話，那麼在此情形下我會認同，我們不能從家養變種來推論有關物種的任何問題。但是，絲毫沒有支持這一觀點的證據：要斷言我們不能使轅馬和跑馬、長角牛和短角牛、各個品種的家禽、各類食用的蔬菜，幾近無數世代地繁殖下去，是與我們的一切經驗相左的。容我補充一句，當自然界裡的生活條件的確在變化，性狀的變異和返祖的狀況應該都會發生，但誠如其後我將進一步解釋的，自然選擇將決定如此產生的新性狀會被保存到何種程度。

當我們觀察家養動物和栽培植物的遺傳變種或稱品系（race），並把它們與親緣關係相近的物種相比較時，我們通常會發覺如上所述的情形，即每一家養族群在性狀上不如真實的種（true species）

那樣一致。此外，同種裡的不同的家養族群，經常會有一個多少有些畸形的性狀。我的意思是說，它們彼此之間或與同屬的其他物種之間，雖然在若干方面有著微不足道的差異，但是當在它們相互之間進行比較時，經常會顯示出在身體的某一部分有著極大程度的差異，尤其是把它們與自然狀態下親緣關係最近的所有物種相比較時，更是如此。除了畸形的性狀之外（還有變種雜交的完全能育性，這一問題此後再討論），同種的家養族群間的彼此差異，與自然狀態下同屬中親緣關係相近的不同物種間的彼此差異是相似的，只不過前者在大多數情況下，其差異程度比後者較小而已。我們必須承認這點是千真萬確的，某些家養的族群（無論是動物還是植物）被一些有能力的鑑定家看作僅僅是變種的同時，也會被另一些有能力的鑑定家看作是不同野生物種的後裔。倘若一些家養的族群與物種之間存在任何顯著區別的話，那麼，這一令人生疑的情形，便不至於如此周而復始地一再出現了。經常有人說，家養的族群之間的性狀差異，不具有「屬」一級的價值。我認為這種說法是不正確的；但博物學家對確定究竟何種性狀才具有屬的價值時，則眾說紛紜；所有這些評價，目前均為經驗主義的。此外，關於我即將討論的屬的起源問題，我們無權期望在我們的家養生物中，能經常看到屬一級的諸多差異。

當我們試圖估計同一物種的不同家養族群之間的結構差異量時，由於對它們是從一個或數個親本種傳下來的情形一無所知，我們很快就會陷入疑惑之中。若能予以釐清，那麼，這一點將會是饒有趣味的；譬如，眾所周知純種繁衍的靈緹犬（greyhound）、嗅血警犬（bloodhound）、㹴犬（terrier）、長耳獵狗（spaniel）和鬥

牛犬（bull-dog），如果均為任何單個物種的後裔的話，那麼，這些事實就會十分有力地引起我們對下述說法的懷疑：棲居在世界各地很多親緣關係非常近的自然種是不會變異的──例如很多狐的種類。我並不相信，這幾個品種狗之間的所有差異，均是由家養馴化而產生。我相信，有那麼一小部分差異，是由於它們是從不同的物種傳下來的。至於其他一些家養物種，卻有假定的，甚或有力的證據表明，所有馴養的品種均是從單個的野生親種（wild stock）傳下來的。

一種常見的假設是，人類選擇作為馴化物件的，都是一些具有異常強烈遺傳變異傾向的動物和植物，它們也同樣都能禁受得住各種各樣的氣候。我並不質疑這些能力曾大大地增加了大多數家養生物的價值。但是，未曾開化的人類在最初馴養一種動物時，怎能知道它是否會在連續的世代中發生變異，又豈能知道它能否禁受得住其他氣候呢？驢和珍珠雞（guinea fowl）的變異性很弱、馴鹿的耐熱力小、普通駱駝的耐寒力也小，這妨礙牠們被馴養了嗎？我不能懷疑，倘若從自然狀態下採回來一些動物和植物，其數目、產地及分類綱目的多樣性都與我們的家養生物相當，並且假設牠們在家養狀態下繁殖了同樣多的世代，那麼，牠們發生的變異，平均而言，會像現存家養生物的親本種所曾發生的變異一樣大。

就大多數自古即被我們馴養了的動物和植物而言，它們究竟是從一個抑或幾個野生物種傳下來的問題，我不認為現在有可能得出任何明確的結論。那些相信我們的家養動物是多起源的論點，主要依據我們在最古老的紀錄裡（更具體地說是在埃及的石碑上）所發現，相當豐富的家養動物品種多樣性；而且其中有些與現存品種非

常相像，也許一模一樣。即使上述的這一事實，其真實程度被證實比我所認為的要更為嚴格、更為普遍，那麼，它除了顯示一些家養動物的品種，在四千或五千年以前就起源於那個地方之外，還能說明什麼呢？然而，霍納先生的研究在某種程度上，已經使下述情形讓人覺得很可能存在，即一萬三千或一萬四千年前，在尼羅河河谷地區，人類文明的程度達到足以製造陶器的地步；那麼誰又能妄稱早在這些古老年代之前，擁有半馴化的狗但尚未開化的人類（如火地島或澳大利亞的土著）還沒有出現在埃及呢？

我認為，這整個論題只能處於膠著不清的狀態；然而，在此拋去細節不談，基於地理和其他方面的考慮，我認為：家養的犬類極有可能是從好幾個野生物種傳下來的。如我們所知，未開化的人類是很喜歡馴養動物的；就狗這一屬而言，牠在野生狀態下遍布全世界，要說從人類首次出現以來，只有一個種已被人類馴化了的話，這在我看來是不大可能的。有關綿羊和山羊，我不能妄言。根據布利斯先生告知我有關印度瘤牛的習性、聲音、體質及構造等事實，我有理由相信：牠們與歐洲牛是從不同的原始祖先傳下來的。而且，幾位有能力的鑑定家相信，歐洲牛的野生祖先還不止一個。關於馬，出於我無法在這裡提供的理由，我傾向於相信，馬的所有族群都是從同一個野生物種傳下來的，當然，這與好幾位作者的意見相左。布利斯先生知識淵博，對於他的意見，我最為看重。他認為，所有品種的雞，都是普通的野生印度雞（*Gallus bankiva*）的後代。關於鴨和兔，各種家養品種彼此間結構差異很大，我不懷疑，牠們皆從普通的野生鴨和野生兔傳下來的。

有關幾種家養族群起源於幾個原始祖先的信條，已被一些作者

推向了荒謬的極端。他們相信，每一個純系繁殖的家養族群，無論其特有性狀多麼輕微，也都各有其野生的原始型（prototype）。以此比率計，僅在歐洲一處，至少必須生存過二十個物種的野牛、二十個物種的野綿羊種以及數個物種的野山羊；即便在大不列顛，也得有好幾個物種方可。一位作者相信，先前英國所特有的野生綿羊物種，多達十一個。倘若我們考慮到英國目前幾乎連一種特有的哺乳動物都不復存在的話，法國只有少數的哺乳動物和德國的不同（反之亦然），匈牙利、西班牙等國也是如此。但是，這其中的每一個國家裡，各有好幾種特有的牛、綿羊等品種，因此我們必須承認，許多家養的品種乃起源於歐洲。否則，由於這幾個國家沒有那麼多特有的物種作為獨特的親本種源，牠們會來自何方呢？在印度，也是如此。甚至有關全世界的家犬品種問題，我完全承認牠們大概是從數個野生物種傳下來的，然而，我無法懷疑其中也有大量的遺傳性變異的存在。義大利靈緹犬、嗅血警犬、鬥牛犬或布萊尼姆長耳獵狗等等 —— 牠們與所有野生的狗科動物均不相像，那麼，有誰竟會相信與牠們極為相像的動物曾經在自然狀態下自由生存過呢？人們常常信口說道，所有我們的家犬族群，皆由少數原始物種雜交而產生的；但是，我們只能從雜交中，獲得某種程度上介於其雙親之間的一些類型；倘若用這一過程來說明我們的幾個家養族群的話，我們就必須得承認，諸如義大利靈緹犬、嗅血警犬、鬥牛犬等最為極端的類型，先前也曾在野生狀態下生存過。此外，透過雜交產生不同族群的這一可能性，也被過度誇大了。毫無疑問，倘若借助於仔細選擇一些有著我們所需性狀的雜交體，偶然的雜交，會使一個族群發生變異；然而，若想從兩個極為不同的族群或物種

之間，獲取一個中間類型的族群，我幾乎難以置信。西布賴特爵士曾特意為此做過實驗，結果卻失敗了。兩個純系品種第一次雜交後所產生的後代，其性狀尚為一致，有時則極為一致（如我在家鴿中所見），於是一切都似乎足夠簡單了；然而，當這些雜交種相互間進行雜交至數代之久以後，其後代幾乎沒有兩個會是彼此相像的；然而此時，該項任務的極端困難性，抑或澈底的無助，便顯而易見了。誠然，若非進行極為仔細以及長久持續地選擇，便無法獲得**兩種非常不同**的品種之間的中間型品種；同樣，在記載的實例中，我也無法發現任何一例，能夠說明一個永久的族群是這樣形成的。

論家鴿的品種

由於我一向把研究某一特殊的類群奉為上策，經過深思熟慮之後，我便選取了家鴿。我已保留了我所能買到或得到的每一個品種，並且最為有幸地獲得了來自世界數地饋贈的各種鴿皮，最為感佩的是尊敬的艾略特寄自印度的，以及默里閣下寄自波斯的。關於鴿類研究，已有很多論文見諸數種不同文字，其中有些論文極為古老，因而至關重要。我已和幾位有名的養鴿專家交往，並已被接納而進入了兩個倫敦的養鴿俱樂部。家鴿品種之多，讓人驚訝不已。比較一下英國信鴿與短面翻飛鴿（shortfaced tumbler），看看牠們在喙部之間的奇特差異，並由此所引起的頭骨的差異吧。信鴿，尤其是雄性個體，也很不一般，其頭部周圍的皮有著奇特發育的肉突，與此相伴生的，還有很長的眼瞼、極大的外鼻孔以及開合寬闊的大口。短面翻飛鴿的喙部的外形，幾近雀科的鳴鳥類（finch）；

普通翻飛鴿有一種獨特的遺傳習性，牠們密集成群地翱翔高空並在空中翻筋斗。侏儒鴿（runt）的身體巨大，喙長且粗，足亦大；其中有些亞品種有很長的頸；有些則有很長的翅和尾，還有一些則具有特短的尾巴。短喙鴿（barb）與信鴿相近，卻不具信鴿那樣的長喙，其喙短而闊。凸胸鴿（pouter）有很長的身體、翅以及腿；其異常發育的嗉囊，因膨脹而使其得意洋洋，大可令人目瞪口呆甚或捧腹大笑。浮羽鴿（turbit）的喙短，呈錐形，胸下有一列倒生的羽毛；牠有一種使食管上部持續不斷地微微膨脹起來的習性。毛領鴿的羽毛沿著頸背向前倒豎，形成羽冠；與其身體的大小比例相較，其翅羽和尾羽均很長。顧名思義，喇叭鴿（trumpeter）和笑鴿（laughter）發出的咕咕叫聲，也是非常與眾不同的。龐大鴿科的成員通常具有十二或十四支尾羽，但扇尾鴿（fantail）卻有三十甚或四十支尾羽，而且這些羽毛都是蓬展開來豎立著的，以至於一些優良的品種竟可頭尾相觸；其脂肪腺卻十分退化。其他尚有幾個差異較小的品種可資詳述。

在這幾個品種的骨骼裡，其面骨的長度、寬度和彎曲度方面的發育，有巨大的差異。下頜骨的形狀、寬度和長度，都有極為顯著的不同。尾椎和薦椎的數目不同；肋骨的數目也不同，肋骨的相對寬度和突起的存在與否，也有不同。胸骨上孔的大小和形狀，皆有極大的變化；叉骨兩支間的分開角度和相對大小，同樣變化很大。口裂的相對寬度，眼瞼、鼻孔、舌（並非總是與喙的長度嚴格相關）的相對長度，嗉囊和上部食管的大小；脂肪腺的發達與退化；第一列翅羽和尾羽的數目；翅和尾的彼此相對長度及其與身體的相對長度；腿和足的相對長度；趾上鱗板的數目，趾間皮膜的發育程

度，這些結構都是易於變異的。羽毛完全出齊的時期有差異，孵化後雛鴿的絨毛狀態亦復如此。卵的形狀和大小有差異。飛翔的方式有顯著差異；一些品種的聲音和性情，皆有顯著的差異。最後，有些品種的雌雄間顯出輕微的彼此差異。

總共至少可以選出二十種鴿子，如果將其示於鳥類學家，並且告訴他這些都是野生鳥類的話，我想，他一定會將其列為界限分明的不同物種。此外，我也不相信，任何鳥類學家會把英國信鴿、短面翻飛鴿、侏儒鴿、短喙鴿、凸胸鴿以及扇尾鴿，放在同一個屬裡；特別是把這些品種中的每一品種裡的幾個純粹遺傳的亞品種（他或許會稱牠們為物種呢）拿給他看的話，更是如此。

儘管鴿類各品種之間的差異很大，可我還充分相信博物學家的一般意見是正確的，即牠們都是從岩鴿（*Columba livia*）傳下來的，包括岩鴿這一名稱所涵蓋的幾個彼此間差異極小的地理族群（或稱亞種）在內。由於導致我具此信念的一些理由在某種程度上也適用於其他情形，故在此簡述。如果這幾個品種不是變種，也不是來源於岩鴿的話，那麼，牠們至少必須是從七或八種原始祖先那裡傳下來的；倘若少於此數目的祖先種進行雜交的話，就不可能造就如今這麼多的家養品種；譬如，兩個品種之間進行雜交，如果親本之一不具巨大嗉囊的性狀，豈能產生出凸胸鴿？這些假定的原始祖先，必定都是岩鴿，也就是說牠們不在樹上繁殖，也不喜歡在樹上棲息。但是，除卻這種岩鴿及其地理亞種外，所知道的其他岩鴿只有兩或三個物種，而牠們都不具家養品種的任何性狀。因此，所假定的那些原始祖先，要麼至今還生存在鴿子最初被馴養的那些地方，要麼鳥類學家尚不知曉；但就其大小、習性和顯著的性狀而

言，這似乎是不大可能的；抑或牠們在野生狀態下業已滅絕了。然而，在岩崖上繁殖的和善飛的鳥，是不太可能滅絕的；跟家養品種有著相同習性的普通岩鴿，即令在幾個較小的英倫島嶼或地中海沿岸，也還都尚未滅絕。所以，假定岩鴿中如此多的具有家養品種的相似習性的物種均已滅絕，這在我看來，似乎是一種輕率的假設。此外，上述幾個家養品種曾被運往世界各地，因而必然有幾種會被重新帶回原產地；但是，除了鳩鴿（dovecot-pigeon，一種稍經改變了的岩鴿）在數處變為野生之外，還從來沒有一個品種變為野生的。所有最近的經驗再度顯示，欲使任何野生動物在家養狀態下自由繁殖，是極為困難的；然而，根據家鴿多源說，則必須假定至少有七或八個物種，在古代已被半開化的人類澈底馴養了，而且還能在籠養下大量繁殖。

一個在我看來有力且適用於其他幾種情形的論點是，上述的諸品種儘管在體制、習性、聲音、顏色及其結構的絕大部分方面，一般說來皆與野生岩鴿相一致，但是其結構的其他一些部分，委實是極為異常的；在鳩鴿科的整個大科裡，我們找不到一種像英國信鴿或短面翻飛鴿抑或短喙鴿那樣的喙；也找不到一種像毛領鴿那樣的倒羽毛、像凸胸鴿那樣的嗉囊、像扇尾鴿那樣的尾羽。因而必須假定，不但半開化人成功地澈底馴化了幾個物種，而且他們也有意識地或者偶然地選出了異常畸形的物種；進而還必須假定，這些物種自那時以來，全部滅絕或者不為人知了。這麼多奇怪的偶發事件，在我看來是極不可能的。

關於鴿類顏色的一些事實，很值得思考。岩鴿是石板青色的，尾部白色〔印度的亞種，即斯特里克蘭的青色岩鴿（*C.*

intermedia），尾部卻呈青色〕；岩鴿的尾端有一深色橫帶，其外側尾羽的基部具白邊；翅膀上有兩條黑帶；一些半馴化了的品種和一些顯然是真正的野生品種，翅上除有兩條黑帶之外，還分布著黑色的花斑。這幾種斑、帶，並不同時出現在全科的任何其他物種身上。在任何一個家養品種裡，只要是澈底馴養的鴿子，所有上述斑、帶，甚至外尾羽的白邊，均發育完善。此外，當兩個屬於不同品種的鴿子進行雜交後，雖然兩者無一具有青色或上述斑、帶，但其雜種後代卻很容易突然獲得這些性狀。譬如，我把一些純白色的扇尾鴿與一些純黑色的短喙鴿進行雜交，牠們產出的是雜褐色和黑色的鳥。我又用這些雜種再進行雜交，一個純白色的扇尾鴿與一個純黑色的短喙鴿的第三代後裔，有著像任何野生岩鴿一樣美麗的青色、白尾、兩條黑色的翼帶以及帶有條紋和白邊的尾羽！倘若一切家養品種都是從岩鴿傳下來的話，根據著名的返祖遺傳原理，我們便能理解這些事實了。但是，如果我們否認這一點的話，那麼，我們就必須在下列兩個極不可能的假設中，選取其一。第一，要麼所有想像的幾個原始祖先，都具有岩鴿那樣的顏色和斑、帶，以至於每一不同品種裡，也許都有重現同樣顏色和斑、帶的傾向，儘管沒有其他現存物種具有這樣的顏色和斑、帶。第二，要麼每一個品種，即令是最純粹的，也曾在十二代或至多二十代之內，與岩鴿雜交過：我之所以說在十二代或二十代之內，是因為我們不知道有支持這一信念的事實，即一個後代能重現超過很多代的祖先性狀。在只與一個不同的品種雜交過一次的品種裡，重現從這次雜交中所獲得到的任何性狀的傾向，自然會變得愈來愈小，因為其後各代裡的外來血統將逐代減少。然而，倘若不曾與一不同品種有過雜交的

話，就存在雙親均會重現前幾代中業已消失了的性狀的傾向；依我們所見，這一傾向跟前一種傾向恰恰相反，它可能會毫不減弱地遺傳到無數世代。這兩種不同的返祖情形，在有關遺傳的論文裡，常常被混為一談了。

最後，根據敝人對最為獨特的品種所作的有計畫的觀察，我認為，所有鴿子品種之間的雜種，都是完全能育的。然而，想要在兩個**明顯**不同動物之間的雜交後代中，找出一個完全能育的例證的話，卻是困難的，也許是不可能的。有些作者相信，長期持續的馴養可以消除這種不育性的強烈傾向；從狗的歷史來看，倘若將此假說應用於彼此親緣關係相近的物種，是有些可能性的，儘管沒有一個實驗支持這一假說。然而，若把該假說延伸，進而假定那些原本就像現在的信鴿、翻飛鴿、凸胸鴿和扇尾鴿一樣有著顯著差異的物種，竟能彼此間產生完全能育的後代的話，依我看則似乎是極端輕率的了。

根據以上這幾個理由，即人類不可能曾使七個或八個假定的鴿種，在家養狀態下自由地繁殖，而這些假定的物種，全然未見於野生狀態，也還遠未向野生方向轉變。這些物種與鳩鴿科的所有其他物種比較起來，雖然在某些方面具有極為變態的性狀，但在其他的大多數方面卻酷似岩鴿。無論是在純系繁衍或是在雜交的情況下，所有的品種都會偶爾地重現青色並具各種顏色的斑、帶；雜種的後代也完全能夠生育。把這些理由放在一起，我可以毫無疑問地說，我們所有家養的品種都是從岩鴿及其地理亞種傳下來的。

為了支持上述觀點，我補充如下：第一，業已發現野生岩鴿能在歐洲和印度被馴化；而且牠們在習性和很多結構特點上，跟所有

的家養品種一致。第二，雖然英國信鴿或短面翻飛鴿在某些性狀上與岩鴿大相逕庭，然而，把這些變種的幾個亞品種加以比較，尤其是把從遠方帶來的亞品種加以比較的話，我們即可在結構差異的兩極之間連成一條幾近完整的系列。第三，每一品種的那些主要的鑑別性的性狀，在每一品種裡又是顯著易變的，如：信鴿的肉垂和喙的長度，翻飛鴿的短喙以及扇尾鴿的尾羽數目；對於這一事實的解釋，待我們討論到「選擇」一節時，便會顯而易見。第四，鴿類曾受到很多人的觀察、極為細心的保護和熱愛。牠們在世界數地被飼育了數千年；如萊普修斯教授曾向我指出的，關於鴿類的最早記載，約在西元前 3000 年埃及第五皇朝；但伯奇先生告知我，在此之前的一個皇朝，鴿名已出現於功能表之上了。根據蒲林尼所言，在羅馬時代，鴿子的價格極為昂貴；「不，他們已經達到了這一步，他們已經能夠推斷出牠們的譜系和族群了」。印度的亞格伯汗也非常珍視鴿子，大約在 1600 年，宮中飼養的鴿子數，就從未在兩萬隻以下。「伊朗國王和都蘭國王曾送給他一些極為珍稀的鴿子」；宮廷史官接著寫道：「陛下用前人從未用過的方法，對各類品種進行雜交，把牠們改良得令人驚訝不已。」大約在同一時期，荷蘭人也像古羅馬人那樣愛好鴿子。這些資料對解釋鴿類所經歷的大量變異的無比重要性，待我們以後討論「選擇」一節時，就顯而易見了。此外，我們還會理解，為何這些品種常常多少有些畸形的性狀。雄鴿和雌鴿能夠方便地終身相配，對產生不同品種，也是最有利的條件；因此，不同的品種可以放在同一個飼養場裡，一起飼養。

我已對家鴿的可能的起源，進行了一番討論，但還遠遠不夠，

因為當我開始養鴿並注意觀察幾類鴿子的時候，很清楚牠們能夠多麼純粹地繁殖。我也充分地感到，很難相信牠們自馴化以來皆來自同一共同祖先，正如同讓任何博物學家，對大自然中雀科的鳴鳥類的很多物種（或其他鳥類的一些大的類群），要做出類似的結論，也會有同樣的困難。有一種情形給我的印象至深，即各種家養動物的飼養者和植物的栽培者（我曾與他們交談過或者讀過他們的論文），都堅信他們所養育過的幾個品種，是從很多不同的原始物種傳下來的。誠如我已經詢問過的，請你問問一位知名的赫里福德牛的飼養者，他的牛是不是從長角牛傳下來的吧，他一定會嘲弄你的。我遇見過的鴿、雞、鴨或兔的飼養者，無一不充分相信每一個主要的品種，都是從一個獨特的物種傳下來的。凡蒙斯在其關於梨和蘋果的論文裡顯示，他是多麼不相信幾個種類〔譬如，橘蘋（Ribston-pippin）或尖頭蘋果（Codlin-apple）〕能從同一株樹的種子裡產生出來。其他的例子更是不勝枚舉。我想，解釋起來很簡單：根據長期持續的研究，幾個族群間的差異給他們留下了強烈的印象；儘管他們熟知每一族群的變化很小，正因為他們選擇這些輕微的差異而獲得了犒賞，他們卻忽略了所有普通的論辯，並且拒絕在頭腦裡總結那些在很多連續世代裡累積起來的輕微差異。那些博物學家所知道的遺傳法則遠比飼養者要少，對漫長傳支系中的中間環節的知識也不比飼養者為多，可是他們都承認很多家養族群是從同一祖先傳下來的 —— 那麼，當他們嘲笑自然狀態下的物種是其他物種的直系後代這一觀點時，難道不該上一上「謹慎」這一課嗎？

選擇

　　現在讓我們來扼要地討論一下，家養族群是從一個物種或數個相近物種產生出來的步驟。些許微小的效果，或許可以歸因於外界生活條件的直接作用，另一些可以歸因於習性；但是，倘若有人以此來說明輓馬和跑馬、靈緹犬和嗅血警犬、信鴿和翻飛鴿之間的差異的話，那就未免太冒昧了。家養族群最顯著的特徵之一，是牠們的適應性，而這種適應性確實不是為了動物或植物自身的利益，而是為了適應人的使用或喜好。有些於人類有用的變異，大概是突然發生的，或一步到位的；譬如，很多植物學家相信，生有刺鉤的起絨草（fuller's teasel，其刺鉤是任何機械裝置所望塵莫及的）只是野生川續斷草（*Dipsacus*）的一個變種；而且這一變化，可能是在一株秧苗上突然發生的。轉叉狗（turnspit dog）大概也是如此起源的；安康羊（Ancon sheep）的起源亦復如此。但是，當我們比較輓馬與跑馬、單峰駱駝與雙峰駱駝、適於耕地或山地牧場，毛的用途各異的不同種類的綿羊；當我們比較各以不同方式服務人類的諸多狗的品種，當我們比較頑強好鬥的鬥雞和與世無爭的品種，比較鬥雞與「常生蛋」不孵卵的品種，比較鬥雞和小巧玲瓏的矮腳雞（bantam），當我們比較無數的農藝植物、蔬菜植物、果樹植物以及花卉植物的族群時（它們在不同的季節、以不同的目的惠益人類，或者美麗悅目）；我認為，我們對其研究，必須超出單純的變異性之外。我們不能設想，所有品種都是突然產生的，而一產生就像我們如今所看到的這樣完善和有用；其實在數種情形下，我們知道它們的歷史確非如此。其關鍵在於人類的積累選擇的力量；自

然給予了連續的變異，人類在對己有用的某些方向上積累了這些變異。在此意義上，方可謂人類為自己打造了有用的品種。

　　這一選擇原理的巨大力量不是假設的。的確有幾位著名的飼養者，僅在其一生的時間裡，就在很大程度上改變了他們的牛和綿羊品種。為了充分理解他們已完成的工作，應當去閱讀若干有關這一問題的文獻，以及觀察那些動物。飼養者習以為常地把動物的組織結構說成是可塑性很強的東西，幾乎可以任由他們隨意塑造似的。倘若篇幅許可，我能從極富才能的權威人士著作中，引述很多有關的章節。尤亞特對農藝家的工作，可能比其他人更為熟悉，而且他本人就是一位非常優秀的動物鑑定家，他說選擇的原理「可以使農學家不僅能夠改變他所飼養的禽畜的性狀，而且能夠徹頭徹尾地將之改造。『選擇』宛若魔術家的魔杖，用這根魔杖，他可以隨心所欲把生物塑造成任何類型和模式」。薩默維爾勳爵談到飼養者培育羊的成果時，作如是說：「就好像他們用粉筆在牆壁上畫出了一個完美的形體，然後令其化為生靈。」對於鴿子，那位最熟練的飼養高手約翰・西布賴特爵士曾說過，「他在三年之內能培育出任何一種羽毛，但若要獲得頭和喙的話，則需要六年之久」。在撒克遜[2]，選擇原理對於美麗諾羊（merino sheep）的重要性已被充分認識，以至於人們把「選擇」當作了一種行業：把綿羊放在桌子上，研究牠，如同鑑賞家鑑定圖畫一樣；相隔數月共舉行三次，每次在綿羊身上都做出記號並予以分類，其最佳者最終被選擇出來進行繁

2　編按：薩克遜王國，今薩克遜自由邦，位於德國東部，於 1918 年併入威瑪共和國。

育。

　　英國飼養者實際上已經實現的，被優良譜系的動物售出的高價所證明；牠們現今幾乎被運往世界每一角落。這種改良的成果，通常並非出於不同品種間的雜交；所有最好的飼養者都強烈反對這樣的雜交，除非在極為相近的亞品種之間。而且一旦雜交之後，嚴謹的選擇甚至於比在普通情況下更不可或缺。倘若選擇僅在於分離出某些很獨特的變種、令其繁殖的話，那麼，其中的原理會是如此明顯，以至於幾乎不值得注意了；然而，它的重要性卻在於使未經訓練過的眼睛所絕對看不出來的一些差異（我就是看不出這些差異的人之一），在若干連續世代裡朝著一個方向累積，而產生極大的效果。具有足夠準確的眼力和判斷力而能成為一個卓越飼養家的人，千里挑一都未必可得。倘若一個人具備這些天賦素質，能多年鑽研他的課題，而且能畢其一生百折不撓地從事這項工作，他將會成功，並可能做出巨大的品系改進；如果他缺乏這些素質，則必將失敗。很少有人會輕易地相信，連成為一個熟練的養鴿者，也還必須具備天賦才能以及多年的經驗呢。

　　園藝家也遵循相同的原理，但植物的變異通常更為突然。沒有人會假定，我們最珍愛的一些品系是從其原始祖先只經一次變異就產生的。在一些例子裡，我們有準確的紀錄可以證明，情況並非如此，譬如普通醋栗（common gooseberry）的大小是穩步增長的，就是一個微不足道的例證。當我們拿今日的花與僅僅二十或三十年前所畫的花相比較的話，即可看出花卉栽培家對很多種花卉已做出了令人驚訝的改進。一個植物的族群一旦較好地「立足」之後，種子培育者並非挑那些最好的植株，而只是檢查一下苗床，清除那些

「劣種」，他們稱這些偏離適當標準的植株為劣種。對於動物，事實上，也同樣採用這種選擇方法，幾乎無人會粗心大意到讓最劣的動物去繁殖的地步。

關於植物，還有另一種方法可以觀察選擇的累積效果，即在花園裡，比較同種當中不同變種的花的多樣性；在菜園裡，與一些相同變種的花相比較，葉、莢、塊莖或任何其他有價值部分的多樣性；在果園裡，與同一套變種的葉和花相比較，同種的果實的多樣性。看看捲心菜的葉子是何其不同，而花卻是極其相似；三色菫（heartsease）的花是何其不同，而葉子又是何等相似；各種不同的醋栗，它們的果實在大小、顏色、形狀和茸毛等方面是何其不同，然而，它們的花所表現出的差異卻極為微小。這並非意味著，在某一點上差異很大的變種，在其他各點上一點兒差異也沒有；情形很少如此，也許從來就不是如此。生長相關律會確保一些差異的出現，故其重要性絕不容忽視；然而，作為一個普通法則，我無可置疑，無論是葉、花還是果實，對其微小變異進行持續選擇的話，就會產生出主要在這些性狀上有所差異的各種族群。

也許有人不同意上述說法，認為選擇原理付諸井井有條的實踐，差不多也就四分之三個世紀而已；近年來選擇確實比以前受到更多的關注，而且有關這一論題已發表了很多論文，故其成果也相應地出得快而且重要。但是，若要說這一原理是近代的發現，就未免與真實相距甚遠了。我可以引用遠古著作中的一些文獻，其中提及這一原理的重要性，已得到充分的認識。英國歷史上的粗魯和蒙昧時期，常常進口一些精選的動物，並且頒布法律以防止其出口；並有明令規定，一定身材大小之下的馬要予以消滅，此舉堪比園藝

家們拔除植物裡的「劣種」。我曾在一部中國古代的百科全書裡發現有關選擇原理的清楚記載。一些古羅馬的著述家，已制定了明確的選擇規則。從《創世記》的章節裡可以清楚看到，早在其時，家養動物的顏色已受關注。未開化的人類現在有時還讓他們的狗和野生狗類進行雜交，以改進狗的品種，他們以前也是這樣做的，這在蒲林尼的文字裡可以得到印證。南非未開化的原住民按照挽牛（draught cattle）的顏色讓其交配，有些愛斯基摩人對他們的雪橇狗也是如此。李文斯頓說，未曾與歐洲人接觸過的非洲內地黑人，同樣高度重視優良品種的家養動物。某些這種事實雖不代表實際意義上的選擇，但卻顯示在古代便有人密切注意到家養動物的培育了，現在連最不開化的人們也同樣注意到這一點。由於優劣的遺傳是如此明顯，若是對於家畜的培育視而不見的話，反倒顯得離奇了。

目前，出類拔萃的飼養者，都著眼於一個明確的目標，試圖用有條不紊的選擇方式，來培育優於國內任何現存種類的新品系或亞品種。但是，為了我們的目的，還有一種更為重要的選擇方式，可以稱作無心的（unconscious）選擇，它是人人皆想擁有及培育最佳個體的結果。因此，要養波音達獵犬（pointer）的人，自然而然會去竭力獲得最為優良的狗，其後他會用自己所擁有的最優良的狗來繁育，但他並不指望永久改變這一品種。然而我毫不懷疑，如果把這一過程持續若干世紀，一定會改進並改變任何品種，正如貝克韋爾和考林斯等人用同樣的方式，只是進行得更加有計畫而已，甚至於在他們有生之年，便已大大地改變了他們的牛的形體和品質。除非很久之前即對有關的品種進行正確的測量或細心的繪圖

以資比較，否則這些緩慢而不易察覺的變化，也許壓根就不會被識別出來了。然而，在某些情形下，同一品種未經改變或略有變化的個體，也可能見於文明程度較為落後的地區，那裡的品種得到了較小的改進。我們有理由相信，查理王長耳獵犬自那一朝代以來，已在無意間被大大改變了。一些極有水準的權威人士相信，塞特犬（setter）直接來自長耳獵犬，大概是從其緩慢變更而來。英國波音達獵犬在上一世紀內，已發生了重大的變化，而且在這一例子裡人們相信，這種變化主要是由於跟獵狐犬（fox hound）的雜交所致。但我們所關心的是，這種變化實現的過程是無意的、緩慢的但卻是極有成效的；以前的西班牙波音達獵犬確實是從西班牙傳來的，但誠如博羅先生告知我的，他還未曾見過任何西班牙本地狗與我們的波音達獵犬相像。

經過類似的選擇過程並透過細心的訓練，英國跑馬在速度和身材方面，都已超過了其祖先阿拉伯馬，以至於依照古德伍德賽馬的規則，阿拉伯馬的負荷量被減輕了。斯賓塞勳爵以及其他人曾經指出，英國的牛與過去此地的原種相比，其重量和早熟性都已有所增加。把各種舊文獻中有關不列顛、印度、波斯的信鴿、翻飛鴿的論述，與現今的狀態加以比較的話，我們便可以清楚地追溯出牠們經過的不顯眼的各個階段，於今所到達與岩鴿差異極大的地步。

尤亞特精采地展示了一種可稱為無意間遵循的選擇過程，卻產生了飼養者壓根未曾預期，甚或未曾希望過的結果，即產生了兩個不同的品系。尤亞特先生說，巴克利先生和伯吉斯先生所養的兩群萊斯特綿羊（Leicester sheep）「都是從貝克韋爾先生的原種純正地繁衍下來的，已有五十多年的歷史。稍微熟悉這一問題的任何

人，都不會有一絲懷疑，上述任何一位物主曾在任何情況下，使貝克韋爾先生的羊群的純粹血統偏離，然而，這兩位先生的綿羊彼此間的差異卻如此之大，甚至從牠們的外貌上看，簡直像極其不同的變種」。

倘若現在有一種未開化的人類，野蠻到從不考慮家養動物後代的遺傳性狀問題，可是當他們在極易遇到的饑荒或其他災害期間，他們還是會把對他們有用的動物小心地保存下來。這樣選擇出來的動物比起劣等動物，一般都會留下更多的後代；在這種情形下，就會有一種無心的選擇在進行了。我們見到，火地島上未開化的人類也重視其動物的價值，遇饑荒之時，他們甚至殺食老年婦女，對他們而言，這些老年婦女還不如狗的價值高。

在植物方面，像這樣逐步改進的過程也清晰可見，例如三色菫、薔薇、天竺葵、大理花以及其他植物的一些變種，在大小和美觀方面，比起舊的變種或它們的親本種，都有所改進。而這一改進的過程是透過最優良個體的偶然保存而實現，無論它們在最初出現時，是否有足夠的差異可被列入獨特的變種，也無論是否由於雜交把兩個或更多的物種或族群混合在一起。向來無人會奢望，從野生植物的種子得到上等的三色菫或大理花，也無人會奢望，從野生梨的種子能培育出上等的軟肉梨。然而，如果這野生的瘦弱梨苗原本來自果園培育的族群，他也許會成功。古代即有梨子的栽培，但從蒲林尼的記述來看，其果實品質似乎很低劣。我曾看到園藝著作中，對園藝家驚人技巧驚歎不已，他們能從如此低劣的原本品種裡產生出如此優秀的結果。不過，我不能質疑，這技藝是簡單的，就其最終結果而言，幾乎都是無意識之下進行的。因為園藝家總是用

他們所知最佳的變種來栽培，播下它的種子，當較好的變種偶然出現時，便選擇下來，並照此進行下去。在某種很小的程度上來說，雖然我們的優良果實，有賴於古代園藝家自然地選擇並保存了他們所能尋覓到的最優良品種，然而，他們在栽培那些可能得到的最好的梨樹時，卻壓根就未曾想到過，我們如今竟能吃到何等美妙的果實。

　　誠如我所相信的，我們的栽培植物中所出現的這些緩慢和無意累積起來的大量變化，解釋了以下眾所周知的事實——即在大多數情形下，對於花園和菜園裡栽培悠久的植物，我們已經無法辨識因而也無從得知其野生的親本種。倘若需要幾個世紀或數千年的時間，大多數的植物方得以改進或改變到現今對人類有用的標準，我們便能理解：為何無論是澳大利亞、好望角或其他一些尚未開化的地方，皆不能為我們提供任何一種值得栽培的植物。這些地區擁有如此豐富的物種，它們之所以不能為我們提供值得栽培的植物，不是因為奇怪的偶然性而令其沒有任何有用植物的原生品種，而是因為這些地方的原生植物還沒有經過連續選擇而得以改進，尚未達到能與古文明國家的植物相媲美的完善標準。

　　關於未開化的人類所養的家養動物問題，有一點不容忽視的是，至少在某些季節裡，他們經常要為自己的食物而進行競爭。體質或結構上有著輕微差別的同種個體，若處在環境極為不同的兩個地區，通常在其中一地會比在另一地更為成功一些；因此，如同我之後將要更充分闡釋的那樣，透過這一「自然選擇」的過程，便會形成兩個亞品種。這也許能夠部分地解釋一些作者曾評論過的，為何未開化人類所養的一些變種，比起在文明國度裡所養的變種，會

具有更多的種的性狀。

根據在此陳述的人工選擇所起的十分重要的作用來看，家養族群的結構或習性為何會適應於人類的需要或愛好，便頃刻昭然。我們還能進一步理解，家養族群為何會經常出現畸形的性狀，同樣，為何其外部性狀的差異如此巨大，相對來說其內部構造或器官的差異卻如此微小。除了外部可見的性狀外，人類幾乎無法選擇或僅能極為困難地選擇結構上的任何偏差；其實，他們也很少關心內部器官的偏差。除非大自然首先向人類提供了一些輕微變異，人類絕不可能進行選擇。一個人只有看到了一隻鴿子尾巴出現了某種輕微的異常狀態，他才會試圖育出一種扇尾鴿；同樣，除非他看到了一隻鴿子的嗉囊的大小有些異乎尋常，否則他也不會試圖去育出一種凸胸鴿。任何性狀，在最初發現時表現的愈是畸形或愈是異常，就愈有可能引起人們的注意。但是，我毫不懷疑，用人類「試圖育出扇尾鴿」的這種說法，在絕大多數情況下是完全不正確的。最初選擇一隻尾巴稍大一點的鴿子的人，絕不會夢想到在歷經長期持續的、部分是無心及部分是刻意的選擇之後，那隻鴿子的後代最終會變成什麼模樣。也許所有扇尾鴿的始祖只有略微擴展的十四支尾羽，宛若現今的爪哇扇尾鴿，或像其他獨特品種的個體，尾羽的數目多達十七支。也許最初的凸胸鴿，其嗉囊的膨脹程度也並不比如今浮羽鴿食管上部的膨脹程度為大，而浮羽鴿的這種習性也未被所有的養鴿者注意到，因為它並非是該品種的主要培育特點。

別以為只有某種結構上較大的偏離，才能引起養鴿者的注意：其實他能察覺極其微小的差異，況且人的本性即在於，對他所擁有的任何東西的新奇性，無論多麼輕微，也會加以珍視。先前賦予同

一物種諸個體的輕微差異，其價值不能用幾個品種已經基本建立後的當今價值去判斷。鴿子現在或許還會發生（而且實際上的確還在發生）很多輕微的變異，不過此等變異卻被當作各品種的缺點或偏離完善的標準而遭拋棄。普通鵝尚未產生過任何顯著的變種；圖盧茲鵝和普通鵝只有顏色上的不同，而且這是最不穩定的性狀，最近卻被當作不同的品種，在家禽展覽會上展出了。

我認為，這些觀點進一步解釋了這個時有提及的說法 —— 我們對於任一個家養品種的起源或歷史皆一無所知。其實，一個品種如同語言裡的一種方言，很難說它有什麼確定的起源。人們保存和培育了在結構上稍有偏差的個體，或者是特別關注了優良動物的繁殖並以此使它們得以改進，而且已改進的個體慢慢地會擴散到鄰近的地方去。然而，由於它們通常不具有一個特有的名稱，又由於它們只受到很少的重視，因此，其歷史也就會遭到忽視。當它們被同樣緩慢而逐漸的過程進一步改進之時，它們將會擴散得更廣，而且會被看成是獨特的以及有價值的，只有那個時候，它們大概才會首次獲得一個地方名稱。在半文明的國度裡，很少有什麼資訊的自由傳播，任一新亞品種的傳布、認可的過程都會是緩慢的。一旦新的亞品種中有價值的各點被充分認識之後，被我稱為無心的選擇這一原理，總是趨向於緩慢地強化這一品種的特性，這一過程的進展，依品種的盛衰流行，也許此時多些，彼時少些；亦依各地居民的文明狀態，也許此地多些，彼地少些。然而，有關這種緩慢、各異以及不易察覺的變化，其記載能被保留下來的機會，則是微乎其微的。

對人工選擇力的有利或不利的條件，現在我得稍說幾句。高度的變異性顯然是有利的，因為它能自由地為選擇的進行提供素材。

並不是說，僅僅是個體差異，便不足以向著幾乎任何所希冀的方向積累起大量的變異，倘若極度關注，則也能。但是，由於對人們顯著有用的或能使他們感到欣喜的變異，僅僅偶爾出現，故飼養的個體愈多，變異出現的機會也就愈多。因此，數量對於成功來說，還是極為重要的。馬歇爾曾依據這一原理，對約克郡各地的綿羊作過如下的評述：「綿羊通常為窮人所有，而且大部分只是小群飼養，因而牠們從來不能改進。」另一方面，由於園藝家栽培著大量的相同植物，故其在培育新的以及有價值的變種方面，一般而言就會比業餘人士更為成功。在任何地方，要保持一個物種有大量的個體，就必須把它們置於有利的生活條件下，讓它們能在該地自由的繁殖。如果任一物種的個體稀少，那麼無論其品質如何，都得讓它們全部繁殖，這便會有效地妨礙選擇。然而其中最重要的因素，則是動物或植物對人類必須極端有用，或受到人類極大的重視，如此一來，連其品質或結構上最微小的偏差，都會引起人們的密切注意。倘若缺乏這樣的關注，便一無所成了。我曾看到有人嚴肅地指出，最為幸運的是，正值園藝家開始密切注意草莓的時候，它開始發生了變異。無可置疑，草莓自被栽培以來總是在發生變異，只不過微小的變異被忽視了而已。然而，一旦園藝家選出一些長有略大些、略微早熟些或略好些果實的植株，用它們來培育幼苗，接著又選出最好的幼苗用於繁育，於是（借助與不同物種的一些雜交），那些讓人稱羨的、近三四十年間所培育出來的許多草莓變種，便一一登台亮相了。

在具有雌雄異體的動物方面，防止雜交之便，乃是成功地形成新族群的重要因素 —— 至少在已有其他動物族群的地方是如此。在

這一方面，土地的封圈發揮著作用。漂泊的未開化人類或者開闊平原上的居民所飼養的同一物種裡，很少有超出一個品種的。鴿子保持終身的雌雄配對，這極大地便利了養鴿者，因為這樣的話，牠們雖被混養在同一個鴿場裡，許多族群依然能保持純系；此等環境，對於新品種的改進與形成，一定大有裨益。我可以補充，鴿子能夠大量而迅速地繁殖，所以劣等的鴿子很容易被除去，如：把牠們殺掉，可供食用。另一方面，貓有夜間漫遊的習性，不能控制其交配，雖然極受婦女和小孩所喜愛，但我們幾乎從未看到過貓有一個能夠長久保存的獨特品種；即便有時我們確實能看到的那些獨特品種，幾乎總是從外國進口來的，而且通常來自島上。儘管我並不懷疑，某些家養動物的變異少於其他一些家養動物，然而，貓、驢、孔雀、鵝等鮮有或缺乏獨特的品種，則可能主要歸因於選擇在其間尚未發揮作用：貓，是因為其交配難以控制；驢，只有窮人飼養的少數，故其繁育很少受到關注；孔雀，不易飼養且為數甚少；鵝，則因為其被重視的目的有二：一為食物，二為羽毛，尤其是對其獨特品種的展示，毫無樂趣可言。

　　總結一下有關我們的家養動物和植物族群的起源。我相信，在造成變異性上，目前看來，生活條件（從其對生殖系統的作用上來看）具有高度的重要性。與有些作者所想像的不同，我不相信變異性在一切條件下、對所有的生物都是內在的和必要的偶然性。各種不同程度的遺傳和返祖，會使變異性的效果得以改變。變異性是由很多未知的法則所支配的，尤以生長相關律為甚。有一些，可以歸因於生活條件的直接作用；有一些，則必須歸因於器官的使用與不使用。最終的結果因此便成為無限複雜的了。在一些情形中，我不

懷疑，不同的、獨特的原生種的雜交，在我們家養的品種起源上，起了重要的作用。在任何地方，當若干品種一經形成後，它們的偶然雜交，同時借助於選擇的作用，無疑對於新的亞品種的形成大有幫助。但對於動物以及靠種子繁殖的植物，我相信，變種間雜交的重要性已被過分誇大了。對於暫時用插枝、芽接等方法進行繁殖的植物，種間以及變種間雜交的重要性是極大的，因為栽培者在這裡大可不必顧慮雜種和混種的極度變異性，也無需顧慮雜種常常出現的不育性。但是，不靠種子繁殖的植物對我們來說是無關緊要的，因為它們的存在只是暫時的。在所有這些變異的原因之上，我深信，選擇的累積作用是最具優勢的「力量」，無論它是刻意和迅速實施的，還是無心和緩慢（但更為有效）實施的。

第二章

自然狀態下的變異

變異性－個體差異－懸疑物種－廣布的、分散的和常見的物種變異最多－任何地方的大屬物種均比小屬物種變異更多－大屬裡很多物種類似於變種，有著很近但不均等的親緣關係，而且分布範圍局限。

在把前一章裡所得出的各項原理應用到自然狀態下的生物之前，我們必須先扼要地討論一下，自然狀態下的生物是否可能發生任何變異。若要適當地討論這一問題，得列出一長串枯燥無味的事實，但這些事實將留待我在未來的著作裡陳述。我也不在此討論「物種」這個名詞的各種各樣的定義。雖然尚未有一項定義能讓所有博物學家皆大歡喜，但每個博物學家談及物種時，都能大致明白自己是在指什麼。一般說來，這名詞包含了某一特定造物行為的未知因素。「變種」（variety）一詞，幾乎也是同樣難以定義，但是它幾乎普遍地暗含著共同世系傳承（community of descent）的意思，儘管這一點很少能夠得到證明。還有一些所謂的畸形，已逐漸過渡到變種的範圍。我認為畸形是指某一部分的結構發生了顯著偏差，而這一偏差對於物種來說，是有害的或是無用的，而且通常是

不遺傳的。有些作者在專門意義上使用「變異」這一名詞，意指一種直接由生活的物理條件所引起的變化，這種意義上的「變異」，照理是不遺傳的。但是，諸如波羅的海半鹹水裡矮化的貝類[1]，或是阿爾卑斯山峰頂上的矮化植物，或是極北地區毛皮較厚的動物，誰又能說在有些情形下不會遺傳至少幾代呢？我以為，在此情形下，該類型會被稱為變種。

再者，我們有許多可稱為「個體差異」（individual differences）的細微差異，譬如，它們常見於同一父母所生的後代中，或者因為常見於棲居在同一局限區域內同一物種的個體中，也可以假定是同一父母所生後代中產生的細微差異。沒人會假設同一物種的所有個體，都是一個模子裡造出來的。這些個體差異，對於我們來說是太重要了，因為它們為自然選擇的累積提供了材料，恰如人類在家養生物裡朝著任一既定方向積累個體差異那般。這些個體差異通常影響的那些部分，博物學家認為是不重要的；但是，我可以用一連串的事實表明，一些無論從生理或分類的觀點來看都必須被稱為重要的部分有時在同一物種的不同個體間，也會發生變異。我相信，最富經驗的博物學家，也會對變異實例之多感到驚奇，甚至於在身體結構的重要部分亦是如此，對於這些實例，他在若干年內也能根據可靠的材料蒐集到，正如我蒐集到的那樣。應該銘記，分類學家極不樂意在重要的性狀中發現變異，而且，也沒有多少人願意去費力檢查內部的和重要的器官，並去比較同一物種的許多標本。我壓根就不該預料到，昆蟲靠近大中央神經節的主幹神經分支，在同一

1　編按：生物學中矮化（dwarf）意指族群個體普遍縮小的情形。

個物種裡竟會發生變異；我該預料到的是，這種性質的變異只能是以緩慢的方式發生的。然而，最近拉伯克爵士已經闡明，在介殼蟲（coccus）裡，這些主幹神經的變異程度，幾乎堪比樹幹的不規則分支。容我補充一句，這位富有哲理的博物學家最近還闡明，某些昆蟲的幼蟲肌肉很不一致。當一些作者說重要器官從不變異的時候，他們有時是在迴圈地論辯；因為正是這些作者，實際上把不會變異的部分列為重要的器官（誠如少數博物學家已經坦承的），在這種觀點下，自然就找不到重要器官發生變異的例子了。但在任何其他觀點之下，此等例子無疑是不勝枚舉。

與個體差異相關聯的一點，令我極度困惑：我所指的，即那些被稱為「變形的」（protean）或「多態的」（polymorphic）屬，在這些屬裡，物種表現了異常大的變異量；然而，其中究竟哪些類型應列為物種，哪些是變種，幾乎沒有兩個博物學家的意見是一致的。我們可以舉植物裡的懸鉤子屬（*Rubus*）、薔薇屬（*Rosa*）、山柳菊屬（*Hieracium*）以及昆蟲類和腕足類的幾個屬為例。在大多數多態的屬裡，有些物種具有一些固定及明確的性狀。除了少數例外，在一個地方為多態的屬，似乎在其他地方也是多態的，而且從腕足類來判斷，在先前的時代也是如此。這些事實很令人困惑，因為它們似乎表明這種變異是獨立於生活條件之外的。我傾向於臆測，在這些多態的屬裡，我們所看到的結構裡的一些變異，對於物種是無用的或無害的，結果，它們尚未受到自然選擇的光顧，也未被自然選擇確定下來，正如其後將要解釋的那樣。有些類型，在幾個方面對於我們的討論最為重要。他們在相當大的程度上具有物種的屬性，但由於它們與其他一些類型密切相似，抑或透過一些中間

的過渡類型與這些類型緊密連接在一起，以至於博物學家不樂意把它們列為分立的物種。我們有種種理由相信，很多這些有疑問以及緊密相關的類型，已在其原產地長期地永久保存了它們的性狀；據我們所知，它們保持這些性狀的時間，與實實在在的、真正的物種一樣悠久了。實際上，當一位博物學家能夠透過其他一些具有若干居間的性狀，把兩個類型聯合在一起的時候，他就把一個類型當作另一類型的變種：把最常見的（有時會把最早描述的）那個類型作為物種，而把另一個類型作為其變種。然而，在決定可否把一個類型作為另一類型的變種時，即便這兩個類型被一些中間環節緊密連接在一起，有時也會出現一些極為困難的例子，這些例子我就不在此列舉了。即使這些中間環節具有通常所假定的雜交性質，也並非總能消除這種困難。然而，在很多情形下，一個類型之所以被列為另一類型的變種，並非因為確已發現了一些中間環節，而是由於類比，導致觀察者去假定這些中間類型現在的確生存於某些地方，或者它們從前可能曾經生存過；這樣的話，便開啟了疑惑或臆測的大門。

因此，當決定一個類型究竟應該列為物種還是列為變種的時候，具有可靠見識以及豐富經驗的博物學家的意見，似乎是唯一可循的指南。然而，在眾多的情況下，我們必須根據大多數博物學家的意見來做決定，因為幾乎所有的特徵顯著且眾所周知的變種，都曾經被至少幾位勝任的鑑定者列為物種。具有這種可疑性質的變種極為常見，這一事實無可爭辯。比較一下不同植物學家所列的英國、法國或者美國的幾個植物群，即可看出有何等驚人數目的類型，被一位植物學家列為一些實實在在的物種，卻又被另一位植物

學家列為僅僅是些變種。對我襄助良多，令我感激萬分的沃森先生告訴過我，有182種英國的植物已被植物學家列為物種，而現在看來全都是一些變種。在他開列這個名單之時，他還略去了很多微不足道的變種，而這些變種竟也曾被一些植物學家列為物種；此外，他還把幾個高度多態的屬完全刪除了。在屬這一級之下，包括最為多態的一些類型，巴賓頓先生列舉了251個物種，而本瑟姆先生只列舉了112個物種，兩者之間竟有139個有疑問的類型之差！在靠交配來生育以及有極高移動性的動物裡，有些懸疑類型，也會被一位動物學家列為物種而被另一位動物學家列為變種，但它們很少見於同一個地區，卻常見於相互隔離的不同區域。在北美和歐洲，何其多的鳥類和昆蟲，儘管彼此間差異極小，卻被某位知名博物學家列為無可置疑的物種，又被另一位博物學家列為變種，抑或慣常稱其為地理族群啊！多年前我曾親自比較過，也看到別人比較加拉帕戈斯群島諸島之間鳥的異同，以及這些島上的鳥與美洲大陸的鳥的異同時，我深深感到物種和變種之間的區別是何等的含糊與武斷。小馬德拉群島的小島上，很多昆蟲在沃拉斯頓先生令人稱羨的著作中被稱作變種，但毫無疑問會被很多其他昆蟲學家列為不同的物種。甚至在愛爾蘭，也有少數曾被一些動物學家列為物種的動物，而今卻被視為變種。幾位最富經驗的鳥類學家認為，不列顛的紅松雞只是一個挪威種的特點顯著的族類，而更多人則把牠列為大不列顛所特有的、無可置疑的物種。倘若兩個懸疑類型的原產地相距遙遠，便會導致很多博物學家將其列為不同的物種，然而曾有人不無理由地問過，究竟多遠的距離堪稱為「足夠」呢？倘若美洲和歐洲間的距離是綽綽有餘，那麼，歐洲大陸和亞佐爾群島、馬德拉群

島、加那利群島或愛爾蘭之間的距離，是否也是足夠的呢？我們必須承認，有很多被極為勝任的鑑定者視為變種的類型，具有十分完美的物種屬性，以至於被其他極為勝任的鑑定者列為實實在在的真實物種。然而，在物種和變種這些名詞的定義還沒有被普遍接受之前，就去討論什麼應該稱作物種，什麼應該稱作變種，不啻是白費力氣。

很多特點顯著的變種或懸疑物種的例子，十分值得考慮；因為來自地理分布、類比的變異、雜交等方面的有趣辯論，對試圖確定它們的分類階層，是有意義的。我在此僅舉單個一例，即眾所周知的報春花（*Primula vulgaris*）和立金花（*Primula veris*）。這兩種植物在外表上大相逕庭：它們味道不同，釋放出來的氣味也不同；它們的開花期也略為不同；它們所生長的環境也有些不同；它們分布在山上不同的高度；它們有著不同的地理分布範圍；最後，根據最為仔細的觀察者伽特納幾年期間所做的無數實驗顯示，它們之間的雜交極為困難。我們幾乎無法期望比這更好的例證，以說明兩個類型表現出的在種一級上的不同了。另一方面，它們之間有很多中間環節相連接，很難說這些中間環節是不是些雜種；在我看來，有大量的證據表明它們是從共同的親本傳而來，因此，它們必須被列為變種。

在很多情形下，仔細的研究，會使博物學家在如何確定懸疑類型的分類階層歸屬上，取得一致的意見。然而，我們也必須承認，懸疑類型的數目正是在研究得最好的地區發現的最多。我注意到：倘若在自然狀態下，任何動物或植物對於人類極為有用，或是由於任何原因引起了人們的密切關注，那麼，它的一些變種通常都會被

記載下來。此外，這些變種還常常會被一些作者列為物種。看看普通的櫟樹吧，它們已被研究得何等仔細，然而一位德國作者竟從幾乎被普遍認為是一些變種的類型中，確定了十二個以上的物種。在我國，能夠引述到一些植物學最高權威和實際工作者的不同看法，既可表明無梗的和有梗的櫟樹是實實在在的獨特物種，亦可表明它們僅僅是變種而已。

當一位青年博物學家開始研究一個他十分陌生的生物類群時，最初令他感到極為困惑的，便是決定把什麼樣的差異視為物種的差異，把什麼樣的差異視為變種的差異，因為他對該類群所發生的變異程度和變異種類一無所知。這至少顯示，生物發生某種變異，簡直是家常便飯。但是，如果這位青年博物學家把注意力僅局限於一個地區裡的某一類生物，他會很快地打定主意，如何確定大多數懸疑類型的分類階層級別。他一般會傾向定出很多物種來，這是因為像前面提及的那些養鴿或養雞的愛好者一樣，他所不斷研究著的那些類型的差異程度會給他深刻的印象，而且，他對其他地區和其他生物類群類似的變異常識所知甚少，很難以此來糾正他的最初印象。及至他擴大了觀察視野之後，便會遇到更多困難的例子，因為他會遇到為數更多的密切相關的類型。但是，這位青年博物學家若進一步擴大觀察視野，最終他通常會拿定主意，哪些可稱為變種，哪些可稱為物種。不過，他要在這方面獲得成功，就得承認大量的變異存在，只是做這樣的承認是否符合事實，又往往會遭到其他博物學家的質疑。此外，當他研究來自現今已不相連的一些地區的相關類型時，他很難指望能夠從中發現那些懸疑類型間的中間環節，於是他幾乎不得不完全依賴類比，使他的困難上升到頂點。

誠然，在物種和亞種之間，確實尚未劃出一條清晰的界線，即一些博物學家認為有些類型已經非常接近物種，但還沒有完全達到物種這一級；另外，在亞種和顯著的變種之間，或在較不顯著的變種和個體差異之間，情形也是如此。這些差異交錯融合，形成不易察覺的一連串變化，給人留下差異層次上確實存在過渡的印象。

　　因此，儘管分類學家對個體差異的興趣很小，但我認為個體差異非常重要，因為這類差異是邁向輕微變種的第一步，而這些輕微變種幾乎不值得載入博物學文獻之中。同時，依我看來，在任何程度上較為顯著的和較為永久的一些變種，是邁向更為顯著及更為永久的一些變種的步驟；而更為顯著及更為永久的一些變種，則是走向亞種及至物種的步驟。在有些情況下，從一個階段的差異過渡到另一個及更高階段的差異，可能僅是由於兩個不同地區的不同物理條件持續作用的結果。但是，我對此觀點卻不以為然，我將一個變種從與其親種差異很小的階段過渡到差異更多的階段，歸因於自然選擇的作用，亦即在某些確定的方向上累積生物結構方面的差異（這一點其後將予更充分的解釋）。因此，我相信一個顯著的變種可以叫做雛形種（incipient species）；至於這一信念是否合理，還必須依據本書通篇所列舉的幾種事實和觀點的總體分量來加以判斷。

　　不必假定所有的變種或雛形種都一定會達到物種這一分類階層。它們或許在處於雛形種狀態就滅絕了，或者長時期停留在變種的階段，一如沃拉斯頓先生所指出的例子：馬德拉地方某些化石陸地貝類的變種。如果一個變種很繁盛，甚至超出了其親種的數目，它就會被列為物種，而其親種反而被列為變種了；或者它會取代並消滅其親種；或許兩者並存，均被列為獨立的物種。其後，我們將

必須重返這一論題。

綜上所述，我把物種這一名詞視為，為了方便而任意給予一群彼此間極為相似的個體的一個稱謂，它與變種這個名詞並無本質上的區別，變種只是指區別較少而波動較大的一些類型而已。同樣，變種這個名詞與單純的個體差異相比較的話，也是任意取用的，僅僅是為了方便而已。

根據理論方面的考慮，我曾經思索，如果把幾個研究詳盡的植物群中所有的變種列表整理出來，對於變化最多的物種的性質和關係，也許會獲得一些有趣的結果。乍看起來，這似乎是一件簡單的工作，然而，不久沃森先生使我相信其中有很多困難，我深為感激他在這一問題上給我的寶貴建議和幫助。其後，胡克博士也作如是說，甚至格外強調了其困難性。這些困難以及各變異物種的比例數目表格本身，我將留待未來的著作裡去討論。胡克博士允許我補充說明，當他詳細閱讀了我的原稿並且檢查了各種表格之後，他認為下面的立論是頗能站得住腳的。然而，整個問題是相當令人困惑的，但在此只能十分扼要地敘述，而其後還要討論到的「生存競爭」、「性狀分異」以及其他一些問題，也不可避免地在此先提及。

德康多爾與其他一些人已經展示，分布很廣的植物通常會出現變種。這或許已是可以意料到的，因為它們暴露在各種各樣的物理條件之下，也因為它們還須和各類不同的生物競爭（這一點，其後我們將會看到，是更為重要的條件）。但是我的這些清單進一步顯示，在任何一個有限的地區裡，最常見的物種，即個體最繁多的物種，以及在它們自己的區域內最為分散的物種（這與分布廣的意義

不同，在某種程度上，與「常見性」也不同），也最常發生變種，而這些變種有足夠顯著的特徵，足以載入植物學文獻之中。因此，最繁盛的物種，或可以稱為優勢的物種——它們分布最廣，在自己區域內最為分散，個體也最為繁多——最常產生顯著的變種，或者如我所稱的雛形種。而且，這也許是可以預料到的，因為作為變種，若要獲得任何一點恒久性，必定要和這個區域內的其他居住者競爭；已經占據優勢的物種，最有可能留下後代，雖然這些後代有著某種輕微程度的變異，但依然繼承了那些令其親本物種勝於同地其他生物的優點。

倘若把任何植物志裡記載的某地植物分成兩個相等的部分，把大屬（含有很多物種的屬）的植物放在一邊，小屬的植物放在另一邊的話，那麼，較多數目的很常見的、極分散的物種或優勢物種，會出現在大屬那一邊。這同樣是可以預料到的，因為在任何地域內棲息著同屬的諸多物種這一簡單事實即可說明，該地一些有機或無機的環境條件中，有某種東西對這個屬是有利的；結果，我們也許會預料到，在大屬裡，或含有很多物種的屬裡，會發現比例上數目較多的優勢物種。然而，如此眾多的原因可使這種結果變得模棱兩可，以至於大屬這邊的優勢物種即便在表格中只略占多數，對我來說也是出乎意料。我在此僅提及兩個含糊不清的原因：淡水及喜鹽的植物，通常分布很廣，且極為分散，但這似乎與它們的生境性質相關，而與該物種所歸的屬的大小關係不大或沒有關係。此外，組織結構低等的植物一般遠比高等的植物分散得更為廣闊；同樣，這與屬的大小也無密切的關聯。組織結構低等的植物分布廣的原因，將在〈地理分布〉一章裡討論。

由於我把物種視為只是特點顯著而且界限分明的變種，因而我期望，每個地區大屬的物種，應比小屬的物種更常出現變種，因為按照一般規律，在很多親緣關係相近的物種（即同屬的物種）已形成的地區，應有很多變種或雛形種正在形成。在有很多大樹生長的地方，我們指望會找到幼樹。在一個屬中有很多物種因變異而形成的地方，各種條件應該曾經對變異有利，因此我們可望這些條件依舊對變異有利。另一方面，我們若把每個物種視為一次專門的造物活動，那麼，就沒有明顯的理由可解釋，為何含有多數物種的類群會比含有少數物種的類群產生更多的變種。

　　為了驗證這種期望的真實性，我把十二個地區的植物及兩個地區的鞘翅類（coleopterous）昆蟲排列為兩個大致相等的部分，大屬的物種列在一邊，小屬的物種列在另一邊。結果，證實了大屬一邊的物種所產生的變種數，在比例上，多於小屬一邊的物種所產生的變種數。此外，產生任何變種的大屬物種，總比小屬物種所產生的變種在平均數上為多。如若採用另一種劃分法，把只有一到四個物種的最小的一些屬都排除在列表之外的話，同樣得到了上述兩種結果。這些事實對於物種僅是顯著而永久的變種這一觀點，具有明顯的意義，因為當同屬的很多物種已經形成，或者可以說在物種的製造廠已經活躍的地方，我們一般仍可發現這些製造廠還在運行，尤其是我們有充分的理由相信，新種的製造是緩慢的過程。若我們將變種視為雛形種的話，肯定如此；因為我列的物種表，清楚地顯示了一個一般規律：在一個屬的很多物種業已形成的任何地方，這個屬的物種所產生的變種（即雛形種）就會超出平均數。並不是所有的大屬現今都存有很大的變異，因此其物種數正在增長，也不是小

屬現在都不存在變異也不增長。如果情況真是如此，這對我的理論會是致命的——因為地質學明白地告訴我們，小屬隨著時間的推移常會大為增長，而大屬常常已經達到頂點，進而衰落了、消失了。我們所要表明的僅僅是：平均而言，在一個屬的很多物種業已形成的地方，仍有很多物種還正在形成——這一點依然適用。

大屬物種與其記錄於冊的變種之間的其他關係，也值得注意。我們已經看到，物種和顯著變種間的區別，並沒有準確無誤的標準；在兩個懸疑類型之間尚未發現中間環節的情況下，博物學家就不得不根據它們之間的差異量，用類比的方法，來判斷其差異量是否足以把一方或雙方升至物種一級的分類階層。因此，差異量便成為解決兩個類型是否應列為物種抑或變種的一個極其重要的標準。付瑞斯在論及植物、韋斯特伍德在論及昆蟲時已經指出：在大屬裡，物種之間的差異量往往極小。我曾努力以平均值從數字上來驗證，我所得到的不完美的結果，證實了這一觀點。我也曾詢問過幾位有洞察力和極富經驗的觀察家，他們經過深思熟慮之後，也同意這一觀點。因此，在這方面，大屬的物種比小屬的物種更像變種。換言之，在大屬裡（其中高於平均數的變種或雛形種目前正在「製造」中），很多已製造出來的物種，在某種程度上仍與一些變種相似，因為這些物種彼此間的差異小於通常的差異量。

此外，大屬內物種間的相互關係，恰如任一個物種內諸變種之間的相互關係是相似的。無一博物學家會妄稱，一個屬內的所有物種在彼此區別上是相等的，它們通常可分為亞屬、節（section）*或更小的類群。誠如付瑞斯說過，小群簇中的物種通常如衛星一樣聚集在某些其他物種的周圍。因此，所謂變種，其實不過是一群類

型，它們彼此間的親緣關係不相等，環繞在某些類型亦即其親本種的周圍而已；除此而外，還能是什麼呢？毫無疑問，變種和物種之間有一個極重要的不同之處，即變種之間的差異量，在彼此之間或與其親本種之間相比時，大大小於同一屬裡不同物種間的差異量。但是，當我們討論到我所謂的「性狀分異」原理時，我們將會看到這一點是作何解釋的，以及變種之間較小的差異如何會趨向於增大為物種之間更大的差異。

在我看來，還有一點也值得注意。變種的分布範圍通常都受到很大的局限，其實這一點是不言而喻的，因為我們若發現一個變種比它假定的親本種具有更廣的分布範圍，那麼它們兩者的名稱就該倒轉過來了。然而，也有理由相信，那些與其他物種非常密切相關而且類似變種的物種，常常有著極為局限的分布範圍。譬如，沃森先生曾把精選的《倫敦植物名錄》（第四版）裡的 63 種植物為我標示出來，這些植物在該書中被列為物種，但沃森先生認為它們和其他物種十分相似，因而懷疑其價值。根據沃森先生所作的大英區劃，這 63 個可疑物種的分布範圍平均為 6.9^2 個區。在同一名錄裡，還載有 53 個公認的變種，它們的分布範圍為 7.7 個區；然而，這些變種所屬的物種的分布範圍，則為 14.3 個區。因而，這些公認的變種與那些非常密切相關的類型（即沃森先生告訴我的所謂懸

---

* 編按：「節」為植物學分類較常使用的分類節疇，介於「屬」和「種」之間。動物學中亦有 section，譯為「派」，通常在「目」之下。在本書中達爾文所指涉的較為接近現今所指的「節」。

2　譯注：二〇〇八年牛津版此處在 6 與 9 之間漏掉了小數點；同樣，下面的 7.7 以及 14.3 處的小數點，也遺漏了。

疑物種），具有幾乎相同局限的平均分布範圍，而「那些非常密切相關的類型」，卻幾乎普遍被大英植物學家列為實實在在的、真實的物種了。

最後，變種與物種有著同樣的普通屬性。變種與物種無法區分開來，除非以下兩種情況：第一，透過發現具有中間環節性質的一些類型，而此類環節的出現並不影響它們所連接的那些類型的實際性狀。第二，儘管尚未發現中間環節的類型，但兩個類型之間具有一定量的差異，而其差異很小，通常會被列為變種。但是，卻無法確定多大的差異量才足以將這兩個類型列為物種的分類階層。在任何地方，那些所含物種數量超過平均值的屬，其物種所含的變種數量通常也超過平均值。在大屬裡，物種間傾向於有著密切但不均等的親緣關係，圍繞著某些物種聚集成一個小的群簇。與其他物種有著密切親緣關係的物種，其分布範圍顯然受到局限。在所有這幾個方面，大屬的物種都與變種十分相像。如果物種曾一度作為變種而生存過，並且也是由變種起源的，我們便可以清晰地理解這些類比性了；然而，倘若物種是被逐一獨立創造的，這些類比性就完全是莫名其妙的了。

我們也已看到，平均而言，正是大屬裡極其繁盛或占有優勢的物種，變化亦最大；而變種（誠如我們其後將會看到）傾向於轉變成新的及獨特的物種。因此，大屬趨於愈變愈大；而且在自然界中，現在占優勢的生物類型，由於留下了很多變異的和具有優勢的後代，趨於變得更具優勢。但是，透過其後將要解釋的一些步驟，大屬也趨於分裂為小屬。所以，普天下的生物類型，便在類群之下又分為隸屬類群了。

第三章
生存競爭

與自然選擇的關係－該名詞的廣義運用－幾何比率的
增長－歸化動、植物的迅速增加－抑制繁殖的本質因
素－競爭的普遍性－氣候的效果－出自個體數目的保
護－自然界裡所有動、植物間的複雜關係－生存競爭
在同種的個體間以及變種間最為激烈，在同屬的物種
間也常常很激烈－生物個體間的關係在所有關係中最
為重要。

　　在進入本章主題之前，我得先做些初步的闡述，以表明生存競
爭如何與「自然選擇」相關。在前一章裡已經看到，在自然狀態
下，生物中是存在著一些個體變異性的，事實上，我知道，對此從
來就未曾有過任何的爭議。把一些懸疑類型稱作物種、亞種，還是
變種，對於我們來說，都無所謂；譬如，只要承認任何顯著的變
種存在，無論把不列顛植物中兩三百個懸疑類型列入哪一個分類階
層，也都無傷大雅。然而，作為本書的基礎，雖有必要知道個體變
異性的存在以及某些少數顯著變種的存在，卻無助於我們去理解物
種在自然狀態下是如何起源的。生物組織結構的這一部分對另一部

分及其對生活條件所有巧妙的適應，此一獨特的生物對於彼生物所有巧妙的適應，是如何臻於至美的呢？我們目睹這些美妙的協同適應，在啄木鳥和槲寄生中最為清晰，其次則見於附著在哺乳動物毛髮或鳥類羽毛上最低等的寄生蟲、潛水類甲殼蟲的結構、隨微風飄蕩的帶有冠毛的種子。簡言之，這些美妙的適應無處不在，在生物界隨處可見。

再者，可以作如是問：在大多數情況下，物種間的彼此差異，顯然遠遠超過同一物種裡變種間的差異；那麼，變種（亦即我所謂的雛形種）最終是如何變成實實在在、獨特的物種？一些物種群（groups of species）構成所謂不同的屬，它們彼此之間的差異，也大於同一個屬裡不同物種間的差異；那麼，這些物種群又是如何產生的呢？誠如我們在下一章裡將更充分地論及，所有這些結果可以說源於生存競爭。由於這種生存競爭，無論多麼微小的變異，無論這種變異緣何而生，假設它能在任何程度上、在任何物種的一個個體與其他生物以及外部條件無限複雜的關係中，對該個體有利的話，這一變異就會使這個個體得以保存，而且這一變異通常會遺傳給後代。其後代也因此而有了更好的存活機會，因為任何物種週期性產出的很多個體中，只有少數得以存活。我把透過每一個微小的（而且有用的）變異被保存下來的這一原理，稱為「自然選擇」，以昭示它與人工選擇的關係。我們已經看到，透過累積「自然」之手所給予的一些微小但有用的變異，人類利用選擇，確能產生異乎尋常的結果，且能令各種生物適應於有益人類的各種用途。但是，正如其後我們將看到，「自然選擇」是一種「蓄勢待發、隨時行動」的力量，它完全超越人類微弱的努力，宛若「天工」之勝於

「雕琢」。

　　現在我們更詳細地討論一下生存競爭。在我將來的著作裡，還要更詳盡地討論這一問題，因為這是極為值得的。老德康多爾與賴爾曾充分且富有哲理地闡明，世間萬物皆面臨劇烈的競爭。就植物而言，曼徹斯特區教長赫伯特對這一問題的研究極富熱情與見地，無人能望其項背，這顯然是由於他在園藝學方面的造詣精深。生存競爭無處不在，在口頭上承認這一真理容易；而在心頭上時常銘記這一結論則難（至少我已發現如此）。但除非對此有著深切的體會，我確信，我們便會對整個自然界的經濟體系，包括分布、稀有、繁盛、滅絕以及變異等種種事實，感到迷茫甚或完全誤解。我們目睹自然界外表上的光明和愉悅，我們常常看到食物的多樣豐富；卻未注意到或是遺忘了那些安閒啁啾的鳥兒大多以昆蟲或種子為食，所以牠們在不斷地毀滅著生命；我們可能也忘記這些唱歌的鳥兒，或牠們下的蛋，或牠們的雛鳥，也多被鷙鳥和猛獸所毀滅。我們亦非總能想得到，儘管眼下食物不虞匱乏，但並非常年四季都是如此。

　　我首先應該說明，我是在廣義與隱喻的意義上使用「生存競爭」這一名詞，它包含著一生物對另一生物的依存關係，更重要的是，也包含著不僅是個體生命的維繫，而且是其能否成功地傳宗接代。兩隻犬類動物在饑饉之時，固然可以稱之為彼此間為了爭奪食物與求生而競爭，但是沙漠邊緣的一株植物，則是在為抗旱求存而競爭──更恰當地說，應該把這稱之為植物對水分的依賴。一株植物，每年產一千粒種子，但平均只有一粒種子能夠開花結籽，所以更確切地說，它是和已經覆被地表的同類以及異類的植物作競爭。

檞寄生依存於蘋果樹和其他少數幾種樹，只能牽強附會地說它在跟這些樹相爭，因為如果同一株樹上此類寄生物過多的話，該樹就會枯萎而死。然而，倘若數株檞寄生的幼苗密生在同一根枝條上，那麼可以說它們是在相互競爭。由於檞寄生的種子是由鳥類散布的，其生存便依賴於鳥類；這可以隱喻地說成，在引誘鳥來食其果實，並借此傳布其種子，而非傳布其他植物的種子這一點上，它就是在和其他果實植物競爭了。在這幾種彼此相通的含義上，為了方便，我使用了生存競爭這一普通的名詞。

所有的生物都有著高速繁殖的傾向，因此必然會有生存競爭。每種生物在其自然的一生中都會產生若干卵或種子，它一定會在其生命的某一時期，某一季節，或者某一年遭到滅頂之災，否則按照幾何比率增加的原理，其個體數目就會迅速地過度增大，以至於無處可以支撐它們。一旦產出的個體數超過可能存活的個體數，生存競爭必定無處不在，不是同種的此個體與彼個體之爭，便是與異種的個體之間相爭，抑或與生活的環境條件競爭。這是馬爾薩斯學說以數倍的力量應用於整個動物界和植物界，因為在此情形下，既不能人為地增加食物，也不能謹慎地約束婚配。雖然某些物種，現在可以或多或少迅速地增加數目，但是並非所有的物種皆能如此，因為這世界容納不下它們。

毫無例外，每種生物都自然高速繁殖，如果它們不遭覆滅的話，僅僅一對生物的後代很快就會遍布地球。就算是生殖較慢的人類，也能在二十五年間增加一倍，照此速率計算，幾千年內，其後代著實即無立足之地了。林奈計算過，一株一年生的植物若一年僅產兩粒種子（沒有任何植物會如此低產），它們的幼苗翌年也各產

兩粒種子，以此類推，二十年後這種植物可達一百萬株了。在所有已知的動物中，大象被認為是生殖最慢者，我花了些力氣估算它可能的最低自然增長速率。可以保守地假定，大象從三十歲開始生育，一直生育到九十歲，其間共計產出三對雌雄小象，如此一來，五百年之後就會有近一千五百萬隻大象存活著，而且均是由最初的那一對傳下來的。

有關這一論題，除了單純理論上的計算之外，我們尚有更好的證據，無數紀錄的實例表明，各種動物在自然狀態下若遇上連續兩三季有利的環境，其數目便會有驚人的迅速增長。更令人驚異的是來自多種家養動物的證據，牠們在世界若干地方已重返野生狀態：有關生育較慢的牛和馬在南美（近來在澳洲）增長率的陳述，若非已被證實的話，會是令人難以置信的。植物也是如此，由外地引進的植物，不到十年即成為常見植物而布滿了諸島，這樣的例子不勝枚舉。如拉普拉塔的刺菜薊（cardoon）和高薊（tall thistle）等幾種植物，原來是從歐洲引進的，於今已成為那廣袤平原上最為繁茂的植物了，它們遍布在數平方里格的地面上，幾乎排除了所有其他的植物。我還聽法孔納博士說，在美洲發現爾後引入印度的一些植物，已從科摩林角分布到喜馬拉雅了。在這些例子（此類例子俯拾皆是）中，無人會設想這些動物或植物的生殖力會突然、暫時、明顯地增加了。顯而易見的解釋是，生活條件非常有利，結果老幼個體均很少死亡，而且幾乎所有幼體都能長大生育。在此情形下，幾何比率的增長（其結果總是驚人的）便直截了當地解釋了，這些歸化了的動植物何以能在新地方異常迅速地增加和廣布。

在自然狀態下，幾乎每一植物都產籽，而動物幾乎無不年年交

配。因此，我們可以充分斷定，所有植物和動物都有依照幾何比率增加的傾向，凡是它們能夠生存之地，均被其極為迅速地填滿，而且這種幾何比率增加的傾向，必定會在生命的某一時期，由於死亡而遭到抑制。我以為，我們對大型家養動物的熟悉，會引起我們的誤解：我們看不到牠們的厄運降身，忘記了牠們之中每年有成千上萬的數量被宰殺以供食用，也忘記了在自然狀態下同樣多的個體會因種種原因而遭淘汰。

有的生物每年產卵或產籽上千，有的則產極少的卵或籽，二者之間僅有的差別是，在有利的條件下，生殖慢的生物，要晚幾年方能遍布整個區域，無論該區會有多大。一隻南美禿鷹（condor）產兩個卵，一隻鴕鳥（ostrich）則產二十個卵，但在同一個地區，南美禿鷹的數目可能多於鴕鳥。管鼻鸌（fulmar petrel）只產一個卵，據信卻是世界上為數最多的鳥。一隻家蠅產數百個卵，而虱蠅（hippobosca）卻只產一個卵，然而，這一差別並不能決定這兩個物種在一個地區內所能生存下來的個體數目。大凡對數量波動迅速的食物有依賴的物種，多產卵是有必要的，它能使其個體數迅速增加。然而，大量產卵或結籽的真正重要性，卻在於補償生命的某一時期所遭的重挫。這一時期多為生命的早期。如果動物能設法保護好牠們的卵或幼仔，即便少生少育，依然能夠充分保持其平均數目；如果大量的卵或幼仔夭折的話，那麼就得多產多育，否則物種就會滅絕。如若有一種樹平均能活一千年，在這一千年中只產一粒種子，而這粒種子絕不會被毀滅掉，並確保能在適宜的地方萌發，那麼便足以保持這種樹的原有數目了。因而，在所有情形下，無論何種動物或植物，其平均數僅間接地取決於卵或種子的數目。

觀察「大自然」時，很有必要牢記上面討論的內容——我們不能忽視，周圍的每一個生物都在竭力地增加個體數目；每一個生物在其生命的某一時期，得靠競爭方能存活；在每一代或間隔一段時期，或老或幼都難免遭到重創。抑制一旦放鬆，滅亡一旦稍許和緩，該物種的個體數目就會幾乎頃刻大增。

　　每一物種個體數增加的自然傾向會受抑制的原因，最為撲朔迷離。觀察一下最強健的物種，因其個體雲集、數目極大，因其增多的趨勢也將進一步加強。至於抑制增多的因素究竟為何，我們竟連一個實例也無法確知。這一點也許並不奇怪，任何人但凡思索一下我們對此是何等無知，即使對於人類亦復如此，儘管我們對人類的了解遠勝於對任何其他動物的了解。這一論題已被一些作者很好地討論過了，我計畫在將來的著作裡再詳細討論，尤其是有關南美洲重返野生的家養動物。在此我聊表幾句，僅提請讀者注意一些要點。卵或極幼小的動物，似乎通常受害最甚，但也並非一概如此。至於植物，種子被毀的極多，然而據我的觀察，我相信在有其他植物叢生的地上，發芽的幼苗受害最甚。此外，幼苗還會大量被各種敵害所毀滅，譬如在一塊三英尺長二英尺寬的地裡，經過耕作和清理，不再會受到其他植物的阻塞，當我們土生土長的雜草幼苗冒出來之後，我一一作了記號，結果 357 株中至少有 295 株遭到覆滅，主要是被蛞蝓和一些昆蟲所毀滅。長期刈割過的草地（被獸類盡食過的草地亦然），倘若任其生長，那麼較弱的植物即使已經完全長成，也會逐漸被較強的植物消滅；因此，生長在三英尺寬四英尺長的一小塊草地上的二十個物種裡，有九個物種受到其他物種自由生長的排擠而消亡。

每一物種所能增加的極限，當然得靠食物的數量而定，但一個物種的個體的平均數目，往往並不取決於食物的獲得量，而在於它們被其他動物掠食的情形。因此似乎毫無疑問，在任何大塊田園上的鷓鴣、松雞、野兔的數目，主要依賴於消滅危害狩獵動物的禍害。假使今後的二十年裡的英國，不射殺一頭狩獵動物，同時也不毀滅一個危害狩獵動物的動物，則狩獵動物很可能會比現在還少，儘管現在每年會有成千上萬頭狩獵動物遭到屠殺。另一方面，在某些情形下，譬如大象和犀牛，向來不為猛獸所害：即便印度的虎，也極少敢去襲擊母象保護下的小象。

　　氣候在決定一個物種的平均數方面，起著重要的作用，而且我相信，週期性的極端寒冷或乾旱的季節，在所有抑制因素中則最為有效。我估算在 1854 年至 1855 年冬季，我所住地區的鳥的死亡率達五分之四，這真是巨大的毀滅；試想人類因傳染病而死去百分之十時，已是極為慘重的死亡了。氣候的作用，初看起來似乎與生存競爭毫不相關，但從氣候的主要作用在於減少食物這一點來說，它便給那些靠同類食物存活的個體間，帶來了最為激烈的競爭，不管這些個體是屬於同種還是異種。甚至當嚴寒氣候直接發生作用時，受害最甚者依然是那些最孱弱的個體，或是那些過冬食物儲備最少的個體。我們若從南往北旅行，或從潮溼地區前往乾燥地區，總會看到某些物種漸趨稀少而終至絕跡；由於氣候的變化顯而易見，我們不免將此整體效應歸因於氣候的直接作用。但這種見解是錯誤的，我們忘記了每一物種，即使在其最繁盛之處，也常常由於敵害的侵襲或因競爭同一地盤和同類食物，在生命的某一時期遭受重挫。如若氣候有稍許變化並且稍微有利於這些敵害或競爭對手的

話，其數目便會增加。由於各地已經布滿了生物，其他物種勢必相應減少。倘若我們南行，目睹某一物種的個體數在逐漸減少，我們可以確信，原因在於這一物種本身蒙受了損害，但同樣在於別的物種因勢得益。我們北行的情形也是如此，只不過程度較輕而已，因為所有物種的數目向北都在減少，競爭對手相應也減少了；故此，當北行或登山時，比之於南行或下山時，我們慣常見到矮小的生物為多，這是氣候的**直接**不利作用所致。當我們到了北極區，或積雪的山頂，或茫茫的沙漠時，對生物生存競爭產生影響的，則幾乎完全是氣候因素了。

氣候的作用，主要是間接地有利於其他物種，從下述可以清楚看出這一點：我們花園裡大量的植物，能夠完全忍受這裡的氣候，但卻永遠不能在此安身立命，因為它們既不是本地植物的競爭對手，又無法抵禦本地動物的侵害。

一個物種若得到有利的環境條件，在一個小分布區內個體數過度增長的話，常常會發生傳染病（至少在我們的狩獵動物中似乎是屢見不鮮的），此中有一種與生存競爭無關的抑制個體數量的機制。然而，會發生所謂的傳染病，似乎是由於寄生蟲所致，這些寄生蟲由於某種原因（部分可能是在密集動物中易於傳播之故）而格外受益，這就涉及到了一種寄生物和寄主之間的競爭。

另一方面，在許多情況下，一個物種絕對需要有大大超出其敵害的個體數目，唯此該物種方能得以保存。因此，我們能很容易在田間收穫大量的穀物和油菜籽，因為它們的種子數目與食其種子的鳥類數目相比，要多出許多。而這些鳥兒儘管在這一季裡擁有異常豐富的食物，也無法按照種子供給的比例來增加其個體數，因為它

們的數量在冬季會受到抑制。做過這種嘗試的人都知道，若想從花園裡的少數幾株小麥或其他此類植物獲得種子，有多麼麻煩；在這種情形下，我就不曾收穫過一粒種子。同一物種的眾多個體，對於該種的保存是必要的，我相信這一觀點可以解釋自然界中一些獨特的事實：譬如，極稀少的植物，有時會在它們所出現的少數地方極為繁盛；又如，某些叢生性的植物，在其分布範圍的邊界地帶依然叢生，亦即個體繁多。在此情形下，我們可以相信，一種植物只有在多數個體能夠共同生存的有利生活條件下，方能生存下來，以使該物種不至於完全滅絕。我應補充說明，經常雜交的優良效果，以及近親交配的惡果，大概會在上述某些例子中產生作用，但我不打算在此贅述這個錯綜複雜的問題。

很多記錄在案的例子顯示，在同一地方勢必相互競爭的生物之間，其彼此消長以及相互關係，有多麼複雜和出人意料。我舉個簡單卻引起我興趣的例子。在斯代福特郡，我一位親友有片田產，可供我做充分的研究。那裡有一大塊極為貧瘠、從未開墾過的處女地，其中有數百英畝性質完全相同的土地，於二十五年前被圍起來，種了蘇格蘭冷杉。在這片荒地上被開墾種植的那一部分，其原生植物群落發生了極為顯著的變化，而且變化的顯著程度，遠甚於兩片十分不同的土壤上通常所見的變化程度：不但荒地植物的比例數完全改變了，還有十二個不見於荒地的植物種（禾本草類及莎草類不計）在植樹區內繁盛。對於昆蟲的影響必然更大，因為有六種未曾見於荒地的食蟲鳥，在植樹區內非常普遍；而經常光顧荒地的，卻是兩三種截然不同的食蟲鳥。在此我們看到，僅僅引進了一種樹便會產生何等強大的影響，而且除了築起圍柵以防牛隻進

入之外，其餘什麼也未曾添造。然而，我在薩里的法納姆附近，清楚看到了把一處土地圍起來是非常重要的因素。那裡有大片的荒地，遠山頂上有幾片老的蘇格蘭冷杉林。近十年來，大塊土地被圍了起來，於是自生的冷杉樹便如雨後春筍般長出來，其密度之大以至於不能全部存活。當我斷定這些幼樹並非人工種植時，其數量之多也讓我十分驚異，於是我查看了數處，看到了未被圍起來的數百英畝荒地上，除了幾處原來種植的老樹外，完全看不到一棵蘇格蘭冷杉。但我在荒地上的莖幹之間仔細察看時，發現那裡有很多樹苗和小樹反覆被牛吃掉而無法生長。在距一棵老樹約數百碼之遙，我在一處三英尺見方的地上數了一下，有三十二株小樹；其中一株生有二十六圈年輪，多年來，終未能在荒地的樹幹叢中得以「出人頭地」。無怪乎荒地一經被圍起來，生機勃勃的幼齡冷杉便密集叢生其上。可是，這片荒地如此貧瘠且遼闊，以至於無人曾想像到，牛竟能如此細膩且卓有成效地滿地搜尋食物。

由此我們可以看出，牛絕對決定著蘇格蘭冷杉的生存；但在世界上的若干地方，昆蟲又決定著牛的生存。對此大概巴拉圭可以提供一個最為奇異的例子，因為那裡從沒有牛、馬或狗重返野生的現象，儘管在巴拉圭以南和以北，牛、馬或狗呈野生狀態成群結隊地遊蕩。阿紮拉和倫格指出，這是由於巴拉圭有一種蠅類過多所致，當這些動物初生時，這類蠅就產卵於牠們的臍中。此蠅雖多，但牠們數量上的增加，必定經常會受到某種抑制，大概是受到鳥類的抑制。因此，倘若巴拉圭的某些食蟲的鳥類（其數目大概為捕食牠們的鶯鳥或猛獸所調節）增加了，蠅類就會減少 —— 於是牛和馬便會重返野生狀態了，而這必然會大大改變植物群落（我確曾在南美一

些地方見過這種現象），進而又會大大地影響昆蟲；恰如我們在斯代福特郡所見到的那樣，從而又會影響食蟲的鳥類。這種日益複雜的關係，一圈一圈地不斷擴展。在這一系列裡，我們自食蟲的鳥類開始，又止於食蟲的鳥類。自然界裡的各種關係並非都如此簡單。相互重疊的戰役，此起彼伏，勝負無常；儘管最微細的差異，必定使一種生物戰勝另一種生物，然而從長遠看，各方勢力是如此協調地平衡，自然界的面貌可長期保持一致。不過，我們是如此無知又如此地自以為是，一聽說一種生物的滅絕就驚詫不已，但又不知其原因，便說是災變而令大千世界空蕩蕩，或虛構出一些定律以表明生物類型的壽數！

　　我想再舉一例，說明在自然界地位相距極遠的植物和動物，如何被一張複雜的關係網羅織在一起。我此後將有機會展示，有一種外來植物叫墨西哥半邊蓮（*Lobelia fulgens*），在英國的這一區域從未被昆蟲光顧過，由於它的特殊構造，也從未結籽。很多蘭科植物都絕對需要蛾類的光顧，以傳授花粉，使其受精。我也有理由相信，三色菫（*Viola tricolor*）的受精離不開熊蜂，因為別的蜂類都不來造訪這種花。在我近來的試驗中，我發現有幾種三葉草（clover）也得靠蜂類的造訪而受精，光顧紅三葉草（*Trifolium pretense*）者惟有熊蜂，因為其他蜂類碰不到其花蜜。因此，我幾乎毫不懷疑，如果整個熊蜂屬都在英國滅絕或變得非常罕見，三色菫和紅三葉草也會變得極為稀少甚或完全消失。任一地方的熊蜂數目，很大程度上取決於田鼠的數目，因為田鼠破壞牠們的蜜巢和蜂窩；紐曼先生長期研究過熊蜂的習性，他認為「全英格蘭三分之二以上的熊蜂都是這樣被毀滅的」。眾所周知，田鼠的數量很大程度上又取決於貓的

數量，紐曼先生說：「在一些村莊和小鎮的附近，我看見熊蜂窩遠較其他地方為多，我將此歸因於有大量的貓消滅了田鼠的緣故。」這一點是很可信的，一個地區若有大量貓類動物，首先對田鼠、接而對蜂造成干預，便可以決定該地區內某些花的豐度！

　　對每一個物種而言，在其生命的不同時期、在不同的季節或年份，大概有很多不同的抑制因素對其發生著作用，其中某一種或者少數幾種抑制作用一般最為強大，但所有抑制因素都共同發揮作用，決定該物種的平均數甚或決定它的存亡。在某些場合可以見到，同一物種在不同的地區，會受到截然不同的抑制。當我們看到河岸上鬱鬱叢生的植物和灌木時，我們傾向於把它們的比例數和種類均歸因於我們所謂的偶然機會。然而這一觀點非常荒謬！人人皆有所聞，當美洲的一片森林遭到砍伐後，迥然不同的植被隨之而起；但是人們還看到，在美國南部的古代印第安人廢墟上，先前定會把樹木清除盡淨的，而今卻與周圍的處女森林一樣，呈現了同樣美麗的多樣性和同樣比例的樹木種類。在漫長的世紀中，各種各樣的樹木之間，競爭曾是何等激烈啊，年復一年，各自播撒著數以千計的種子。昆蟲與昆蟲之間，昆蟲、蝸牛、其他動物與捕食牠們的鳥獸之間，又是怎樣的戰爭啊，牠們都在努力地增殖，彼此相食，或者以樹、樹的種子和幼苗為食，或者以最初叢生於地面而抑制這些樹木生長的其他植物為食！將一把羽毛擲向空中，它們都會依照一定的法則墜落到地面上；但這一問題，比起數百年中，無數植物和動物的作用與反作用，決定了而今生長在古印第安廢墟上各類樹木的種類和比例數，又是何其簡單啊！

　　生物間彼此的依存關係，一如寄生物之於寄主，通常發生於自

然界地位上相距甚遠的生物之間。這種情況常見於那些彼此為生存而競爭的生物之間，蝗蟲和食草獸之間便是如此。不過，最激烈的競爭，幾乎總是發生在同一物種的不同個體之間，因為它們同居一地，所需食物相同，所面對的危險也相同。同一物種內的變種之間的競爭，一般幾乎同樣激烈，而且我們有時會看到，競爭的勝負迅速即見分曉：譬如，把幾個小麥變種播在一起，再把它們的種子混播在一起，其中最適於該地土壤或氣候的、或者天生繁殖力最強的變種，便會戰勝其他變種，產出更多的種子，結果不消幾年，便會取代其他的變種而一枝獨秀。即使是極為相近的變種（如顏色不同的香豌豆），要能讓它們在一起混合種植，也必須每年分別收穫，播種時再將種子按適當的比例混合，否則較弱的變種的數量，便會不斷地減少而終至消失。綿羊的變種亦復如此，據說某些山地綿羊的變種，會令另一些山地綿羊的變種餓死，因此不能把牠們養在一起。若將不同變種的醫用螞蝗養在一處，會是同樣的結果。假如我們的任一家養植物和一些動物的變種，任其像自然狀態下的生物那樣相互競爭，或者任其種子或幼苗不經過每年按適當比例的分選，那麼很難設想，這些變種會有如此同等的活力、習性和體質，使其混合養育的原有比例能夠維持達六代之久。

由於同屬的物種在習性和體質（尤其在構造）方面，通常（儘管並非絕對如此）具有一些相似性，當它們彼此間遭遇競爭時，一般要比異屬物種之間的競爭更為劇烈。這一點我們從下述可見，近來有一種燕子在美國一些地方擴展了，致使另一個種燕子的數量減少。近來在蘇格蘭一些地方，槲鶇（missel-thrush）的增多造成了歌鶇（song-thrush）的減少。我們豈不是常常聽說在極端不同的

氣候下一個鼠種取代了另一鼠種！在俄羅斯，自亞洲的小蟑螂入境後，到處驅逐同屬的亞洲大蟑螂。野芥菜（charlock）的一個種取代了另一個種，諸如此類的例子比比皆是。我們隱約可知，在自然界占幾近相同經濟地位的相關類型之間的競爭何以最為激烈，但是，對在生存大搏鬥中為何一個物種戰勝了另一個物種，我們大概尚未能精確地闡明任何一個實例。

綜上所述，我們可以得出一個極為重要的推論，即每一種生物的構造，透過最基本卻又隱祕的方式，與所有其他生物的構造發生關聯；它與其他生物爭奪食物或住所，或者不得不避開它們，或者靠捕食它們為生。這明顯地表現在虎牙或虎爪的構造上，同時也明顯地表現在黏附在虎毛上的寄生蟲的腿和爪的構造上。但是，蒲公英美麗而帶有茸毛的種子，以及水生甲蟲扁平且飾有繸毛的腿，初看起來似乎僅僅與空氣和水有關。然而，種子帶有茸毛的好處，無疑和地上已長滿了其他植物密切相關，唯有如此，其種子方能廣泛傳播，落到未被其他植物所占據的空地上。水生甲蟲的腿的構造，非常適於潛水，使牠能與其他水生昆蟲競爭，獵取食物，且倖免成為其他動物的捕食對象。

很多植物種子裡貯藏著養料，乍看似乎與其他植物並無任何瓜葛，但此類種子（譬如豌豆和蠶豆）就算被播種在高大的草叢中，其幼苗也能茁壯成長。我因此猜想，種子中養料的主要用途，乃利於幼苗的生長，以便與瘋狂長在其周圍的其他植物競爭。

看看處在分布範圍中的一種植物吧，為何其數目沒有翻兩倍或四倍呢？我們知道它能抵擋稍熱或稍冷、稍潮溼或稍乾燥的氣候，因為它早已分布到具有此類氣候的其他地方了。在此情形下，我們

能清楚看到，我們若幻想著給予該植物增加數量的能力，我們就得提供它某種優勢，能擊敗競爭對手或以它為食的動物。在其地理分布範圍之內，其體質依氣候所發生的變化，顯然會有利於我們的植物；但我們有理由相信，僅有為數很少的植物或動物，會分布到如此遠的地方，以至於竟單單被嚴酷的氣候所滅除。除非抵達生物分布範圍的極限（如北極地區或荒漠邊緣），競爭是不會止息的。即使在極為寒冷或極為乾旱的地方，在少數幾個物種之間或同一物種的不同個體之間，也會為了爭奪最溫暖或最溼潤的地盤而競爭。

因此，我們也看到，當一種植物或動物遷入新地，面對新的競爭對手時，儘管氣候可能與其原住地一模一樣，但生活條件通常已發生了實質性的變化。若想讓它的個體平均數在新住地得以增加，我們使其改進的方式，必須不同於其在原產地所使用過的方式，因為我們得讓它在一群不同的競爭對手或敵人面前，占有某種優勢方可。

如此憑藉想像，試圖讓任何一個物種對另一個物種占有優勢，饒有裨益。至於要怎麼做才能成功，恐怕無一實例可循。但這令我們確信，對於所有生物之間的相互關係，我們尚處於無知的狀態；這一信念既難獲得，又頗有必要。我們力所能及的，只是牢牢記住：每一生物都竭力依幾何比率增加，每一生物都必須在其生命的某一時期內、在某一年的某一季節裡、在每一世代或在間隔期內，進行生存競爭，並遭到重創。每當我們念及此種競爭之時，或能聊以自慰的是：我們完全相信，自然界的戰爭並非是連綿不斷的，恐懼是感覺不到的，死亡通常是迅速的，而活力旺盛者、康健者和幸運者則得以生存並繁衍。

第四章

自然選擇

自然選擇－其力量與人工選擇的比較－於非重要性狀
的作用－對於各年齡以及雌雄兩性的作用－性選擇－
同一物種個體間雜交的普遍性－對自然選擇有利和不
利的諸條件：雜交、隔離、個體數目－緩慢的作用－
自然選擇所引起的滅絕－性狀分異，與任何小地區生
物多樣性的關係，以及與外來物種歸化的關係－透過
性狀分異和滅絕，自然選擇對於一個共同祖先的後代
的作用－對於所有生物的類群歸屬的解釋。

前一章裡過於簡略討論過的生存競爭，對於變異究竟會發揮什
麼樣的作用呢？我們已經見證的在人類手中發揮巨大作用的選擇原
理，能否應用於自然界呢？我認為我們將會看到選擇原理是能夠最
有效發揮作用的。讓我們牢記，家養生物以及（在較小的程度上）
自然狀態下的生物，牠們奇奇怪怪的一些特徵的變異，是多麼地不
計其數，而且其遺傳傾向又是多麼地強大。在家養狀態下，生物的
整個結構在某種程度上真可以說已變為可塑的了。我們還應牢記，
所有生物彼此間的相互關係，以及其與生活環境條件間的相互關

係，是如何錯綜複雜而且密切相適。目睹一些於人類有用的變異無疑已經發生過，那麼在浩瀚而複雜的生存競爭中，對於每一生物在某一方面有用的其他一些變異，在成千上萬世代之中，難道就不可能時而發生嗎？倘若此類變異確實發生，而且別忘了產出的個體遠多於可能存活的個體，難道我們還能懷疑那些比其他個體更具優勢（無論其程度是多麼輕微）的個體，便會有最好的生存和繁衍的機會嗎？另一方面，我們可以確信，哪怕是最輕微的有害變異，也會被「格殺勿論」。這種保存有利變異以及消滅有害變異的現象，我稱之為「自然選擇」。一些既無用亦無害的變異，則不受自然選擇的影響，它們會成為漂移不定的性狀，大概和我們在某些具多態性的物種中所見到的情形一樣。

如果針對正在經歷某種物理（如氣候）變化的一地加以研究，我們就可以領會自然選擇的大致過程。氣候一經變化，那裡的生物比例數幾乎立時就會發生變化，有些物種或許會絕跡。從我們所知的各地生物間密切而複雜的關聯看來，我們可以斷定：即使不去考慮氣候的變化，某些生物的比例數如果發生任何變化，也會嚴重影響很多其他的生物。如果該地的邊界是開放的，則新的類型必會乘虛而入，這也就會嚴重擾亂一些本地生物之間的關係。別忘了，哪怕是從外地引進來一種樹或一種哺乳動物，已經顯示出其影響力之大。然而，在島嶼上或周圍被天然障礙部分隔離起來的區域，倘若較能適應的新類型無法自由遷入，而原生生物中有一些在某種方式上恰好有所改變的話，它們必會適當地填補上該地區自然經濟結構中空出的幾席之地；因為若是該地曾為外來生物敞開門戶的話，這幾席之地早就被入侵者捷足先登了。在此情形下，任何輕微的變

異在時間長河中碰巧出現，只要在任何方面對一物種的任何個體有利，使其能更適應於改變後的條件，便會趨於被保存下來，自然選擇也就有了實現改良的自由空間。

　　誠如第一章裡所述，我們有理由相信，生活條件的變化，尤其是對生殖系統發生作用的變化，會造成或增加變異性。前述情形中，假定生活條件已經發生了一種變化，將為有益的一些變異的出現提供更好的機會，也顯然會有利於自然選擇。除非有利的變異出現，否則自然選擇便無用武之地。我相信，並無必要非得有極大量的變異方可，因為人類只要把一些個體差異按照一個既定的方向積累起來，即能產生巨大的效果。大自然亦復如此，且更為容易，因為大自然有不可比擬、更為長久的時間任其支配。同時我並不相信，實際上必須非得有巨大的物理（例如氣候）變化，或者異常程度的隔離以阻礙外來生物遷入，方能產生一些新的、未被占據的空間，以便自然選擇改變及改善某些處在變異中的生物而使其登堂入室。由於每一地區的所有生物皆以微妙制衡的力量相互競爭，一個物種在構造或習性上極細微的變化，常會令其優於別種生物，而且這種變化愈大，其優勢也常常愈明顯。目前尚未發現有任何一地，其本土所有生物彼此間均已完全相互適應，並也完全適應生活上的物理條件，致使它們毫無任何改進的餘地；因為在所有的地方，本土生物於今已經被歸化的外來者所征服，並且讓外來者牢牢占據了這片土地。既然外來者已能到處戰勝本土的一些生物，我們可以有把握地斷言：本土生物本來也會朝著具有優勢的方面改變，以便更能抵禦這些入侵者。

　　既然人類透過刻意的和無心的選擇方法，能夠帶來而且已經帶

來了偉大的結果，大自然難道會有什麼效果不能得以實現嗎？人類僅能對外在的和可見的性狀加以選擇；大自然並不在乎外貌，除非這些外貌對於生物是有用的。大自然作用於每一件內部器官、每一丁點兒體質上的差異以及生命這一整部機器。人類只為自身的利益而選擇；大自然則只為她所呵護的生物本身的利益而選擇。每一個經過選擇的性狀，均充分得到了大自然的錘煉；而生物則被置於對其十分適合的生活條件下。人類把許多在不同氣候的產物置於同一個地方，很少用某種特殊的和適宜的方法來錘煉每個經過選擇的性狀。人類用同樣的食物餵養長喙鴿和短喙鴿、不用任何特別的方法去訓練背長或腳長的四足動物、把長毛和短毛的綿羊養在同一種氣候裡。人類不讓最強健的雄體間為占有雌性而搏鬥、不嚴格清除劣質的動物，反而在力所能及的範圍內，在不同季節裡，良莠不分地保護所有的生物。人類往往根據某些半畸形的類型，或者至少根據某些足以引起注意的顯著變異，或者明顯對其有用的變異，方開始選擇。在自然狀態下，構造或體質上一些最細微的差異，便可能會改變生存競爭的恰到好處的平衡，並因此被保存下來。人類的願望和努力，是何等地瞬息即逝啊！其涉及的時間又是何等地短暫啊！相較於大自然在整個地質時代的累積產物，人工的產物是何等地貧乏啊！因此，大自然的產物遠比人工的產物，應具「更為真實」的屬性，更能無限地適應最為複雜的生活條件，並且明顯帶有更加高超的技藝的印記，那麼，對此我們還有什麼可大驚小怪的呢？

用隱喻的言語來說，自然選擇隨時隨地審視著即便是最輕微的每一個變異，清除壞的，保存並積累好的，一旦有機會，便默默地、不為察覺地工作著，改進每一種生物跟有機與無機的生活條件

之間的關係。我們看不出這些處於進展中的緩慢變化，直到時間之手標示出悠久年代的流逝。然而，我們對於久遠的地質時代所知甚少，我們所能看到的，只不過是現在的生物類型不同於先前的類型而已。

　　儘管自然選擇的作用是為了每一生物的利益，也只能由生物呈現，但是自然選擇也可藉此作用於我們往往認為無關緊要的那些性狀和構造。當我們看見食葉昆蟲是綠色的、食樹皮的昆蟲是斑灰色的；高山的松雞在冬季是白色的、紅松雞是石楠花色的而黑松雞是土褐色的，我們不得不相信，這些顏色對於這些鳥與昆蟲是有保護作用的，可使牠們免遭危險。松雞如若不在其一生的某個時期遭遇不幸的話，其個體必會增生到不計其數；牠們受到鷙鳥大量的傷害是為人所知的；鷹靠牠的視力捕食——其視力是如此銳利，甚至讓歐洲大陸有些地方的人們被告誡不要飼養白鴿，因其極易受害。因此，毋庸置疑，自然選擇曾如此卓有成效地賦予每一種松雞以適當的顏色，並在牠們獲得了該種顏色後，使其保持純正且永恆。別以為偶爾除掉一隻特別顏色的動物影響微不足道：我們應該記住，在一個白色的羊群裡，哪怕一隻身上只有一星半點黑色的羔羊被清除掉，都會產生重大影響。植物當中，植物學家把果實上的茸毛和果肉的顏色，視為最無關緊要的性狀，然而據一位優秀的園藝學家唐寧所說，在美國一種叫做象鼻蟲（curculio）的甲蟲，對光皮果實的危害，遠較對生有茸毛的果實的危害為甚。紫色李子遠較黃李子容易遭受某種病害的侵襲，而另一種病害，對黃色果肉的桃子的侵害，遠較對其他顏色果肉的桃子為甚。如果（借助於人工匠藝）這些細微的差異能在培育這幾個變種時產生重大影響的話，那麼可以

肯定，在自然狀態下，當一些樹不得不與其他一些樹以及一大幫敵害爭鬥時，這些差異就會有效地決定哪一個變種將要成功，是果皮光滑的還是生有茸毛的，是黃色果肉的還是紫色果肉的。

物種間很多細微的差異，以我們的無知來判斷，似乎頗不重要，但我們不可忘記氣候、食物等，大概會產生某種輕微和直接的效果。更有必要銘記的是，由於存在許多不為人知的生長相關法則，如若生物結構的一部分透過變異而改變了，加之這些變化因對生物有利而透過自然選擇得以累積，便會引起一些其他的變化，後面這類變化又常常具有最為出乎意料的性質。

我們知道，在家養狀態下，在生命的任一特定時期出現的那些變異，在後代身上往往也於同時期重現──譬如，蔬菜和農作物很多變種的種子；家蠶變種的幼蟲期和繭蛹期；家禽的卵，雛禽絨毛的顏色；近於成年的綿羊和牛的角，都是如此──在自然狀態下亦復如此。自然選擇也能在任一年齡對生物起作用，並使之變更，自然選擇可以把這一年齡的有利變異累積起來，並且透過遺傳使下一代在其相應年齡表現出同樣的變異。一種植物因其種子被風力更為廣泛傳播而獲益的話，那麼，透過自然選擇產生這一結果的過程，其困難未必大於棉農用選擇的方法來增長和改進棉桃裡的棉絨。自然選擇能夠改變一種昆蟲的幼蟲，令其適應與成蟲所遭遇的完全不同的坎坷生涯。這些變異，透過相關法則，無疑會影響到成蟲的構造；而在一些大概僅生活幾個小時、從未攝食的昆蟲中，其大部分成蟲構造只是幼蟲構造相繼變化的相關結果而已。因此反之亦然，成蟲的變異大概也常常會影響幼蟲的構造；但在所有情況下，自然選擇將確保這一點，即由生命的不同時期的其他變異所引起的變

異，絕不能有任何害處，否則，它們就會造成該物種的絕跡。

自然選擇會著眼於親體而改變子體的結構，也會著眼於子體而改變親體的結構。在社會性的動物中，如果被選擇的變異仍使每一個體最終受益的話，自然選擇能使每一個體的結構適應於整個群落的利益。自然選擇所不能做的是，為使其他物種受益而改變一個物種的結構，而這一改變卻對該物種自身毫無益處。此類陳述也許可見於一些博物學著作，但我尚未找到一個禁得住查證的實例。動物一生中僅用一次的構造，如果對其生活是高度重要的，那麼自然選擇能使這種構造改變到任何一種程度，例如某些昆蟲專門用以破繭的大顎，或者未孵化的雛鳥用以啄破蛋殼的堅硬喙端。據說最好的短喙翻飛鴿中，「胎」死「殼」中的遠比能夠破卵而出的要多，因此養鴿者在孵化時要伸出援手。那麼，倘若大自然為了鴿子自身的優勢，讓充分成長的鴿喙變得很短的話，這種變異過程會是非常緩慢的，同時蛋內的雛鴿也要受到嚴格的選擇，即選擇那些喙最有力、最堅硬的雛鴿，因為所有具弱喙的雛鴿都必定會消亡；否則就是那些蛋殼較脆弱易破的會被選擇 —— 就像其他各種構造一樣，蛋殼的厚度也是不同的。

性選擇

在家養狀態下，有些特性往往只見於一個性別，並且作為遺傳性狀表現於同一性別的後代身上，那麼，在自然狀態下也大致如此。果真如此的話，自然選擇可以針對與異性個體的功能關係，或針對雌雄兩性完全不同的生活習性，使單一性別的個體產生變異。

因此我得對我所謂的「性選擇」略作說明。這種選擇，並不依賴於生存競爭，而是依賴於雄性之間為了占有雌性而進行的爭鬥，其結果並非是敗者必亡，而是敗者少留或不留後代。性選擇因此不像自然選擇那麼嚴酷無情。一般而言，最強健的雄性，是那些最適於牠們在自然界中位置的，牠們留下的後代也最多。但在很多情形下，勝利靠的不是一般的體格強壯，而是雄性所獨有的特種武器。無角的雄鹿或無腿距的公雞，留下後代的機會便很少。性選擇，藉由讓勝者總是得以繁殖，篤定賦予了公雞驍勇、長距以及拍擊距腳的有力翅膀，正如無情的鬥雞者那樣，深知透過仔細選配最好的公雞，便能改良其品種。這種搏鬥的法則，往下充斥到自然階梯的哪一層級才算終點呢？我不得而知。據載，雄性鱷魚欲占有雌性之時，牠們搏鬥、吼叫、旋游，宛若跳戰鬥舞的印第安人；有人觀察到，雄性鮭魚能整日戰鬥不止；雄性鍬形蟲（stag-beetles）常常帶有被其他雄蟲用巨顎咬傷的傷痕。「一夫多妻」動物在雄性之間的競爭大概最為慘烈，這類雄性動物又最常生有特種武器。雄性肉食類動物本來已經武裝到牙齒了，但對牠們以及其他一些動物來說，透過性選擇的途徑，仍可以獲得特別的防禦手段，譬如獅子的鬃毛、公野豬的肩墊（shoulder-pad）和雄性鮭魚的鉤形顎（hooked jaws）——因為在奪取勝利上，盾牌會像劍和矛一樣的重要。

這種競爭在鳥類裡，其性質常常較為溫和。凡對此有過涉獵的人都相信，很多種鳥類的雄性之間，存在著用歌喉去引誘雌鳥的最為劇烈的競爭。圭亞那的岩鶇、極樂鳥以及其他一些鳥類，聚集一處，雄鳥在雌鳥面前輪番展示美麗的羽毛，並表演一些奇異的動作；而雌鳥則作為旁觀者站立一旁，最後選擇最具吸引力的伴侶。

密切關注籠養鳥的人都熟知，牠們往往對異性個體「愛恨分明」：赫倫爵士曾描述過一隻斑紋孔雀，對所有的雌性個體都是那麼具有突出的吸引力。認為這種看似微弱的選擇方式能產生任何效果，也許看起來很幼稚，但我無法在此贅述足以支持我這一觀點的細節。然而，人類如果能在短期內依照其審美標準，使他們的矮腳雞獲得優雅的姿態和美貌，那麼，我找不出什麼好的理由來懷疑，雌鳥可依照其審美標準，在成千上萬的世代期間，透過選擇歌喉最好或最為美麗的雄鳥，而產生顯著的效果。我強烈地認為，與雛鳥羽毛相比，有關雄鳥和雌鳥羽毛的某些著名法則，可以根據羽毛主要是為性選擇所改變的觀點來解釋，這種選擇主要在接近繁殖年齡或者處於繁殖期間起作用；由此而產生的變異，也是在相應的年齡或季節，或許單獨傳給雄性，或許傳給雌雄兩性。然而，這裡篇幅有限，不再討論這一問題了。

　　誠如我相信，當任何動物的雌雄雙方具有相同的一般生活習性，卻有著不同的構造、顏色或裝飾時，這些差異主要是由性選擇所造成。也就是說，在連續世代中，一些雄性個體在其武器、防禦手段或吸引力上，比其他的雄性個體略勝一籌，而且這些優勝之處又傳給了雄性後代。然而，我不想把所有的性別差異都歸因於這一作用，因為我們在家養動物裡，看到了一些特性的出現為雄性所專有（譬如雄性信鴿的垂肉、某些雄性禽類的角狀突起等），而這些特性無人會相信是與雄性間的搏鬥有關、或是與吸引雌性有關。類似的情形就像野生雄火雞胸前的叢毛，既無用處也非裝飾，說實在的，此種叢毛如果出現在家養狀態下，肯定會被稱作畸形性狀了。

自然選擇作用的實例

　　為了闡明自然選擇如何（依我所信的）發生作用，務必容我舉一兩個試想的例子。讓我們以狼為例，狼捕食各種動物，得手的方式視動物的不同，或施以狡計、或施以力量、或施以迅捷。假設，在狼獵食最為艱難的季節裡，如鹿之類最為敏捷的獵物，受到該地區任何變化的影響而增加了數量，或者其他獵物的數量相應減少了。在此情形下，我不會懷疑只有最迅捷的和最細長的狼，才有最好的生存機會，故得以保存或得以選擇——假使牠們在不得不捕獵其他動物的某個季節裡，仍保持能制服獵物的力量。我沒有理由懷疑這一點，恰如我確信如若人類透過仔細和刻意的選擇，或者透過無心的選擇（亦即人人都想保存最優良的狗，但全然未曾想到要改良這一品種），便能夠改進靈緹犬的迅捷。

　　即使狼所獵食動物間的相對比例數無任何變化，也許會有一隻小狼崽天生喜歡捕獵某些類型的獵物。這一點並非不可能，因為我們常常看到家養動物中大相逕庭的天然傾向，譬如有的貓愛捉大耗子，有的貓則愛捉小老鼠。據聖約翰先生稱，有的貓愛抓鳥類，有的貓則愛抓兔子或大野兔，還有的則愛在沼澤地並幾乎總是在夜間抓丘鷸（woodcocks）或沙錐鳥（snipes）。據知，愛捉大耗子而不是小老鼠的傾向是遺傳的。故此，若習性或結構方面任何細微的變化對一隻狼有利，這隻狼就會有最好的機會存活並留下後代。牠的一些幼崽大概也學會繼承同樣的習性或結構，並透過不斷重複這一過程，一個新的變種就會形成，而且要麼取代狼的親本類型，要麼與其共存。此外，生活在山地的狼以及棲居在低地的狼，很自

然地會捕食不同的獵物；由於那些最適應於兩處的個體連續地得到保存，兩個不同的變種也就會逐漸形成。這些變種在它們相遇的地方，會雜交及混合；但我們將很快會回到有關雜交的討論。容我補充一下，據皮爾斯先生說，在美國的卡茨基爾山脈棲息著狼的兩個變種，一種類似於輕快的靈緹犬，是捕獵鹿的；另一種則是身體較龐大、腿較短，常常襲擊牧民的羊群。

現在，讓我們來看一個更為複雜的例子。有些植物分泌一種甜液，顯然是為了排除樹（植物體）液裡有害的物質：譬如，某些豆科植物用托葉基部的腺體來分泌這種液汁，普通月桂樹則透過葉背上的腺體來分泌。這種液汁的量雖少，卻為昆蟲貪婪地追求。現在讓我們來假設有一種花，花瓣的內托體分泌出一點甜液或花蜜，尋求花蜜的昆蟲就會沾上些花粉，並必然會把這些花粉從一朵花帶到另一朵花的柱頭上。因此，同種兩個不同個體的花得以雜交。我們有很好的理由相信（其後將更加充分地討論），這種雜交能夠產生強健的幼苗，而這些幼苗最終得到了繁盛和生存的最好機會。其中一些幼苗，大概也會繼承這種分泌花蜜的能力。那些具有最大的腺體（即蜜腺），會分泌最多蜜汁的花，也就會最常受到昆蟲的光顧，並且最常進行雜交，長此以往，這些花就會取得優勢。同樣，花的雄蕊和雌蕊的位置，若與來訪的那些特定昆蟲的大小和習性相適應，能在任何程度上都有利於花粉在花間傳送的話，這些花也會受到青睞或得以選擇。我們可用往來花間只為採集花粉而非為採蜜的昆蟲為例：由於花粉的形成專為受精而用，花粉的毀壞對植物來說似乎是純粹的損失，然而，若有少許花粉被喜食花粉的昆蟲在花間傳送，起初是偶然的，爾後成了習慣，並因此實現了雜交，儘管

十分之九的花粉被毀壞了，這對於植物來說可能還是大有益處的。那些產生愈來愈多花粉以及具有愈來愈大花藥的個體，就會得到選擇。

透過這樣連續保存的過程或自然選擇愈來愈具吸引力的花朵，植物就對昆蟲產生了高度的吸引力，昆蟲便會情不自禁地按時在花間傳送花粉。我可以用很多顯著的例子，輕易地展示昆蟲在這方面是極為有效的。我僅舉一例，而且並非是非常顯著的例子，因為它同時可表明植物雌雄分化的步驟；植物雌雄分化將於稍後提到。有些冬青樹只生雄花，它們有四枚雄蕊，僅產極少量的花粉，加上一枚發育不全的雌蕊；另一些冬青樹則只生雌花，這些花具有健全的雌蕊，而四枚雄蕊上的花藥均已萎縮，無一粒花粉可尋。在距一株雄樹整整六十碼之處，我找到了一株雌樹，從它不同的枝條上採了二十朵花，將其柱頭放在顯微鏡下觀察，所有柱頭上無一例外都有幾粒花粉，而且有幾個柱頭上布滿了花粉。由於幾天來風都是從雌樹吹向雄樹，因此花粉不會是透過風傳送的；這期間天氣冷且有狂風，所以對蜜蜂也是不利的。然而，我觀察過的每一朵雌花，皆因蜜蜂往來樹間採蜜時意外地沾上了花粉而有效地受精了。那麼，回到我們曾想像的情形吧：一旦植物能高度吸引昆蟲、花粉經常由昆蟲在花間傳送之時，另一過程或許就啟動了。沒有一個博物學家會懷疑所謂「生理分工」的優勢，所以我們可以相信，一朵花或整株植物只生雄蕊，而另一朵花或另一整株植物只生雌蕊，對於該種植物是有利的。栽培下的植物，處在新的生活條件下，雄性器官或雌性器官有時候多少會失去其功能。現在，如果我們假定自然狀態下也有類似情況發生，不論其程度是多麼輕微，只要花粉已時常在花

132

間傳送，又依照分工的原則，植物更為澈底的雌雄分離是有利的，因此，愈來愈傾向於雌雄分離的個體，便會不斷地被青睞或得以選擇，直到最終達到兩性的澈底分離。

現在，讓我們轉過來談談我們想像當中食花蜜的昆蟲吧：假設我們透過連續選擇使花蜜慢慢增多的植物，是一種普通植物，又假設某些昆蟲主要是靠該植物的花蜜為食。我可以舉出很多事實來說明，焦急的蜂類是想節省時間的：譬如，牠們習慣在某些花的基部咬些洞來吸蜜，而只要稍微多麻煩一點點，牠們就可以從花的口部進去。若記住這些事實，我看就沒有理由懷疑，身體的大小和形態或吻的曲度和長度等，出現一些偶然而細微到難以察覺的偏差，或許會有利於蜂或其他昆蟲，進而使具有此類特徵的一些個體比其他個體能夠更快獲得食物，獲得更好的機會得以存活及繁衍後代。牠們的後裔，大概也會繼承類似構造上的些微差異。普通紅三葉草（*Trifolium pratense*）和肉色三葉草（*T. incarnatum*）的管形花冠的長度，乍看似乎並無差異，然而蜜蜂能夠很容易吸取肉色三葉草的花蜜，卻不能吸取普通紅三葉草的花蜜，唯有熊蜂才來光顧紅三葉草。如此一來，儘管紅三葉草漫山遍野，供應著源源不斷的珍貴花蜜，蜜蜂卻無緣享用。因此對蜜蜂來說，若能有稍長一點或構造稍許不同的吻，是大為有利的。另一方面，我透過試驗發現，紅三葉草的受精依賴於蜂類的來訪以及移動部分花管，以便把花粉推到柱頭的表面。因而在任何地區，倘若熊蜂變得稀少了，而紅三葉草若有較短或分裂較深的花管，則大為有利，唯此蜜蜂便能光顧它的花了。因此，我也就能理解，透過連續保存具有互利以及些微有利的構造偏差的個體，花和蜂是如何同時或先後逐漸發生變化，及至彼

此間相互適應到盡善盡美的地步。

　　我深知，上述想像的一些例子所展示的自然選擇學說，會遭到反對，正如賴爾爵士「以地球近代的變遷來解釋地質學」這一高見最初所遭到的反對一樣。然而，現在用海岸波浪的作用，來解釋一些深谷的鑿成或內陸的長形崖壁的形成時，我們就很少再聽到有人說這種作用是微不足道的原因了。自然選擇的作用，僅在於能保存和積累每一個有利於生物的極其微小的遺傳變異。正如近代地質學近乎拋棄了一次洪水大浪就能鑿成深谷的觀點一樣，自然選擇若是一條真實的原則的話，也會排斥掉持續創造新生物，或生物的結構能發生任何巨大或突然改變的信條。

論個體的雜交

　　我在此得提一點有關雌雄異體動物和植物的題外話。很明顯的一點是，每次生育，兩個個體總得進行交配（除了奇特和莫名其妙的單性生殖之外），但在雌雄同體的情況下，這一點卻並不明顯。然而，我十分傾向於相信，在所有的雌雄同體中，兩個個體不是偶然便是習慣透過交合以繁殖其類。這一觀點由奈特首次提出。我們即將看到這一觀點的重要性；雖然我為充分討論這一問題準備了素材，但在此僅能蜻蜓點水略作討論。所有的脊椎動物，所有的昆蟲以及其他一些大類的動物，每次生育都得交配。近代研究已大大減少了曾被認為是雌雄同體的生物數目。在真正的雌雄同體生物中，也有大量的交配；亦即兩個個體往往進行交配以生殖，這正是我們所關心的。但是，依然有很多雌雄同體的動物，肯定不是習慣性地

進行交配，而且絕大多數植物是雌雄同株的。也許有人會問：有什麼理由可以假定在這些情形下，兩個個體在生殖過程中曾經進行過交合呢？我在此無法對這一問題進行詳細的討論，僅做一般的探討。

首先，我已蒐集了大量的事實，表明動物和植物不同變種間的雜交，或者同變種而不同品系個體間的雜交，可以讓後代變得更強壯且容易生育；另一方面，近親交配則讓後代變得虛弱且較難生育，這與育種家普遍的信念是相吻合的。這些事實本身就令我相信，自然界的一般法則（儘管我們對該法則的意義一無所知）是：沒有一種生物能夠自體受精繁殖而萬世不竭，偶然地（或許間隔較長一段時間）與另一個體進行交配，則是必不可缺的。

我想，在相信這是自然法則的基礎上，我們方能理解下述的幾大類事實，而這些事實用任何其他觀點都解釋不通。一如每個培育雜交品種的人所知：暴露在雨水下對於花的受精非常不利，然而花藥和柱頭完全暴露的花兒卻又非常多。倘若偶然的雜交不可或缺，那麼，為了使來自異花的花粉能夠完全自由地進入，這一點便可解釋上述雌雄蕊暴露的情況了。尤其是由於植物自己的花藥和雌蕊通常排列的十分接近，自花受精幾乎不可避免，考慮到這一點就更易解釋雌雄蕊何以如此暴露了。另一方面，很多花的結實器官是緊閉的，如蝶形花科或豆科；但是在幾種（或許是所有的）此類的花中，花的構造與蜂吸食花蜜的方式之間有一種非常奇特的適應——蜂要麼把花的花粉推到該朵花自己的柱頭上，要麼把花粉從另一朵花上帶過來。蜂的光顧對於很多蝶形花是如此必要，透過已在別處發表的實驗，我發現蜂的來訪如果受阻，花的能育性便會大大

降低。顯然，蜂在花間飛舞，幾乎不可能不在花間傳粉的，我相信這對植物非常有益。蜂的作用如同一把駝毛刷子，它只要先觸及一朵花的花藥，隨後再用同一把刷子觸及另一朵花的柱頭，就足能確保受精作用的完成了。然而，我們不能就此假定這樣一來蜂即會在不同的物種間造就出大量的雜種。倘若這把刷子帶來植物自己的花粉以及來自另一物種的花粉，前者的花粉占有如此大的優勢，它會毫無例外地完全毀滅外來花粉的影響，正像伽特納所已經指出的那樣。

當一朵花的雄蕊突然跳向雌蕊，抑或雄蕊一個接一個慢慢地移向雌蕊，這種精心布局似乎是確保自花受精的專門適應，而且無疑對自花受精有所裨益，但是還要借助昆蟲，以使雄蕊向前彈跳，誠如科爾路特所表明的小蘗（barberry）情形。在似乎具有這種特別的設計、以利自花受精小蘗屬裡，眾所周知，如果把密切相關的類型或變種栽培在附近的話，就很難得到純粹的幼苗，它們大多進行自然雜交。在很多其他的例子裡，不但對自花受精沒有任何協助，反而有特別的設置，能夠有效地阻止柱頭接受本花的花粉，這一點我可以根據斯布倫葛爾的著述以及我本人的觀察來證明：譬如，亮毛半邊蓮（*Lobelia fulgens*）具有美麗而精巧的設計，把花中相連的花藥裡不計其數的花粉粒，在該花柱頭還來不及接受它們之前，就全部掃出去。由於從無昆蟲來訪此花（至少在我的花園中是如此），因此它從不結籽。然而，我把一朵花的花粉放在另一朵花的柱頭上，結果培育了很多幼苗；附近的另一種半邊蓮，卻有蜂來光顧，並能自由地結籽。在很多其他情形中，儘管沒有特殊的機關來阻止柱頭接受本花的花粉，誠如斯布倫葛爾所指出以及我所能證實

的那樣：要麼花藥在柱頭能受精之前便已裂開，要麼在花粉尚未成熟之前柱頭已經成熟，所以，這些植物事實上是雌雄分異的，而且通常必須進行雜交。這些事實是何等奇異啊！

同一朵花中的花粉和柱頭表面是如此接近，好像專為自花受精而設計似的，然而在很多情形中，彼此間竟毫無用處，這又是何等奇異啊！我們若用不同個體間的偶然雜交是有益或必需的這一觀點，來解釋這些事實的話，又是何等簡單明瞭啊！

將捲心菜、小蘿蔔、洋蔥以及其他一些植物的數個變種，在距離相近之處傳代結籽的話，我發現由此培育出來的大多數幼苗都是雜種：比如，我種植在鄰近的幾種捲心菜變種中，培育出了 233 株幼苗，其中只有 78 株純粹地保持了它們原來種類的性狀，其中還有一些並非是完全純粹的。然而，每一朵捲心菜花的雌蕊不但被自己的六個雄蕊所圍繞，而且還被同株植物上的很多其他的花的雄蕊所圍繞。那麼，這麼多的幼苗是如何變成雜種的呢？我猜想，這應該是源於不同變種的花粉比自己的花粉更具優勢之故，這也正是同種異體雜交是有益的這一普遍法則的一部分。倘若不同的物種間雜交，其情形則恰好相反，因為一種植物自己的花粉總是要比外來的花粉更具優勢；關於這一問題，我們留待其後一章再做討論。

有一種情況可能用來反駁上述觀點，即一棵盛開無數花朵的大樹，其花粉很少在樹間傳送，充其量僅在同一棵樹的不同花朵間傳送。而且同一棵樹上的花，只能在狹義上，方可被視為不同的個體。我認為這一反論並非無的放矢，但是大自然對此也充分留了一手，它讓大樹強烈地傾向於開雌雄分離的花。當雌雄分化了，儘管雄花和雌花同生於一棵樹上，我們仍看到花粉必然從此花傳至彼

花；這樣一來，便會提供更良好的機會，讓花粉偶爾從此樹傳至彼樹。在植物所有的「目」（orders）裡，喬木在雌雄分化上較其他植物更為常見，我發現這在英國是如此。應我所求，胡克博士把紐西蘭的喬木整理列表，阿薩‧格雷博士把美國的喬木整理列表，其結果均如我所料。另一方面，胡克博士告知我，他發現這一規律不適用於澳洲。我對於樹的兩性問題所作的這些簡述，僅僅希望引起對這一問題的關注而已。

現轉向動物方面略作討論。在陸地上，如陸生軟體動物和蚯蚓，有些是雌雄同體的，但牠們都行交配。迄今我尚未見過一例能夠自行受精的陸棲動物。對於這一顯著的事實（這與陸生植物形成了鮮明的對照），只要考慮到陸生動物生活的媒介及其精子的性質，用偶爾雜交是不可或缺的這一觀點，我們便能理解；我們知道，陸棲動物不像植物那樣可憑藉昆蟲或風為媒介，因此若無兩個個體的交配，偶爾的雜交便無法完成。水生動物中，有很多種類是能自行受精的雌雄同體，顯然水流可以為牠們的偶爾雜交提供媒介。在我請教過最高權威之一的赫胥黎教授之後，如同花的情形一樣，我至今未能找到一種雌雄同體的動物，牠的生殖器官是完全封閉在體內，以至於沒有暗度陳倉的途徑，而且在體質方面明顯不可能接受不同個體的偶然影響。正是由於持此觀點，我長久以來覺得蔓足類是很難解釋的一例；不過有個僥倖的機會，讓我在其他場合得以證明：儘管牠們是自行受精的雌雄同體，但兩個個體之間有時確實也進行雜交。

對於大多數博物學家來說，此種情形肯定被視為奇怪的異常現象，即在動、植物中同科甚至同屬的一些物種，儘管在整個體制上

彼此相近，其中不乏雌雄同體者，而有些則是雌雄異體的。但是，如果所有雌雄同體的生物事實上也偶爾雜交，從功能而言，雌雄同體與雌雄異體的物種之間的差異，就變得微乎其微了。

　　基於這幾方面的考慮，以及我蒐集到但無法在此一一列舉的很多特別的事實，我強烈地感到，在動物界和植物界兩個不同個體之間的偶然雜交，乃是一條自然定律。我深知在這一觀點上還存在一些困難的情形，其中一些我正試圖調查。最後，我們可以得出如下結論：在很多生物中，兩個個體之間的雜交，對於每一次生殖來說，顯然是必要的；在很多其他生物中，或許僅在長久的間隔裡，才有必要。但是我依舊懷疑，沒有任何一種生物可以永久地自行繁殖。

對自然選擇有利的諸條件

　　這是一個極為錯綜複雜的問題。大量的可遺傳及多樣化的變異是有利的，但我相信僅僅個體差異的存在，便足以發揮作用。個體的數量大，可為在特定時期內出現有利變異提供更好的機會，能補償單一個體的變異量較小的不足，此乃成功之極其重要的因素。雖然大自然給予自然選擇長久的時間作用，但它不能給予無限長的時間；由於所有生物都極力在自然的經濟結構中爭奪一席之地，那麼，任何一個物種倘若不能發生與其競爭者有著相應程度的變異和改進，將必死無疑。

　　在人類刻意選擇的情形下，飼養者為了一定的目的而進行選擇，自由雜交即會完全阻止其工作。當很多人無意改變品種，卻對品種的完善持有近乎共同的標準，並都試圖得到最優良的動物來培

育，這種無心的選擇過程，儘管會有大量與劣等動物雜交，但肯定會使品種緩慢地改進。在自然的狀態下亦復如此。在一個局限的區域內，其自然結構中的若干地方尚未達到天衣無縫般被完美占據的地步，自然選擇總是傾向於保存所有朝正確方向變異的個體，保存程度儘管各有不同，都是為了更完美地布滿尚未被占領的空間。但在遼闊的地域，其中數個區域通常有不同的生活條件，如若自然選擇在這幾個區域裡改進一個物種的話，每個區域的邊界上就會發生與同種的其他個體間的雜交。在此情形下，雜交的效果幾乎不能被自然選擇所抗衡，因為自然選擇總是傾向於依照每一地區的條件，用完全相同的方式去改變每一地區的所有個體；而在一個連續的區域內，至少物理條件總會逐漸從一個地區向另一個地區緩慢過渡。凡是每次生育必須交配、游動性很大、繁殖速率不十分迅速的動物，受到雜交的影響最大。因此，這類性質的動物中，例如鳥，其變種通常僅局限於隔離的地區內，我相信情形正是如此。同樣地，僅僅偶爾進行雜交的雌雄同體生物中，在每次生育必須交配，但很少遷移且增殖很快的動物中，一個新的和改良了的變種可能很快地在任何一地形成，並且能在那裡自成一體，以至於無論何種雜交發生，主要都是發生在這個新變種的個體之間。一個地方變種一旦如此形成之後，其後可能會緩慢地散布到其他地區。根據上述原理，園藝家總是喜歡從同一變種的大群植物中留種，這樣一來，與其他變種雜交的機會於是就減少了。

即使在增殖緩慢、每次生育必行交配的動物中，我們也不能高估雜交在妨礙自然選擇方面的效果。我可以羅列相當多的事實來說明，在同一地區內，同一種動物的不同變種，可以長久保持各自的

本色，或因占據不同的棲息地，或因有著略為不同的繁殖季節，或因同一變種的個體喜歡與自己的同類交配所致。

雜交在自然界中的重要作用，是使同一物種或同一變種的不同個體，在性狀上保持純粹和一致。這種作用對於每次生育必行交配的動物來說，顯然更為有效，但是我已試圖表明，我們有理由相信，偶爾的雜交見於所有的動物和植物。即便這種雜交只在很長的間隔期之後方會發生，我深信透過雜交所產生的幼體，在強壯和能育性方面均遠勝於那些長期連續自行受精的生物所生的後代，它們有更好的機會得以生存並繁衍，因此，就算雜交的間隔期很長，但從長遠來說，其影響依然是巨大的。倘若有從不雜交的生物，只要它們的生活條件一成不變，其性狀的一致性，只有透過遺傳的原理，以及透過自然選擇以消滅那些偏離固有類型的個體來實現。一旦它們的生活條件發生了變化，而且它們也經歷了變異，那麼，唯有依靠自然選擇保存相同的有利變異，其變異了的後代方能獲得性狀的一致性。

隔離在自然選擇過程中，也是一個重要的因素。在一個局限的或隔離的地區內，若範圍不太大的話，其有機的和無機的生活條件，一般而言是一致的，所以自然選擇就趨於依照同樣的方式，使該地區內一個變異中物種的所有個體出現適應相同生活條件的變化。隔離阻止原本與居住在周圍環境不同地區內同種生物的雜交。當發生了氣候、陸地高度等物理變化之後，隔離在阻止那些適應性較好的生物的遷入方面，大概更為有效；因此，這一區域的自然經濟體制裡就為原產的生物保留了新的空間，供其競爭，並透過其構造和體制方面的變異，來適應這新的空間。最後，透過阻止生物的

遷入並因此而減輕了競爭，隔離能為新變種的緩慢改進提供時間，這對於新種的產生有時可能至關重要。然而，如若或因其周圍有屏障，或因其物理條件很特別，而使隔離的地區很小的話，那麼依存在該地的生物的總數，也就必然會很小；這樣一來，個體數的減少，使出現有利變異的機會也減少，因此也會大大地阻礙透過自然選擇所產生的新種。

我們如果轉向自然界去檢驗這些評論真實與否，並僅著眼於諸如海島之類的任一小的隔離區域，雖然生活在那裡的物種總數會很少，誠如我們將在〈地理分布〉一章中所見，但是這些物種中有很大的比例為特有物種，亦即是土生土長、別處所沒有的。所以乍看起來，海洋島嶼似乎有利於新種的產生。但是，我們可能會大大地欺騙了自己，因為我們若要確定究竟是一個小的隔離區域，還是一個大的開放區域（如大陸）最有利於生物新類型的產生，我們就應當在相等的時間內來比較，然而，這卻是我們所難以企及的。

我不懷疑隔離對於新種的產生相當重要，但整體來說，我傾向於相信區域的廣大是更重要的條件，尤其是在產生能夠歷久不衰並且廣為分布的物種方面。在廣袤而開放的地區內，不僅可以維繫同種的大量個體生存，還有更好的機會可從中產生有利的變異。而且由於那裡已經存在很多物種，致使生存條件無限的複雜，倘若這眾多物種中有些產生變異或改進，則其他物種勢必也會在相應的程度上加以改進，否則便會消亡。同時，每一新類型一旦有大幅改進，便能向開放、連綿的地區擴展，進而與很多其他類型競爭。因此，在大的區域內，會形成更多的新場所，那麼占領這些新場所的競爭，也會比小的和被隔離的地區更為劇烈。此外，廣袤的地區現

在雖是連續的，但在並不遙遠的過去，卻由於地面的升降而常常是不連續的，因此隔離的優良效果，在某種程度上曾經是同時發生過的。最後，我的結論是：儘管小的隔離地區在某些方面對於新種的產生極為有利，然而變異的過程一般在大的區域內更為迅速。更重要的是，在大的區域內產生的一些新類型，由於已經戰勝了很多競爭對手，將會分布得最廣、產生出最多的新變種和物種，因此會在生物的變遷史中發揮重要的作用。

根據這些觀點，我們大概就能理解在〈地理分布〉一章裡還將述及的某些事實：例如，產於澳洲這樣較小大陸的生物，無論是過去還是現在，都抵擋不住產於較大的歐亞區域的生物。也正是同樣的原因，大陸的生物，在諸島上大多得以歸化。在小島上，生活競爭不太劇烈，變異較少，滅絕的情形也較少。出於上述原因，按照希爾所言，馬德拉的植物區系類似於歐洲已經滅絕的第三紀植物區系。與海洋或陸地相比，所有的淡水盆地即便合在一起，也只是一個很小的區域；其結果是，淡水生物間的競爭也不及別處那麼劇烈。故新類型的產生就較緩慢，而舊類型的滅亡也較緩慢。正是在淡水裡，我們發現了硬鱗魚類（ganoid fishes）的七個屬，這些只是曾盛極一時的一個目之殘餘而已；在淡水裡我們還發現了現今世界上幾種形狀最為奇異的動物，如鴨嘴獸（*Ornithorhynchus*）和南美肺魚（*Lepidosiren*），牠們如同化石一樣，在某種程度上，與現今在自然等級上相隔甚遠的一些目相關聯。這些奇異的動物幾乎可以稱作活化石，牠們能苟延殘喘至今，主要因為其居住在局限的地區之內，所遭遇的競爭不太劇烈所致。

在該論題極端複雜性允許的情況下，我總結一下對自然選擇有

利與不利的諸項條件。我的結論是，展望未來，對陸棲生物來說，廣袤的區域，地面可能會經歷多次升降，結果會有長時期不連續的情形，這對很多新生物類型的產生最為有利，而這些新生物類型也趨於經久不衰、廣為傳布。因為該地區先是一片大陸，這時的生物在種類和個體數目上都會很多，因而會陷入劇烈的競爭。當地面下陷而變為相互分離的大的島嶼時，每個島上還會有很多同種的個體生存著，在每一物種分布的邊界上的雜交，就會受到抑制。如若有任何形式的物理變化之後，生物遷入也會受阻，因而每一島上自然組成中的新場所，勢必為原有生物的變異所填滿；同時，每一島上的變種，也有足夠的時間得以充分地變異和改進。倘若地面復又升高，諸島再度變為大陸的話，劇烈的競爭便會重現。最受自然寵護或改進最佳的變種便能廣布開來，改進較少的類型就會大部滅絕，而且新連接的大陸上的各種生物相對比例數，又會發生變化，自然選擇的樂土復現，使居住在此的各種生物進一步得到改進，從而產生出新的物種。

我完全承認，自然選擇總是極其緩慢的。自然選擇要發揮作用，有賴於一個區域的自然組成中尚有一些空位，可供該地一些正在進行某種變異的生物占據。這類空位的存在，常常取決於一些物理變化，而這些變化通常是極為緩慢的；此外，這類空位的存在，還取決於較能適應的類型的遷入受到了阻止。然而，自然選擇作用的發揮，大概更常有賴於一些生物發生緩慢的變異方可，唯此，很多其他生物的互相關係才會被打亂。除非出現有利的變異，否則一事無成，然而變異本身分明總是非常緩慢的過程。而這一過程又常會被自由雜交大大地延滯。很多人會提高嗓門說，這幾種原因已足

以完全終止自然選擇的作用了。我相信不會如此。另一方面，我確信自然選擇總是極為緩慢地在發生作用，常常僅在較長間隔的時間內有作用，且往往僅在同時同地的極少數的生物身上產生作用。我進而相信，自然選擇這種極其緩慢和斷斷續續的作用，與地質學所揭示的這一世界上生物變化的速率和方式，竟不無二致。

無論選擇的過程會是多麼地緩慢，倘若贏弱的人類憑藉人工選擇的力量尚能大有作為，那麼在我看來，在漫長的時間裡、透過自然的選擇力量所能產生的變化，其程度之廣，是沒有止境的；所有生物彼此之間以及與其生活的物理條件之間相互適應的美妙和無限的複雜性，也是沒有止境的。

滅絕

這一論題將會在第九章裡更充分地討論，但它與自然選擇密切相關，因此必須在此提及。自然選擇只是透過保存某些方面有利的變異在起作用，結果使其得以延續。由於所有的生物均按幾何比率高速增加，故每一地區都已充滿了生物，於是，當得以選擇以及被自然寵護的類型在數目上增加了，那麼較不利的類型就會減少乃至於變得稀少了。地質學啟示我們，稀少便是滅絕的先兆。我們也清楚，僅剩少數個體的任何類型，一遇季節或其敵害數目的波動，就很有可能完全滅絕。然而，我們可以更進一步地說，因為新的類型不斷地、緩慢地產生出來，除非我們相信物種類型數可以長久地、近乎無限地增加，那麼，很多類型勢必會滅絕。地質學清晰地顯示，物種類型數目尚未無限增加過。我們其實也能夠了解它們為何

沒有無限地增加，因為自然界組成結構中的位置數目並非是無限大的，當然並不是說，我們有什麼途徑知悉任何一個地區是否已達到了物種數的極限。大概還沒有什麼地區已經「種」滿為患，就像好望角比之世界上任何其他地方，已經有更多的植物物種擠在一起，但依然有外來的植物在該地得以歸化，而且據我們所知，這並未造成任何原生植物的消亡。

此外，個體數目最為繁多的物種，在任一既定的期間，產生有利變異的機會也最佳。第二章所述的一些事實，已包含這方面的證據，它們顯示：正是這些常見的物種，有著最大數量記錄在案的變種，亦即雛形種。因此，個體數目稀少的物種，在任一既定期間內的變異或改進，都相對緩慢；在生存競爭中，它們就會被那些常見物種的已經變異了的後代所擊敗。

根據這幾方面的考慮，我想，必定會有如下的結果：當新的物種歷時既久、經自然選擇而形成，其他的則會愈來愈稀少而最終消亡。那些和正在進行變異與改進的類型彼此競爭最甚者，自然受創亦最甚。我們在〈生存競爭〉一章裡已經看到，關係最近的類型（即同種的一些變種，以及同屬或親緣關係相近屬裡的一些物種），由於具有近乎相同的構造、體質和習性，一般而言彼此間的競爭也最為劇烈。結果，每一新變種或新種在形成的過程中，一般對其最近的同類壓迫最甚，並傾向於將它們斬盡殺絕。在家養生物中，透過人類對於改良類型的選擇，我們也看到了同樣的消亡過程。我們可以舉出許多奇異的例子，表明牛、綿羊以及其他動物的新品種，加之花卉的變種，是何等迅速地取代了那些較老和低劣的種類。在約克郡，從歷史上可知，古代的黑牛被長角牛所取代，長

角牛「又被短角牛所清除」，「宛若被某種致命的瘟疫所清除一樣」（我在此引用了一位農學家的話）。

性狀分異

我用這一術語所表示的原理，對我的理論是極為重要的，我確信可以用來解釋若干重要的事實。首先，諸變種（即便是特徵顯著的那些變種）雖然多少帶有物種的性質，但在很多情形下該如何將其分類，充滿了無望的疑問，這顯示它們彼此間的差異，肯定遠比那些純粹而明確的物種之間的差異為小。然而，依我個人之見，變種是正在形成過程中的物種，或曾被我稱為的雛形種。那麼，變種間的些許差異是如何增進為物種間的較大差異呢？變種差異增進為物種差異的過程屢見不鮮，我們只能從以下情況推知：自然界中無數物種的大多數呈現顯著差異，而變種（這些未來的明確物種的假想原型和親本）卻呈現一些細微以及並非涇渭分明的差異。純粹的偶然（我們或可如此稱呼）也許會致使一個變種在某一性狀上與其親本有所差異，此後該變種的後代在同一性狀上又與它的親本有更大程度的差異；但是僅此一點，絕不能說明同種的諸多變種間以及同屬的異種間所慣常出現的巨大差異。

如我一向的做法，還是讓我們從家養生物那裡尋求啟迪吧。在此我們會發現相似的情形。一個養鴿者對喙部稍短的鴿子有所注意；而另一個養鴿者卻對喙部略長的鴿子產生了興趣。在「養鴿者現在不喜歡而且將來也不喜歡中間標準，只喜歡極端類型」這一公認的原則下，他們就都繼續（如同在翻飛鴿中實際發生的那樣）選

育那些要麼喙部愈來愈長的，要麼喙部愈來愈短的鴿子。再者，我們可以設想，在早期，一個人需要快捷的馬，而另一個人卻需要強壯和塊頭大的馬。早期的差異可能是極為細小的，但是隨著時間的推移，一些飼養者連續選擇較為快捷的馬，而另一些飼養者卻連續選擇較為強壯的馬，差異就會逐漸增大，以致達到形成兩個亞品種的顯著程度。最終，經過若干個世紀之後，這些亞品種就會變為兩個確定的和不同的品種了。隨著差異逐漸變大，具有中間性狀的劣等動物，由於既不太快捷也不太強壯，便會被忽視，並將趨於消失。這樣一來，我們從人類選擇的產物中看到了所謂分異原理的作用，它引起了差異，最初幾乎難以察覺，爾後穩步增大，於是各品種彼此之間及其與共同親本之間則在性狀上發生分異。

但是也許要問，類似的原理怎能應用於自然界呢？單就以下情形而論，這一原理能夠應用而且確已應用得極為有效：任何一個物種的後代，倘若在構造、體質、習性上愈是多樣化的話，它們在自然組成中就愈能同樣多地占有很多不同的位置，而且它們在數量上也就愈能增多。

這一點在習性簡單的動物身上看得特別明顯。以肉食的四足獸類為例，在任一地區所能負擔牠們的總平均數，早已達到了飽和。若任其自然增長力發揮的話，牠的成功增長（在該地區的條件未經歷任何變化的情形下），唯有依靠其各種變異的後代去奪取其他動物目前所占據的地方，方能達到：例如，有些能夠獵食新的種類，死的也好，活的也好；有些能生活在新的處所，或樹棲，或水棲；有些大概索性減低其肉食習性。這些肉食動物的後代，在習性和構造方面變得愈多樣化，牠們所能占據的地方也就愈多。能應用於一

種動物的原理,也能應用於一切時間內的所有動物──前提是牠們發生變異,否則自然選擇便無能為力。植物的情形亦復如此。試驗證明,如果在一塊土地上僅播種同一物種的草,而在一塊相似的土地上播種若干不同屬的草,後者便可得到更多株數的植物以及更大重量的乾草。在兩塊同樣大小的土地上,若一塊只播種一個小麥變種,而另一塊則混雜播種幾個不同的小麥變種,也會發生同樣的情形。所以,倘若任何一個物種的草正在變異,並且如果各個變種被連續地選擇,彼此間的不同,完全像不同的種和屬的草之間那樣彼此相異的話,這個物種就會有更大數量的個體(包括其已變異的後代),成功地生活在同一塊土地之上。我們深知,每一物種和每一變種的草,每年都要散播不可勝數的種子,因此或許可以說它們都在竭力地增加數量。結果,我毫不懷疑,歷經數千世代,任一物種的草最為顯著的變種總會有最好的機會得以成功並增加其數量,並因此而排除那些較不顯著的變種;變種一旦到了彼此截然分明之時,便能達到物種的等級了。

高度的構造多樣性能支撐最大數量的生物,這一原理的真實性見於很多自然情況。在一極小的地區內,特別是允許自由遷入時,那裡的不同個體之間的競爭必然激烈,我們也總能看到居住在那裡的生物有著高度的多樣性。譬如,我發現一塊四英尺長、三英尺寬的草地,多年來面臨著一模一樣的條件,其上生長著二十個物種的植物,屬於 18 個屬和 8 個目,顯示這些植物彼此間的差異是何等之大。條件一致的小島上的植物和昆蟲,以及淡水池塘中的情形,亦復如此。農民發現,用隸屬最為不同的「目」的植物來輪種的話,可以收穫更多的糧食;自然界中發生的情形可稱為同時的輪

種。密集地生活在任何一小塊土地上的大多數動物和植物，皆能在那裡生活（假定這片土地在性質上沒有任何特別之處的話），並且可以說，它們都竭盡全力在那裡求生。但是，在它們彼此之間短兵相接地競爭之處，構造分異性的優勢，連同與其相伴的習性和體質方面的差異的優勢，一般說來決定了彼此間緊密相爭最屬害的生物，會是那些我們稱為不同的「屬」和「目」的生物。

同樣的原理，見於植物透過人類的作用在異地歸化的現象之中。或許人們以為，在任何一塊土地上能夠成功歸化的植物，通常會是一些與原生植物親緣關係相近的種類，因為原生植物一般被看作是特別創造出來而適應於本土的。或許人們還會以為，歸化了的植物，大概只屬於特別能適應新居的某些地點的少數類群。但實際情形卻十分不同。德康多爾在其令人稱羨的偉大著作裡曾精闢地闡明，若與原生的屬和物種的數目在比例上相比較的話，植物群透過歸化所獲得的新屬要遠多於新種。僅舉一例：在阿薩·格雷博士的《美國北部植物手冊》最後一版裡，曾舉出 260 種歸化的植物，而這些屬於 162 屬。由此可見，這些歸化的植物具有高度的分異性。此外，它們在很大程度上與原生植物不同，因為在 162 個歸化的屬中，非土生「屬」的不下 100 個，因此，這些北部各州植物「屬」的數目，在比例上有了很大的增加。

透過考慮在任一地區與本土的生物相鬥而獲勝，並因此得以在那裡歸化的植物或動物的性質，我們可以大體認識到，某些本土的生物必須如何發生變異，才能勝過其他同樣本土的生物；而且，我們至少可以有把握地推斷，構造的分歧性達到新屬一級的差異，對它們是會很有利的。

事實上，同一地區生物構造上的多樣化所具有的優勢，與一個個體各器官的生理分工的多樣化所產生的優勢相同——米爾恩‧愛德華茲已經精闢闡明過這一點。沒有一個生理學家會懷疑，專門消化植物物質的胃，或專門消化肉類的胃，能夠從這些物質中吸收最多的養料。所以，在任何一塊土地總的經濟體系中，動物和植物對於不同生活習性的適應分化愈廣闊、愈完善，能夠支持自身生活在那裡的個體數量也就愈大。一組體制分異度很低的動物，很難與一組構造分異度更完全的動物相競爭。例如，澳洲各類的有袋動物可以分成若干群，但彼此差異不大，如沃特豪斯先生及其他一些人所指出，牠們隱約代表著食肉、反芻的、嚙齒的哺乳類，但牠們是否能夠成功地與這些涇渭分明的哺乳類各目動物相競爭，也許令人懷疑。在澳洲的哺乳動物裡，我們看到多樣化的過程還處在早期和不完全的發展階段。

　　在上述討論（本應更為詳盡才是）之後，我想我們可以假定，任何一個物種的變異後代，在構造上的分異度愈高，便愈能更為成功，而且愈能侵入其他生物所占據的位置。現在讓我們看一看，從性狀分異獲益的原理，與自然選擇的原理以及滅絕的原理結合起來之後，會產生什麼樣的作用。

　　本書所附的一張圖表，有助於我們來理解這一比較複雜的問題。以 A 到 L 代表該地區一個大屬的諸物種，假定它們的相似程度並不相等，正如自然界的一般情形，也如圖表裡用不同距離的字母所表示的那樣。我所說的是一個大的屬，因為在第二章裡已經說過，在大屬裡比在小屬裡平均有更多的物種發生變異，而且大屬裡發生變異的物種有更大數目的變種。我們還可看到，最普通的和最

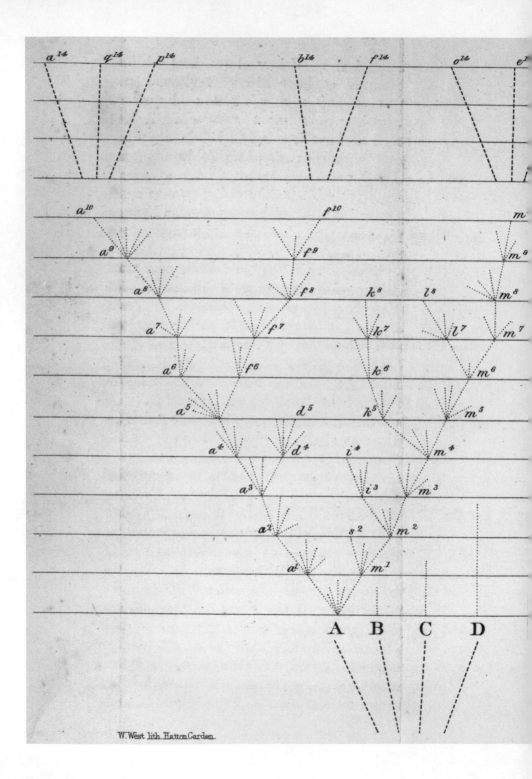

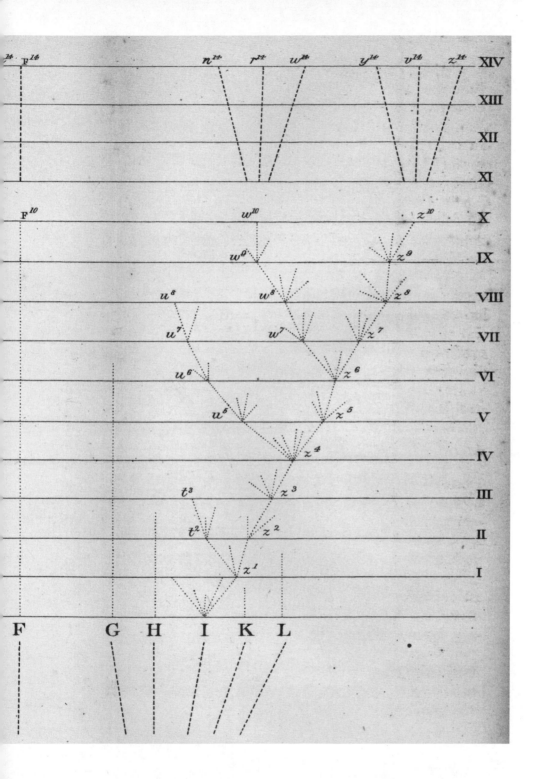

廣布的物種，比稀有的和分布窄的物種變異更甚。假定 A 是普通、廣布、變異的物種，並屬於本地的一個大屬。從 A 發出小扇形、不等長的、分歧散開的虛線，可代表其變異的後代。假定這些變異極其細微，但其性質卻極為多樣；假定它們並不是同時一起發生，而常常是間隔很長一段時間才發生；又假定不是所有的變異都能存在相等的時期。只有那些具有某些有益的變異，才會被保存下來，或被自然選擇下來。這裡由性狀分異能夠獲益的原理的重要性便出現了；因為一般而言，這就會導致最不同的或最分異的變異（由外側虛線表示）得到自然選擇的保存和累積。當一條虛線遇到了一條橫線，在那裡就用一帶有數位的小寫字母標出，那是假定變異的數量已得到了充分的積累，從而形成了一個相當顯著的變種，諸如在分類工作上被認為是值得記載的變種。

圖表中橫線之間的距離，可代表一千個世代；然而若能代表一萬個世代，或許會更好。一千代之後，假定物種（A）產生了兩個相當顯著的變種，即 a^1 和 m^1。這兩個變種繼續處在與它們的親本發生變異時所處的相同條件，而且變異傾向本身也是遺傳的；結果，它們便同樣具有變異的傾向，並且一般以幾乎與其親本一樣的方式發生著變異。此外，這兩個只是輕微變異類型的變種，因此傾向於透過遺傳繼承了親本（A）的優點，這些優點使其親本比本地大多數其他生物更為眾多；同樣，它們還繼承了親種所隸屬的那一屬的更為一般的優點，這些優點使這個屬在它自己的地區內成為了一個大屬。我們知道，所有這些條件對於新變種的產生都是有利的。

那麼，倘若這兩個變種依舊變異，它們那些分異最大的變異，在此後的一千代中，一般都會被保存下來。在這期間之後，假定在

圖表中的變種 a^1 產生了變種 a^2，根據分異的原理，a^2 和（A）之間的差異，將會大於 a^1 和（A）之間的差異。假定 m^1 產生兩個變種，即 m^2 和 s^2，兩者彼此不同，但與其共同親代（A）之間的差異更大。我們可按照同樣的步驟，把這一過程延伸到任何長度的期間。有些變種，在每一千代之後，只產生一個變種，但在變化愈來愈大的條件下，有些則會產生兩個或三個變種，而有些卻不能產生任何變種。因此，源自共同親代（A）的變種或變異的後代，通常會繼續增加其數量，且繼續著性狀分異。在圖表中，這個過程被顯示至第一萬代為止，此後及至第一萬四千代之間，則用壓縮和簡化的形式來顯示。

但我在這裡必須說明，我並不認為這種過程會像圖表中那樣有規則地進行，儘管圖表本身已多少有些不規則性。我更不認為，最為分異的變種必然會成功及繁衍。一個中間類型時常能夠長久地生存，但能否產生一個以上變異的後代，也是說不準的；因為自然選擇總是會根據未被其他生物占據，抑或未被完全占據的地方的性質而發揮作用的，而這一點又取決於無限複雜的關係。但是按照一般的規律，任何一個物種的後代，在構造上的分異度愈大，便愈能占據更多的地方，而且其變異的後代也愈能得以增加。在我們的圖表裡，譜系線在有規則的間隔內中斷了，在那裡標有帶有數位的小寫字母，它們標示著相繼的類型，而這些類型已變得顯著不同，足以被記錄為變種。但這些間斷是想像的，在間隔的長度允許相當多的分異的變異得以積累之後，可以將這些間斷插入任何地方。

由於源自一個普通、廣布、屬於一個大屬的物種所有變異的後代，均會趨於承繼那些使其親代在生活中得以成功的相同優點，

因此通常它們既能不斷增加數量也能繼續性狀分異；這由圖表中自（A）所分出的數條虛線來代表。從（A）產生的變異後代，以及譜系線上更高度改進了的分支，往往會取代（並因此而消滅）較早的和改進較少的分支；這在圖表中由幾條較低的、沒有達到上面橫線的分支來表示。在某些情形裡，我不懷疑，變異的過程只限於一條譜系線上，後裔的數量並未增加；儘管在相繼的世代裡，分異變異的程度可能已經擴大了。若從圖表裡將從（A）出發、除 a^1 到 a^{10} 那一條之外的各條線都去掉的話，便可表示出這種情形。同樣，譬如英國的賽跑馬和嚮導犬，兩者的性狀顯然從其原來的祖幹緩慢地分異，但未曾分出任何新的支系或族群來。

一萬代之後，假定（A）種產生了 a^{10}、f^{10} 和 m^{10} 三個類型，由於它們經過歷代的性狀分異，相互之間及與共同祖代之間的差別將會很大，但也許這些差別並不均等。我們若假定圖表中的兩條橫線間的變化量極小，那麼，這三個類型可能還只是十分顯著的變種，抑或可能已經達到了亞種這一有疑問的分類階層；但我們只要假定這變化過程在步驟上較多或在量上較大，即可將這三個類型變為明確的物種。因此，這張圖表說明了由區別變種的較小差異，增至區別物種較大差異的一些步驟。把同樣過程推進到更多個世代（如圖中以壓縮和簡化的形式所示），我們便得到了八個物種，係用小寫字母 a^{14} 到 m^{14} 所表示，所有這些物種都是從（A）傳下來的。由此，誠如我所相信，物種倍增了，屬也就形成了。

在大的屬裡，發生變異的物種大概總會超出一個以上。在圖表裡，我已經假定第二個物種（I）經過類似的步驟，在一萬世代以後，產生了兩個顯著的變種（w^{10} 和 z^{10}）或是物種，至於它們究

竟是變種還是物種，則要根據橫線間所假定表示的變化量而定。一萬四千世代後，假定產生了六個新物種，標記為 n^{14} 到 z^{14}。在每一個屬裡，性狀已經極為不同的物種，一般會產出最大數量的變異後代；因為在自然組成中，這些後代擁有最好的機會，去占據新的和大不相同的位置。故此，我在圖表裡選取極端物種（A）與近極端物種（I），作為那些變異最大和已經產生新變種和新物種的物種。原有的屬裡的其他九個物種（用大寫字母表示的），在很長時期內，可能依然繼續傳下未曾變更的後代；這在圖表裡是用虛線來表示的，但由於空間所限，這些虛線沒有向上延伸很遠。

但在變異過程中，如圖表中所示，我們的另一個原理，即滅絕的原理，也產生重要的作用。在每一處布滿了生物的地域內，自然選擇的作用，必然在於選取那些在生存競爭中比其他類型更具優勢的類型，故任一物種改進了的後代，在其譜系的每一階段，總是趨於排斥和消滅其先驅者及其原始親本。我們應該記住，一般而言，那些習性、體質和構造方面彼此最為相近的類型，它們之間的競爭尤為劇烈。因此，介於較早和較晚的狀態之間（亦即介於同一個種中改進較少和改進較多的狀態之間）的中間類型以及原始親種自身，一般都趨於滅絕。所以，譜系上很多整個的旁支大概會如此走向滅絕，乃為後來的和改進的支系所戰勝。然而，倘若一個物種的變異後代進入了另一不同的地域，或者很快地適應了一個全新的地方，在此情形下，後代與祖先間就不會產生競爭，二者均可繼續存在。

假定我們的圖表所表示的變異量相當大，則物種（A）及所有較早的變種都已經滅亡，而為八個新物種（a^{14} 至 m^{14}）所取代；物

種（I）也將會被六個新物種（n^{14} 至 z^{14}）所取代。

　　我們還可由此更進一步。假定該屬那些原始種彼此間的相似程度並不均等，一般說來自然界的情況正是如此。物種（A）跟 B、C 及 D 之間的關係，比跟其他物種間的關係較近；物種（I）與 G、H、K、L 之間的關係，比跟其他物種的關係較近。假定（A）和（I）都是極為普通而廣布的物種，它們肯定原本就比同屬中的其他多數物種占有若干優勢。它們的變異的後代，在一萬四千世代時已共有十四個物種，它們大概也都承繼了部分同樣的優點；它們在譜系的每一階段中還以形形色色的方式經歷了變異和改進，這樣便在其居住地域的自然經濟組成中，逐步適應了很多與其有關的位置。據我所見，它們因此極有可能會取代親本種（A）和（I）並將其消滅，而且還會消滅與其親本種最為接近的一些原始物種。所以，原始物種中極少能夠傳到第一萬四千世代的。我們可以假定，與其他九個原始物種關係最疏遠的兩個物種中，只有一個物種（F）會將其後代傳到譜系的這一晚期階段。

　　在我們的圖表裡，從開始的十一個物種傳下來的新物種數目現在是十五個了。由於自然選擇的分異傾向，a^{14} 與 z^{14} 之間在性狀方面的極端差異量，遠比原來十一個種之間最大的差異量還大。此外，新種間親緣關係的遠近，也大不相同。從（A）傳下來的八個後代中，a^{14}、q^{14}、p^{14} 三者，皆為新近從 a^{10} 分出來的，親緣關係較近；b^{14} 和 f^{14} 則是在較早的時期從 a^5 分出來的，與前述三個物種在某種程度上有所區別；最後，o^{14}、e^{14}、m^{14} 在親緣關係上彼此相近，但因其在變異過程的初始便已分歧，故與其他五個物種大不相同，可構成一個亞屬甚或一個獨立的屬。

從（I）傳下來的六支後裔將形成兩個亞屬甚或兩個屬。但是，因為原來的物種（I）與（A）大不相同，兩者在原來的各屬裡幾乎位於兩極，故而從（I）分出來的六支後裔，僅僅由於遺傳的緣故，就足以會跟由（A）分出來的八支後裔大相逕庭；此外，我們還假定這兩組生物，一直是向不同的方向繼續分化的。而連接在原來物種（A）和（I）之間的中間種（這一點至關重要），除了（F）之外，均已滅絕了，且未留下任何後代。因此，從（I）傳下來的六個新種，以及從（A）傳下來的八個新種，勢必被分類為十分不同的屬，甚或不同的亞科。

故如我所信，兩個或兩個以上的屬，是從同一個屬中兩個或兩個以上的物種透過兼變傳衍（descent with modification）而產生的。而這兩個或兩個以上的親本種，又可假定是源自更早期的一個屬裡的某一物種。在我們的圖表裡，這是用大寫字母下方的虛線來表示的，其各分支向下方的一個單一點彙集；這一點則代表一個單一的物種，它便是幾個新的亞屬以及屬的假定的單一祖先。

在此值得略為回顧一下新物種 F^{14} 的性狀，其性狀假定未曾有過太多的分異，依舊保存著（F）的類型，要麼無甚變化，要麼變化甚微。在這種情形下，它和其他十四個新種的親緣關係，具有奇妙而曲折的性質。因為它是從（A）和（I）兩個親本種之間的類型那裡傳下來的，而這一過渡類型現在假定已經滅亡而不為人知，那麼，它（F^{14}）的性狀大概在某種程度上也介於這兩個物種所傳下來的兩群後代之間。然而，由於這兩群的性狀已經和它們的親本種類型有了分歧，新物種（F^{14}）並不直接介於其兩個親本種之間，而是介於這兩群的類型之間；大概每一個博物學者的腦子裡，都會

浮現出此類情形。[1]

在這張圖表裡，每一條橫線都假設代表一千個世代，但也可代表一百萬個或一億個世代；同樣，它還可以代表含有滅絕了的生物遺骸的地殼的地層層序的一部分。我們在第九章裡，還得再談談這一問題，彼時我們將會看到這張圖表對滅絕生物的親緣關係的啟示，亦即儘管這些滅絕的生物一般與現生的生物屬於同目、同科甚或同屬，但是通常在性狀上多少介於現今生存的各類群生物之間。我們是能夠理解這一事實的，因為滅絕了的物種生存於遠古時代，那時譜系線上的分支線之間的分異尚小。

我看沒有什麼理由把於今所解釋的變異過程，僅限於屬的形成。在圖表中，如果我們假定分歧虛線上每一相繼的類群所代表的變異量是巨大的，那麼，標示著 a^{14} 到 p^{14}、b^{14} 和 f^{14}，以及 o^{14} 到 m^{14} 的類型，會形成三個極不相同的屬。我們還會有從（I）傳下來的兩個極不相同的屬；而且由於後面這兩個屬既有持續不斷的性狀分異又有不同親本的遺傳，它們會與源自（A）的那三個屬大不相同。這些屬因而分別聚成兩個小群[2]，按照圖表所假定代表的分歧變異量，遂形成了兩個不同的科，或不同的目。這兩個新科或新目，是從原先那個屬的兩個物種傳下來的，而這兩個物種又假定是

1　譯注：牛津世界經典版中，在本段將 F^{14} 印成了 f^{14}，這是很大的錯誤；譯者在此根據與第一版以及所有其他版本（包括集注本）的檢校，將這一錯誤在譯文中糾正過來。如圖所示，f^{14} 與 F^{14} 大為不同，而作者上述文字顯然指的是 F^{14}，與 f^{14} 無關。

2　譯注：即由（I）傳下來的兩個屬（一個小群）以及源自（A）的三個屬（另一個小群）。

從某個更古以及未知的屬裡的一個種所傳下來的。

　　我們已經看到，在每一地域內，總是較大的屬裡的物種最常產生變種或雛形種。這其實在預料之中，因為自然選擇是透過一種類型在生存競爭中優勝於其他類型，才發生作用的，故其主要作用於那些已經具有某種優勢的類型；而任一類群之為大，即顯示了其物種已經承繼了共同祖先的某些共同優點。因此，旨在產生變異的新後代的競爭，則主要發生在那些均在極力增加數目的大類群之間。一個大類群將緩慢地征服另一個大類群，使後者的數量減少，並因而減少了它進一步變異和改進的機會。在同一個大類群裡，後起和更為高度完善的亞類群，由於分歧發展且在自然組成中占據了很多新位置，故而經常趨於排擠和消滅掉較早的、改進較少的亞類群。小的以及衰敗的類群和亞類群終將絕跡。展望未來，我們可以預言：大凡眼下龐大、鋒頭正健、也是分崩離析最少，並於今最少受到滅頂之災的生物類群，將會在一個很長的時期內繼續增加。然而，哪些類群最終能夠穩操勝券，卻無人能夠預言，因為我們知道有很多類群先前曾是極為廣泛發展的，但現在都已滅絕了。展望更遠的未來，我們還可預言：由於較大的類群繼續穩步增長，大量的較小類群終會完全滅絕，且不會留下任何變異的後代，結果，生活在任一時期內的物種中，僅有極少數的物種能把它們的後代傳到遙遠的未來。我將在〈生物的相互親緣關係〉一章裡再度討論這一問題，然而，我或可在此補充一下，鑑於僅有極少數較古老的物種能把後代傳至今日，又鑑於同一物種的所有後代組成為一個綱，我們就不難理解，為何在動物界和植物界的每一主要大類裡，現存的綱是如此之少了。雖然只有極少數最為古老的物種留下了現存變異的

後代，但在過去遙遠的地質時代裡，地球上也可能宛若今天一樣，曾遍布著很多屬、科、目以及綱的眾多物種。

本章小結

在時代的長河裡，在變化著的生活條件下，若生物組織結構的部分發生變異，我認為這是無可置疑的；由於每一物種都按很高的幾何比率增長，若它們在某一年齡、某一季節或某一年代發生激烈的生存競爭，當然也是無可置疑的。那麼，考慮到所有生物相互之間及其與生活條件之間，有著無限複雜的關係，並引起構造、體質及習性上對其有利的無限的多樣性，而有益於人類的變異已出現了很多，若是說從未發生過類似的有益於每一生物自身福祉的變異，我覺得那就太離譜了。然而，如果有益於任何生物的變異確實發生過，那麼，具有這種性狀的個體，在生存競爭中定會有最好的機會保存自己；根據強勁的遺傳原理，它們趨於產生具有同樣性狀的後代。為簡潔起見，我把這一保存的原理稱為「自然選擇」，它使每一生物在與其相關的有機和無機的生活條件下得以改進。

根據品質在相應年齡期得以遺傳的原理，自然選擇能像改變成體那樣，易如反掌地改變卵、種子、幼體。在很多動物中，性選擇藉由確保最強健的、最適應的雄性個體產生最多的後代，可助普通選擇一臂之力。性選擇又讓雄性個體獲得僅對雄性有利的性狀，以便與其他雄性個體分庭抗禮。

自然選擇是否確能如此發揮作用，致使各種生物類型適應於各自的若干條件和住所，尚有待其後各章所舉證據的要旨與權衡來判

斷。然而我們已經看到，自然選擇是如何引起了生物的滅絕；而在世界史上滅絕的作用又是何等巨大，地質學已清晰地闡明了這一點。自然選擇還能導致性狀的分異，因為生物的構造、習性及體質上分異愈甚，則該地區所能支撐的生物就愈多，對此我們只要稍加觀察任何一個小地方的生物及歸化的生物便可以得到證明。所以，在任何一個物種的後代的變異過程中，以及在所有物種為增加其個體數而不斷的競爭中，若其後代變得愈多樣化，它們在生存競爭中成功的機會也就愈好。因此，區別同一物種中不同變種的微小差異，也就趨於逐漸增大，直到能與同屬的物種（甚或不同的屬）之間的更大的差異相媲美。

我們已經看到，比較大的屬裡那些普通、極為分散以及廣布的物種，也是變異最甚的，而且這些物種趨於傳給其變異後代的那種優越性，正是令其現今能在本土上占有優勢的優越性。如方才所述，自然選擇導致性狀的分異，並導致改進較少和中間類型的生物大量滅絕。根據這些原理，我相信，所有生物間的親緣關係性質均可得到解釋。這實在是件奇妙的事（我們對此奇妙卻視若無睹），即一切時間和空間內所有的動物和植物，都透過層層隸屬的類群而彼此相連，誠如我們到處所見，亦即同種的變種間關係最為密切；同屬的不同物種間的關係較疏遠且不均等，乃形成節（section）和亞屬；異屬的物種間的關係更為疏遠；屬間關係視遠近程度不同，乃形成亞科、科、目、亞綱及綱。任何一個綱裡的幾個次級類群，不能列入單一行列，而是環繞數點、聚集一起，這些點又環繞著另外一些點，依此類推，幾乎成為無窮的環狀。倘若物種是一一獨立創造的話，這一了不起的事實在生物分類中，便無可解釋；但是，

據我最好的判斷，用遺傳以及自然選擇的複雜作用（涉及到滅絕和性狀分異），如我們在圖表中所示，這一點便可得到解釋。

　　同一綱中所有生物的親緣關係，有時已用一株大樹來表示。我相信這一比擬在很大程度上說出了實情。綠色、生芽的小枝可以代表現存的物種；往年生出的枝條可以代表那些長期以來先後滅絕的物種。在每一生長期中，所有生長著的小枝，都試圖向各個方向分枝，並試圖壓倒和消滅周圍的細枝和枝條，正如物種以及物種群在生存大戰中試圖征服其他物種一樣。主枝分為大枝，再逐次分為愈來愈小的枝條，而當此樹幼小之時，主枝本身就曾是生芽的小枝；這種舊芽和新芽由分枝相連的情形，大可代表所有滅絕物種和現存物種的層層隸屬的類群分類。當該樹僅是一株矮樹時，在眾多繁茂的小枝中，只有那麼兩三根小枝得以長成現在的大枝並生存至今，支撐著其他的枝條；生存在遙遠地質年代中的物種也是如此，它們之中極少能夠留下現存的變異後代。自該樹開始生長以來，許多主枝和大枝都已枯萎、折落；這些失去的大小枝條，可以代表那些未留下現生後代而僅以化石為人所知的整個的目、科及屬。誠如我們偶爾可見，樹基部的分叉處生出的一根細小柔弱的枝條，由於某種有利的機緣，至今還在旺盛地生長著；同樣，我們偶爾看到鴨嘴獸或肺魚之類的動物，透過親緣關係，在某種輕微程度上連接起生物的兩大分支，並顯然因為居於受到庇護的場所，而倖免於生死搏鬥。由於枝芽透過生長再發新芽，這些新芽如若生機勃勃，就會抽出新枝並蓋住周圍很多孱弱的枝條。所以，我相信這株巨大「生命之樹」的代代相傳亦復如此，它用殘枝敗幹充填了地殼，並用不斷分杈、美麗的枝條裝扮了大地。

第五章
變異的法則

外界條件的效應－器官的使用與不使用，與自然選擇
相結合；飛翔器官和視覺器官－氣候適應－生長相關
性－不同部分增長的相互消長與節約措施－偽相關－
重複、退化及低等的結構易於變異－發育異常的部
分易於高度變異：物種的性狀比屬的性狀更易變異：
副性徵易於變異－同屬內的物種以類似的方式發生變
異－消失已久的性狀的重現－本章概述。

　　我以前有時把變異說得好似偶然發生的，儘管變異在家養狀態
下的生物裡十分普遍多樣，而在自然狀態下其程度稍許差些。誠然
這是完全不正確的一種說法，可是它也清晰地表明，我們對於每一
特定變異的原因一無所知。有些作者相信，產生個體差異或構造的
些微偏差，宛若子女與其雙親相像那樣，乃生殖系統的功能。然
而，在家養狀態（或栽培）下比在自然狀態下變異要大的多、畸形
更常發生，這令我相信：構造的偏差在某些方式上是與生活條件相
關的，而在幾個世代中，其雙親及其更遠的祖先已經處在這樣的
生活條件之中了。我已經在第一章裡談到（如果要表明我所言之真

實，得列出一長串的事實，而此處又無法做到），生殖系統是最易受到生活條件影響的；我把後裔變異或具有可塑性的情況，主要歸因於其雙親的生殖系統在功能上受到了干擾。雄性和雌性的生殖因數，似乎是在交配前受到影響的，而交配是為了產生新生命。至於「芽變」植物，僅是芽受到了影響，而芽最早的情形，跟胚珠在實質上並無明顯的區別。為何由於生殖系統受到干擾，這一部分或那一部分就會或多或少地發生變化呢？對此我們茫然無知。然而，我們點點滴滴、隱隱約約地捕捉到一線微光，我們可以有把握地認為，構造的每一處偏差，無論多麼細微，一定皆有緣由。

　　氣候、食物等的差異，對任何生物究竟能產生多大的直接影響，是極為可疑的。我的印象是，這種影響對動物來說極小，或許對植物來說影響要大一些。但是，我們至少可以有把握地斷言，這類影響不會造成不同生物間構造上很多顯著和複雜的相互適應，而這些相互適應在自然界比比皆是。一些小的影響或許可歸因於氣候及食物等：福布斯很有把握地說，生長在南方範圍內的貝類，若是生活在淺水中，比生活在北方或深水中同種貝類的顏色，要鮮亮的多。古爾德相信，同種的鳥，生活在清澈大氣中的，其顏色比生活在海島或近岸的更為鮮亮。昆蟲也同樣如此，沃拉斯頓相信，在海邊生活的昆蟲，其顏色會受到影響。摩奎因－譚頓（Moquin-Tandon）曾列出一張植物的單子，這張單子上的植物，當生長在近海岸處時，在某種程度上葉內多肉質，雖然在別處並非如此。此外還有其他幾個類似的例子。

　　一個物種的變種，當分布到其他物種的居住帶時，會在非常輕微的程度上獲取後者的某些性狀，這一事實，與所有各類物種僅是

一些顯著的和永久的變種這一觀點，是相吻合的。因此，局限於熱帶和淺海的貝類物種，較之局限於寒帶和深海的貝類物種，一般說來顏色要更鮮亮一些。依古爾德先生所言，生活在大陸上的鳥類，要比海島上的鳥類更為鮮亮。如每一個採集者所知，局限於海岸邊的昆蟲物種，常常更偏黃銅色或灰黃色。那些只生活在海邊的植物，極易於長肉質的葉子。對於相信每一個物種皆是創造出來的人而言，他必須講出以下這類例子，譬如：這個貝類的鮮亮的顏色是為溫海所創造的，但另一個貝類則是分布到較溫暖或較淺的水域時，透過變異才變得鮮亮起來的。

當一種變異對一生物只有最微小的用處時，我們便無法辨別這一變異究竟有多少應當歸因於自然選擇的累積作用，又有多少應歸因於其生活條件。因此，皮貨商都很熟悉，同種動物，生活在愈嚴酷的氣候下，其毛皮便愈厚而且愈好；但誰能夠弄清楚這種差異，有多少是由於毛皮最溫暖的個體在許多世代中得到了垂青而被保存下來的，有多少是由於嚴寒氣候的直接作用呢？因為氣候似乎對於我們家養獸類的毛皮，是有著某種直接作用的。

有很多例子顯示，在但凡可以想像的極為不同的生活條件下，能產生相同的變種；另一方面，在相同條件下的同一物種，亦會產生不同的變種。這些事實顯示，生活條件是如何間接地發生作用。另外，有些物種雖然生活在極相反的氣候下，仍能保持純粹或完全不變，無數這樣的事例，每一位博物學家都爛熟於胸。類似的考慮使我傾向於認為，生活條件的直接作用並不那麼重要。如我已經指出，它們似乎在影響生殖系統方面間接產生重要的作用，並因此誘發變異性；而自然選擇後就會積累所有有益的變異，無論其多麼微

小，直到變異的發展達到明顯可見、引人注意的程度。

器官使用與不使用的效應

根據第一章裡所提及的一些事實，我認為在我們的家養動物裡，某些器官因為使用而得以增強及增大了，某些器官則因為不使用而減弱了，而且此類變化是遺傳的。在自由自在的自然狀況下，由於我們對親本類型（parent-form）一無所知，因而缺乏任何可供比較的標準，來判斷器官連續長久使用與長久不用的效應；但是，很多動物所具有的一些構造，則能為不使用的效應所解釋。正如歐文教授所言，在自然界裡，沒有什麼比鳥不能飛更為異常的了，然而有幾種鳥則確實如此。南美的大頭鴨（logger-headed duck）只能在水面上撲打著翅膀，而牠的翅膀跟家養的艾爾斯伯里鴨（Aylesbury duck）幾乎並無二致。由於在地上覓食的較大個體的鳥類，除了逃避危險之外很少飛翔，因而我相信，現今棲息在或不久之前曾經棲息在某些海島上的幾種鳥，因為那裡無捕獵的獸類，牠們近乎無翅的狀態是因為不使用所致。鴕鳥是棲息在大陸上的，當牠面臨危險時不能用飛翔來逃避，而是像任何小型的四足獸那樣，以踢打敵人來自衛。我們可以想像，鴕鳥祖先的習性原本與野雁相像，但因其身體的大小和重量，被世世代代的自然選擇所增加，它就愈來愈常使用腿，而愈來愈少地使用其翅膀，終至不能飛翔了。

科爾比說過（我也見過同樣的事實），很多食糞的雄性甲蟲的前跗節（或足）常常斷掉；他觀察了所採集的十六個標本，沒有一

個是留有一點兒殘跡的。在阿佩勒蜣螂（*Onites apelles*）中，跗節慣常消失，以至於該昆蟲被描述為不具跗節。在另一些屬裡，牠們雖具跗節，但僅呈一種發育不全的狀態。埃及人視為神聖的甲蟲（*Ateuchus*），其跗節完全缺失。沒有足夠的證據能讓我相信，肢體的殘缺竟能遺傳；對神聖甲蟲前足跗節的完全缺失，以及其他一些屬的跗節發育不全，我寧願解釋為自其祖上以來長久連續不使用所致，由於很多食糞的甲蟲幾乎都失去了跗節，這種情形準是發生在其生命的早期階段。因此，在這些昆蟲身上，跗節未能派上什麼用場。

在某些情形裡，我們或許很容易會把完全或主要由自然選擇所引起的構造變異，當成是不使用的緣故。沃拉斯頓先生曾發現一個不尋常的事實，那就是棲息在馬德拉的 550 種甲蟲中，有 200 種甲蟲的翅膀甚為殘缺乃至於無法飛翔；而且在二十九個原生的屬中，不下二十三個屬的全部物種均是如此！這裡有一項事實：世界上有很多地方的甲蟲常常被風吹到海裡而淹死。據沃拉斯頓先生的觀察，馬德拉的甲蟲隱蔽得很好，直到風和日麗之時方才出現；無翅甲蟲的比例數，在無遮無擋的德塞塔群島要比在馬德拉本身為大；尤其還有一種異常的事實，是沃拉斯頓先生特別重視的，就是生活習慣上幾乎必須經常使用翅膀的某些大群甲蟲，在其他地方異常之多，但在此處卻幾乎完全缺失。這幾種考慮令我相信，如此多的馬德拉甲蟲無翅的情形，主要的是由於自然選擇的作用，但很有可能與器官不使用的作用相結合。因為在連續千萬年的世代中，那些或因其翅膀發育得稍欠完善，或因其習性怠惰，而飛翔最少的甲蟲，不會被風吹到海裡去，從而獲得了最好的生存機會；反之，那些

最喜歡飛翔的甲蟲，則最常被風吹到大海中去，因而遭到了滅頂之災。

在馬德拉，那些不在地面上覓食的昆蟲，如某些在花朵中覓食的鞘翅目和鱗翅目昆蟲，必須經常使用翅膀以獲取食物，正如沃拉斯頓先生所猜測，這些昆蟲的翅膀非但不曾退化，甚至反而增大。這完全符合自然選擇的作用。當一種新的昆蟲最初抵達該島時，自然選擇究竟傾向增大或者傾向縮小其翅膀，將取決於大多數個體究竟是成功戰勝風以求生存，抑或放棄這種企圖、很少飛翔，甚或不飛而以免厄運。猶如船在接近海岸處失事，對於善於游泳的船員來說，能夠游得愈遠則愈好，對於不善游泳的船員來說，還不如乾脆不會游泳、以守住破船為妙。

鼴鼠和某些穴居的齧齒類動物的眼睛，在大小上是發育不全的，而且在某些情形下，其眼睛完全被皮、毛所遮蓋。眼睛的這種狀態大概是由於不使用而逐漸縮小所致，可能也得到自然選擇的幫助。南美洲有一種叫做吐科吐科（tuco-tuco）的穴居齧齒動物，亦即櫛鼠（*Ctenomys*），其地下穴居的習性甚至勝過鼴鼠。據一位常捕獲牠們的西班牙人向我確認，牠們的眼睛通常是瞎的。我養過的一隻，確實如此。經解剖後顯示，眼瞎的原因是瞬膜發炎。眼睛老是發炎對於任何動物都必然有損害，加之眼睛對於具有穴居習性的動物來說，斷然不是非有不可，所以，眼睛大小的縮減、上下眼瞼黏連，且有毛髮生長其上，在此情形下反倒可能有利。倘若如此，自然選擇就會不斷地增進不使用的效應。

眾所周知，有幾種屬於極其不同綱的動物，棲息在斯塔利亞以及肯塔基的洞穴裡，眼睛都是瞎的。有些蟹，雖然已經沒有眼睛

了，眼柄卻依然存在；猶如望遠鏡連同透鏡已經失去了，而鏡架卻依然存在一樣。我們很難想像對於生活在黑暗中的動物來說，眼睛儘管沒用，卻會有什麼害處，所以我將它們的喪失完全歸因於不使用。有一種目盲的動物，即洞鼠，眼睛卻是出奇的大。西利曼教授認為，若將其置於光線下生活一些時日，牠能重新獲得一些微弱的視力。正如在馬德拉，自然選擇在器官使用與不使用的幫助下，讓有些昆蟲的翅膀增強而另一些則退化，在洞鼠這一情形中，自然選擇似乎跟失去的光線有些爭鬥，並使洞鼠的眼睛增大；然而洞穴中的其他動物，則似乎由不使用效應發揮作用。

很難想像，還有比近乎相似氣候下的石灰岩深洞裡的生活條件更為相似的了；因此，依照目盲的動物是美洲和歐洲的岩洞所分別創造出來的通行觀點，可以料到牠們的體制和親緣關係有很近的相似性。然而，如希阿特及其他一些人所指出的，事實卻非如此：兩個大陸的洞穴昆蟲間的相似程度，並不像根據北美和歐洲其他生物間的一般相似性所想像的那樣更為密切。據我看來，我們必須假定美洲動物具有正常的視力，牠們代復一代從外部世界向肯塔基洞穴的縱深處緩慢地漸次推移，如同歐洲的動物移入歐洲的洞穴一樣。對於這種習性的漸變，我們有一些證據，如希阿特所述：「與普通類型相差並不很遠的動物，起初準備著從明亮向黑暗的過渡。進而，出現的是一些其構造適應於微光的類型；最後，則是那些注定適應完全黑暗的類型。」一種動物經過無數世代，達到最縱深處時，其眼睛因為不使用之故，差不多完全退化了，而自然選擇則常常會帶來一些其他的變化，如觸角或觸鬚的加長，以補償其失去的視覺。儘管有著這些變異，我們仍然期望看到美洲的洞穴動物與

美洲大陸其他動物的親緣關係，以及歐洲的洞穴動物與歐洲大陸其他動物的親緣關係。我從達納教授那裡了解到，美洲的某些洞穴動物確實如此；而歐洲的某些洞穴昆蟲，與周遭地區的昆蟲也極為密切相關。如果按照牠們是被獨立創造出來的一般觀點來看，我們對目盲的洞穴動物與兩個大陸的其他動物之間的親緣關係，就很難給予合理的解釋。新舊兩個大陸的幾種洞穴動物，親緣關係應當是密切的，這一點我們可以從眾所周知的大多數其他生物間的親緣關係上料想到。有些穴居動物十分特別，這不值得大驚小怪，正如阿格塞說過的盲鱂（*Amblyopsis*），又如歐洲的爬行類中目盲的盲螈（*Proteus*），均很奇特．我所奇怪的是，棲息在黑暗處的動物稀少，牠們所面臨的競爭大概也並不那麼激烈，何以古代洞穴生命的殘骸未曾保存得更多。

氣候適應

習性在植物中是遺傳的，一如在開花時節，種子發芽時所需的雨量，以及在休眠期間等等，故此我要談一下氣候適應。由於同屬不同物種的植物棲息在很熱的熱帶和很冷的寒帶，是極為常見的；又由於我所相信的那樣，同屬的所有物種均由單一的親種傳下來的，倘若這一觀點是正確的話，那麼氣候適應在長久連續的世代傳中一定極易發生作用。眾所周知，每個物種都適應其本土的氣候：來自寒帶甚或溫帶的物種，難以忍受熱帶的氣候，反之亦然。另外，很多肉質植物難以忍受潮溼的氣候。然而，一個物種對其所在地氣候的適應程度，常常被高估了。這一點我們可從如下事實推

知：我們常常不能預測一種引進植物能否忍受我們的氣候，而從較暖地區引進的許多植物和動物，卻能在此健康地生活。我們有理由相信，物種在自然狀態下，在分布上所受到的限制，緣自其他生物的競爭，較之緣自對特殊氣候的適應，旗鼓相當，抑或更甚。然而，無論這種適應性是否通常與環境十分緊密對應，我們有證據表明，少數植物在一定程度上變得自然習慣於不同的氣溫了，或是說，它們變得適應氣候了。因此，胡克博士從喜馬拉雅山不同高度的地點，採集了松樹和杜鵑花屬的種子，帶回英國栽培，便發現它們在此具有不同的抗寒力。塞韋茲先生告訴我，他在錫蘭見到過類似的事實；沃森先生曾對從亞佐爾群島移植到英國的歐洲種植物做過類似的觀察。關於動物，也有若干可靠的實例，自有史以來，物種大大地擴展了其分布範圍，既有從較暖的緯度擴展到較冷的緯度，也有反向的擴展。然而，我們不能確知這些動物是否嚴格地適應了牠們本土的氣候，儘管我們通常如此假設；我們也不知道牠們其後是否又重新適應了新居住地的氣候。

我相信之所以家養動物最初由未開化人選擇出來，是因為牠們有用，並在家養狀態下也容易繁殖，而不是因為其後發現牠們能被輸送到遠方繁殖。因此我認為，我們家養動物共同的以及非凡的能力，不僅能夠抵抗極其不同的氣候，而且完全能夠在那種氣候下生育（這是更加嚴格的考驗），據此可以論證現今生活在自然狀態下的其他動物中的一大部分，能夠很輕易忍受差異很大的各種氣候。誠然，我們切不可把這一論點推得太遠，因為必須考慮到一些家養動物很可能起源於好幾個野生祖先。譬如，我們家養的品種裡或許會混有熱帶狼和寒帶狼或野狗的血統。小鼠和田鼠不能被視為家養

動物，然而牠們被人們帶往世界各地，現今分布之廣，遠勝於任何其他齧齒動物；牠們既能在北方法羅群島以及南方福克蘭群島的寒冷氣候下自由生活，也能在許多熱帶島嶼上生活。因此，我傾向於將對於任何特殊氣候的適應性，視為易於與天生體質上具備的廣泛可塑性相結合的一種性質，而這種體質上的可塑性是為大多數動物所共有的。據此觀點，人類自身及其家養動物忍受極端不同氣候的能力，以及大象和犀牛先前一些種曾能忍受冰河期的氣候，而其現存種卻均具熱帶或亞熱帶的習性，諸如此類的事實都不應被視為異常現象，而僅是非常普通的體質可塑性，在特殊環境下所表現出來的一些例子而已。

物種對於任何特殊氣候的適應，有多少是由於單純的習性，有多少是由於具有不同內在體質的變種的自然選擇，又有多少是由於上述二者的結合，是一個非常模糊不清的問題。我不得不相信習性或習慣是有一些影響的。這既是根據類比，也是根據農學著作，甚至中國古代百科全書中喋喋不休的忠告，言及將動物從此地運往彼地時，必須非常謹慎。因為人類未必能夠成功地選擇那麼多的品種和亞品種，令其各自具有特別適於自己地區的體質；我認為有此結果，必定是習性使然。另一方面，我沒有理由懷疑，自然選擇必然不斷地傾向於保存那些個體，它們有著與生俱來、最適應於其居住地的體質。在有關栽培植物不同種類的一些論文裡，某些變種被認為比其他變種更能抵抗某種氣候 —— 這在美國出版的果樹相關著作中講的非常清楚，其中某些變種經常被推薦栽培在北方，而其他一些變種則被推薦栽培於南部各州。而且，由於這些變種大多數都起源於近代，所以它們間的體質差異不能歸因於習性。菊芋

（Jerusalem artichoke）一例已被用來證明氣候適應是不能奏效的！因為它從不以種子來繁殖，結果也從未產生過新變種，它於今仍似往昔一樣的嬌嫩懼寒。菜豆（kidney-bean）的例子，也常常因類似的目的而被引證，且更為有力；然而，除非有人很早就播種菜豆（歷經二十個世代），以至於其大部分被霜凍死，然後從少數的倖存者中採集種子，並且謹防它們的偶然雜交，爾後又以同樣嚴謹的步驟從這些幼苗中採集種子，否則，這個試驗可以說連試都還沒有試過。也不能假定菜豆苗的體質從未出現過差異，因為已經有一個出版的報告稱，某些豆苗似乎比其他豆苗更具抗寒力。

總的說來，我認為我們可以得出下述結論：習性或者器官使用與不使用，在某些情況下，對於體質和各種器官構造的變異，具有相當重要的作用。但器官使用與不使用的一些效果，往往與內在變異的自然選擇結合起來，而且有時還會為後者所主宰。

生長相關性

我用這一表述意指，整個體制結構在其生長和發育期間，是如此緊密地結合，以至於當任何一部分出現些微的變異，並為自然選擇所累積時，其他部分也會產生變異。[1]這是一個極重要的論題，然而對其理解卻極不完善。最明顯的例子，莫過於一些單純為有利

1　譯注：達爾文這裡用生長相關性（correlation of growth），來指生物發育中的一個當時令人困惑的現象，即：一個構造上的變化，會伴隨著另一個似乎完全不相關的構造的變化。達爾文從《物種源始》第五版開始，則用「相關變異」（correlated variation）取代了「生長相關性」一詞。

於幼體或幼蟲所累積的變異，將會（我可以有把握地這麼說）影響成體的構造；恰如影響早期胚胎的任何畸形，都會嚴重地影響成體的整個體制結構。身體上若干同源、且在胚胎早期相似的部分，似乎易於以相近的方式發生變異：我們看到身體的右側和左側，依照同樣的方式變異；前腿和後腿，甚至頜與四肢一起變異，因為據信下頜與四肢是同源的。我不懷疑，這些傾向或多或少完全受制於自然選擇：譬如，曾有一群雄鹿只在一側長角，倘若這對該品種曾有過任何大的用處，大概自然選擇就會令其永久如此了。

正如一些作者已經指出的，同源的部分趨於相互癒合，這種情形常見於畸形的植物中，正常構造中同源器官的結合是最為常見的，一如組成花冠的花瓣癒合成管狀，硬組織構造似乎能影響到相鄰的軟組織構造的形態。有些作者相信，鳥類骨盤形狀的多樣性，造成了牠們腎的形狀顯著各異；還有一些人相信，人類母體的骨盆形狀，由於壓力的關係，會影響到胎兒頭部的形狀。據施萊格爾稱，蛇類的體形及吞食方式，決定了幾種最為重要的內臟器官的位置。

這種相互關聯現象的本質，十分撲朔迷離。小聖提雷爾先生強調，某些畸形之間常常關聯共存，而另一些畸形則極少關聯共存，但我們無法確定這一情形的緣由所在。還有什麼比下述這些關係更為奇特的呢：貓中藍眼睛與耳聾的關係，龜甲色的貓與雌性的關係；鴿子中有羽的足與外趾間蹼皮的關係，初孵出的乳鴿絨毛的多少與未來羽毛顏色的關係；此外，還有土耳其裸狗的毛與牙齒之間的關係，儘管同源大概在這裡也有作用。關於上述相關作用的最後一例，哺乳動物中表皮最為異常的兩個目，即鯨類和貧齒類（犰狳

及穿山甲等），其牙齒同樣也最為異常，我認為這幾乎不可能是偶然的。

據我所知，若表明生長相關律在改變一些重要構造上的重要性，而又不訴諸於使用以及自然選擇作用的話，最佳的例子，莫過於某些菊科和傘形科植物的外花和內花之間的差異了。人人都知道，諸如雛菊的周邊小花與中央小花是有差異的，這種差異往往伴隨著部分花的夭折。但是在某些菊科植物中，種子的形狀和花紋也有差異；正如凱西尼所描述的，有些甚至於連子房本身以及附屬器官也都不同。有些作者把這些差異歸因於壓力，而某些菊科周邊小花的種子形狀，也證明了這一觀點。然而，胡克博士告訴我，在傘形科的花冠上，其內花和外花常常差異最大的，絕非花序最密的那些物種。我們可以作如是想：周邊花瓣的發育，是靠著從花的某些其他部分吸收養料，這就造成了後者的夭折。然而，在某些菊科植物裡，雖然內花和外花的種子存在差異，但花冠並無不同。也許，這幾種差異與養料流向中心花和周邊花的某些差異有關。至少我們知道，在不整齊的花簇中，那些最接近花軸的，則是最常變為反常整齊的花（peloria），意即變得整齊了。關於這點，容我再補充一例，以作為相關作用的一個顯著例子，我新近在許多天竺葵屬植物（pelargoniums）裡觀察到，花序的中心花上方兩個花瓣，常常失去較深色的斑塊。當出現此種情形時，其附著的蜜腺便明顯退化；當上方的兩個花瓣中只有一瓣失去顏色時，蜜腺只是大大地縮短了而已。

至於頭狀花序或傘形花序的中心花和周邊花的花冠差異，斯布倫格爾認為：周邊的小花與中央小花的作用旨在引誘昆蟲，而昆蟲

的媒介對於這兩個目的植物的受精是極為有利。這一看法乍看似乎是牽強附會，然而我並沒有把握能說這是牽強之說。這如果真是有利，那麼自然選擇可能已經發揮了作用。但是，至於種子的內部和外部結構的差異，並非總與花冠的任何差異相關，故而似乎不大可能對植物有什麼利益可言。在傘形科植物裡，這類差異卻具有如此明顯的重要性——據陶什稱，種子在有些情形下，周邊花具直生的種子，中心花具中空的種子——以至於老德康多爾對於該目的主要分類，便依據類似的差異。因此，我們見到分類學家認為有高度價值的構造變異，可能完全由於我們不太了解的相關生長法則所致，而據我們所知，這對於物種並無絲毫用途。

整群的物種所共有而事實上是純屬遺傳而來的構造，可能常被我們錯誤地歸因於生長相關性。因為一個古代的祖先透過自然選擇，可能已經獲得了某一種構造上的變異，而經過數千世代之後，又獲得了另一種不相關的變異。這兩種變異既經遺傳給習性多樣的所有後代，那麼自然會被認為，它們在某種方式上必然是相關的。此外，我不懷疑，出現在整個目裡的某些明顯的相關性，顯然完全是由於自然選擇的單獨作用所致。譬如，德康多爾曾指出，帶翅的種子從未見於不裂開的果實內，對於這一規律，我應做此解釋：果實若不裂開，種子就不能透過自然選擇作用而逐漸變成帶翅的，於是那些產生較適於被吹揚更遠的種子的植物，便可能會比那些較不適於廣泛散布的種子占有優勢；倘若果實不開裂的話，這一過程便不可能得以延續。

老聖提雷爾和歌德差不多同時提出了生長的補償或平衡法則，或如歌德所言：「為了要在一邊消費，大自然就不得不在另一邊節

約。」我想，這在一定程度上，也適用於我們的家養動植物。如果有過多養料輸送到一個部分或一個器官，那麼輸送到另一個部分的就會很少，至少不會過量。因此，很難獲得一頭既產乳多而又容易長胖的牛。甘藍的同一些變種，不會既產生茂盛而富有營養的葉子，又結出大量的含油種子。當我們的水果種子萎縮時，果實本身卻在大小和品質方面皆大為改善。家雞頭上帶大叢毛冠的，肉冠往往相應地變小了，而多鬚者，肉垂則變小。至於自然狀態下的物種，很難說這一法則是普遍適用的，不過很多善於觀察者，尤其是一些植物學家們，都確信其真實性。然而，我將不在此羅列任何實例，因為我幾乎無法辨別以下的兩種效果，即一方面有一部分透過自然選擇而發達了，而另一鄰近部分卻由於同樣的作用或不使用而縮小了；另一方面，一部分的養料實際上被抽取，則是因為另一鄰近部分的過分生長所致。

我也猜想，某些已經提出過的補償的例子，以及一些其他類似的事實，可以融合為一個更為普遍的原則，即自然選擇試圖令體制結構的每一部分不斷地趨於節約。在生活條件改變後，倘若原先有用的一種構造變得無甚用處了，該構造發育過程中出現的任何些微的萎縮，都會被自然選擇所抓住，因為這可以使個體不把養料浪費在建造一種無用的構造上，結果對生物是有利的。據此，我方能理解當初觀察蔓足類時曾頗感驚奇的一項事實，而類似的例子則不勝枚舉，即一種蔓足類若寄生在另一種蔓足類體內而得到保護時，牠原有的外殼或背甲，便完全消失了。四甲石砌屬（*Ibla*）的雄性個體即屬於這種情形，寄生石砌屬（*Proteolepas*）的情形亦然，而且更加不同尋常，因為所有其他蔓足類的背甲都是極為發達的，由十

分發達的頭部前端三個非常重要的體節所組成，且具有巨大的神經和肌肉；但寄生的和受保護的寄生石蜐，其整個頭的前部卻大大退化，僅留下一點殘跡，附著在具有抓握作用的觸角基部。當大而複雜的構造，像行寄生生活方式的寄生石蜐那樣，變得多餘時，儘管要經過很多緩慢的步驟才能把它省去，但這對於該物種每一世代的個體，都是篤定有益的。因為每一動物都處於生存競爭之中，藉由減少將養料浪費在發育一個不再有用的構造上，每一個寄生石蜐的個體，都有了更好的機會來支持自身。

因此，誠如我所相信的，身體的每一部分一旦成為多餘，久而久之，自然選擇總會成功地使其削弱並簡化，並且完全不需要相應地使某些其他的部分甚為發達。反之，自然選擇可能完全成功地使任何一個器官甚為發達，而無需以某一鄰近部分的退化來作為必要的補償。正如小聖提雷爾所說，無論在變種還是物種裡，凡是同一個體的任何部分或器官重複多次（如蛇的椎骨以及多雄蕊花中的雄蕊），其數目即是可變的；當同樣的部分或器官數目較少時，這一數目會保持不變，這似乎是一條規律了。該作者以及一些植物學家還進一步指出：重複的器官，在構造上也很容易發生變異。用歐文教授的話來說，這叫做「生長的重複」（vegetative repetition），似乎是體制結構低的一個標誌，故前面所述似乎與博物學家的普遍意見是相關聯的，即在自然階梯中，低等的生物比高等的生物更容易變異。我所謂低等，在此是指體制結構的幾個部分很少為一些特殊的功能而專門化。只要同一器官不得不從事多種多樣的工作，我們也許就能理解，它們為何容易變異，也就是說，為何自然選擇對於這種器官形態上的每一微小偏差，無論是保存或是排斥，都不像

對於專營特定的功能的器官那樣嚴格。這就像一把要切割各種東西的刀子，可能幾乎具有任何形狀；而專為某一特殊目的的工具，最好還是具有某一特殊的形狀。切莫忘記，自然選擇能對每一生物的每一器官產生作用，而其運作的途徑與目的都是對生物本身有利。

誠如一些作者所陳述的（我也確信），退化器官極易變異。我們將來還會回到退化與完全不發育的器官這個一般論題上來。我在此僅補充一點，它們的變異性似乎是由於它們的無用，故而也是由於自然選擇無力阻止它們構造上的偏差。所以，退化器官逕自面對各種生長定律的自由擺布，面對長久和連續的不使用的效應，面對回復變異（返祖）的傾向，只能隨波逐流。

任一物種異常發達的部分，比之親緣關係相近物種的同一部分，趨於高度變異

幾年前，沃特豪斯有個與這一標題十分相近的論點，曾引起我高度關注。從歐文教授對有關猩猩臂長的觀察，我推知他似乎也得出了幾乎相似的結論。倘若不把我所蒐集到的一長串事實列舉出來，就不能指望任何人會相信上述主張的真實性，然而這一長串的事實，也不可能在此介紹。我只能陳述敝人的信念：這是一個極為普遍的規律。我意識到可能產生錯誤的幾種原因，然而，我希望自己已經就此做了適當的考量。我們必須理解，這一規律絕不能應用於身體的任何部分，即便是異常發達的部分，除非在與其親緣關係極為密切的物種的同一部分相比依然是異常發達時，方能應用這一規律。因此，蝙蝠的翅膀在哺乳動物綱中是一個最異常的構造，

在此並不能應用這一規律，因為所有的蝙蝠都具翅膀。倘若與同屬的其他物種相比較，某一蝙蝠物種具有顯著發達的翅膀時，這一規律方能適用。這一規律在副性徵以任何異常方式出現的情況下，最為適用。亨特所用的副性徵一詞，是指僅見於一種性別，而與生殖作用並無直接關係的那些性狀。這一規律既適用於雄性也適用於雌性，不過雌性很少具有顯著的副性徵，故很少適用。這一規律之所以能夠明顯地適用於副性徵，可能是因為這些性狀無論是否以異常的方式出現，總是具有極大的變異性——對這一事實，我想很少有什麼疑問。然而，我們這一規律並不局限於副性徵，雌雄同體的蔓足類便是明顯的例證。容我在此贅言，我在研究這一目時，特別注意了沃特豪斯先生的話，我深信，這一規律對於蔓足類來說，幾乎是完全適用的。在未來的著作中，我將列舉出更為顯著的一些例子。在此我僅簡述一例，以顯示此規律的廣適性。無柄的蔓足類（岩藤壺）的蓋瓣，從各方面來說都是很重要的構造，甚至在不同的屬裡，其差異也極小；但有一屬〔即四甲藤壺屬（*Pyrgoma*）〕的幾個種裡，這些蓋瓣卻表現出極為驚人的多樣性。這種同源的瓣的形狀，有時在異種之間竟完全不同，而且在幾個種的個體裡，其變異程度之大，讓我們可以毫不誇張地說，這些重要蓋瓣在同屬各變種間所呈現的特徵差異，超出了它在異屬的其他一些種裡所呈現出來的差異。

由於棲居在同一地域的鳥類變異極小，我對其特別注意，依我之見，上述規律對於鳥綱也適用。我不能確定這一規律同樣適用於植物，若非植物的巨大變異性令其變異性的相對程度難以比較，我對此規律真實性的信心，便會極度的動搖了。

當我們看到任一物種的任何部分或器官，以顯著的程度或方式異常發育時，自然會去假設它對該物種是極端重要的。然而，也正是這一部分，是極易變異的。為什麼會如此呢？如果依據每一物種皆是被分別創造出來的觀點，其所有部分都像我們今天所見的話，依我看就很難解釋。然而，若是依據每一群物種均從其他一些物種傳下來，而且經過自然選擇而發生了變異的觀點，我想，我們便能獲得一些啟迪。在家養動物中，倘若其任一部分或整個動物被忽視、不加任何選擇的話，該部分〔如道金雞（Dorking fowl）的肉冠〕，甚或整個品種，就不再有幾近一致的性狀了。該品種便可說是退化了。在退化器官裡，那些很少為特殊目的而特化了的器官，以及或許是多態性的類群中，我們可以看到幾近平行的自然情形；因為在這些例子中，自然選擇尚未充分發揮作用抑或不能充分發揮作用，故其體制結構還處於波動多變的狀態。但是，在此我們特別關注的是家養動物裡，那些由於持續的選擇而眼下正在迅速變化的構造，也正是極易變異的。看一看鴿子的不同品種吧；看一看不同翻飛鴿的喙、不同信鴿的喙和肉垂，以及扇尾鴿的姿態及尾羽等，其差異量何其大。而這些，也正是目前英國養鴿者所主要關注之處。甚至在同一個亞品種裡，如短面翻飛鴿，很難繁育出近乎完美的純鴿，而很多繁育出的個體往往與標準相距甚遠。因此，確實有一種持續的競爭在下述兩方面之間進行著：一方面，既有返回到較少變異狀態的傾向，又有強化各種變異的內在傾向；另一方面，是保持品種純真的不斷的選擇的力量。最終依然是選擇獲勝，因而，我們不大會失敗到，竟從優良的短面鴿品系裡，育出像普通翻飛鴿那樣的粗劣鴿子。但是，只要選擇作用正在迅速進行著，總是可以

預料到，正在變更的構造，具有很大的變異性。值得進一步注意的是，這些透過人工選擇所獲得的可變異的特徵，出於我們很不明瞭的一些原因，有時候在一個性別身上（通常是雄性）比在另一性別身上更為常見，譬如信鴿的肉垂和凸胸鴿的膨大的嗉囊。

現在讓我們轉至自然界。倘若任一物種的一個部分，比之同屬中的其他物種要格外的發育異常，我們也許可以斷言，自從這幾個物種從該屬的共同祖先分支出來之後，這一部分已歷經異常大的變異。這一時期不太會過於遙遠，因為一個物種極少能綿延一個「紀」（period）的地質時代以上。異常的變異量，則是指異常巨大的以及長期連續的變異量，這是被自然選擇為了物種的利益而持續積累而成。但是，由於異常發育的部分或器官的變異性如此巨大，又是在並非過於久遠的時期內持續變異的，按照一般規律，我們或許還會料想到，這一部分與那些在更久時期內幾乎保持穩定不變的體制結構的其他部分相比，則具有更大的變異性。我確信，事實即是如此。一方面是自然選擇，另一方面是返祖和變異的傾向，二者間的競爭久而久之將會停止。而且，最為異常發育的器官，會成為固定不變的，我認為這是無可置疑的。所以，一種器官，無論其如何異常，一旦以大致相同的狀態傳給很多變異的後代（如蝙蝠的翅膀），按照我的理論，它一定已經在極為久遠的時期內保持著近乎相同的狀態，因而它就不會比任何其他構造更易於變異了。只有變異是發生較近時期且異常巨大的一些情況下，我們會見到「發生的變異性」（generative variability）依舊高度存在。因為在此情形下，對於那些按照所需的方式和程度發生著變異的個體的持續選擇，以及對那些試圖返回到先前較少變異狀態的傾向的持續淘汰，

尚未將大多數變異性固定下來。

　　這些論述所包含的原理，或許可以稍加引申。眾所周知，物種的性狀要比屬的性狀更易產生變化。我舉一個簡單的例子。如果一個大屬的植物裡，有些物種開藍花，有些物種開紅花，那麼，顏色只是一種物種層級的性狀，開藍花的物種中若是有一個物種變為開紅花的物種，誰都不會感到大驚小怪，反之亦然。然而，若是所有物種均開藍花，該顏色即會成為屬的性狀，而它的變異，便屬於較為不同尋常之事了。我之所以舉這個例子，是因為大多數博物學家所提出的解釋在這裡不適用，他們認為，種的性狀之所以比屬的性狀更易發生變化，是因為種的性狀來自的那些部分，其生理重要性要小於屬的分類通常所依據的那些部分。我相信，這一解釋只是部分正確，而且僅是間接正確。然而，我將在〈生物的相互親緣關係〉一章裡再回到這一論題。引用證據來支持上述有關種的性狀要比屬的性狀更易變化的說法，幾乎是多此一舉，然而我卻在博物學著作裡一再注意到，當一位作者談及下述事實時頗感驚奇：某一重要的器官或部分，在一大群物種中通常是非常穩定的，但在親緣關係相近的物種間差異卻很大，甚至在同一物種的不同個體之間也是可變的。這一事實表明，通常具有屬一級價值的性狀，一旦降低其價值而變為只有種一級價值的性狀時，儘管其生理重要性還依然，但它卻常常成為可變的了。同樣的情形也適用於畸形，至少小聖提雷爾似乎確信，同一群不同物種的一種器官，通常愈是不同，也就愈容易在個體中發生畸形。

　　按照每一物種皆為獨立創造出來的見解，為什麼獨立創造的同屬各物種之間構造上彼此相異的部分，比之若干物種間非常相似的

部分,更加容易變異呢?對此,我看很難給予任何解釋。倘若按照物種只不過是特徵明顯及固定的變種而已這一見解,我們或許確能期望發現:在較近時期內發生變異,因而彼此間出現差異的那些構造部分,往往還在繼續變異。換一種說法:大凡同一個屬內的所有物種間彼此相似、但與另一個屬的物種有所不同的各點,均稱為屬的性狀。這些共同的性狀,我將其歸因於共同祖先的遺傳,因為很少發生自然選擇能使若干不同的物種,依完全相同的方式發生變異,尤其是這些物種多少已經適應了大為不同的習性。由於所謂屬的性狀是在很久以前就已經遺傳下來了,亦即物種最初從共同祖先分支出來之時,就沒有(或者僅有少許的)變化或變異,如今大概也就不會變異了。另一方面,同屬裡的某一物種不同於另一物種的各點,即稱為種的性狀。這些種的性狀,是在物種從一個共同祖先分支出來的時期內,發生了變異並且表現出差異,因此它們大概還應在某種程度上常常發生變異,至少比體制結構中已經長期未變的那些部分,更容易發生變異。

與現在這一論題相關聯的,我將只再談兩點。我想,無需做詳細的討論,大家也會承認副性徵是多變的;我們還得承認,同一類群的物種,彼此之間在副性徵上的差異,比在體制結構的其他部分上的差異,要更為廣泛。譬如,只要比較一下副性徵表現強烈的雄性鶉雞類之間的差異量與雌性鶉雞類之間的差異量,這一主張的真實性便會被接受。這些副性徵的原始變異性,原因還不明顯,但我們能夠理解,為什麼這些性狀沒有像體制結構的其他部分那樣固定和一致,因為副性徵是被性選擇所累積起來的,而性選擇則不像普通選擇那麼嚴格,它不致引起死亡,只是讓不太受青睞的雄性個體

少留一些後代而已。無論副性徵的變異性的原因是什麼,由於它們是高度變異的,性選擇便有了發揮作用的廣闊範圍,因而也可能輕而易舉地使同一群的物種在副性徵上比在結構的其他性狀方面,表現出較大的差異量。

有個很不尋常的事實是,表現同種的兩性間副性徵差異那些部分,與在同屬各物種之間彼此差異所在的部分,一般完全相同。關於這一事實,我將以兩個例子來闡明,第一個例子剛好列在我的表上,這些例子中的差異都屬於非常不一般的性質,故其關係不大可能是偶然的。甲蟲足部附節的數目相同,這是甲蟲類很大一部分類群所共有的性狀;但是在木吸蟲科(Engidae)裡,如韋斯特伍德所指出,附節的數目變化很大,而且在同種的兩性間,這一數目也有差異;此外,在土棲膜翅類(fossorial hymenoptera)裡,因翅脈是大部分類群所共有的性狀,故也是一種非常重要的性狀;然而,在某些屬裡,翅脈在不同的種之間有所不同,而且在同種的兩性間亦復如此。這種關係,對於我對此問題的觀點有著明晰的意義,在我看來,同一屬裡的所有物種,確實是從一個共同祖先傳下來,如同任何一個物種的兩性皆由一個共同祖先傳下來一樣。結果是,無論其共同祖先(或它的早期後代)的哪一部分是可變的,這一部分的變異極有可能會被自然選擇或性選擇所利用,以使若干物種在自然經濟體系中,適合於各自的位置,同樣也使同一物種的兩性彼此相合,或使雌雄兩性適應於不同的生活習性,或使雄性在與其他雄性爭奪占有雌性的競爭中更加適應。

那麼,我可以得出如下結論:種的性狀(即區別種與種之間的性狀),要比屬的性狀(或該屬中所有的種所共同具有的性狀)具

有更大的變異性。一個物種任何異常發達的部分（與同屬其他物種的同一部分相比較而言），常常具有高度的變異性。一個部分，無論其發育如何異常，倘若是整個一群物種所共有的，則其變異的程度是輕微的。副性徵的變異性大，且在親緣關係相近的物種中，相同形狀的差異性亦大。副性徵的差異和普通的物種差異，通常都表現在體制結構的相同部分。所有這些原理，都是緊密相聯的。所有這些主要是由於：同一群的物種皆傳自一個共同祖先，這一共同祖先遺傳給它們很多共同的東西。新近發生大量變異的部分，比早已遺傳並且久未變異的部分，更有可能持續地變異下去。隨著時間的推移，自然選擇或多或少地完全克服了返祖傾向及繼續變異的傾向。性選擇不及自然選擇那麼嚴格。同一部分的變異，已經被自然選擇和性選擇所積累，因而使其成為了副性徵以及普通的種的特徵。

不同的種會呈現類似的變異；一個種的變種常常會具有其親緣種的一些性狀，或重現其早期祖先的一些性狀

觀察一下我們的家養品種，便極易理解這些主張。相隔極為遙遠的一些極不相同的鴿子品種，會出現一些頭上生倒毛和腳上生羽毛的亞變種——這是原生岩鴿所不曾具有的一些性狀，那麼，這些就是兩個或兩個以上不同品種的類似變異。凸胸鴿常有的十四支甚或十六支尾羽，可以代表另一品種扇尾鴿正常構造的一種變異。我想無人會懷疑，所有這些類似的變異，皆因這幾個鴿子品種，從共

同親代那裡繼承了相同的體質構造和變異傾向，同時均受到類似的未知影響的作用所致。植物界也有一個類似變異的例子，見於「瑞典蕪菁」（Swedish turnip）和蕪菁甘藍（Ruta baga）的膨大的莖部（俗稱根部）。一些植物學家認為，這兩種植物是從同一祖先栽培而成的兩個變種，若非如此，這個例子便成了兩個所謂不同的物種間呈現類似變異的例子了。除此而外，還可加入第三種，即普通蕪菁。按照物種是逐一獨立創造出來的這一觀點，對於這三種植物的肥大莖的相似性，我們不應將其歸因於共同來源的真實原因，也不應將其歸因於依同一方式變異的傾向，而應將其歸因於三個獨立而又密切相關的造物行動了。

然而，關於鴿子還有另一種情形，即在所有品種裡，偶爾會出現板岩藍的鴿子，翅膀上具兩道黑色條帶，腰部呈白色，尾端亦有一條黑帶，外羽靠近基部的外緣呈白色。由於所有這些顏色標誌，皆為親本岩鴿的特徵，我假定無人會懷疑，此乃一種返祖的現象，而非這幾個品種中所出現了新的、類似的變異。我認為，我們大可有信心得出這一結論，正如我們已經看到，這些帶色的斑記，極易出現於兩個不同、顏色各異的品種的雜交後代之中；在此情形下，除了遺傳法則下的單純雜交之外，外界生活條件中並無任何東西會造成這種板岩藍以及幾種色斑的重現。

有些性狀在已經失去了許多（也許幾百）世代之後，竟然能夠重現，這無疑是非常令人驚奇的事實。然而，當一個品種與其他品種雜交，哪怕僅僅是一次，它的後代在許多世代（有人說十二代或二十代）中，仍會傾向於偶爾重現外來品種的性狀。十二代之後，來自任何一個祖先的血（用一般的說法），其比例僅為 2048:1；可

是，誠如我們所見，一般相信返祖的傾向是被這一極小比例的外來血所保留的。在一個未曾雜交過的品種裡、然而其雙親均已失去了祖代的某一性狀，重現失去了的這一性狀的傾向，不管或強或弱，如前所述，幾乎可以傳留至無數世代，無論我們之所見與其如何相違。當一個品種已經消失的一種性狀，很多世代以後又重現，最為可能的假說是，並非是後代突然間又獲得了數百代之前祖先的性狀，而是在每一連續的世代裡，一直有著這一性狀再生的傾向，最終，在不得而知的有利條件下竟得以再現。譬如，很有可能在倒鉤鴿（barb-pigeon）的每一世代裡，儘管極少產出帶有藍色和黑色條帶的鴿子，但卻在每一世代裡又都有產生藍色羽毛的傾向。這一觀點是假定的，但能夠得到一些事實予以支持；一些相當無用或退化器官能被遺傳無數世代，是眾所周知的。與此相比，產生任一在無數世代中被潛在遺傳下來的性狀，此一傾向在理論上的不可能性，依我看不會更大。確實，我們有時候可以觀察到，產生退化器官的傾向是會遺傳的。譬如，在普通金魚草（*Antirrhinum*）中，第五雄蕊的殘跡十分頻繁地出現了，因此，產生這一殘跡的傾向必定是遺傳下來。

依照我的理論，既然假定同一個屬的所有物種，均是從同一個祖先傳下來的，便可能預料到它們偶爾會以類似的方式發生變異。因而，某一物種的一個變種在某些性狀上會與另一個物種相似。依照我的觀點，這另一個物種只不過是一個特徵顯著而且固定了的變種而已。但是，這樣獲得的性狀其性質也許不甚重要，因為所有重要性狀的存在，皆是依照該物種形形色色的習性，透過自然選擇來決定的，而生活條件與相同遺傳體質間的相互作用則不會有用武

之地。我們或許會進而料想到，同一個屬的物種，一些久已失去的祖徵偶爾也會重現。然而，由於我們壓根就不知道一個類群的共同祖先的性狀究竟是什麼，我們也就無法區分這兩種情形，譬如，我們若不知道岩鴿足上無羽或者不具倒冠毛，我們就無從知悉家養品種中所出現的這些性狀，究竟是返祖現象或僅是類似變異而已。但是，我們也許會從色斑的數目上推論出，藍色是一種返祖的例子，因為這些色斑是與藍色性狀相互關聯的，而這些眾多色斑大概不像是一股腦兒出現在一次簡單的變異中。尤其是當顏色不同的品種進行雜交時，藍色和若干色斑是如此頻繁出現，我們更可以做如此推想了。所以，在自然狀態下，何種情形屬於很久以前的先存的性狀的重現，何種情形屬於新的但類似的變異，通常不得不予以抱持存疑。然而，根據我的理論，我們有時應該會發現，一個物種的變異了的後代，出現同一類群其他成員已經具有的性狀（無論是重現的，還是來自類似變異）。而這種情形在自然界是毋庸置疑的。

　　在系統分類工作中，變異的物種之所以難以識別，主要在於該種的變種與同一個屬中的其他物種相像的緣故。介於兩個其他類型之間的中間類型，也不勝枚舉，而這兩端的類型本身是否列為變種抑或物種，也必定是不無疑問的。這表明，除非把所有這些類型都視為是被分別創造出來的物種，否則，變異中的那一個類型已經獲得了另一個類型的某些性狀，以至於產生了那一中間類型。但是，最好的證據還在於，重要且具一致性的部分或器官偶爾發生變異，而能在某種程度上獲得了一個相近物種的相同部分或器官的性狀。我蒐集了一長串這類的例子，但在此，與以往一樣，我實難一一列舉出來。我只能重複地說，這類情形確實存在，且在我看來是非常

值得注意的。

　　然而，我將舉一個奇異而複雜的例子，它並不影響任何重要的性狀，但是出現在同一個屬的幾個種裡，一部分是在家養狀態下的，一部分則是在自然狀態下。此例顯然是屬於返祖現象。驢的腿上時常有一些很明顯的橫條紋，與斑馬腿上的條紋相似，據稱未滿週歲的小驢腿上的條紋尤為顯著，而據我本人的研究，我相信這是實情。另外據稱肩上的條紋有時是成對的。肩上的條紋在長度和輪廓方面是多變的。有一頭白驢，但不是白化病，被描述為脊上和肩上均無條紋；而在深色的驢子裡，這些條紋有時候很模糊，或實際上完全消失了。據說，由帕拉斯命名的野驢（koulan of Pallas），其肩上有成對的條紋。野驢（hemionus）沒有肩上的條紋，但據布立斯先生以及其他人說，肩上條紋的痕跡有時會出現；普爾上校告訴我，這個種的幼駒腿上通常都有條紋，肩上的條紋卻很模糊。斑驢（quagga）雖然在身體上有猶如斑馬的明顯條紋，但腿上卻沒有；然而，格雷博士所繪製的一個標本上，其後足踝關節處有極為明顯的斑馬狀條紋。

　　關於馬，我在英國蒐集了很多馬在脊上生有條紋的例子，包括各異的品種以及各種顏色的馬。褐色和鼠褐色的馬，腿上生有橫條紋的並不罕見，栗色馬中也有過一例。有時能見到褐色馬的肩上生有隱隱約約的條紋，而且我見到過一匹棕色馬的肩上也有條紋的痕跡。我兒子為我仔細檢查並畫了一匹褐色的比利時駕車馬，雙肩各有一對條紋，腿上也有條紋；一位我絕對信任的人曾代我觀察過，一匹褐色的韋爾奇小馬（Welch pony）雙肩也各有三條平行的短條紋。

在印度西北部，開蒂瓦品種（Kattywar breed）的馬通常都生有條紋，我聽曾為印度政府檢驗過這一品種的普爾上校說，沒有條紋的馬，則被視為非純種馬。牠們的脊上總會有條紋，腿上通常會有條紋，肩上的條紋也很常見，有時是成對的，有時則是三條；此外，臉的兩側有時候也生有條紋。幼駒的條紋通常最為明顯，而老馬的條紋有時卻完全消失了。普爾上校曾見過灰色和褐色的開蒂瓦馬，在初生時均有條紋。另外，從愛德華先生提供給我的資訊來看，我也有理由推測，英國的賽馬中，幼駒脊上的條紋遠比成年馬身上要普遍得多。即使在此不加贅述，我也可以說，我已經蒐集了腿上和肩上都生有條紋的馬的很多實例，它們品種各異且來自各國，從英國到華東，北到挪威，南至馬來群島。在世界各地，這些條紋最常見於褐色和鼠褐色的馬。褐色這一名詞，包括的顏色範圍很廣，從介於褐色和黑色中間的顏色起，直至接近乳脂色為止。

我知道，對此論題有過著述的史密斯上校相信，馬的幾個品種是從幾個土生種傳下來的──其中一個褐色的土生種是具有條紋的；他還相信，上述的外貌蓋因古時候與褐色的土生種雜交所致。但是，我對這一理論一點也不滿意，應該不會將這一理論應用到五花八門的品種身上去，諸如壯碩的比利時駕車馬、韋爾奇小馬、結實的矮腳馬、細長的開蒂瓦馬等等，牠們棲居在相隔最為遙遠的世界各地。

現在讓我們轉而談一談馬屬中幾個物種的雜交效果吧。羅林認為，驢和馬雜交所產生的普通騾子，腿上特別容易生有條紋；據戈斯先生稱，美國一些地方的騾子，十分之九在腿上生有條紋。我曾見過一匹騾子，腿上條紋之多，足以令任何人起初都會想到牠是

斑馬的雜種；在馬丁先生有關馬的一篇優秀論文裡，亦繪有一幅與其相似的騾子圖。我還曾見過四幅繪有驢和斑馬的雜種的彩圖，牠們的腿上生有極明顯的條紋，遠比身體其他部分為甚，而且其中一幅圖中，還有肩上生有一對條紋的。茅敦爵士育有一著名的雜種，為栗色雌馬與雄斑驢所生，這一雜種，連同其後這栗色雌馬與黑色阿拉伯雄馬所產生的純種後代，其腿部所生的橫向條紋，甚至於比純種斑驢都還更加明顯。最後，也是另一個最為奇特的例子，格雷博士曾繪製過驢子和野驢的一個雜種（他告訴我他還知道有第二例），儘管驢子腿上很少會生有條紋，而野驢腿上和肩上均沒有條紋，然而這雜種的四條腿上都生有條紋，而且像褐色的韋爾奇小馬那樣，肩上生有三條短條紋，甚至臉的兩側也生有一些斑馬狀的條紋。有關最後這一點，我堅信：沒有任何一條帶色的條紋，會出自通常所謂的偶然發生，因而，正是由於驢和野驢的雜種在臉上生有條紋這件事，使我去問了普爾上校，是否條紋顯著的開蒂瓦品種的馬在臉上也曾出現過條紋，如前所述，他的回答是肯定的。

對於這幾項事實，我們現在何以言說呢？我們看到了馬屬幾個不同的種，經過簡單的變異，便像斑馬似的在腿上生有條紋，或者像驢似的在肩上生有條紋了。在馬中，每當褐色（這種顏色與該屬其他種的常見顏色接近）出現時，我們可見這種傾向十分強烈。條紋的出現，並不與形態上的任何變化或任何其他新性狀相伴。我們還看到，這種條紋出現的傾向，以幾個極為不同的種之間所產生的雜種最為強烈。現來看看鴿子的幾個品種的情形：牠們都是從一種呈藍色並具有一些條紋和其他標誌的鴿子（包含兩三個亞種或地域族群）傳下來的。倘若任一品種由於簡單的變異而呈藍色時，這些

條紋和標誌必定重現，但並無任何形態或性狀上的變化。當顏色各異、最古老和最純粹的品種進行雜交時，我們看到所生的雜種就有重現藍色、條紋和其他標誌的強烈傾向。我說過，最可能闡明此類古老性狀重現的假說是，每一連續世代的幼體，皆有傾向產生久已失去的性狀，這一傾向由於一些未知的原因，有時脫穎而出，得以表現。我們剛才看到，在馬屬的幾個種裡，馬駒身上的條紋，要比老馬更為明顯或者出現得更為普遍。倘若把鴿子的不同品種（其中有些已保持純正品種長達好幾個世紀）稱為不同的種的話，那麼，這與馬屬裡的幾個種的情形，是何等一致！就我而言，我充滿自信地試圖追溯到成千上萬世代以前，我即目睹一種像斑馬一樣具條紋的動物，也許除此而外牠在構造上與斑馬大相逕庭，這便是我們家養馬、驢、野驢、斑驢和斑馬的共同祖先，無論家養馬是否是從一個還是數個野生原種傳下來的。

大凡相信馬屬中的每一個種都是獨立創造出來的人，我想他必會主張，每一個種被創造出來就有這一傾向，無論在自然狀態下還是在家養狀態下，均依這一特別的方式發生變異，致使其經常像馬屬的其他種一樣，變得生有條紋；同時每一個種被創造出來就有一種強烈的傾向，當其與棲居在世界上遠方的物種雜交所產生出的雜種，在生有條紋方面，與其雙親並不相似，而是與該屬的其他種相似。依我之見，如果接受了這一觀點，無異於捨棄了真實的原因，而追求不真實的、或至少是不得而知的原因。這一觀點，遂令上帝的工作，徒成模仿伎倆和騙術而已；如果接受這一觀點，我幾乎像那些老朽無知的天地創成論者一樣，毋寧相信貝殼化石壓根就不曾作為貝類而生活過，只不過是被創造放在岩石中，以模仿如今生活

在海邊的貝類而已。

本章概述

我們對變異法則極度無知。對於這部分或那部分為何與雙親中的同一部分都或多或少地有所不同，在一百個例子中，我們甚至連一例都不能假裝說是弄清楚了。但每當我們使用比較的方法時，便可見同種的變種之間的差異較小，而同屬的物種之間的差異較大，兩者似乎皆為同樣的法則所支配。諸如氣候和食物等外界條件的變化，似乎已經誘發了一些輕微的變化。習性對於體質結構差異的產生、使用對於器官的強化，以及不使用對於器官的削弱和縮小，其效果似乎更為有力。同源部分傾向於以同樣的方式變異，而且傾向於生成癒合構造。硬體部分和外表部分的改變，有時會影響較為柔軟及內在的部分。當一部分特別發達時，它也許就傾向於自鄰近的部分吸取養料。但凡構造的每一部分若能被省掉而對個體了無損害的話，它將會被省掉。早期構造的變化，通常會影響到其後發育的部分，還有很多其他的生長相關現象，對其性質，我們遠未能理解。重複的部分在數目和構造上，都易於變異，大概是由於這些部分沒有為某一特殊的功能而特化所致，所以，它們的變異尚未受到自然選擇的密切制約。也許出於同樣的原因，在自然階梯上位置低的生物，比那些整個體制結構比較專門化，故較為高等的生物，更易變異。退化器官，因無用而被自然選擇所忽視，因而大概也易於變異。物種的性狀，即同一屬內的若干物種從一個共同祖先分支出來之後而變得不同的性狀，要比屬的性狀更易變異，即屬的性狀遺

傳既久，且在這同一時期內未曾變化。在這些評述裡，我們已經提到特殊部分或器官依然具有變異性，因為其新近已發生了變異，且因此而變得不同。然而，我們在第二章裡也已看到，同樣的原理亦可應用於整個個體，因為若是在一個地區發現了一個屬的很多個種，亦即在那裡先前曾已有過許多的變異和分化，或者說在那裡製造新種的過程活躍，那麼平均而言，我們現在能發現最多的變種或雛形種。副性徵是高度變異的，而此類性徵在同一群的物種中差異甚大。體制結構中相同部分的變異性，通常已被利用來賦予同一物種中兩性間副性徵的差異，以及同一屬裡幾個物種的種間差異。任何部分或器官，與其親緣關係較近物種的同一部分或器官相比較，若發育成異常的大小，或以異常的方式發育，則自該屬形成以來，它們必定已經歷了異常數量的變異。我們因此可以理解，它們何以至今仍會比其他部分有更高程度上的變異。由於變異是一長期、持續、緩慢的過程，因而自然選擇在此情形下，尚無足夠的時間來制服進一步變異的傾向以及返回到變異較少狀態的傾向。但是，若具任何異常發達器官的一個物種，已經變成了很多變異後代的祖先（以我之見，這定是一個十分緩慢的過程，且歷時甚久），在此情形下，自然選擇便會易如反掌地賦予這一器官固定的性狀，不管它是以如何異常的方式發育起來的。一個物種，若是從一個共同祖先遺傳到幾乎同樣的體質架構，又受到相似的影響，自然而然就趨向於呈現出類似的變異，而且這些相同的物種偶爾可能會重現其古代祖先的一些性狀。儘管新的、重要的變異可能不會來自返祖和類似變異，然而這些變異將會增進大自然美妙而和諧的多樣性。

無論後代和親代之間的每一細微差異的原因何在（每一差異必

有原因），正是這些差異（當其對生物個體有利時）透過自然選擇的逐漸累積，引起了構造上所有較為重要的變異，借此，地球表面上的無數生物方能彼此競爭，而最適者得以生存。

第六章

理論的諸項難點

兼變傳衍理論的諸項難點－過渡－過渡變種的缺失
或稀少－生活習性的過渡－同一物種中多種多樣的習
性－具有與近緣物種極為不同習性的物種－極度完
善的器官－過渡的方式－難點的例子－自然界中無飛
躍－重要性低的器官－並非總是絕對完善的器官－自
然選擇理論所包含的型體一致性法則及生存條件法則。

遠在讀到本書這一部分之前，讀者想必已經遇到許許多多的難
點。有些難點是如此嚴重，以至於我現在回想起來依然不知所措。
然而，據我所能做出的判斷而言，大多數的難點僅止於表面，而那
些真實的難點，我認為，對我個人的理論並不是致命的。

這些難點和異議，可分為以下幾類：

第一，倘若物種是透過其他物種極細微的變化逐漸演變而來，
為何我們未曾見到應隨處可見、不計其數的過渡類型呢？為何物種
如我們所見的那樣涇渭分明，而整個自然界並非是混沌不清的呢？

第二，一種動物，譬如具有像蝙蝠那樣的構造和習性，牠有可
能是從某種習性和構造與之完全不同的動物變化而成的嗎？我們能

否相信，自然選擇一方面可以產生出無關緊要的器官，如長頸鹿用來驅趕蚊蠅的尾巴，另一方面，又可以產生出像眼睛那樣的奇妙器官，對其無與倫比的完美，我們至今尚未完全了解？

第三，本能的獲得和改變是否能透過自然選擇而實現？引導蜜蜂營造蜂房的本能，實際上出現在博大精深的數學家的發現之前，對此類奇妙的本能，我們將作何解說呢？

第四，物種之間雜交的不育性及其後代的不育性，而變種之間雜交時能育性則不受損害，對此，我們又能作何解說呢？

前兩類將在此討論，本能和雜交則在另兩章裡討論。

論過渡變種的缺失或稀少

由於自然選擇僅僅在於保存有利的變異，因而在被各類生物占滿的地域內，每一個新的類型，對於比其改進較少的親本以及其他與其競爭但較少受到垂青的類型，趨向於取而代之並最終將其消滅。因此，正如我們看到的，滅絕和自然選擇是並駕齊驅的。所以，我們若把每一物種都視為是從某一個其他的未知類型那裡傳下來的話，那麼，恰恰是這一新類型的形成和完善的過程，導致了其親種以及所有過渡變種的消亡。

然而依照這個理論，無數過渡的類型必然曾經生存過，可為何我們未曾發現它們大量地埋藏在地殼之中呢？在〈論地質紀錄的不完整性〉一章裡來討論這一問題，將會更為便利。我在此僅聲明，我相信其答案主要在於地質紀錄的不完整，遠非一般所能設想到的。地質紀錄的不完整，主要在於生物沒有棲息在極深的海域，同

時這些生物的遺骸若能被埋藏並保存至未來時期，掩埋它們的沉積物必須要有足夠的厚度和廣布，禁受得住巨量的未來剝蝕；此外，這些含化石的沉積物，只能堆積在一邊再緩慢沉降，一邊又有大量的沉積物沉積的淺海底層。這些偶發的事件，僅在極少的情況下同時發生，而且在極長的間隔期間後偶爾發生。當海底不降甚或上升的時候，或者當很少有沉積物沉積的時候，地史紀錄上就會出現空白。地殼是一個巨大的博物館，但其自然標本，僅僅是零星地採自相隔極為久遠的各個時段。

不過可能會有人極力主張，當幾個親緣關係密切的物種棲居在同一地域時，我們應該在目前發現很多的過渡類型。讓我們列舉簡單一例：當我們在一個大陸上從北向南旅行時，我們一般會在連續的各段地區，見到親緣關係密切或具代表性的物種，在當地的自然經濟體系中占據著幾乎相同的位置。這些代表性的物種，常常相遇並交錯分布。當一個物種變得愈來愈少時，另一物種則變得愈來愈多，及至這（後）一物種代替了那（前）一物種。然而，我們如果將這些物種在其匯合的地方加以比較的話，一般說來，它們的構造每一個細節都絕對不同，就像從各物種的中心棲息地採得的標本那般不同。根據我的理論，這些親緣關係相近的物種，是從一個共同親種那裡傳下來的；在變異的過程中，每一物種都已適應了自己區域的生活條件，而且已經排斥和消滅了其原來的親本以及所有處於過去和現在的狀態之間的過渡變種。因此，我們不應該指望於今還能在各地見到無數的過渡變種，儘管它們必定曾經在那裡生存過，並且可能以化石狀態埋藏在那裡。可是，在具有中間生活條件的中間地帶，為何現今我們未曾見到緊密相連的中間型變種呢？這一難

點令我惶惑已久。但是我覺得，它大體上也是可以解釋的。

首先，我們應當十分謹慎，不能因為一個區域現在是連續的，便能推論它在一個長久的時期內一直都是連續的。地質學令我們相信：幾乎每一個大陸，甚至在第三紀較晚的時期內，也還分裂成一些島嶼。在此類島嶼上，不同的物種或許是分別形成的，因而毫無可能在中間地帶存在著一些中間變種。由於陸地的形狀和氣候的變遷，即使現在是連續的海面，在距今很近的時期，也不一定是如今這樣連續和一致。我將不借此途徑來逃避困難，因為我相信，很多界限十分明確的物種，已經在嚴格連續的地域上形成。而且我並不懷疑，現今連續的地域上曾有的隔斷狀態，對於新種的形成，尤其是對於自由雜交和游移的動物形成新種，曾經產生重要的作用。

當我們看一下如今分布在廣袤地域上的物種，我們通常會發現，它們在一個廣大的地域內數目繁多，而在邊界地帶，多少就變得愈來愈稀少，及至最終消失。因此，兩個代表性物種之間的中間地帶，比之每一個物種的固有疆域來說，通常便顯得狹小了。我們在登山的過程中可以見到同樣的事實，有時誠如德康多爾的觀察，一個普通的高山植物物種竟突然消失，令人感歎不已。福布斯在用捕撈船探查海水深處時，也曾注意到同樣的事實。對那些視氣候與生活的物理條件為分布最重要因素的人來說，這些事實不得不令他們感到驚詫，因為氣候與高度或深度都是不知不覺逐漸改變的。但是，當我們記住幾乎每一個物種，甚至在其分布中心，倘若沒有與其競爭的物種，其個體數目也會極度增加；當我們記住，幾乎所有的物種，要麼捕食別的物種，要麼就會被別的物種所捕食；總之，當我們記住，每一個生物都與其他生物之間，以極為重要的方式直

接或間接地發生關係，那麼，我們便會知悉，任何地域的生物分布範圍，絕非毫無例外地取決於緩慢變化的物理條件，而是大部分取決於其他物種的存在，抑或依賴於其他物種而生存，抑或被其他物種所消滅，抑或與其他物種相競爭。因為這些物種已經是彼此區別分明的實體（不管它們是如何變成如此的），由於沒有細微的漸變類型相混，因而任何一個物種的分布範圍，都取決於其他物種的分布範圍，故趨向於界限極為分明。此外，每個處於其分布範圍邊緣的物種，其個體數目在此處較少，在敵害或獵物數量的變動或季節性的變動時，便極易遭到滅頂之災，所以它的地理分布範圍界限，也就會變得愈加明顯了。

我下述的信念如果正確，當近似的或代表性的物種棲居在一個連續的地域內時，一般的分布情形是，每一個物種都有廣大的分布範圍，而介於其間的是一個比較狹小的中間地帶。而在這一地帶內，各物種會相當突然地變得愈來愈稀少，又由於變種和物種沒有什麼本質上的區別，故而同樣的法則大概可以應用於二者。我們如果設想讓一個正在變異中的物種適應於一個非常廣大的區域，那麼，我們必須要讓兩個變種適應於兩個廣大的區域，而且讓第三個變種適應於狹小的中間地帶。結果，由於中間變種棲居在一個狹小的區域內，個體數目必然變少。實際上，就我所能察覺到的而言，這一規則是適用於自然狀態下的變種的。在藤壺屬（*Balanus*）裡，我見到了顯著變種之間的中間變種，就是這一規則的顯著例子。根據沃森先生、阿薩·格雷博士和沃拉斯頓先生提供的資訊，一般說來似乎是介於兩個類型之間的中間變種出現時，其個體數目遠比與它們所連接的那兩個類型的個體數目要少。總而言之，倘若

我們相信這些事實和推論，並且由此得出結論，連接兩個其他變種的那一變種的個體數目，一般要比它們所連接的類型少的話，那麼，我們便能夠理解為何中間變種不能持續許久了；為何（作為一般規則）它們會比被其原來所連接的那些類型要滅絕和消失得更為迅速。

如上所述，任何個體數目較少的類型，比之個體數目較多的類型，會遭遇到更大的滅絕機會。在這一情形裡，中間類型極易被兩邊有密切親緣關係的類型所侵害。我相信，根據我的理論，一個更加重要的理由是，當兩個變種假定透過進一步變異的過程，轉變並完善為兩個不同物種時，因棲居於較大的地域而個體數目較多的兩個變種，比之那些棲居在狹小中間地帶、個體數目較少的中間變種來說，便占有強大優勢。這是因為，與個體數目較少的稀少類型相比，個體數目較多的類型在任何一個特定的時期內，總是有更好的機會出現更有利的變異，以供自然選擇去利用。因此，在生存競爭中，較常見的類型就趨於壓倒和取代較不常見的類型，因為後者的改變和改良都更為緩慢。誠如第二章所指出，我相信這一相同的原理，也可以說明為何每一地區的常見物種比起稀有物種來，平均能呈現更多的明顯變種。我可以舉一個例子來表明我的意思，假如飼養了三個綿羊的變種，第一個適應於廣大的山區；第二個適應於較為狹小的丘陵地帶；第三個適應於山下廣闊的平原。再假定這三處的居民，都有同樣的決心和技巧，透過人工選擇來改良各自的品種。在此情形下，成功的機會將會大為垂青擁有多數綿羊的山區或平原的飼養者，他們在改良品種方面，也會比擁有少數綿羊的中間狹小丘陵地帶的居民，更為迅速。結果，改良的山地品種或平原品

種，就會很快取代改良較少的丘陵品種。這樣一來，原本個體數目較多的這兩個品種，便會在分布上緊密相接，而那個被取代了的丘陵地帶的中間變種，便不再夾在另兩個品種之間了。

總而言之，我相信物種會發展成界限尚屬分明的實體，在任何一個時期內，都不至於會因一些仍在變異的中間環節，而呈現出「剪不斷，理還亂」的無序狀態。首先，新變種的形成是十分緩慢的，因為變異即是一個緩慢的過程，在有利的變異偶然發生之前，自然選擇是無能為力的。此外，倘若在這一地區的自然體系中，沒有空餘的地盤可供一個或多個改變的生物更好地生存，自然選擇同樣也是無能為力的。這樣的一些新地盤，或取決於氣候的緩慢變化，或取決於新生物的偶爾遷入，而且在更重要的程度上，也許取決於某些舊有生物的緩慢變異，因此而產生一些新的類型，與舊的類型之間相互發生作用和反作用。所以，在任何一個地方，在任何一個時候，我們應該只會見到少數物種在構造上顯現出細微、而且在某種程度上持久的變異，這正是我們所目睹的情形。

第二，現今連續的地域，在距今不遠的時期，必定常常曾因隔離而成為許多部分，在這些地方，許多類型，尤其是屬於必行交配方能生育以及游動甚廣的那些類型，可能已經分別變得涇渭分明，足可分類為明顯不同的典型種了。在此情形下，若干典型種與其共同祖先之間的一些中間變種，先前必定在這個地域的各個隔離部分內曾經存在過，然而，在自然選擇的過程中，這些中間環節均已被取代和消滅，所以，如今它們已不復存在了。

第三，當兩個或兩個以上的變種，已經在一個嚴格連續地域的不同部分形成時，很可能最初在中間地帶也形成了一些中間變種，

但是它們一般存在的時間很短。根據已經指出過的理由（即由於我們所知道的，親緣關係密切的物種或代表性物種的實際分布情形，以及公認的變種的實際分布情形），這些中間變種生存在中間地帶的個體數量，要比被它們所連接的變種個體數量少一些。僅從這一項原因來看，中間變種就很容易遭遇偶然的滅絕。在透過自然選擇進一步變異的過程中，它們幾乎必定會被它們所連接的那些類型所擊敗並取代，因為這些類型的個體數量既多，整體上變異也就更多，並因此透過自然選擇而得以進一步的改進，進而獲得更大的優勢。

最後，倘若我的理論屬真，也不能著眼於一時，而是著眼於所有的不同時段，那麼，無數的中間變種確定無疑地曾經存在過，它們把同群的所有物種最緊密地連接在一起。但是誠如我已經屢屢陳述過的，自然選擇這一過程往往趨於消滅親本類型以及中間環節，結果它們曾經存在過的證據，便只能見諸於化石遺骸之中了，而這些化石是保存在極不完整並且充滿間斷的地質紀錄裡的，對此，我們在其後的一章裡將試著闡明。

論具特殊習性及構造的生物之起源與過渡

反對我這個觀點的人曾經問道，譬如說，一種陸生肉食動物如何能夠轉變成為水生習性的動物。這種動物在其過渡狀態中，如何能夠營生？應該不難顯示，在同一類群中，很多肉食動物有著從真正的水生習性到嚴格的陸生習性之間的每一個中間階段，而且由於

每一個動物都必須為生存而競爭，顯然各自在生活習性上，均適應了它在自然界中所處的位置。試看北美的水貂（*Mustela vison*）吧，足生有蹼，毛皮、短腿以及尾巴的形狀皆與水獺相似。夏天這種動物入水捕魚為食，但在漫長的冬季，牠便離開冰凍的水體，像其他臭鼬類一樣，捕食鼠類及其他陸生動物。另舉一個例子的話，所問的問題便會是，一種食蟲的四腳獸怎麼可能轉變成飛翔的蝙蝠呢？這一問題就會困難的多，而我也將無從回答。但我依舊認為，類似的難點無足輕重。

正如在其他場合一樣，在此我也處於極端劣勢，因為在我蒐集到的許多明顯例證裡，我僅能舉出一兩個例子，來說明一個屬內親緣關係相近物種的過渡習性和構造，還有同一物種之中形形色色的習性，無論是經常的還是偶爾的。在我看來，像蝙蝠這類特定的情況，除非給出一長串此類的例子，否則似乎不足以減少其中的困難。

看一看松鼠科，我們有最好的過渡的例子，有的種類僅僅尾巴稍微扁平，還有的種類，如理查森爵士所述，身體後部相當寬闊、身體兩側的皮膜相當寬大，例如鼯鼠。鼯鼠的四肢甚至尾的基部，均連成寬闊的皮膜，具有降落傘般的作用，可以使牠在樹間的空中滑翔達到驚人的距離。我們不可置疑，每一種構造對於每一種松鼠在其棲居的地方都各有作用，或者使松鼠在面臨捕食牠的鳥類和獸類時能夠逃之夭夭，或者使牠能更快地採集食物，或者如我們有理由相信，使牠能減少偶然跌落的危險。然而，我們不能單從這一點就說，每一種松鼠的構造，在所有的自然條件下，都是我們所可能想像到的最佳構造。假使氣候與植被改變了，假使與其競爭的其他

齧齒類或新的獵食動物遷移進來了，或舊有的獵食動物出現變化，諸如此類的情形會令我們相信，至少有些松鼠的個體數量要減少甚或滅絕，除非其構造能以相應的方式產生變異和改進。因此，對如下的情況，我看不出有什麼難點可言，尤其是在變化中的生活條件下，每一個兩側皮膜愈來愈大的個體，將被繼續保留下來，牠的每一點變異都是有用的，皆會傳下去，直至這種自然選擇過程的累積效果造就出一種完美的鼯鼠。

　　現在來看一看貓猴（*Galeopithecus*，亦稱飛狐猴）吧，先前牠曾被誤歸於蝙蝠類。牠有著極寬的體側皮膜，從頜的角落處起一直延伸到尾部，包括帶有長爪的四肢在內；該皮膜還生有伸展肌。雖然尚無適於空中滑翔的構造的一些漸變環節，現在能把貓猴跟其他的狐猴連接在一起，但並不難想像，此類環節先前曾經存在過，而且每一環節的形成，皆透過了像尚未能完全滑翔的松鼠所經過的同樣步驟；每一階段的構造對生物本身亦都有用處。同樣，我也不覺得有任何不可逾越的難點，妨礙我們進一步相信下述是可能的：貓猴的由皮膜所連接的指頭與前臂，恐怕是因自然選擇而大大地加長了。僅就飛翔器官而言，這一過程便可以使牠變成為蝙蝠。在一些蝙蝠裡，翼膜自肩頂起一直延伸至尾部，且包括後腿在內，我們或許可以從這裡看到一些蛛絲馬跡，顯示這一構造原本就是為適應於滑翔，而不是為適應於飛翔的。

　　倘若有十二個左右鳥類的屬滅絕了或不為人知，誰敢臆測竟有下述這些鳥類，居然曾經存在過呢？例如，像艾頓所稱的大頭鴨（Micropterus of Eyton）那樣只將翅膀用來擊水的鳥。像企鵝那樣將翅膀在水中當鰭用、在陸上則當前腳用的鳥。像鴕鳥那樣將翅膀

當作風帆用的鳥。以及像無翼鳥（Apteryx）那樣翅膀無任何功用的鳥。然而，上述每一種鳥的構造，在牠所處的生活條件下，都是有用處的，因為每一種鳥都勢必在競爭中求生存。但是，牠未必是所有可能條件下，最好的。切勿從這番評述去推論，這裡所提及的每一類翅膀的構造（或許所有這些均因為不使用所致），代表著鳥類獲得完全飛翔能力過程中所經歷的一些自然步驟。但這些至少足以顯示，多種多樣的過渡方式是可能的。

看到甲殼動物和軟體動物這些在水中呼吸的動物中，有少數成員可適應於陸生生活；又看到飛行的鳥類和飛行的哺乳類，形形色色飛行的昆蟲，以及先前一度存在過的飛行的爬行類，那麼，可以想像那些靠鰭的拍擊而稍微上升、旋轉而在空中滑翔很遠的飛魚，或許會變成為翅膀完善的動物。倘若此類事情已曾發生，誰會想像到，牠們處於早先的過渡狀態時，曾是生活於大洋之中呢？而且，就我們所知，牠們飛翔的雛形器官，竟是專門用來逃脫其他種魚的吞食呢？

當我們看到任何構造對某一特殊習性的適應已達盡善盡美時，誠如適應飛翔的鳥翼，我們應當記住，顯示早期各個過渡構造階段的那些動物，很少繼續生存至今，因為牠們正是被自然選擇使器官完善化的那一過程所淘汰。此外，我們或可斷言，適應於不同生活習性的構造之間的過渡類型，在早期很少會大量發展，也很少具有許多從屬的類型。因此，我們再回顧一下所假想的飛魚一例，真正會飛的魚，直到牠們的飛翔器官已達到高度完善的階段，讓牠們在與其他動物的生存競爭中能夠穩操左券之前，大概不會在具有很多從屬類型的情況下，為了在陸上和水中用多種方式以捕食多種食

物，而發展起來。因此，能在化石裡發現具有各種過渡構造的物種，這種機會總是稀少的，因為其個體數目，原本就少於那些在構造上已完全發達的物種個體數。

現在讓我舉兩三個例子，都是有關同一物種的個體間多樣化以及改變的習性。這二者中任一情形出現，自然選擇都會容易透過動物構造的某些改變，而使其適應它所改變的習性，或者使其單獨適應於幾種習性之一。難以明瞭（但對我們來說也無關緊要）的是，究竟習性通常變化在先而構造的變化在後呢，抑或是構造的些微變化引起了習性的改變呢？兩者差不多是同時發生的。關於改變的習性，只要提及很多現今食用外來植物或單吃人造食物的英國昆蟲就足夠了。關於多樣化的習性，例子不勝枚舉：在南美我常觀察一種兇殘的鶲（*Saurophagus sulphuratus*），有時像茶隼一樣翱翔於一處，然後飛至他處；有時則靜立水邊，隨後似翠鳥一般，俯衝入水捕魚。在我們本國，有時可見一種較大的山雀（*Paurs major*），幾乎像旋木雀一樣攀行枝上；有時牠又像伯勞一樣啄擊一些小鳥的頭部而致其死亡，我還多次耳聞目睹牠們在枝頭啄食紫杉的種子，如同鳾鳥一般將種子砸開。在北美，赫恩還看到黑熊在水裡游泳數小時之久，嘴巴大張，幾乎像鯨魚一般，捕捉水中的昆蟲。

當我們見到一些個體的習性與其同種以及同屬的異種的其他個體的習性大相逕庭，則我們可以預期這些個體或許偶爾會產生新種，該新種有異常的習性，其構造不是輕微就是顯著發生了改變，偏離了其固有的構造模式。此類情形在自然界裡確實存在。啄木鳥攀援樹木並從樹皮裂縫裡覓食昆蟲，還有比這種適應性更顯著的例子嗎？然而在北美，有些啄木鳥主要以果實為食物，另有一些啄木

鳥卻生有長長的翅膀，在飛行中捕捉昆蟲；在拉普拉塔平原上不見一樹，那裡卻有一種啄木鳥，以其體制結構的每個實質性部分，甚至其色彩、粗糙的音調以及波狀的飛翔，明白無誤地告訴我，牠與我們的啄木鳥常見種有密切的血緣關係。然而，牠卻是一種從未爬上過樹的啄木鳥！

海燕是最具空棲性和海洋性的鳥，但是在恬靜的火地島，水雉鳥（*Puffinuria berardi*），在其一般習性上、在其驚人的潛水力上、在其游泳和不甘情願地起飛時的飛翔姿態上，都會使人將它誤認為海雀或是鷿鷈；然而，牠實質上還是海燕，但其體制結構的很多部分已歷經深刻的變化。另一方面，一具河鳥（waterouzel）的屍體，就算是最敏銳的觀察者來檢驗，也絕不會想像到牠有半水生的習性。然而，嚴格意義上為陸生鶇科的這一異常成員，卻完全以潛水為生 —— 牠在水下，用雙足抓握石子並使用翅膀。

大凡相信各種生物一經創造出來便宛若如今所見的人，當他見到一種動物的習性與構造完全不一致時，肯定會感到很奇怪。鴨子和鵝的蹼足是為游泳而生的，還有什麼會較此更為明顯呢？然而生於高地的鵝，儘管生著蹼足，卻很少或從未涉水；軍艦鳥的四趾皆生有蹼，但除了奧杜邦之外，無人看過牠曾飛落海面。另一方面，鷿鷈與大鷈明顯都是水生鳥類，儘管牠們僅在趾緣處生有膜。涉禽類長趾的形成，是為了便於在沼澤地和漂浮的植物上行走，還有什麼比這更為明顯呢？可是，鷈幾乎和大鷈一樣是水生的，而陸秧雞幾乎和鵪鶉或鷓鴣一樣是陸生的。在這些例子以及其他很多例子中，習性雖已改變，構造卻並未產生相應的變化。高地上鵝的蹼足，在功能上可說已淪為殘跡了，但在其構造上卻並非如此。軍艦

鳥足趾之間深凹的膜，顯示其構造已經開始發生變化了。

　　相信生物是分別而且無數次被逐一創造出來的人，會這麼說：在這些例子中，是由於造物主喜歡讓一種生物占據另一種生物的位置。但對我而言，這似乎只是用冠冕堂皇的語言重述一遍事實罷了。相信生存競爭和自然選擇原理的人，會承認每一種生物都在不斷努力增加其個體數目，並同意任一生物，無論習性上或構造上，即使產生很小的變異，因而能比同一地方其他生物占有優勢的話，它便會攫取那一生物的位置，不管那個位置與其本身原有的位置是何等不同。因此，他對下述一些事實便不覺奇怪了：具有蹼足的鵝和軍艦鳥，或竟然生活於乾燥的陸地上，或只在極偶然時降落於海面；具有長趾的秧雞，竟然生活於草地之上而非沼澤之中；在幾乎沒有樹的地方，竟然也有啄木鳥；世上竟然有潛水的鶇，以及具有海雀習性的海燕。

極度完善與極度複雜的器官

　　眼睛具有不可模仿的裝置，可以調整不同的焦距、接收不同量的光線，以及校正球面和色彩的偏差，若假定眼睛能透過自然選擇而形成，我坦承這似乎是極為荒謬的。然而理性告訴我，倘若能夠顯示在完善及複雜的眼睛與非常不完善且簡單的眼睛之間，有無數種漸變的階段存在，而且每一階段對生物本身都曾是有用的；進而如果眼睛確實也曾發生過細微的變異，並且這些變異也確實是能夠遺傳的；加之，若該器官的這些變異，對於處在變化中的外界條件下的動物有用，那麼，我們確實可以相信，完善而複雜的眼睛能夠

透過自然選擇而形成，這樣的推論並非困難到不可踰越。神經是如何對光變得敏感的，一如生命本身是如何起源的一樣，幾乎用不著我們擔心，但我可以指出，幾項事實讓我猜測，任何敏感的神經都可能會對光線敏感，同樣，它也會對產生聲音的空氣中那些較粗的振動敏感。

在探尋任一物種的某一器官完善化的各個漸變階段時，我們應當專門觀察它的直系祖先，但這幾乎是不可能的。於是在每一種情形下，我們都不得不去觀察同一類群中的物種，亦即來自共同原始祖先的一些旁系，以便了解在完善化過程中有哪些階段是可能的，也許尚有機會從世系傳的較早階段裡，看到遺傳下來沒有改變或幾乎沒有什麼改變的某些階段。在現存脊椎動物的眼睛結構方面，我們僅發現了少量的漸變階段，但是，在化石種中有關這方面我們一無所獲。在這一大的綱裡，我們大概要追尋到遠在已知最低化石層之下，去發現眼睛的完善化所經歷過的更早階段。

在關節動物（*Articulata*）[1]中，我們可以展開一個系列，從只是被色素層所包圍著的視神經且無任何其他機制開始。自這一低級階段，可見其構造的無數過渡階段存在著，分成根本不同的兩支，直至達到高度完善的階段。譬如在某些甲殼類中，存在著雙角膜，內面的一個分成很多小眼，每一個小眼有一個晶狀體的隆起。在另一些甲殼類中，一些色素層包圍著、只有排除側光束方能妥善工作的晶錐體，其上端是凸起的，而且必須透過彙聚才能起作用；而在其下端，似乎有一不完全的透明體。鑑於這些事實（儘管陳述的太

1　譯注：即我們現在通常所稱的「節肢動物」（arthropods）。

過簡略和不完全），它們顯示在現生甲殼類的眼睛中，有著很大的逐漸過渡的多樣性。如果我們考慮到，與已滅絕類型的數目相比，現生動物的數目是多麼之小，那麼，就不難相信（不會比很多其他構造的情形更難相信），自然選擇能把一件被色素層包圍和被透明膜遮蓋的一條視神經的簡單裝置，改變成為關節動物任何成員所具有的那麼完善的視覺器官。

對已經走了這麼遠的人，讀完此書，才發現大量的事實只能用傳的理論方能解釋，否則令人費解，那麼他就應當毫不猶豫地繼續下去，並應當承認，像鷹眼那樣完善的構造，也可以經由自然選擇而形成，即使他並不知道任何一個過渡階段。他的理性應該戰勝其想像力，儘管我已感到這是非常困難的，以至於即便有些人猶豫著能否把自然選擇原理引申如此之遠，我對此一點也不會感到奇怪。

我們不可能不將眼睛與望遠鏡相比較。我們知道這一器具是由最高的人類智慧經過長久持續的改進而完善的。我們會很自然地推論，眼睛也是經由多少有些類似的過程而形成的。但這種推論不是自恃高傲嗎？我們有何理由可以假定造物主也像人類那樣用智力來工作呢？倘若我們一定要把眼睛與一個光學器具相比的話，我們就應當想像，它有一厚層的透明組織，下面有感光的神經，然後再假設，這一厚層內每一部分的密度在持續緩慢地改變著，以便分離成不同密度和厚度的諸多層，這些層彼此距離各不相同，每一層的表面形狀也在緩慢地改變。我們還得進一步假設，有一種力量，總是十分關注著透明層每一個些微的變更；並且仔細地選擇在不同的條件之下，以任何方式或在任何程度上，偏向於產生更為清晰映射的每一個變異。我們必須假定，該器官每一種新的狀態，都是成百萬

214

地倍增著。每種狀態一直被保存到更好的狀態產生出來之後，舊的狀態才會被毀滅。在生物體內，變異會引起一些輕微的改變，生殖作用則令其幾乎無限地繁殖，而自然選擇將以準確無誤的技巧挑選出每一個改進。讓這種過程歷經千百萬年，每年作用於上百萬種類的個體，難道我們會不相信這樣形成的活光學器具，一如造物主的作品勝過人工作品那樣，勝過玻璃器具嗎？

倘若能夠證明存在著任何複雜器官，不可能是經由無數的、連續的、些微的變異而形成，那麼，我的理論就絕對要分崩離析。然而，我未能發現這種情形。毫無疑問，我們對很多器官的過渡階段尚不得而知，尤其當我們觀察那些十分孤立的物種時，依照我的理論，其周圍的類型已大都滅絕了，更是如此。或者，若我們觀察一個大的綱內的所有成員共有的一種器官，因為在此情形中，該器官最初必定是在極為久遠的時代裡形成，其後，該綱內的所有眾多成員才發展起來。為了發現該器官經過的早期各過渡階段，我們應該不得不在非常古老的祖先類型裡尋找，但這些類型卻早已滅絕了。

當斷言一種器官可以不透過某些過渡階段而形成時，我們必須極為謹慎。在低等動物裡，同一器官同時能夠執行截然不同功能的例子，簡直不勝枚舉。譬如，蜻蜓的幼蟲和泥鰍（*Cobites*），其消化管同時具有呼吸、消化和排泄的功能。水螅（*Hydra*）的身體可把內面翻至外面，然後外層即營消化，而原本營消化的腔，便改營呼吸了。在此類情形中，自然選擇可能會很容易地使原本具有兩種功能的器官或部分專營一種功能，以便由此獲得任何可能的利益，因而透過無法察覺的一些步驟，完全改變器官的性質。兩種不同的器官，有時可同時在同一個體裡執行相同的功能。舉一個例子吧，

魚類用鰓呼吸溶於水中的空氣，同時用鰾呼吸游離的空氣，鰾則有鰾管供給其空氣，並被滿布血管的隔膜分開。在這些例子裡，兩種器官之一，可能很容易被改善，以擔負全部的工作，牠並在變異的過程中得益於另一種器官的幫助；然後，另一種器官可能會改營十分不同的其他功能，或者完全廢棄掉。

魚鰾是個好例子，它清楚地向我們顯示了一個極為重要的事實，原本為了一種目的（漂浮）所構建的器官，可以轉變為一個完全不同的目的的器官（呼吸）。在某些魚類裡，鰾又成為聽覺器官的輔助器官，抑或是聽覺器官的一部分成了魚鰾的輔助器官——我不清楚哪一種觀點現在更為流行。所有生理學家都承認，鰾與高等脊椎動物的肺是同源的，在位置和構造上具有「理想型相似性」。因此，對我來說不難相信，自然選擇實際上已經將鰾變成了肺，或是變成了專司呼吸的器官。

我幾乎不會懷疑，所有具有真肺的脊椎動物，都是從我們一無所知的一種古代具有漂浮器或鰾的原始型那裡，普普通通、代代相傳而來。那誠如我根據歐文教授有關這些器官的有趣描述所推論，我們便可理解一個奇怪的事實：為何我們吞咽下去的每一粒食物及飲料，都得由氣管小孔的上方經過，時有落入肺部的危險，然而那裡有一種美妙的裝置可以關閉聲門。高等脊椎動物已經完全失去了鰓弓——但在牠們的胚胎裡，頸兩側的裂縫以及彎弓形的動脈依然標誌著鰓弓的先前位置。可以想像，現今完全失掉的鰓弓，大概已經被自然選擇逐漸利用於某種十分不同的目的。據一些博物學家的觀點，一如環節動物的鰓和背鱗是與昆蟲的翼和翼面覆蓋層同源的，大概在非常古老的時期曾經作為呼吸的器官，實際上已經轉變

成了飛翔器官。

在考慮器官的過渡時，記住一種功能有轉變成另一種功能的可能性，是如此之重要，故我再舉一個例子。有柄蔓足類有兩個很小的皮褶，我稱其為保卵繫帶，牠透過分泌黏液的方法把卵保持在一起，直到牠們在袋中孵化為止。這種蔓足類沒有鰓，全身表皮和卵袋表皮包括小保卵繫帶在內，均執行呼吸功能。另一方面，藤壺科或無柄蔓足類則沒有保卵繫帶，牠們的卵鬆散地位於袋底，包在緊閉的殼內；但是牠們有大的褶皺的鰓。我想，現在無人會否認這一科裡的保卵繫帶與另一科裡的鰓是嚴格同源的。實際上，牠們是相互逐漸過渡的。因此，毋庸懷疑，原來那些小皮褶原本是當作保卵繫帶、並同樣略為幫助呼吸之用，已經透過自然選擇，僅僅由其尺寸的增大及其黏液腺的消失，便逐漸轉變成了鰓。倘若所有的有柄蔓足類皆已滅絕的話（而有柄蔓足類確已比無柄蔓足類遭受的滅絕更加厲害），誰又可能會想到，無柄蔓足類裡的鰓，原先是用來防止卵被沖出袋外的一種器官呢？

儘管在斷言任何器官不可能由連續、過渡的各個階段所產生時，我們必須極為謹慎，然而，毫無疑問仍會出現一些嚴重難點，其中一些將在我未來的著作中予以討論。

最嚴重的難點之一，當屬中性昆蟲，其構造常常與雄蟲和能育的雌蟲大相逕庭，不過這一例子將留待下一章裡討論。魚的發電器官，是另一個特別難以解釋的例子。因為我們不可能想像，這些奇異的器官是經過什麼步驟而產生出來的。誠如歐文和其他一些人所指出的，其內部結構與普通肌肉的內部結構極其相似，正如最近所顯示的那樣，鷂魚有一個器官與該發電裝置十分類似，然而按照瑪

泰西所稱，牠並不放電。我們必須承認，我們對此所知甚少，遠不足以力稱，沒有任何類型的過渡是可能的。

發電器官提供了另一更加嚴重的難點，因為它們僅見於約十二個種類的魚裡，其中有幾個種類在親緣關係上相距甚遠。一般而言，倘若同樣的器官見於同一個綱的幾個成員中，尤其這些成員生活習性大為不同時，我們將這一器官的存在歸因於共同祖先的遺傳，並可把某些成員中這一器官的缺失，歸因於不使用或自然選擇所引起的喪失。然而，如果發電器官是從所提供的某一古代祖先那裡遺傳下來的，我們或可預料到，所有電魚彼此間均應有特殊的親緣關係。地質學也完全不能令人相信，大多數魚類先前曾有過發電器官，而其大多數變異的後代失去了它們。在屬於幾個不同科和目的幾種昆蟲裡，具有發光的器官，這是類似難點的一個例子。我還可舉出其他例子。譬如在植物裡，生在末端具有黏液腺的足柄上的花粉塊，這十分奇妙的裝置在紅門蘭屬（*Orchis*）和馬利筋屬（*Asclepias*）裡是相同的 —— 這兩個屬在顯花植物中，其親緣關係相距是再遠也不過的了。在兩個顯著不同的種卻生有明顯類似的器官的所有的例子中，應該看到，儘管這些器官的一般形態和功能可能是相同的，但常常可以找出某種根本的差異。我傾向於相信，這近似於兩個人有時會獨立地穎悟到同一種發明，因此，自然選擇為了每一生物體的利益而運作，並且利用類似的變異，因而有時以近乎相同的方式改變了兩個生物裡不同的部分，這些生物體共有的構造，很少是因為遺傳於共同的祖先。

在眾多情形中，儘管很難猜測到器官曾經過哪些過渡階段，竟能達到如今的狀態，然而考慮到現存和已知的類型比起已滅絕和

未知的類型，其比例甚小，令我詫異的倒是很難指出哪一個器官不是經歷過渡的階段而形成的。這一論述的真實性，確實由自然史裡那句古老的但有些誇張的格言所彰顯——「自然界中無飛躍」（*Nature non facit saltum*）。幾乎每一個有經驗的博物學家的著作裡，都可以見到對於這一格言的承認；或者，如同米爾恩·愛德華茲所精確表述的那樣，「大自然」雖奢於變化，卻吝於革新。那麼，如果依據特創論，何至於如此呢？很多獨立的生物，既然被認為是為其在自然階梯上的適當位置而分別創造出來，為何它們所有的部分和器官，卻這樣普遍地被逐漸過渡的步驟連接在一起呢？為何在構造與構造之間，「大自然」不來個飛躍呢？依據自然選擇理論，我們就能清楚理解，大自然為何不該飛躍呢。因為自然選擇只能透過利用一些細微、連續的變異而起作用，它從來不能飛躍，而必須以最短的以及最緩慢的步伐前進。

看似無關緊要的器官

由於自然選擇是透過生死存亡（透過保存那些帶有任何有益變異的個體，消滅那些帶有任何不利的構造偏離的個體）而產生作用的，所以，我有時感到很難理解一些簡單部分的起源，因其重要性似乎不足以使連續變化的個體得以保存。在這方面，我有時感到其困難堪比眼睛這樣完美和複雜的器官，儘管是一種不同類型的困難。

首先，我們對有關任何一種生物的整個體制知之太少，因而不能夠說何種輕微的變異是重要的或是不重要的。在先前一章裡，我

曾列舉過一些微不足道的性狀之例，比如果實上的茸毛以及果肉的顏色，由於決定是否受昆蟲的侵害，或由於與體質結構的差異相關，或許其實受制於自然選擇。長頸鹿的尾巴，看起來像人造的蒼蠅拍，若說全為了趕掉蒼蠅這樣微不足道的功能，而經過連續、些微的變異以適應於現在的用途，每一次變異都愈來愈好，這乍聽起來似乎難以令人置信。然而，即便在此情形中，我們在肯定之前亦應三思，因為我們知道，在南美，牛和其他動物的分布與生存，絕對取決於牠們抗拒昆蟲攻擊的力量，以至於那些無論用何種方式能夠防禦這些小敵害的個體，便能擴展到新牧場並以此獲得巨大優勢。並非是這些較大的四足獸實際上會被蒼蠅消滅掉（除了一些很少的例外），而是牠們不停地被騷擾，體力便會降低，結果將導致牠們更易染病，或者在饑荒來臨時，不會那麼有本事找尋食物或者逃避野獸的攻擊。

在某些情形裡，現今無關緊要的器官，或許對其早期的祖先卻極為重要，儘管現在的用處已經很小了，但在先前的一個時期，這些器官緩慢地經歷完善化之後，以近乎相同的狀態傳遞下來。進而，它們在構造上任何實際上有害的偏差，總是會受到自然選擇的抑制。當我們目睹尾巴在大多數水生動物身上是何等重要的運動器官，或許就可以解釋，它在如此多陸生動物（肺或改變的鰾暴露了它們的水生起源）裡的普遍存在和多種用途。一條發育良好的尾巴既然形成於一種水生動物，那麼其後它或許可以有各種各樣的用途，例如，作為蒼蠅拍，作為握持器官，或者像狗尾巴那樣幫助轉身──儘管這種幫助微不足道，因為野兔幾乎沒有什麼尾巴，卻照樣能夠迅速折轉身體。

其次，我們有時可能對一些性狀賦予重要性，但它們實際上並不重要，而且是起源於十分次要的原因，與自然選擇並無關係。我們應當記住：氣候、食物等，大概對體制結構有些微的直接影響；返祖法則會使性狀重現；生長相關，在改變各種構造方面，有著極為重要的影響；最後，我們還應當記住，性選擇常常顯著地改變受意志支配的動物的外部性狀，旨在給予一個雄性與另一雄性搏鬥的優勢，或吸引雌性的優勢。此外，當一個構造的改變主要是由以上或其他未知原因引起的話，起先它可能並沒給該物種帶來什麼優勢，但是其後該物種的後代可能在新生活條件下以及具有新習性之後，便能利用其優勢了。

為闡明上述的後幾句話，再舉幾個例子吧。如果只有綠色的啄木鳥存在過的話，而我們不知道還曾有過很多種黑色和雜色的啄木鳥，我敢說我們一定會以為，綠色是一種美妙的適應，使這種頻繁往來於林間的鳥，能在敵害面前隱蔽自己。結果，我們進而認為這是一種重要的性狀，或許還是透過自然選擇而獲得的。其實，我毫不懷疑這顏色是由於某種截然不同的原因，大概是由於性選擇。馬來半島有一種蔓生竹（trailing bamboo），它靠叢生在枝端、構造精緻的鉤子，攀援那聳入雲霄的樹木，這種裝置無疑對該植物是極為有用的。然而，我們在很多非攀援性的樹上也看到近似的鉤子，這種竹子上的鉤子可能源於一些不得而知的生長法則，後來當該植物經歷了進一步的變異並且變成為攀援植物時，便利用了這一優勢。禿鷲頭上裸露的皮，大都認為是在腐屍中盤桓的一種直接的適應，或是由於腐敗物質的直接作用。但是，我們對此類的推論應當十分謹慎，我們看到吃清潔食料的雄火雞頭皮，也同樣是裸露的。

幼小哺乳動物頭骨上的骨縫，曾被認為是幫助母體分娩的美妙適應，而且這無疑幫助生產，抑或是生產所必不可少的。可是幼鳥和爬行動物只不過是從破裂的蛋殼裡逃出來，牠們的頭骨也有骨縫，故我們可以推論，這一構造乃源於一些生長法則，只不過高等動物又利用於分娩過程中罷了。

對於每一個細微、不重要的變異發生的原因，我們其實極度無知。我們只要想一想各地家養動物品種間的差異，尤其是在文明程度較低的國家裡，那裡還很少有人工選擇，便會立刻意識到這一點。一些細心的觀察者相信，潮溼氣候會影響毛髮的生長，而角又與毛髮相關。高山品種總是與低地品種不同，山區大概對後腿有影響，因為使其得到較多的鍛鍊，甚至也可能影響到骨盆的形狀；進而，依據同源變異法則，前肢和頭部大概也可能會受到影響。此外，骨盆的形狀可能因壓力而影響子宮裡胎兒腦袋的形狀。高原地區必需費力呼吸，我們有一些理由相信，這會使胸部增大，而且相關性還會發揮作用。各地尚未開化的人們所豢養的動物，常常得為自身的生存而爭鬥，而且在某種程度上是遭遇自然選擇的，同時體質結構稍微不同的個體，在不同的氣候下會最為成功。我們還有理由相信，體質結構與顏色也是相關的。一位很好的觀察家也談到，在牛裡，易受蠅類的攻擊也與顏色相關，正如易受某些植物的毒害，也與顏色相關一樣，因此顏色也會受制於自然選擇的作用。然而，我們確實極為無知，難以猜測若干已知和未知的變異法則的相對重要性，我在此提及這些，僅為了表明，儘管我們大都承認家養品種的形狀差異是經過尋常的世代而發生的，但我們解釋不出原因，那麼，對於物種之間微小的相似及差異的真正原因，我們也

就不必太過在意我們的無知。為此同樣的目的，我也可以引證人種之間的差異，這些差異是如此彰顯，我或可加一句，這些差異的起源，看來多少有些跡象可循，說明主要是透過某種特定的性選擇，但因為在此不能加以詳述，我的推理將會顯得流於輕浮。

　　生物構造的每一細節都是為了其自身利益而產生，關於這一功利學說，最近有一些博物學家提出了異議，上述評論也引起我想對此略表幾句。這些博物學家相信，很多構造之所以被創造出來，是為了人類眼中的美，或僅僅是為了翻新花樣而已。假若這一信條是正確，那麼它對於我的理論則絕對是致命的。儘管如此，我完全承認，有很多構造對於生物本身並無直接用處。物理條件大概對構造有某種微小的效應，與是否由此而獲得任何利益毫無關聯。生長相關性無疑產生最重要的作用，一個部分出現某個有益的變異，使其他部分產生形形色色並無直接用處的變化。同理，一些性狀，先前是有用的，或者是先前由生長相關性而產生，或者是出自一些其他未知的原因，可能因回復變異法則而重現，儘管現在這些性狀已經沒有直接的用處了。性選擇的效應，對於顯示美態以吸引雌性時，且只在頗為牽強的意義上，堪稱是有用的。然而，最為重要的考慮是，每一種生物體制的主要部分，皆由遺傳而來；其結果，儘管每一生物確實適合它在自然界中的位置，但很多構造與每一個種的生活習性之間，於今並無直接的關係了。因此，我們很難相信，高地的鵝和軍艦鳥的蹼足，對於這些鳥會有什麼特別的用處；我們也無法相信，在猴子的前臂內、馬的前腿內、蝙蝠的翅膀內，以及海豹的鰭腳內，同樣的骨頭對於這些動物竟會有什麼特別的用處。我們可以很有把握地將這些構造歸因於遺傳。但對高地的鵝和軍艦鳥的

祖先而言，蹼足無疑是有用的，一如蹼足對於大多數現生的水鳥是有用的。所以，我們可以相信，海豹的祖先並無鰭腳，而生有適於行走或抓握的五趾之足；進而我們還敢相信：猴子、馬和蝙蝠的四肢內的幾根骨頭，是從一共同祖先遺傳而來的，對其先前祖先或若干祖先，要比對現今這些具有多種多樣習性的動物來說，更有特別的用處。所以，我們可以推論，這幾根骨頭或許是透過自然選擇而獲得，先前與如今一樣，牠們都受制於遺傳、返祖、生長相關性等幾種法則。因此，每一個現存生物在構造上的每個細節（在多少承認物理條件直接作用的情況下），均可作如是觀，牠們不是對其某些祖先類型曾有過特別的用處，就是現今對那一類型的後裔有著特別的用處，不是直接地，便是透過一些複雜的生長法則而間接產生特別的用處。

在整個自然界中，一個物種會頻繁地利用其他物種的構造並從中獲益，但自然選擇不可能完全為了對另一個物種有利而使任一物種產生任何變異。然而，自然選擇能夠而且經常產生出直接加害於其他動物的構造，誠如我們所見　蛇的毒牙以及姬蜂的產卵管，姬蜂透過此管將卵產在其他活著的昆蟲體內。倘若能夠證明任一物種的構造的任一部分，是專門為另一個物種的利益而形成，那麼我的理論即被顛覆，蓋因這一構造絕不會是透過自然選擇而產生的。儘管在博物學的著作裡，不乏與此相關的陳述，我卻找不到任何一例是有任何說服力的。人們承認響尾蛇的毒牙係用來自衛和消滅獵物的，但有些作者則推想，它同時具有於己不利的響環，那就是這種響環會警告其獵物而使其逃之夭夭。假設果真如此，我寧可相信，貓在準備縱跳時捲動尾端，是為了警示已臨殺身之禍的老鼠。然

而，我在此沒有篇幅詳述此類以及其他類似的例子。

自然選擇從來不會在一種生物身上，產生任何於己為害的構造，因為自然選擇完全憑藉使生物受益而發揮作用，並以此為唯一目的。誠如佩利所言，沒有一種器官的形成，是為了對生物本身造成苦痛或損害。如果公平地權衡每一部分所引起的利和害，那麼從整體來說，每一部分都是有利的。斗轉星移，在變化的生活條件下，假若任何部分變得有害了，那麼，它就得改變；否則，該生物就要滅絕，一如無數的生物已經滅絕。

自然選擇趨於僅使每一生物完善或略加完善的程度，是相對於棲居同一地方、與其生存競爭的其他生物而言。我們可見，自然狀態下所得以完善的程度，也恰恰如此而已。譬如，紐西蘭的本土的生物彼此相較均同等完善，但是，面臨來自歐洲的植物和動物的大舉進犯，它們迅速地被征服了。自然選擇不會產生絕對的完善，而且就我們所能判斷而言，我們在自然界裡，也未曾總是能遇見到如此高的標準。按極為權威者所言，對於光線收差的校正，甚至在眼睛這樣最為完善的器官，也不盡完美。倘若我們的理性引領我們熱烈地稱羨自然界裡無數不可模仿的裝置，那麼，這同一理性又昭示我們（儘管我們在兩方面均可能輕易出錯），其他一些裝置則是較不完善的。我們能夠認為馬蜂或蜜蜂的螫刺是完善的嗎？當其用於反擊很多襲擊牠的動物時，由於牠生有倒生的鋸齒而不能自拔，因此，難免因將自己的內臟拉出來而遭身亡。

如果我們把蜜蜂的螫刺視為在其遠祖裡即已存在，原為鑽孔用的鋸齒狀器具，正如同一大目裡眾多成員的情形，其後經歷了改變為於今的目的服務，但並不完善，而原本誘生蟲癭的毒素其後增強

了毒性，那麼，也許我們便能夠理解，為何蜜蜂使用螫刺，居然會經常引起自身的死亡。總的說來，螫刺的力量對於其群落是有益的，儘管可能會造成一些少數成員的死亡，卻滿足了自然選擇的所有要求。因為很多昆蟲的雄性個體憑藉真正神奇的嗅覺力來尋覓雌性，假如我們對此讚美不已，那麼，只為生育而產生成千上萬的雄蜂，對整個群落別無它用，並終將被那些勤勞而不育的姊妹們所殺戮，我們難道對此也稱羨不已嗎？也可能很難如此，但是，我們亦該讚賞后蜂野蠻的恨的本能，這一本能促使牠在幼小的后蜂（即其女兒們）初生之際，即將其置於死地，或在這場戰鬥中自身陣亡，因為毫無疑問這是有益於群落的。況且母愛或母恨（所幸後者極少）對於自然選擇的無情原則，都是同樣的。倘若我們讚歡蘭科植物以及諸多其他植物的花朵的幾種機巧裝置，借此靠昆蟲的媒介作用而受精，那麼，樅樹為了讓少數幾粒花粉湊巧被吹落到胚珠上面，而產生出來密雲似的花粉，我們能夠視此為同等完善的精緻之作嗎？

本章概述

在本章裡，我們已經討論了可能用來對我個人理論發難的一些難點和異議。其中有很多是嚴重的。然而，我認為透過這番討論，一些依照特創論完全難以理解的事實，便得以澄清。我們已經看到，物種在任一時期都不是無限變異的，亦非由無數的各級中間環節相連接在一起，部分緣於自然選擇的過程總是極為緩慢的，在任一給定時期，只對少數一些類型發生作用；部分則緣於自然選擇的

過程本身，就幾乎意味著先前的以及中間的各級環節持續地遭到排斥和滅絕。一些親緣關係相近的物種，儘管現今生活在連續的地域上，但它們準是常常在該地域尚未連成一片、生活條件在此處與彼處間尚未過渡得難以察覺時，就已經形成了。當兩個變種形成於一片連續地域的兩個不同地方時，常會有一個適合生存於中間地帶的中間變種形成。但基於前述的一些原因，中間變種的個體數量，要少於它所連接的兩個變種的數量。結果，這兩個變種在進一步變異的過程中，由於其個體數量較多，便比個體數量較少的中間變種更具優勢，因此，一般就會成功地把中間變種排斥和消滅掉。

我們在本章裡已經看到，若要斷言極為不同的生活習性彼此間不能逐漸轉化，譬如，要斷言蝙蝠不能從一種最初只是在空中滑翔的動物經自然選擇而形成，我們應該如何慎之又慎啊。

我們已經見到，一個物種在新的生活條件下，可改變其習性，或者產生多種多樣的習性，其中有些與其最接近的同類的習性大相逕庭。因此，只要記住每一生物都力求生活於任何它可以生活的地方，我們便能理解為何會有長著蹼足的高地鵝、棲居地面的啄木鳥、潛水的鶇以及具有海雀習性的海燕了。

諸如眼睛這樣如此完善的器官，若是相信它能夠透過自然選擇而形成的話，足以讓任何人感到頭暈目眩。然而，無論何種器官，只要我們了解了有一長串不同複雜性的各級過渡階段、且每一階段對生物本身皆有裨益的話，那麼，在變化的生活條件下，透過自然選擇而獲得任何可以想像到的完善程度，在邏輯上並非不可能。即使在我們不知道有中間或過渡狀態的情形下，若要斷言從無這些狀態存在過，也必須非常謹慎，因為很多器官的同源以及中間狀態顯

示，至少功能上的奇妙轉變是可能的。譬如，鰾顯然已經轉變成為呼吸空氣的肺了。同一器官同時執行多種非常不同的功能，然後特化為專司一種功能。兩種不同的器官同時執行同種功能，一種器官因受到另一種器官的幫助而得以完善，必然常常會大大地促進了它們的過渡。

在幾乎每一種情形裡，我們實在都太無知了，因而我們不能夠就此認定，由於任何一個部分或器官對於物種的自身利益無關緊要，故其構造上的變異，就不可能會是透過自然選擇的方式而緩慢地累積起來的。然而，我們可以有把握地相信，很多變異，完全是緣於生長法則，最初對一物種不可能有益，但其後被該物種進一步變異的後代所利用。我們還可相信，從前曾是極為重要的部分，儘管它如今已變得無足輕重了，以至於在其目前狀態下，已不可能透過自然選擇而獲得了，但常常還會被保留著（如水生動物的尾巴依然保留在其陸生後代身上）；自然選擇這一力量，只能透過在生存競爭中保存有益的變異，方能發揮其作用。

自然選擇不會在一個物種裡產生出任何單純是為了施惠或加害於另一個物種的東西，儘管它很可能會產生出一些部分、器官和分泌物，它們對於另一個物種來說，會極有用處甚至於不可或缺，或極為有害，但是在所有這些情形裡，它們同時對其持有者是有用的。在每一個被各類生物占滿的地方，自然選擇必須透過生物彼此之間的競爭而發生作用，其結果，它只是按照該地的標準，使生物完善，或使其獲得生存競爭所需的力量。因此，一地（通常是較小的地域）的生物，常常得屈服於另一地（通常是較大的地域）的生物，一如我們所目睹，它們確實是會屈服的。因為在較大的地域

內，存在著較多的個體和更為多樣的類型，競爭也更為劇烈，完善化的標準也就更高。自然選擇未必會產生絕對的完善化，但就我們有限的才能來判斷，絕對的完善化，亦非隨處可見的。

　　根據自然選擇的理論，我們便能清晰地理解博物學裡「自然界中無飛躍」這一古諺的全部意義了。倘若我們僅著眼於世界上的現存生物，這一古諺並非嚴格正確。然而，如若我們包括過去各個時代的所有生物的話，那麼，依據我的理論，這一古諺必定是嚴格正確的了。

　　一般公認，所有的生物都是依照兩大法則而形成的，即「型體統一」法則和「生存條件」法則。型體統一，是指構造上的根本一致，這在同一個綱裡的生物中可見，而且這與生活習性大不相關。根據我的理論，型體統一的法則可以用譜系統一來解釋。曾被大名鼎鼎的居維葉堅持的生存條件說，完全可以包含在自然選擇的原理之中。因為自然選擇所起的作用，在於使每一生物變異的部分，適應於現今其有機和無機的生存條件，或者在久遠過去的時代裡已經如此適應。這些適應在有些情形下借助於器官的使用及不使用，受到外界生活條件直接作用的些微影響，並且在所有的情形下均受制於若干生長的法則。因此，事實上「生存條件」法則乃更高一級的法則，因為透過先前的適應的遺傳，它也包含了「型體統一」的法則。

第七章

本能

本能與習性可比，但其起源不同－本能的分級－蚜蟲
與螞蟻－本能是可變的－家養的本能及其起源－杜
鵑、鴕鳥與寄生蜂的自然本能－蓄奴蟻－蜜蜂及其營
造蜂房的本能－本能的自然選擇理論之難點－中性的
或不育的昆蟲－本章概述。

　　本能這一論題，或許可以放在先前幾章裡討論，但我想分開來
討論也許更為方便，尤其像蜜蜂營造蜂房這種奇妙的本能，大概很
多讀者已經想到過，它作為一個難點，足以推翻我的整個理論。我
必須先說明，我的論述跟最初智慧的起因，沒有任何關聯，一如對
生命本身的起因一樣，不能混為一談。我們只討論同一個綱裡動物
本能的多樣性以及其他智慧水準的多樣性。

　　我並不試圖給本能下任何定義。該名詞通常包含若干不同的腦
力活動，則是很容易表明的。然而，當我們說本能驅使杜鵑遷徙以
及在其他鳥的巢裡下蛋時，每個人都要明白這意味著什麼。對一項
活動，連我們本身也得有所經驗方能完成的，而被一種沒有經驗
的動物、尤其是被幼小的動物所完成時，而且當很多個體在不知道

為何目的卻又按同一方式來完成時，這通常就被稱為出自本能。但是，我能表明，本能的這些屬性，無一是普遍的。誠如胡伯所言，即使在自然等級中一些非常低等的動物裡，少許的判斷或理性也時有發生。

弗雷德里克・居維葉與幾位較老的形上學家，曾把本能與習性加以比較。我認為，這一比較，為完成本能活動時的心境提供了一個極為精確的概念，但並未涉及其起源。很多習慣性的活動是在不知不覺下完成的，甚至與我們的意志背道相馳，也並不少見啊！然而，它們會被意志和理性所改變。習性很容易跟其他的習性、一定的時期以及身體的狀態相互發生關聯。習性一旦獲得，常常終身保持不變。另外可再舉出本能與習性之間其他的類似點。猶如反覆吟唱一首熟悉的歌曲，在本能的行為裡，同樣是一個動作饒有節奏地跟隨著另一個動作，倘若一個人在歌唱時被打斷了，或者當他重複著任何死記硬背的東西時被打斷了，通常他就要被迫重新回過頭去，以恢復已經成為習慣的思路。因此胡伯發現，能夠製造複雜繭床的毛毛蟲亦復如此。譬如，倘若在牠完成做繭的第六個階段時，把牠取出來，置放在僅完成做繭第三個階段的繭床裡，牠便會重築第四、第五、第六個階段的構造。然而，倘若把完成做繭第三個階段的毛毛蟲放在已完成做繭第六個階段的繭床裡，那麼其工作已經大部完成了，牠非但不會覺得省事，反而感到十分困惑，並且為了完成繭床，牠似乎被迫從做繭第三個階段開始（牠先前是從這一階段中斷的），試圖去完成已經完成了的工作。

如果假定任何習慣性的活動能夠遺傳（可以看出，這種情形有時的確會發生），那麼原本的習性與本能之間，就會相似得無法區

別。如若莫札特不是在三歲時經過極少的練習就能彈奏鋼琴，而是壓根不曾練習便能彈奏一曲的話，那就可以說他的彈奏是出於本能。但是，假定大多數本能是由一個世代中的習性所獲得，然後透過遺傳而給了其後的數個世代，則是大錯特錯了。從我們所熟知的最奇妙的一些本能，譬如蜜蜂以及很多蟻類所具有的本能，能夠清晰地顯示，不可能會是由習性得來的。

對於每一物種的福祉而言，在其所處的生活條件下，本能跟身體的構造同等重要，這一點將會得到公認。在改變的生活條件下至少有此可能：本能的些微的變異或許對一個物種是有益的。而且，倘若能夠顯示出，本能確曾發生過很小的變異，我就不難看出，自然選擇會將本能的變異保存下來，並持續將其累積到任何有利的程度。誠如我所相信的，所有最複雜和奇妙的本能，都是如此起源的。由於使用或習性引起身體構造的變異，並增強此種變異，而不使用則使其退化或喪失，因此，我並不懷疑本能亦復如此。但我相信，與所謂本能偶發變異的自然選擇效應相比，習性的效應是頗為次要的。本能自發變異是由一些未知的原因引起，這些未知的原因也同樣產生了身體構造的些微偏差。

若非經過緩慢及逐漸的累積很多些微卻有益的變異，複雜的本能斷不可能透過自然選擇而產生。因此，如同身體構造，我們在自然界中所應尋找的，並不是獲得每一種複雜本能的過程中實際上過渡的各個階段——因為這些階段僅見於每一物種的直系祖先，是我們應從其旁系中去尋找與這些階段相關的證據，或者我們至少能夠顯示，某種逐漸過渡的階段是可能的，而這一點，我們肯定能夠做到。考慮到除歐洲與北美之外，動物本能還很少被觀察過，對於已

滅絕物種的本能，更是一無所知，故而造成最複雜的本能所經過的各個過渡階段，竟能被廣泛發現，讓我驚奇不已。同一物種在生命不同時期，或在一年中不同季節，或處於不同環境條件下而具有的不同本能，有時候可能促使本能發生變化。在此情形下，不是此種便是彼種本能，或可被自然選擇保存下來。可以看出，同一物種中本能的多樣性的例子，也出現在自然界之中。

這又如同身體構造的情形，且與我的理論相符，即每一物種的本能，皆是為了一己之利，而就我們所能判斷而言，它從不曾純粹為了其他物種的利益而生。就我所熟悉的實例中，一種動物看似純粹是為了另一種動物的利益而從事活動，最為有力的例子之一當推蚜蟲自願將牠分泌的甜液奉送給螞蟻。下述事實顯示，牠們這樣做乃是自願的。我把一株酸模植物（dock-plant）上混跡於一群大約十二隻蚜蟲中的所有螞蟻，全部移走，並在數小時之內不讓牠們回來。過了此段時間，我有把握，蚜蟲應該會分泌了。我透過放大鏡觀察許久，卻發現沒有一隻蚜蟲有分泌。我便用一根毛髮輕輕碰觸拍打牠們，我盡力模仿螞蟻用觸角碰觸牠們的方式，依然無一分泌。其後，我讓一隻螞蟻去接近牠們，從那螞蟻急不可耐撲向前的樣子，牠似乎立刻感到牠發現了豐富的一群蚜蟲，於是牠開始用觸角去撥動蚜蟲的腹部，先是這一隻，然後那一隻。而每一隻蚜蟲，一感覺到螞蟻的觸角時，即刻抬起腹部，分泌出一滴清澈的甜液，那螞蟻便急忙吞食了甜液。即使十分幼小的蚜蟲也是如此行事，可見這一活動是出自本能，而非經驗所致。由於分泌物很黏，對於蚜蟲來說，將其除去，大概也算是一種便利，因此，蚜蟲可能也不盡然是本能地分泌以專門加惠於螞蟻。我雖不相信世界上會有任何動

物，純粹為了另一物種的利益而進行一項活動，然而，每一物種卻試圖利用其他物種的本能，正如每一物種皆會從其他物種較弱的身體構造上去占便宜一樣。因此，在少數一些情形下，某些本能就不能視為是絕對完善的。不過，這一點及其他類似各點的細節並非必談不可，故此可略去不表。

由於自然狀態下的本能有某種程度的變異，加上這些變異的遺傳均是自然選擇的作用所不可或缺的，那麼，我理應盡可能在此舉出更多的例子，然而篇幅所限，令我無能為力。我僅能斷言，本能確實是變異的──譬如遷徙的本能，既會在範圍和方向上變異，也會完全消失。鳥巢也是如此，其變異乃部分依賴於所選的環境，並依賴於棲居地的性質和氣候，但通常是來自我們完全不得而知的原因。奧杜邦曾舉過幾個顯著的例子，即使是同一個種的鳥的鳥巢，在美國北部和南部也不盡相同。對於任何特殊敵害的恐懼，肯定是一種本能的特性，正如巢中雛鳥身上的情形，儘管這種恐懼可以透過經驗而加強，也可透過目睹其他動物對同一敵害的恐懼而得以加強。然而，誠如我在其他地方已經表明，棲居在荒島上的各類動物對於人類的恐懼，則是緩慢地獲得的。在英格蘭，我們也可以看到此類例子，所有大型鳥類比小型鳥類的野生程度更高，因為大型鳥類被人類的迫害更甚。我們可以有把握地把大型鳥更高的野生性，歸於這一原因，因為在荒無人煙的島上，大型鳥並不比小型鳥更膽小。此外，喜鵲在英格蘭很警戒，但在挪威卻很溫順，一如埃及的羽冠烏鴉（hooded crow）。

諸多事實能夠表明，自然狀態下產生的同一種動物，其個體的一般性情，是極其多樣的。我還可以舉出幾個例子說明，某個物種

裡一些偶然、奇特的習性，若對該物種有利的話，便可透過自然選擇衍生成新穎的本能。然而，我十分清楚，若無詳細的事實，這類一般性的論述，在讀者的腦海中，只能產生微弱的效果。我只能重複我的擔保，我是無徵而不語的。

自然狀態下本能的遺傳變異的可能性（甚或蓋然性[1]），只要多思考一下幾個家養動物的例子，便會得以增強。我們由此也能夠看到，習性和對所謂偶發變異的選擇，在改變家養動物的智力上，各自所發揮的作用。有一些奇特而真實的例子可用於說明，與某些心境狀態或某些時期有關的各種各樣的性情與嗜好（怪癖亦復如此），皆是遺傳的。然而，讓我們看看我們所熟知的一些狗的品種，毫無疑問，當幼小的嚮導犬第一次被帶出去的時候（我曾親眼見證這種動人的例子），牠就能引導甚至於能夠援助其他的狗；尋獵犬（retriever）把獵物銜回的特性，在某種程度上確實是遺傳的；牧羊犬傾向於在羊群周圍繞著圈子跑，而不混在羊群之內。幼小的動物沒有經驗卻進行了這些活動，每個個體又幾乎以相同的方式進行著這些活動，而且各個品種都不明目的卻樂此不疲地進行了這些活動 —— 幼小的嚮導犬並不知道牠的引領是在幫助主人，正如白蝴蝶並不知道牠為何要在甘藍的葉子上產卵一樣 —— 因而，我看不出這些活動與真正的本能有何實質上的區別。如果我們看到一種狼，在其幼小且未受過任何訓練時，只要一嗅到獵物，便如一尊雕像挺立不動，然後以特別的步法緩慢屈身向前，而另一種狼則環繞鹿群追逐，而不是直衝向牠們，以便把牠們趕到稍遠的地點去，我

1　譯注：蓋然性是介於可能性與必然性之間的一種屬性。

236

們應該有把握地稱這些活動出自本能。比之自然狀態下的本能，所謂家養下的本能，確實遠不像前者那麼固定或一成不變。然而，家養下的本能所受的選擇作用，也遠不及前者那麼嚴格，而且是在較不固定的生活條件下、在更短暫的期間內被傳遞下來的。

當不同品種的狗之間產生雜交時，便更加能顯示出，這些家養下形成的本能、習性以及性情的遺傳是多麼強烈，而牠們之間的混合又是多麼奇妙。因此，大家知道，與鬥牛犬雜交，讓靈緹犬的勇敢和頑強所受到的影響可達很多世代之久；與靈緹犬雜交，使牧羊犬整個族群都獲得捕捉野兔的傾向。這些家養下的本能，若透過上述雜交方法來檢驗時，類便似於自然的本能，而自然的本能也依照同樣的方式奇特地混合在一起，而且在相當長的時間內，表現出其親本中任何一方的本能。譬如，李洛伊描述過一條狗，其曾祖父是一隻狼，牠只在一方面顯示了其野生祖先的痕跡，即當呼喚牠時，牠不是循著直線徑直地走向其主人。

家養下的本能，有時被視為單純由長期持續和強制養成的習性所遺傳下來的行為，但我認為這是不正確的。教翻飛鴿去翻飛，恐怕壓根從來就不曾有人會想到要這麼做，實際上也沒有人能這樣做。據我親眼所見，雛鴿在從未見過鴿子翻飛之前就這樣翻飛了。我們可以相信，有過某一隻鴿子曾表現了這種奇怪習性的些微傾向，而且在連續的世代中，透過對於一些最佳個體長久持續的選擇，使得翻飛鴿成了現今這個樣子。據布蘭特先生告知我，格拉斯哥附近的家居翻飛鴿飛至十八英寸高處便做翻飛動作。倘若未曾有過某隻狗天生具有指示獵物方向的傾向，是否有任何人會想到去訓練一隻狗用以指示獵物方向，則是大可懷疑的。大家知道這種傾向

是時有發生的，誠如我曾見過的一隻純種㹴犬（terrier）一樣，如同很多人所認為的，這種指示獵物方向的行為，大概只不過是動物準備撲向獵物之前那一停頓架勢的誇大表現而已。當指示獵物方向的初始傾向一旦顯現，其後每一世代中的刻意選擇和強制訓練的遺傳效果，將會很快完成此項工作。而且無意識的選擇仍在進行，因為每一個人儘管本意不在於改良品種，總會試圖獲得那些最善於對峙與狩獵的狗。另一方面，在某些情形下，習性自身即已足夠了。沒有一種動物比野兔的幼崽更難馴養；也幾乎沒有一種動物比溫順的家兔的幼崽更馴順。但是，我並不認為家兔之被選擇是因其溫順；我認為，我們必須將從極粗野到極馴服的全部遺傳變化，歸因於習性以及長久持續的密閉圈養。

自然的本能在家養狀態下會喪失，此類的顯著例子，見於那些很少或從不「孵卵」的家禽品種，牠們從來也不樂意坐在蛋窩裡。「熟識」本身，便讓我們「無睹」家養動物的心境，是如何地曾被家養馴化所徹底改變了。幾乎不可置疑的是，狗對於人類的熱愛，已經變成為出自本能。所有的狼、狐、豺以及貓屬的諸物種，即使在馴化之後，也會迫不及待地去襲擊家禽、綿羊和豬，而且這一傾向在從火地島和澳洲等地帶回英國來的小狗所養大的狗裡，被發現是不可矯正的，因為當地的土著並不飼養這些家養動物。另一方面，已經被馴化的狗，在十分幼小的時候，教牠們不要去襲擊家禽、綿羊和豬的必要性，是何等之少啊！無疑牠們會偶爾出擊一下，然後會遭受鞭打，倘若得不到矯正，牠們就會被處死。因此這樣一種習性，透過某種程度的選擇，大概已經同時出現在借遺傳作用來馴化狗的過程中了。此外，雞雛失去了對狗和貓的恐懼，完全

是習性使然，而這種恐懼原本是雞雛發自本能的，就像野雞的雞雛（即便在家養母雞撫養下）明顯出自本能一模一樣。並非是小雞失去了一切恐懼，牠們只是失去了對狗和貓的恐懼，因為母雞如果發出一聲危險在即的警報，牠們便會逃離母雞的翼下（小火雞尤甚），躲藏到周圍的草叢或灌木叢中，這顯然是一種出自本能的行為，旨在讓母鳥飛離，一如我們在棲居地面的野生鳥類裡所見。然而，我們的小雞所保留的這種本能，在家養狀態下已經變得毫無用處，因為母雞已由於不使用而幾乎失去了飛翔的能力。

因此，我們可以做出如下的結論：家養本能的獲得，自然本能的喪失，部分是透過習性、部分是透過人類在連續世代中對獨特習性及行為的選擇和累積，而這些獨特習性及行為，最初則出現於偶然，至於稱其為偶然，卻必定是我們的無知使然。在某些情形下，單單強制的習性，就足以產生此類遺傳的心智變化；在其他一些情形下，強制的習性卻了無功用，而所有的都是刻意的以及無心的選擇結果。然而在大多數情形下，習性和選擇大概是相伴發揮作用的。

透過幾個例子，我們或許更能理解自然狀態下本能是如何因選擇作用而被改變的。從未來著作中我將必須討論的幾個例子中，我只選擇了三例：導致杜鵑在其他鳥的巢裡下蛋的本能，某些螞蟻蓄養奴隸的本能，以及蜜蜂營造蜂房的本能。博物學家已把後兩種本能，普遍而且恰當地列為所有已知本能中最為奇異的。

現今公認，杜鵑這一本能更直接以及最終的原因，是它並非每天產卵，而是隔兩天或三天才產卵一次；它若是自己造巢、孵卵的話，那麼最先產下來的那些卵，不得不過些時候方能得到孵化，否則在同一個巢裡就會有不同年齡的蛋和雛鳥了。如此一來，產卵及

孵卵的過程便會長而不便，尤其雌鳥早早便要遷徙的話，最初孵出的雛鳥就必須由雄鳥獨自餵養。美洲的杜鵑即處於此種困境，牠要自己造巢，同時還要產卵並照料相繼孵化出來的雛鳥。有人斷言，美洲的杜鵑有時也會在別的鳥巢裡產卵，但我聽布魯爾博士極為權威的意見稱，這是錯的。不管怎樣，我還可以舉出幾個例子，據知有各種不同的鳥偶爾會在其他鳥的鳥巢裡產卵。現在讓我們假定，歐洲的杜鵑的古代祖先也有美洲杜鵑的習性，但牠們也偶爾在其他的鳥巢裡產卵。倘若這種古代的鳥受益於這種偶爾的習性，或者雛鳥由於利用了另一種鳥的母愛本能而被誤養，而且比起由其親生母鳥來養育還更為強壯——因為親生母鳥同時要產卵並照料不同年齡的雛鳥，而難免受到拖累，那麼，這種古代的鳥或者被代養的雛鳥均會獲益。此一類比讓我相信，如此養育起來的小鳥，透過遺傳，大概就會傾向於隨其母鳥偶有及奇特的習性，輪到牠們產卵時，便傾向於把蛋下在其他鳥的巢裡，因而能夠更成功地養育其幼鳥。[2]經由此類性質的連續過程，我相信杜鵑的奇異本能便產生出來了。此外，根據格雷博士以及其他人的觀察，歐洲的杜鵑並未徹底喪失對其後代的全部母愛和呵護。

　　鳥類會在其他鳥（無論是同一個種還是不同的種）的巢裡產卵的偶爾習性，在雞科（Gallinaceae）裡並不是異乎尋常的，這也許解釋了近源類群鴕鳥的一個奇特本能的起源。幾隻雌性鴕鳥（至少在美洲鴕鳥中是如此）合在一起，先在一個巢裡下幾個蛋，然後又在另一個巢裡再下幾個蛋，而這些蛋卻由雄鳥孵抱。這一本能大概

2　譯注：中文裡「鳩佔鵲巢」的成語，便是源自杜鵑的這一本能。

可用下述事實來解釋，儘管雌鳥產了很多卵，但正如杜鵑一樣，每隔兩天或三天才產一次，可是美洲鴕鳥的這種本能尚未完善，有很多的蛋都散落在平地上，所以我在一天的獵獲中，就撿到了不下二十枚遺失和廢棄的蛋。

很多蜂是寄生的，牠們總是將卵產在其他種類蜂的蜂巢裡。這種情形比杜鵑更加明顯，因為這些蜂從本能到構造，都隨著其寄生習性而加以改變。牠們不具採集花粉的工具，而這種工具對其為幼蜂貯存食物，是必不可少的。同樣，泥蜂科（Sphegidae，形似黃蜂）的一些物種也寄生於其他物種。法布爾最近展示了令人信服的好理由，有一種小唇沙蜂（*Tachytes nigra*）通常都自己築巢，而且在巢中為幼蟲儲存了癱瘓的捕獲物為食，但牠一旦發現另一泥蜂所造並存有食物的巢，便會利用這一戰利品，成為臨時的寄生者。這種情形一如所假定的杜鵑的情形，只要這種自然習性對該物種有利，同時只要其蜂巢及所儲存的食物被「鳩占」了的昆蟲不會因此滅絕的話，那麼，對於自然選擇會把這種臨時習性變成為永久習性，我則看不出有何困難可言。

蓄養奴隸的本能

這種非凡的本能，最初是胡伯在紅蟻〔*Formica*（*Polyerges rufescens*）〕身上發現的，他是一位比他著名的父親還要優秀的觀察者。這種蟻絕對要依賴其奴隸，倘若無奴隸的幫助，這一物種在一年之內肯定就要滅絕。其雄蟻以及能育的雌蟻不做任何工作；工蟻即不育的雌蟻，儘管極為奮發勇敢地捕捉奴隸，卻不做其他的工

作。牠們既不能營造自己的巢穴，也不能餵養自己的幼蟲。當老巢不再方便、牠們不得不遷移時，決定遷移的卻是奴蟻，而且實際上也是牠們將自己的主子銜在顎間搬離。這群主子是這般地無用，以至於胡伯把其中三十隻關起來而與奴蟻隔絕時，儘管那裡放入牠們最喜愛的豐富食物，並置入牠們自己的幼蟲和蛹以刺激其工作，牠們依然無所事事。牠們甚至不能自己進食，很多即死於飢餓。胡伯隨後放入一隻奴蟻，即黑蟻（F. fusca），牠立即著手工作，餵食及拯救那些倖存者，並營造了幾間蟻穴、照料幼蟲，把一切都整理得井然有序。還有什麼比這些有根有據的事實更為異乎尋常的嗎？如果我們從不知道有任何其他蓄奴的蟻類，便無法推想出如此奇妙的本能，是如何能夠發展得這般完善的。

另一個種，血蟻（Formica sanguinea），最初也同樣是胡伯發現的蓄奴蟻。該種發現於英格蘭南部，其習性經大英博物館的史密斯先生研究，並且是他向我提供了有關這一問題及其他問題的資訊，對此我不勝感激。我完全相信胡伯以及史密斯先生的陳述，但對此問題我仍試圖抱持「有疑」之心態，因為任何人對蓄養奴隸這異乎尋常的本能存疑，可能都會得到諒解的。因此，我將比較詳細地談談我親自進行的觀察。我曾掘開十四個血蟻的巢穴，在所有的巢中都發現少數的奴蟻。奴種（黑蟻）的雄蟻以及能育的雌蟻，僅見於其自身專有的群體之內，而從未見於血蟻的巢穴之中。奴蟻是黑色的，大小不超過其紅色主子的一半，兩者之間在外貌上反差很大。當其巢穴稍被擾動時，奴蟻偶爾跑出來，如同其主子們一樣騷動不已，並且保衛其巢穴；當其巢穴被劇烈擾動、幼蟲及蛹被暴露出來時，奴蟻同主子們一起全力將幼蟲及蛹搬運至安全地帶。

因此，顯然奴蟻是感到很安適的。在連續三年的六、七月期間，我曾對薩瑞和薩塞克斯的幾個巢穴做了很多個小時的觀察，但從未見到過一個奴蟻離開或進入一個巢穴。由於在這兩個月份裡奴蟻的數目本來就很少，我想當牠們數目更多的時候，其行為或許就不相同了；然而，史密斯先生告訴我，五、六月以及八月間，在薩瑞和罕布希爾，他在不同時段觀察了牠們的巢穴，儘管八月間奴蟻的數目很多，但也不曾見到奴蟻離開或進入其巢穴。所以他認為，牠們是嚴格的巢內的奴隸。另一方面，可以經常見到牠們的主子們在搬運造巢材料以及各種食物。然而，在今年七月間，我遇上了一個奴蟻特別多的蟻群，我看到有少數奴蟻混在主子其間一起離巢而去，沿著同一條路，向著二十五碼遠一株高大的蘇格蘭冷杉挺進，牠們一起爬到樹上去，或許是去尋找蚜蟲或介殼蟲（cocci）。據有過很多觀察機會的胡伯稱，在瑞士，奴蟻在築巢時往往跟其主子們一道工作，而在早晨和晚間則單獨開門閉戶；胡伯還明確地指出，奴蟻的主要職責是尋找蚜蟲。兩國之間主、奴兩蟻的平日習性如此大相逕庭，大概僅僅在於在瑞士被捕捉到的奴蟻數目要比在英格蘭為多吧。

一日，我有幸目睹了血蟻自一個巢穴遷往另一個巢穴，但見主子們小心翼翼將奴蟻銜在顎間（而不是像紅蟻那樣由奴蟻銜著主子）帶走，那真是極為有趣的景象。另一日，我又注意到二十來個蓄奴的蟻類，在同一處搜尋東西，但顯然不是在找食物。牠們在接近一種奴蟻（黑蟻）的獨立蟻群，並遭到後者強烈的抵抗，有時候多達三隻奴蟻揪住蓄奴的血蟻的腿不放。血蟻殘忍地弄死了這些小小的對手，並且將其屍體拖至二十九碼外的巢中去充當食物，但牠們卻無法得到任何蛹，以供其蓄養為奴。然後，我從另一個巢裡掘

出一小團黑蟻的蛹，放在與剛才格鬥的戰場毗鄰的一處空地上，剛才的那一幫暴君急迫地將蛹捉獲並運走，也許自以為是先前一次戰鬥中的勝利者呢。

在同時同地，我又放了另一個物種〔黃蟻（F. flava）〕的一小團蛹，蛹團上還有幾隻很小的黃蟻，黏附在蟻巢的碎塊上。誠如史密斯先生描述的，這個物種有時會被蓄為奴，儘管這很罕見。這一物種雖個頭很小，卻十分勇敢，我看過牠們兇猛地攻擊其他蟻類。有一次我驚奇地發現，在蓄奴的血蟻巢下一塊石頭下面，有一獨立的黃蟻群。當我偶然地擾動了這兩個蟻巢之時，小黃蟻就以驚人之勇去攻擊牠們的大鄰居。這時我倒好奇地想確定，血蟻是否能夠把黑蟻的蛹與小而勇猛的黃蟻蛹區分開來，因為黑蟻常淪為其奴，而牠們卻很少去捕捉黃蟻。結果，血蟻顯然確實立刻就能把兩者區分開來，因為我們見到，牠們會迫切和瞬時地捉獲黑蟻的蛹，當牠們遇到黃蟻的蛹甚或碰到其巢穴的泥土時，便驚惶失措、逃之夭夭。但是，大約經過一刻鐘，當所有的小黃蟻都爬走之後，牠們便鼓足勇氣將蛹搬走。

一天傍晚，我去察看另一個血蟻群，發現其中很多血蟻正在返窩入巢，並拖著很多黑蟻的屍體（可見並非是遷移）以及無數的蛹。我追蹤一長隊背負著戰利品的血蟻，大約四十碼開外，行至一處茂密的石楠灌木叢。在此處我見到最後一隻血蟻，牠還拖著一個蛹，但我並沒有在密叢中找到那個被摧毀的巢穴。然而，那蟻巢肯定近在咫尺，因為有兩三隻黑蟻張惶失措地衝來跑去，有一隻黑蟻嘴裡還銜著一個自己的蛹，文風不動地呆立在石楠枝端，一副對著被摧毀的家園充滿絕望的慘狀。

儘管無需我來證實，但這些都是與蓄奴蟻奇異的本能有關的事實。可以看出，血蟻的本能習性與歐洲大陸上紅蟻的習性之間，所呈現的對照。後者不會造巢，不會決定自己的遷徙，不會為自身或幼蟻採集食物，甚至不會自行進食，完全依賴於無數的奴蟻。另一方面，血蟻擁有的奴蟻，數量上要少得多，而且在初夏時極少，主子們決定應在何時何地營造新巢，當牠們遷徙之時，則是主人運載著奴蟻。在瑞士和英格蘭，似乎都專門是由奴蟻來照顧幼蟻，主人則獨自出征去捕捉奴蟻。在瑞士，奴蟻和主人一同工作，為築巢而製造及搬運材料。雖然以奴蟻為主，但主、奴共同照顧（以及可謂哺育）其蚜蟲。因此，主、奴皆為蟻群採集食物。在英格蘭，則通常是主人獨自離巢出去採集築巢的材料，並為牠們自身、奴蟻以及幼蟻採集食物。所以，在英格蘭，奴蟻為主人提供的服務比起瑞士要少得多。

　　血蟻的本能的起源透過了哪一些步驟，我不打算妄加推測。但據我所見，即使那些不蓄奴的蟻類，若有其他物種的蛹散落在其巢穴附近時，牠們也會把這些蛹帶回去，那麼這些原本是貯作食物的蛹，也可能會發育起來，如此無意間被養育的外來蟻，將會循其固有的本能，並且做其所能做之事。倘若牠們的存在，被證明是有益於捕捉牠們的物種——即，捕捉工蟻比自己生育工蟻對於該物種更為有利的話——原本是為了食用而採集蟻蛹的這一習性，或許會透過自然選擇而得以加強，並永久地保留下來，但卻轉為蓄養奴蟻這一非常不同的目的罷了。本能一旦被獲得，即便其表現程度遠不及我們英國的血蟻，誠如我們所見，這種蟻類受到其奴蟻的幫助遠比瑞士的同一物種為少，我也不難看出，自然選擇也會增強及改變這

種本能（假定每一個變異對於該物種都是有用的），直到形成一種可憐兮兮地依靠奴隸來生活的蟻類，就像紅蟻那樣。

蜜蜂營造蜂房的本能

對此論題，我在這裡將不予細枝末節地探討，僅僅說明我所得結論的概要。凡是研究過蜂巢精巧構造的人，對其如此美妙地適應其目的，若不讚賞有加的話，他準是愚鈍之人。從數學家那裡，我們聽說蜜蜂實際上已解決了一個深奧的問題，牠們已建造了形狀適當的蜂房，以達到在建造中只耗用最少量的貴重蜂蠟，卻能容納最大可能容量的蜂蜜。曾有人指出，一個熟練的工人，即使有合適的工具和規格尺寸，也很難造出真正形式的蠟質蜂巢來，然而一群蜜蜂卻能在黑暗的蜂巢內圓滿完成。任你說這是什麼樣的本能都成，乍看之下似乎是非常不可思議的，牠們如何能夠造出所有必需的角和面，甚或牠們如何確知那些蜂房是被正確地築成了。然而，這難點絲毫也不像乍看起來那麼大，我認為，這一切美妙的工作皆顯示出，只是出自幾種非常簡單的本能而已。

我之所以研究這一問題，是因為受到了沃特豪斯先生的啟迪，他說過，蜂房的形狀與鄰接蜂房的存在密切相關，下述觀點或許暫且視為對其理論的修正。讓我們訴諸偉大的「漸變原理」，看看大自然是否未向我們披露其工作方法。在這個簡短系列的一端，我們有土蜂，牠們用其舊繭來貯蜜，有時候在這些舊繭上加以蠟質短管，並且同樣也會造出分隔開來但是很不規則的圓形蠟質蜂房。在該系列的另一端，我們有蜜蜂的蜂房，呈雙層排列。眾所周知，每

一蜂房皆是六面柱體，其六面的底邊呈斜角，以便和一個由三個菱形面所組成的錐狀體相嵌。這三個菱形面之間呈一定的角度，而且構成蜂巢一面上的一個蜂房之錐底的三個菱形面，正好組成反面三個毗鄰相接蜂房的底部。在該系列中，處於極完善的蜜蜂蜂房與簡單的土蜂蜂房之間，我們還有墨西哥蜂（*Melipona domestica*）的蜂房，胡伯曾仔細地加以描記和圖示過。墨西哥蜂自身的構造介於蜜蜂與土蜂之間，其親緣關係則與後者更近。牠能營造幾近規則的圓柱形蠟質蜂房，並在其中孵化幼蜂，此外牠還有一些大的蠟質蜂房用於貯蜜。這些大的蜂房幾近球狀，大小幾乎相等，聚成不規則的一團。要注意的一點是，這些蜂房總是建造成相互靠近的程度，倘若完全是球狀的話，蜂房勢必會相互交插或穿通；然而這絕不會發生，因為這些蜂在傾向於交插的球狀蜂房之間，將其間的蠟壁營造得完全平坦。因此，每個蜂房都是由外方的球狀部分以及兩三個或更多的平面所組成，平面的多少取決於這一蜂房是與兩個、三個，或更多的蜂房相接。當一個蜂房與其他三個蜂房相接時，由於其球形大小幾近相等，故必然是三個平面連成一個角錐體；據胡伯稱，這種角錐體與蜜蜂蜂房的三面角錐形底部，表面上看幾近仿製。如同蜜蜂蜂房一樣，在此任一蜂房的三個平面，必然成為毗鄰相接的三個蜂房的組成部分。顯然，墨西哥蜂採用這種營造方式以省蠟，因為毗鄰相接的蜂房之間的平面壁，並不是雙層的，而是與外面球狀部分的厚度相同，但每一個平面部分卻形成了兩個蜂房的一部分。

　　考慮到這一情形，我認為，墨西哥蜂若以某一特定的間距營造球狀蜂房，而且造成同樣大小，並將其對稱地排列成雙層的話，那

麼最終的結構大概如同蜜蜂的蜂巢一樣完美了。正因為如此，我曾致信劍橋的米勒教授，又根據他所提供的資訊，寫了如下的論述，並承蒙這位幾何學家幫忙審讀，並且告知我，它是完全正確的：

> 倘若我們描繪幾個同樣大小的球體，其球心都置於兩個平行層面上。每一個球體的球心距離同一層中環繞它的六個球體的球心，等於（或略小於）其半徑乘以 2 的平方根，或半徑乘以 1.41421；同時每一球體的球心，與另一平行層面中毗鄰相接球體的球心，距離也是同樣的。那麼，如若這雙層平行層面裡幾個球體形成交接面的話，其結果就是一個雙層的若干個六棱柱體，它們皆由三個菱形面所組成的錐形底部相互連結。這些菱形面與六棱柱體的邊所成的角度，則與經過精密測量的蜜蜂蜂房的角度完全相等。

因此，我們可以有把握地做出如下的結論：我們如果能稍微改變一下墨西哥蜂已經具有的本能，儘管其本身並非十分奇妙，這種蜂便可營造出猶如蜜蜂一樣奇妙完善的結構。我們必須假定，墨西哥蜂會造出真正球狀的以及大小相等的蜂房，而這實不足為奇了。我們見到在一定程度上牠已經能夠做到這點，我們還見到很多昆蟲都能在樹上鑽出完美的圓柱形孔穴，顯然是圍繞一個固定的點旋轉而成的。我們必須假定，墨西哥蜂能把蜂房排列在水平層上，正如牠已經如此排列其圓柱形蜂房。我們必須再進一步假定，而這則是最為困難的，當幾隻工蜂正在營造球狀蜂房時，牠們能設法精確地判斷各自應該相互離開多遠，然而牠已經具有判斷距離的能力了，

故牠總能畫出球狀蜂房，讓其大多相交，然後把交切點用完全的平面連接起來。我們還得進一步假定，但這並不困難，在六面柱體經同一層毗鄰相接的球形交切而形成後，它能將六面柱體延長到可以滿足儲蜜的任何長度。所採用的方式，如同原始土蜂在其舊殼的圓口處添加蠟質圓柱體一樣。我相信，原本並無多大奇妙之處的本能（並不見得比引導鳥類造巢的本能更為奇妙），經過變異，使蜜蜂（透過自然選擇）獲得了難以模仿的營造能力。

但這一理論能以實驗來檢驗。依據特蓋邁爾先生之例，我將兩個蜂巢分離開，在其間置一又長又厚的方形蠟板，蜜蜂即開始在蠟板上掘鑿極小的圓形凹坑。當其深鑿這些小凹坑時，同時也將其愈鑿愈寬，直到小凹坑變成與蜂房直徑大約相等的淺盆形，看起來完全像真正的球體或球體的若干部分。對我來說最有趣的是，無論在什麼地方，只要有幾隻蜂聚在一起開始掘鑿盆形凹坑時，牠們彼此之間會保持這樣的距離：當盆形凹坑達到上述的寬度（大約是一個普通蜂房的寬度），而且其深度達到這些盆形凹坑所構成的球體直徑的六分之一時，這些盆形凹坑的邊緣便交切或彼此穿通。一旦出現這種情形，這些蜂便停止往深處掘鑿，開始在盆形凹坑之間的交接線處築造起平面的蠟壁，使得每一個六棱柱體是築造在一個平滑盆形的扇形邊上，而不是像普通蜂房那樣，築造在三面角錐體的直邊上。

然後，我在蜂巢中置入一塊又薄又窄（而不是厚的方形蠟板）、染成朱紅色、刀面碾成的蠟片。像先前一樣，蜜蜂開始在蠟片的兩面上掘鑿一些彼此接近的盆形小坑；然而蠟片是如此之薄，倘若盆底被掘鑿出像先前實驗相同的深度的話，勢必會從對面相互

穿通了。可是，蜜蜂卻不會讓這種情形發生，牠們的掘鑿適可而止。所以，那些盆形小坑，一旦被掘鑿得稍深一些時，便成了平底，這些由咬剩下來，薄薄的朱紅色小蠟片所形成的平底，就人們的眼力所能判斷，恰好位於沿著蠟片正反兩面的盆形小坑之間想像的交切面上。在正反兩面的盆形小坑之間，留下了一些大小不等的菱形板，由於這是些非自然狀態的東西，所以蜜蜂的工作未能盡善盡美地完成。儘管如此，當蜜蜂自正反兩面迂迴地掘鑿和加深那些盆形小坑時，牠們必定還是在朱紅色蠟片的正反兩面，以幾近相等的速率進行工作，以便能在中間介面或交切面處戛然而止，成功地在盆形小坑之間留下平底。

考慮到薄薄的蠟片是何等的柔軟，我想，當蜂在蠟片的兩面工作時，不難察覺出何時能掘鑿到適當的薄度，然後便停止工作。在我看來，普通的蜂巢裡，蜂在正反兩面的工作速率並非總能完全相等，我曾注意到一個剛開始築造的蜂房底部上才完成一半的菱形板，有一面稍為凹陷，我想這是由於蜜蜂在這一面掘鑿得太快了，而另一面則凸出，這是由於蜜蜂在這一面上工作得稍慢一些所致。在一個顯著的試驗裡，我把這蜂巢放回蜂箱中，讓蜜蜂繼續工作一小段時間，然後再檢查蜂房，我發現菱形板已經完成，而且變成完全平的了，從這小菱形蠟片超薄的程度來看，絕對不可能是蜜蜂從凸的一面把蠟鑿去而致。我猜想，是蜜蜂站在相反的蜂房兩面，將可塑而溫暖的蠟推彎至適當的中間介面處（我曾試驗過，這很容易做到），因此將其整平了。

我們可以從朱紅色蠟片的試驗裡清楚看出，如果蜜蜂要為自己築造一堵蠟質薄壁的話，牠們會彼此站在一定的間距，以同等的速

率掘鑿下去，並致力於建成同樣大小的球狀空穴，但絕不讓這些球狀空穴彼此穿通，唯有如此，牠們便可築成適當形狀的蜂房了。只要檢查一下正在建造的蜂巢邊緣，便可明顯地看出，蜜蜂確實在蜂巢的周圍築造出一堵粗糙的環牆或邊緣。牠們從這環牆的正反兩面掘鑿進去，總是環繞地工作以鑿深每一個蜂房。牠們並不同時營造任何一個蜂房的整個三邊角錐體底部，而只營造位於進度最快的邊緣的一塊（視情形而定，或兩塊）菱形板，牠們在開始營造六面壁之前，絕不會完成菱形板上部的邊緣。這些敘述中的某些部分，與實至名歸享有盛譽的老胡伯所說的一些部分相左，但我確信此處的敘述是正確的。倘若篇幅許可的話，我會說明它們與我的理論是相符的。

胡伯稱，頭一個蜂房是從側面相平行的蠟質小壁上掘鑿而成，但據我所見，這一說法並非嚴格準確，因為開頭總是從一個小蠟兜入手，但我在此不打算詳述枝微末節。我們已看到掘鑿在營造蜂房中的重要性了，然而，若是認為蜜蜂不能在適當的位置（即沿著兩個毗鄰相接球體之間的交切面）築造出粗糙的蠟壁，那可能就大錯特錯了。我有幾個標本清晰地顯示出，牠們是能夠如此做的。即便在環繞營造中的蜂巢周圍的粗糙邊緣或蠟壁上，彎曲的情形也不時可見，而其所在的位置與未來蜂房菱形底板的平面相當。但在所有的情形下，粗糙的蠟壁之所以能完成，都是由於兩面的蠟大都被咬鑿而去。蜜蜂這種營造方式是很奇妙的，牠們總是將起始的粗糙牆壁，造得比最後完工的蜂房極薄的壁，要厚上十倍到二十倍之多。透過假設下述的情形，我們便會理解牠們是如何工作的了：泥水匠開始築起一堵寬闊的水泥牆，然後在靠近地面處，從兩面把水

泥同等地削去，直至中間形成一堵光滑而很薄的牆壁；這些泥水匠常把削去的水泥堆在牆壁的頂端，並加上一些新水泥。如此就有了這樣不斷加高的薄壁，但是其上總是冠以一個巨大的頂蓋。所有的蜂房，無論是剛開始營造的，還是已經完工的，上面都冠以這樣一個堅固的蠟蓋，因此，蜜蜂能夠在蜂巢上聚集並且爬來爬去，而不至於損壞脆弱的六棱柱體壁；而這些壁僅約四百分之一英寸厚，錐形體底板的厚度也大約是前者厚度的兩倍。透過這一獨特的營造方法，蜂巢不斷地得以加固，而又極其省蠟。

初看起來，很多蜜蜂一起鼎力合作，對於理解蜂房是怎樣造成的，會加大難度。一隻蜂在一個蜂房裡工作短時間之後，便移至另一蜂房，故誠如胡伯所稱，營造第一個蜂房開始，即有二十隻蜂在一起工作。我能用下述情形幾近展示這一事實：用極薄一層朱紅色的熔蠟，塗在一個蜂房的六棱柱體壁邊緣，或者塗在一個正在擴大的蜂巢圍牆的極端邊緣上，我總是發現，蜜蜂把這顏色極為精細地分布開來，宛若畫匠用畫筆精描細繪一般，著色的蠟從塗抹之處一點一點地被移去，置於四周那些蜂房正在擴大的邊緣上。這種營造方式，似乎是在很多蜜蜂之間存在著一種均衡的分配，所有蜜蜂都出自本能站在彼此相等的間距之內，所有蜜蜂都在試圖掘鑿相等的球形，於是築造起這些球形之間的交切面，或者說便將這些交切面保留成形而不是鑿除。真正奇妙之處，當出現困難時，就像當兩個蜂巢以一個角度相遇時，蜜蜂是多麼經常地要把已經建成的蜂房拆掉，並以不同的方法來重建同一個蜂房，有時重建出的蜂房，其形狀卻又與最初所拆除的並無二致。

蜜蜂若遇一處可讓牠們以適當的位置立足而工作的地方（譬

如，一根木條恰好處於一個向下擴大的蜂巢中央部分下，那麼，這一蜂巢便必然會造在該木條的一面之上），在此情形中，蜜蜂便會築起新六面柱體其中一面牆壁的根基，嚴格地處於適當的位置，突出於其他已經完成的蜂房之外。只要蜜蜂彼此之間及與最近完成的蜂房之間，能夠保持相對適當的距離，就足夠了，然後，透過掘空想像的球形體，牠們便可以在兩個毗鄰相接的球形體之間，築造起一堵中間的蠟壁。但據我所見，在該蜂房及其鄰接的幾個蜂房大部分建成之前，牠們從不掘鑿掉最後的餘蠟進而完成蜂房的各個棱角。在某些情形下，蜜蜂能在兩個剛剛開始營造的蜂房之間的適當位置上，築造起一堵粗糙的壁，這一能力是重要的，因為它跟一個事實相關，初看起來它似乎大可顛覆上述的理論，這一事實即是：黃蜂蜂巢最外緣上的一些蜂房，有時也是嚴格的六邊形，但我在此沒有篇幅來探討這一論題。我也不認為單獨一個昆蟲（如黃蜂的后蜂）營造六邊形的蜂房會有什麼大不了的困難。倘若她能在同時開始的兩個或三個蜂房的內外兩側交互工作，並總是與剛剛開始建造的蜂房各部分之間保持適當的間距，掘出球體或圓柱體，並且建造起中間的平面，即可達到。甚至於還可以想像的到，透過固定一個點，從那裡開始築造蜂房，然後外移，先是一個點，然後再加上其他五個點，這六個點與先前那個中心點以及彼此之間，都保持一定的適當間距，這個昆蟲就能造成一些交切面，進而造成一個單獨的六邊形。然而，我並不知道是否有人曾觀察過此類情形；也不清楚這樣建成的一個單獨的六邊形，是否會有任何好處，因為這一建造，比起建造一個圓柱體來，會需要更多的材料。

　　由於自然選擇只有透過構造或本能些微變異的累積，方能發揮

作用，而每一變異對個體在其生活條件下都是有利的，故有理由作如是問：蜜蜂所有變異的建築本能，所經歷的那漫長而漸變的連續階段，而趨於目前的完善狀態，但對於其祖先來說，那些未臻完善的狀態曾發生什麼樣有益的作用呢？我認為，答案並不困難。我們知道，蜜蜂常常很難採集到充足的花蜜，特蓋邁爾先生告知我，實驗發現，一箱蜜蜂分泌一磅蠟，需要消耗不少於十二到十五磅的乾糖。因而，一個蜂箱裡的蜜蜂為了分泌營造蜂巢所必需的蠟，必須採集並消耗大量的液體花蜜。此外，很多蜜蜂在分泌的過程中，很多天不得不賦閑。貯藏大量的蜂蜜，對維持一大群蜜蜂的冬季生活，是不可或缺的，而且蜂群的安全，主要是取決於所能供養數目眾多的蜜蜂。因此，透過節省蠟而大大節省了蜂蜜，並且節省了採集蜂蜜的時間，必然是任何蜂族得以成功最重要的因素。誠然，任何一個蜜蜂物種的成功，可能還取決於其寄生蟲或敵害的數目，或取決於其他非常特別的原因，這些與蜜蜂所能採集的蜜量則全然無關。但是讓我們假定，這後一種情形[3]決定（它常常確實是決定）了能夠生存於一個地域裡熊蜂的數量；並且讓我們進一步假定，該蜂群會度過冬季，結果就需要貯藏蜂蜜。在此情形下，倘若牠本能的些微變異導致牠將蠟房築造得緊靠在一起，以至於彼此稍微相切，無疑對這種熊蜂是有利的，因為一堵公共牆壁即使僅僅連接兩個蜂房，也會省下一點點的蠟。因此，如若牠們的蜂房造得愈來愈規整、愈來愈靠近，並像墨西哥蜂的蜂房那樣聚集在一起，對我們的熊蜂來說，也就會愈來愈有利，因為每一蜂房界壁的大部分將會

3　譯注：即採集蜜量的能力。

作為毗鄰相接的其他蜂房的界壁，這樣大量的蠟就會省下來。再者，鑑於相同的原因，倘若墨西哥蜂能把其蜂房造得比目前更為靠近些，並且在任何方面都比目前更為規整些，這將會對牠有利的，因為（如我們所見）蜂房的球形面將會完全消失，而代之以平面了，而且墨西哥蜂或許便能築造像蜜蜂那樣完善的蜂巢了。在建造上若要超越這種完善的階段，自然選擇便無能為力，因為據我們所知，蜜蜂的蜂巢在經濟使用蠟上，已是絕對完善的了。

因此，誠如我所相信，在所有已知本能中最為奇異的本能，亦即蜜蜂的本能，也可由此來解釋，即自然選擇曾利用了較為簡單的本能之無數的、連續的、些微的變異。自然選擇曾經程度緩慢地、日臻完善地引導蜜蜂，在雙層上掘出彼此保持一定間距、同等大小的球形體，並沿著交切面築起和掘鑿出蠟壁。當然，蜜蜂並不知道牠們在掘造球形體時，彼此間保持著特定間距，正如牠們並不知道六面柱體以及底部菱形板的幾個角度一樣。自然選擇過程的動力，在於節省蠟。每一蜂群在蠟的分泌上消耗最少的蜜，便得到最大的成功，並且透過遺傳把這種新獲得的節約本能傳遞給新的蜂群，使新的一代獲得在生存競爭中成功的最佳機緣。

毫無疑問，有不少很難解釋的本能，可以用來反對自然選擇的理論。有些情形是，我們無法知道一種本能如何得以起源；有些情形是，我們不知道一些中間過渡階段的存在；有些情形是，本能看似如此無關緊要，幾乎不可能是由於自然選擇對其發生了作用；有些情形是，有些本能在自然階梯上相距甚遠的動物裡，竟幾乎一模一樣，以至於我們不能用共同祖先的遺傳來說明牠們的相似性，只好相信這些本能是透過自然選擇而獨立獲得的。我不打算在此討

論這幾種情形，但我只想討論一個特別的難點，這一難點，乍看之下是難以克服的，並且實際上對於我的整個理論是致命的。我所指的即是昆蟲社會裡的中性個體或不育的雌體，因為這些中性個體在本能和構造上常與雄體以及能育的雌體有很大的差異，尚且由於不育，牠們又無法繁殖其類。

這一問題很值得詳加討論，但我在此僅舉一例，即不育的工蟻。工蟻是如何變成不育個體的，這是一個難點，但這並不比構造上的任何其他顯著的變異更難解釋。因為在自然狀態下，某些昆蟲以及其他節足動物也會偶爾變為不育，如果這類昆蟲是社會性的，而且每年生下一些能工作但不能生殖的個體，反倒會對這個群體有利的話，那麼我認為不難理解為，這是由於自然選擇所產生的作用而致。然而，我必須拋下這一初步的難點不談。最大的難點，則在於工蟻與雄蟻以及與能育的雌蟻之間在構造上有巨大的差異，如：工蟻具有不同形狀的胸部、無翅、有時無眼睛以及具有不同的本能。單就本能而言，工蜂／工蟻與完全的雌蜂／雌蟻之間奇異的差別，大可引蜜蜂為例。如果工蟻或其他中性昆蟲是一種普通狀態的動物，我就會毫不猶豫地假定，其所有的性狀都是透過自然選擇而逐漸獲得的，也就是說，由於生下來的個體均有微小、有利的構造變異，這些又為其後代所繼承，而這些後代又再發生變異，並再經選擇，如此周而復始、延續下去。然而，工蟻卻與其雙親之間的差異極大，並且是絕對不育的，故絕不會把歷代所獲得的構造上或本能上的變異，遺傳給自己的後代。於是人們大可詰問：這一情形與自然選擇的理論之間，怎麼可能調和呢？

首先要記住，在家養生物以及自然狀態下的生物之中，我們有

無數的實例顯示，構造方面形形色色的差異與一定的年齡或者與雌雄性別差異是相關的。這些差異不但與某一性別相關，而且僅與生殖系統活躍的那一短暫時期相關，一如多種雄鳥的求偶羽以及雄鮭的鉤頜。不同品種的公牛經人工閹割後，牠們的角之間相關地顯示了微小的差異，因為與各自相同品種的公牛和母牛相比，某些品種的閹牛比另一些品種的閹牛，其角相對更長。因此，昆蟲社會裡某些成員的任何性狀變得與牠們的不育狀態相關，我並看不出有什麼真實的難點。難點在於理解這些構造上的相關變異，是如何能夠被自然選擇而緩慢地累積起來的。

當記住選擇作用既適用於個體也適用於族群，並可由此獲得所想要的結果時，上述這一看似難以克服的難點便會減少，或如我所相信的，便會消除。一種味道頗佳的蔬菜被煮熟了，作為一個個體的它被消滅了，但園藝家播下同一品種的種子，信心十足地期待著會得到幾乎相同的品種；養牛者喜歡肉和脂肪紋理交織的樣子，具有這種特性的牛便被屠宰了，但養牛者滿懷信心地繼續培育同一族群的牛。我對選擇的力量如此堅信，以至於我不會懷疑，透過仔細觀察何種公牛與母牛交配才能產生角最長的閹牛，便會形成一個總是產生出極長角的閹牛品種，儘管沒有一隻閹牛曾繁殖過其類。因此，我相信社會性的昆蟲也是如此，與同群中某些成員的不育狀態相關的構造或本能上的些微變異，對該群體來說已是有利的。結果，該群體內能育的雄體和雌體得以繁盛，並且把產生具有相同變異的不育成員的這一傾向，傳遞給了其能育的後代。而且，我相信這一過程一直在重複，直到同一物種的能育雌體和不育雌體之間產生了巨大的差異，正如我們在很多社會性昆蟲中所見。

但我們尚未觸及難點的頂峰，也就是，有幾種蟻的中性個體不但與能育的雌體和雄體有所差異，而且彼此間亦有差異，有時竟達難以置信的程度，並且因此可分為兩個甚或三個等級（castes）。此外，這些等級一般並不彼此逐漸過渡，而是互相完全涇渭分明，宛若同屬中的任何兩個種，甚或同科中的任何兩個屬。因此，在埃西頓蟻（*Eciton*）中，有中性的工蟻和兵蟻，牠們具有極端不同的顎和本能；在隱角蟻（*Cryptocerus*）中，僅有一個等級的工蟻，頭上生有一種奇異的盾，用途還不得而知；在墨西哥的蜜蟻（*Myrmecocystus*）中，一個等級的工蟻，牠們從不離巢，靠另一個等級的工蟻餵養，其腹部極度發達並能分泌出一種蜜汁，具有蚜蟲分泌物同樣的滋養作用，蚜蟲或可稱作家養乳牛，被我們歐洲的蟻所守護或監禁。

　　倘若我不承認如此奇妙而確鑿的事實可以頃刻顛覆我的理論，人們會一定認為，我對自然選擇的原理是過於自負和自信了。在較為簡單的中性昆蟲例子裡，所有的均屬一個等級或均屬同類，此乃自然選擇造成（我相信這是十分可能的）其不同於能育的雄體和雌體。在此例中，從普通變異的類推，我們可以有把握地做出如下結論：每一連續、些微、有利的變異，大概最初並非出現在同一巢裡的全部中性個體身上，而僅出現少數幾個中性個體身上。而且，透過持久連續地選擇那些能夠產生最多具備有利變異的中性個體的能育雙親，最終所有的中性個體都會具有那一希冀的性狀。依此觀點，我們應能在同一巢的同一物種中，偶爾發現一些顯示構造的各個過渡階段的中性個體。這些我們確實發現了，甚至算是經常發現了，考慮到歐洲之外多麼少的中性昆蟲曾被仔細研究過。史密斯

先生已經展示，幾種英國蟻的中性個體彼此之間在大小或在顏色方面，是多麼驚人地不同，而且在兩種極端的類型之間，可由同一巢裡的一些個體完美地連接起來。我曾親自比較過這種完美的變異過渡，常常是較大或較小的工蟻數目最眾；或者大的和小的皆多，而中等大小的卻數目貧乏。黃蟻有較大的和較小的工蟻，也有一些中等大小的工蟻。誠如史密斯先生的觀察，在這個物種裡，較大的工蟻具單眼（ocelli），這些單眼雖小卻能被清楚地區分開來，而較小的工蟻的單眼則發育不全。在仔細解剖了這些工蟻的幾個標本之後，我能確定這一點，即較小工蟻的眼睛發育尚不完善，並不是僅用牠們身體大小比例上的較小就能解釋的。而且我雖不敢肯定地斷言，但我相信，中等大小的工蟻的單眼，恰恰處於一種中間狀態。所以，同一巢內兩群不育的工蟻，不但大小上有差異，而且在視覺器官上亦頗為不同，卻被處於中間狀態的一些少數成員連接起來。我再插幾句題外話，如果較小的工蟻對於蟻群最為有利的話，那麼，那些雄蟻及雌蟻就會連續地被選擇，以產生愈來愈多較小的工蟻，直到所有的工蟻都處於這一狀態為止。於是，我們就得到了這樣一個蟻種，牠們的中性蟲幾近褐蟻屬的中性個體所處的狀態。褐蟻屬的工蟻，甚至連發育不全的單眼都沒有，儘管該屬的雄蟻和雌蟻均具發育良好的單眼。

我還可另舉一例：在同一物種不同等級的中性個體之間，我信心十足地指望可找到重要構造的各過渡階段，所以我欣喜地利用了史密斯先生取自西非驅逐蟻（Anomma）同巢中的大量標本。我若不列舉實際的測量資料，只做嚴格準確的描述，讀者也許會對這些工蟻間的差異量有最好的了解。這差異與下述情形相同：如同我們

看到一夥建造房屋的工人，其中很多人身高五英尺四英寸[4]，還有很多人身高十六英尺[5]，然而我們必須假定，大高個工人的頭比小矮個工人的頭，要大上不止三倍，而是大四倍，而顎則大上將近五倍。此外，幾種大小不同的工蟻的顎，不僅在形狀上有奇妙的差異，而且牙齒的形態及數目也相差甚遠。但對我們來說，重要的事實卻是，儘管工蟻可以依大小分為不同的等級，牠們卻不知不覺地彼此逐漸過渡，一如牠們構造大不相同的顎。對於後面這一點，我胸有成竹，因為拉伯克先生曾用描圖器，把我解剖過的幾種大小不同的工蟻的顎，都一一畫了圖。

面對這些事實，我相信自然選擇透過作用於能育的雙親，便可以形成一個能固定產生中性個體的物種，這些中性個體要麼體形大並具有某一形態的顎，要麼體形小且在構造上大不相同的顎；或者最後，這是我們的難點之最，有一群工蟻具有某種大小和構造，同時還有另一群工蟻具有與之不同的大小和構造，一個逐漸過渡的系列開始形成，一如驅逐蟻；其後，那些極端的類型，由於對蟻群最為有利，故而生育牠們的雙親為自然選擇所垂青，而產出數量愈來愈多的極端類型，直至不再產出具中間構造者。

因此，誠如我所相信的，如此奇妙的事實已經發生：生存於同一巢裡、區別分明的兩個等級的工蟻，不僅彼此之間差異很大，而且與其雙親之間也大不相同。我們可以看出，工蟻的形成對於蟻類社群會是多麼的有用，這與分工對於文明人類是有用的，屬於同

---

4 編按：約 1.6 公尺。

5 編按：約 4.9 公尺。

樣的原理。由於蟻類是透過遺傳的本能以及遺傳的器官或工具、而不是透過學得的知識和製造的器具來工作的，其完善的分工，只能透過工蟻的不育而實現。倘若工蟻能育，牠們便會雜交，其本能及構造便也會混合。而且，誠如我所相信，大自然已經透過自然選擇的方式，使蟻類社群中這樣令人稱羨的分工得以實現。然而，我決意坦承，儘管我完全相信這一原理，若非有這些中性昆蟲的例子令我信服這一事實的話，我怎麼也不會料到自然選擇竟然能夠如此高度地有效。所以，為了展示自然選擇的力量，同樣由於這是我理論迄今所遭遇到的最為嚴重的特殊難點，我才對這一情形稍作討論，但遠為意猶未盡。這一情形也是十分有趣的，因為它證明動物和植物一樣，構造上的任何程度的變異，均能透過無數我們必須稱作「偶然」的些微變異的累積，而得以實現，只要這些變異是稍微有利的，不必經過鍛鍊或習性的參與。因為在一個社群完全不育的成員中，任憑何等動作、習性或意志，也不可能影響那些專門為了傳宗接代的能育成員的構造或本能的。讓我感到驚詫的，反倒是為何迄今尚無人用這類中性蜂、蟻的顯明例子，去反駁拉馬克的著名信條。

本章概述

我已竭力在本章中簡要地展示，家養動物的心智能力是變異的，而且這類變異是遺傳的。我又試圖更為簡要地展示，在自然狀態下本能也會產生些微的變異。無人會質疑，本能對於每一動物都具有最高的重要性。所以，在改變的生活條件下，自然選擇能把本

能上的些微變異，沿著任何有用的方向、累積到任何程度，在我看來，皆無困難。在很多情形下，習性或者使用與不使用大概也產生作用。我不敢說本章裡所舉出的事實，能夠在任何很大程度上，增強了我的理論，然而根據我所能判斷的，還沒有任何一個困難的例子能夠顛覆我的理論。另一方面，本能並非總是絕對完善的，而是易於出錯的；沒有一種本能純粹是為了其他動物的利益而產生，但有些動物可以利用其他一些動物的本能而獲利；自然史上「自然界中無飛躍」這句老話，也能像應用於身體構造那樣地應用於本能，而且根據上述觀點是可以清晰地得到解釋的，否則的話，倒反而不可解釋了；所有這些事實，都傾向於為自然選擇的理論提供佐證。

這一理論也被其他幾個有關本能的事實所增強，一如親緣關係密切但截然不同的物種，當棲居在世界上相隔遙遠的不同地方、且生活在大不相同的生活條件下時，卻常常保持幾近相同的本能。譬如，根據遺傳的原理，我們能夠理解，為何南美的鶇鳥在巢裡抹上一層泥巴，採取的是跟我們英國的鶇鳥所用的一模一樣的特別方式；為何北美的鷦鷯（*Troglodytes*）雄鳥像我們英國貓形鷦鷯（Kitty-wrens）的雄鳥一樣，都建造「雄鳥巢」，以便在裡面棲息，這一習性全然不像任何其他已知鳥類的習性。最後，這也許不是合乎邏輯的推論，但據我想像，這卻是更為令人滿意的觀點，例如將一隻杜鵑把其義兄弟逐出巢外、蓄養奴隸的蟻類、姬蜂（Ichneumonidae）幼蟲寄生在活的毛蟲體內這一類的本能，不是視為特殊優賦或特創的本能，而是視為一個普遍法則所帶來的微小結果，以導致所有生物的發展，亦即繁殖、變異，讓最強者生，令最弱者亡。

第八章
雜交現象

首代雜交的不育性與雜種的不育性之間的區別－不育
性的程度各異，但並非隨處可見，受近親交配所影
響，被家養馴化所消除－支配雜種不育性的法則－不
育性並非專門的天賦特性，而是隨其他差異次生出現
的－首代雜交不育性和雜種不育性的原因－生活條件
（產生）變化的效果與雜交的效果之間的平行現象－
變種雜交的能育性及混種後代的能育性並非普遍如
是－除能育性外，雜種與混種的比較－概要。

博物學家通常持有一種觀點，即不同物種相互雜交時，被特別
地賦予了不育性，以防所有生物的形態相互混淆。乍看之下這一觀
點屬實，因為生活在同一地域的物種倘若能夠自由雜交的話，幾乎
難以保持其各自的特性分明。我認為，雜種極為常見的不育性，
這一事實的重要性被後來一些作者大為低估了。**雜種的不育性不可
能對其有任何益處，因此不會是透過各種不同程度、有利的不育性
的連續保存而獲得，故對自然選擇理論來說，這一情形是尤為重要
的。**然而，我希望我能表明，不育性並非是特殊獲得或賦予的性

質，而是伴隨其他所獲得的一些差異所偶發的。

在論及這一問題時，有兩類在很大程度上根本不同的事實，常被混為一談，即兩個物種首代雜交的不育性，以及由牠們產出的雜種的不育性。

純粹的物種，其生殖器官自然也處於完善狀態，但當雜交時，它們要麼產生很少的後代，要麼不產生後代。另一方面，雜種的生殖器官在功能上已不起作用，這從植物及動物的雄性配子狀態上均能明顯看出，儘管其生殖器官本身的構造，在顯微鏡下看起來依舊完善。在第一種情形中，形成胚體的兩性生殖配子是完善的；在第二種情形中，雌雄兩性生殖配子，不是全然不發育，就是發育得不完善。兩種情形均表現不育性，但當我們必須考慮其中的原因時，這一區別則是重要的。由於把這兩種情形下的不育性，均視為一種特殊的天賦特性，超出了我們的理解範疇，這種區別或許便會被忽視了。

變種（即知悉或據信是從共同祖先傳下來的類型）雜交的能育性，及其所產混種後代的能育性，對我的理論而言，與物種雜交的不育性，有著同等的重要性，因為它似乎在物種和變種之間給出了廣泛而清晰的區別。

第一，有關物種雜交時的不育性以及其雜種後代的不育性。科爾路特和伽特納幾乎終其一生來研究這個問題，凡讀過這兩位兢兢業業、令人敬佩的觀察者幾部專著和研究報告的，對於某種程度不育性的高度普遍性，不可能沒有深切的感受。科爾路特把這一規律普遍化了，在十個例子中，他發現有兩個類型，雖被絕大多數作者視為不同物種，在雜交時卻是非常能育的，於是他快刀斬亂麻，

果斷地將它們列為變種。伽特納也把這一規律同樣地普遍化了，他對科爾路特所舉十個例子的完全能育性持有異議。但是，在這些以及很多其他例子裡，伽特納不得不去謹慎地計算種子的數目，以便顯示任何程度不育性的存在。他總是把兩個物種雜交時產籽的最高數目以及其雜種後代產籽的最高數目，與雙方純粹的親本種在自然狀態下產籽的平均數目相比較。但是，在我看來，在此似乎引入了一個嚴重錯誤的原因：凡將要進行雜交的植物，必須去雄，而更重要的是必須將其隔離，以防昆蟲帶來其他植物的花粉。伽特納試驗所用的植物，幾乎全部是盆栽的，並顯然是置於他住宅的一間房內。毫無疑問，這些做法對植物的能育性是有害的。伽特納在表中列舉了大約二十個實例，其中的植物均被去雄並用它們自己的花粉進行人工授精，在這二十種植物中（除去所有的豆科植物實例，因為很難對它們實施相關的操作），有一半在能育性上都受到了某種程度的損害。此外，伽特納在幾年期間反覆地對報春花和立金花進行了雜交，我們有足夠的理由相信它們乃是變種，然而也只有一兩次得到了能育的種子。由於他發現普通的琉璃繁縷（*Anagallis arvensis*）和藍花琉璃繁縷（*Anagallis coerulea*）進行雜交，是絕對不育的，儘管這些曾被最優秀的植物學家列為變種；還由於他從其他類似的幾個例子中也得出了同樣的結論。依我看來，其他很多物種在相互雜交時，其不育性是否實際上已達到伽特納所相信的那種程度，仍值得懷疑。

無疑的是，一方面，各個不同物種雜交時的不育性，在程度上是如此地不同，而且是如此不知不覺地漸次消失；而另一方面，純粹物種的能育性，則是如此地易受各種環境條件的影響，實際上，

完全的能育性止於何處而不育性又始於何處，是極難界定的。對於
這一點，我想最佳的證據，莫過於如今最富經驗的兩位觀察者（即
科爾路特與伽特納）竟然對同一物種提出恰恰相反的結論。試把最
優秀的植物學家針對某些有疑問的類型究竟應被列為物種抑或變種
而提出的證據，與不同的雜交者從能育性推出的證據或同一觀察者
自不同年份的試驗中所推出的證據加以比較，對此將是極富教益的
（然而此處限於篇幅無法詳述）。由此可見，無論不育性還是能育
性，都無法在物種和變種之間，提供任何清晰的區別。從這方面得
出的證據逐步弱化消融，其可疑的程度，與來自其他體質和構造差
異方面的證據，不無二致。

關於雜種在連續世代中的不育性，伽特納仔細地防止這些雜種
與純種的父代親本任何一方之間的雜交，結果能夠將其培育到六代
甚或七代（在一例中竟達十代）之久，然而他肯定地指出，它們的
能育性從未提高過，而往往是大大地降低了。我不懷疑，通常的
情形即是如此，而且在最初的幾個世代中，能育性常常是突然降低
的。可是我相信，在所有這些實驗中，其能育性的消滅皆出自一個
獨立無關的原因，即近親交配。我已經蒐集的大量事實表明：一方
面，近親交配減弱能育性；另一方面，與一個截然不同的個體或變
種間的偶然雜交，會提高能育性。此一在配種師中的普遍信念，我
自然對其正確性無可置疑。實驗者很少栽培大量的雜種，由於親種
或其他近緣的雜種，往往都生長於同一園圃之內，因此在開花季節
必須謹防昆蟲的傳粉。故在每一世代中，雜種通常將會是由自花的
花粉而受精。我深信，這對因雜種的根由而已經減弱的能育性，不
啻是雪上加霜的損害。伽特納反覆做過的一項值得關注的陳述，增

強了我的這一信念。他指出，對於能育性較差的雜種，如果用同類雜種的花粉進行人工授精，儘管存在著相關操作常常帶來的不良影響，其能育性有時依然明顯增高，且會持續不斷增高。如今，據本人的經驗所知，在人工授精時，偶然地從另一朵花的花藥上採得花粉，跟從準備被受精的那朵花的自身花藥上採得花粉，是同樣的常見，故兩朵花之間的雜交便產生了，雖然這兩朵花極可能是同株的。此外，無論何時在進行著複雜的試驗，像伽特納這樣謹慎的觀察者，都會給雜種去雄，這就確保了每一世代都會用異花的花粉來進行雜交，這異花或者來自同一植株，或者來自具有同一雜種的另一植株。因此我相信，人工授精的雜種在連續世代中能育性提高的這一奇異事實，是可以用避免了近親交配來解釋的。

現在讓我們來談談第三位極富經驗的植物雜交師，尊敬的赫伯特牧師所獲得的結果吧。他在結論中，一如科爾路特和伽特納強調不同物種間有著某種程度的不育性是普遍的自然法則那樣，強調了一些雜種是完全能育的，就像純粹的親種一樣能育。他實驗所用的物種，與伽特納曾經用過的一些物種完全相同。他們的結果之所以不同，我認為一方面是源於赫伯特精湛的園藝技能，另一方面是由於他有溫室可用。在他的很多重要陳述中，我僅舉一項為例，即「長葉文殊蘭（*Crinum capense*）的蒴果內每個胚珠上若授以卷葉文殊蘭（*C. revolutum*）的花粉，便會產生一個植株，這在其自然受精情形下，他說「我是從來未曾見過的」。故我們在此見到，兩個不同物種的首代雜交，就會得到完全的甚或比通常更完全的能育性。

文殊蘭屬的例子，讓我提及一個最為奇特的事實，即半邊蓮

屬（*Lobelia*）和其他一些屬某些物種的個體，更容易用另一不同物種的花粉來受精，而同株的花粉則不易令其受精。而且朱頂紅屬（*Hippeastrum*）中幾乎所有物種的全部個體，似乎都是這種情形。人們發現這些植物接受不同物種的花粉可以產籽，卻對自己的花粉不育，儘管它們自己的花粉完全沒有問題，因為這些花粉可以使不同的物種受精。所以，某些植物個體以及某些物種所有個體的雜交，實際上比自行受精要容易的多！譬如，朱頂紅（*H. aulicum*）一個球莖上開了四朵花，其中三朵花被赫伯特授以它們自己的花粉，而第四朵花，是其後被他授以從三個其他不同物種傳下來的一個複合雜種（compound hybrid）的花粉，而令其受精的。其結果是：「頭三朵花的子房很快便停止生長，幾天後完全枯萎，而由雜種花粉受精的蒴果卻長勢旺盛而且很快成熟，還結下了優良的種子並得以自由生長。」1893 年，赫伯特先生在信中告訴我，然後他在五年期間又做了這一實驗，並在其後幾年中繼續實驗，總是得到相同的結果。這一結果，在朱頂紅屬及其亞屬以及其他屬如半邊蓮屬（*Lobelia*）、西番蓮屬（*Passiflora*）和毛蕊花屬（*Verbascum*）中，也已被其他觀察者所證實。這些實驗中的植物看起來是完全健康的，相同的花上的胚珠和花粉比之其他物種的也很完好，但它們在相互自行受精上功能不完善，我們必須推論這些植物處於非自然狀態。然而這些事實顯示，與物種自行受精相比，有時決定一個物種在雜交時能育性高低的原因，是何其細微及莫名其妙啊。

園藝家們實用性試驗，縱然缺乏科學的精確性，卻也值得予以注意。眾所周知，天竺葵屬（*Pelargonium*）、吊金鐘屬（*Fuchsia*）、

蒲包花屬（*Calceolaria*）、矮牽牛屬（*Petunia*）、杜鵑花屬（*Rhododendron*）等物種之間，已經進行過複雜方式的雜交，然而這些雜種諸多皆能自由結籽。譬如，赫伯特指出，皺葉蒲包花（*Calceolaria integrifolia*）與車前葉蒲包花（*C. plantaginea*）是一般習性上大不相同的兩個物種，但兩者間的一個雜種，「自己完全能夠繁殖，宛若是來自智利山中的一個自然物種」。我已下了一番功夫，來弄清杜鵑花屬一些複雜雜交的能育性程度，我很有把握，其中多數是完全能育的。譬如，諾布林先生告訴我，為了嫁接之用，他曾用小亞細亞杜鵑花（*Rhod. ponticum*）和北美山杜鵑花（*Rhod. catawbiense*）的雜種來培育砧木，這一雜種「自由結籽的程度幾乎到達想像的極限」。若是雜種在恰當的處理下，像伽特納所相信的，其能育性會在每一連續世代中持續不斷地降低的話，這一事實應該早就被園藝家所注意到了。園藝家把相同的雜種植物栽培在大片園地上，唯此才是恰當的處理，因為透過昆蟲的媒介作用，同一雜種的若干個體間，得以彼此自由雜交，因而阻止了近親交配的有害影響。在雜種杜鵑花中，只要檢視一下不育性較高的種類的花朵，任何人都會斷然信服昆蟲媒介作用的效力了，因為它們不產花粉，其柱頭上卻可發現來自異花的大量花粉。

比之植物，動物方面所做的仔細實驗要少得多。倘若我們的分類系統可信的話，換言之，倘若動物各屬間的區別像植物各屬間區別那樣明顯的話，我們便可以推斷，自然體系中親緣關係愈遠的動物，比起植物的情形，就愈易雜交，但我認為，其所產雜種本身的不育性也就愈高。我懷疑，是否有任何一例完全能育的雜種動物，能被視為徹頭徹尾確鑿屬實。然而應該記住，在圈養狀態下很少有

動物能自由繁殖，因此很少有人嘗試進行周全適當的實驗。譬如，金絲雀曾與九種其他不同的地雀雜交，但由於這九個種裡沒有一個是在圈養下能自由繁殖的，我們便不能指望牠們與金絲雀之間的首代雜交（或者牠們的雜種後代）會是完全能育的。此外，有關較為能育的雜種在連續世代中的能育性問題，我幾乎不知道有任何這樣的例子，即把不同父母的同一雜種個體分為兩個家族同時育養，藉以避免近親繁殖的惡劣影響。相反，動物的兄弟姐妹，往往在每一連續世代中進行雜交，以至於違背了每一位家畜配種師反覆不斷的告誡。在此情形下，雜種固有的不育性將會持續增高，便完全不足為奇了。假如我們執意採取這種做法，在任何純種動物中將兄弟姐妹配對的話，那麼不出幾代該品種也定會消失，而純種動物不管出於任何因緣，總具有最低的不育性趨勢。

有關完全能育的雜種動物，儘管我不知道其中有任何徹頭徹尾確鑿屬實的例子，但是我有理由相信，弗吉納利斯羌鹿（*Cervulus vaginalis*）與瑞外西羌鹿（*Reevesii*）之間的雜種，還有東亞雉（*Phasianus colchicus*）與環頸雉（*P.torquatus*）以及與綠雉（*P.versicolor*）之間的雜種，是完全能育的。毫無疑問，這三種環頸雉〔即普通環頸雉（東亞雉）、真正的環頸雉、日本環頸雉（綠雉）〕之間雜交，在英格蘭幾個地區的林中，正變得混為一體。歐洲的普通鵝和中國鵝（*A. cygnoides*），這兩個種是如此不同，一般都把牠們列為不同的屬，可在英國，牠們之間的雜種，常常與兩者中任何一個純粹的親本種交配繁殖，而且在僅有的一例中，雜種之間交配，也是能育的。這是艾頓先生所實驗成功的，他從同一雙父母中培育了兩隻雜種鵝，但不是同窩孵化的。他又從這兩隻雜種鵝

裡，在同一窩裡孵化出不少於八隻雜種鵝（乃當初那兩隻純種鵝的孫輩）。然而，這些雜種鵝在印度勢必更加能育，因為兩位極為高明的權威布萊斯先生和赫頓大衛向我證實，這樣的雜種鵝，在印度到處被成群地飼養著；因為在沒有純種親本任何一方存在之處，飼養雜種鵝有利可圖，可見牠們必然是極為能育的了。

最初由帕拉斯提出的學說，已被當今博物學家基本接受：我們的家養動物，絕大多數是從兩個或兩個以上的野生物種傳下來的，而後透過雜交而混雜在一起。根據這一觀點，原生的物種要麼一開始就產生了十分能育的雜種，要麼就是其雜種在其後世代的家養狀態下變得十分能育。在我看來，後一種情形似乎最為可能，故我傾向於相信其真實性，儘管它沒有直接證據的支持。譬如我相信，狗是從幾種野生祖先傳下來的，大概除了南美洲某些原產的家犬之外，所有的家犬在一起雜交，都是十分能育的。這一類比令我高度懷疑，是否這幾個原生的物種最初在一起曾經得以自由地雜交，並且產生了十分能育的雜種。故此，我們又有理由相信，歐洲的牛與印度瘤牛在一起交配，是十分能育的。但是根據布萊斯先生所告知我的事實，我認為，牠們想必被視為不同的物種。依據我們很多家養動物起源的觀點，要麼我們必須放棄不同動物物種在雜交時普遍不育的信念；要麼我們必須將不育性視為可以透過家養除去的特性，而不是某種不可消除的特性。

最後，綜觀植物和動物中雜交已確定的事實，可以得出下述結論：無論首代雜交還是後代雜種之間，均具有某種程度的不育性，此乃極為普遍的結果。然而，就我們現有的知識而言，還不能認為它是絕對普遍的。

支配首代雜交不育性和
雜種不育性的法則

　　我們現在稍微詳細地討論一下，有關支配首代雜交不育性和雜種不育性的情形和規律。我們的主要目標是看看這些規律，是否顯示了物種曾被特別賦予了這種性質，以防止它們的雜交和混合流於混亂。下述規律和結論，主要是出自伽特納在植物雜交方面令人稱羨的工作成果。我曾煞費苦心，以確定這些規律在多大程度上能應用於動物方面，考慮到我們有關雜種動物的知識是何其貧乏，我驚奇地發現，同樣是這些規律，竟能如此普遍地適用於動、植物兩界。

　　上面已經指出，能育性（首代雜交能育性以及雜種的能育性）的程度，是從完全不育的零度逐漸過渡到完全能育。令人驚奇的是，這種漸變的存在，可由非常多的奇特方式表現出來，然而，在此只能給出幾項事實最簡略的輪廓。倘若把某一科植物的花粉，置放於另一科植物的柱頭上，其所能產生的影響無異於無機物的塵埃。從這種能育性為絕對零度起，把同屬的不同物種的花粉，放在其中某一物種的柱頭上，在產籽的數量上，可以形成一個完全的漸變序列，直到幾乎完全能育甚或十分完全能育。而且如我們所見，在一些異常情形下，甚至會出現過度的能育性，超出植物自身花粉所產生的能育性。雜種亦復如此，有些雜種，即便用純粹親本任何一方的花粉來受精，也從未產生、甚或永遠也不會產生出一粒能育的種子；但其中某些情形裡，可見能育性的端倪，即用純粹親種一方的花粉來受精，可使雜種的花比之未經如此受粉的花要較早枯

萎，而眾所周知，花的早謝乃初期受精的一種徵兆。由此種極度的不育性起始，我們有自行交配的雜種，產生愈來愈多的種子，直至具有完全的能育性。

極難雜交以及雜交後很少產生任何後代的兩個物種，它們之間所產出的雜種一般也是不育的。然而，首代雜交的困難以及由此產出的雜種的不育性，這兩者之間（這兩類事實往往被混淆在一起）齊頭並進的平行現象（parallelism），絕非嚴格。在很多情形中，兩個純粹的物種能夠極易雜交，並產生大量的雜種後代，可是這些雜種是顯著不育的。另一方面，有一些物種很少雜交，或者極難雜交，但最終產出的雜種卻十分能育。甚至在同一個屬之內，如石竹屬（*Dlanthus*），也出現這兩種截然相反的情形。

首代雜交能育性以及雜種的能育性，比之純粹物種的能育性，更易受到不利條件的影響。但是，能育性的程度，本身也具有內在的變異性，因為同樣的兩個物種，在相同的環境條件下進行雜交，其能育性的程度也並非總是相同，部分取決於恰巧被選作實驗之用的個體的體質。雜種亦復如此，因為即便是從同一蘋果裡的種子培育出來、並處於完全相同條件下的若干個體，其能育性的程度也常常大相逕庭。

所謂系統親緣關係一詞，是指物種之間在構造上和體質上的相似性，這裡的構造尤其是指一些在生理上有極高重要性、近緣物種間無甚差異的器官構造。那麼，首代雜交能育性以及由此產生出來的雜種能育性，大多受制於它們的系統親緣關係。這一點可由下述事實清楚表明，即被系統分類學家列為不同科的物種之間，從未產生過雜種；另一方面，親緣關係極為密切的物種之間，往往容

易雜交。但是，系統親緣關係與雜交難易之間的對應性，並不嚴格。大量的例子表明，親緣關係極為密切的物種之間並不能雜交，或者極難雜交；另一方面，十分不同的物種間，卻能極其容易雜交。在同一科裡，或許有一個屬，如石竹屬，該屬裡有很多物種能夠極其容易地雜交；而另一個屬，如麥瓶草屬（Silene），在親緣關係極近的物種之間，曾竭盡全力地使其雜交，卻不能產生一個雜種。甚至在同一個屬內，我們也會遇見同樣的差別，譬如煙草屬（Nicotiana）內很多物種，幾乎比任何其他屬的物種都更易雜交，可是伽特納發現智利尖葉煙草（N. acuminata，一個並非特別不同的物種），與煙草屬內不下八個其他物種進行過雜交，卻頑固地不能受精，或者也不能使其他物種受精。類似的事實，不勝枚舉。

就任何所能辨識的性狀而言，無人能夠指出，究竟是什麼種類或是什麼數量的差異，足以阻止兩個物種間的雜交。所能顯示的是，習性和一般外觀最為不同、而且花的每一部分甚至花粉、果實及子葉均具有顯著差異的植物，也能夠雜交。一年生植物和多年生植物、落葉樹和常綠樹、生長在不同地點而且適應於極其不同氣候的植物，也往往很容易能夠雜交。

所謂兩個物種的交互雜交（reciprocal cross），我是指此種情形：譬如，先以公馬與母驢雜交，再以公驢與母馬雜交，如此之後，方可說這兩個物種是交互雜交了。在進行交互雜交的難易程度上，通常有極為廣泛的可能出現差異。此類情形是非常重要的，因為它們證明了任何兩個物種的雜交能力，往往與其系統親緣關係完全無關，或是往往與其整個構造體制的所能辨識的差異完全無關。

另一方面，這些例子清晰地顯示，雜交的能力是與我們察覺不到的構造體制上的差異有關，而且只是限於生殖系統之內。相同兩個物種之間交互雜交結果的差異，科爾路特在很早之前就觀察到了。茲舉一例，長筒紫茉莉（*Mirabilis longiflora*）的花粉很容易使紫茉莉（*M. jalapa*）受精，而且它們之間的雜種是能育的，可是科爾路特曾經在連續八年中進行了兩百多次的實驗，試圖用紫茉莉的花粉使長筒紫茉莉受精，結果卻完全失敗了。同樣顯著的例子還有不少。瑟萊特在墨角藻屬（*Fuci*）的海藻中，觀察過同樣的事實。此外，伽特納發現這種交互雜交的難易的差別，在較小的程度上是司空見慣的。他甚至曾在親緣關係十分接近，以至於被很多植物學家僅列為變種的一些類型中，觀察到這種情形，如小紫羅蘭（*Matthiola annua*）和無毛紫羅蘭（*Matthiola glabra*）之間。還有一個不尋常的事實，從交互雜交中產生出來的雜種，雖是從完全相同的兩個物種混合而來的，只不過一個物種先用作父本而後用作母本，卻往在能育性上略有不同，並且偶爾還極為不同。

從伽特納的著述中，還可以舉出一些其他奇特的規律。譬如，有些物種特別能與其他物種雜交；同屬的其他物種特別能使其雜種後代酷似自己，但是，這兩種能力並非必然地相互伴隨。有一些雜種，並不像通常那樣具有雙親間的中間性狀，而總是酷似雙親中的一方，此類雜種儘管外觀上酷似純粹親種的一方，可是除了極少的例外情形，均是極端不育的。此外，在一些雜種裡，儘管它們通常具有雙親之間的中間構造，有時也會生出一些例外的以及異常的個體，它們卻酷似其純粹親本的一方，而且這些雜種幾乎總是極端不育的，即便從同一個蒴果裡的種子培育出來的其他雜種卻有著相當

程度的能育性。這些事實顯示，雜種的能育性和它在外觀上與其純粹雙親任何一方的相似性，完全無關。

考慮到上述有關支配首代雜交以及雜種能育性的幾項規律，我們可以看出，當想必被視為真正屬於不同物種的那些類型進行雜交時，其能育性，是從完全不育漸變為完全能育的，甚或在某些條件下變為過度能育的。它們的能育性，除了很容易受到有利條件及不利條件的影響之外，也呈現內在的變異性。首代雜交的能育性以及由此產出的雜種的能育性，在程度上並非總是相同的。雜種的能育性，和它與雙親中任何一方在外觀上的相似性，也是無關的。最後，任何兩個物種之間的首次雜交，其難易程度也並非總是受制於它們的系統親緣關係或者彼此間的相似程度。最後這一點，已被相同的兩個物種間的交互雜交證明清楚了，因為用某個物種或另一物種作為父本或母本時，它們之間雜交成功的難易程度，往往存在著一些差異，而且偶爾會存在著無與倫比的巨大差異。此外，交互雜交所產出的雜種，其能育性也常有不同。

那麼，這些複雜的和奇特的規律，是否表示物種單是為了阻止其在自然界中相互混淆而被賦予了不育性呢？我想並非如此。因為倘若如此，我們必須假定避免混淆對於各個不同的物種都是同等重要的，可是當各個不同的物種進行雜交時，為什麼它們的不育性程度竟會有極端的差異呢？為什麼同一物種個體中的不育性程度還會有內在的變異呢？為什麼某些物種易於雜交，卻產生極為不育的雜種，而另一些物種極難雜交，卻能產生相當能育的雜種呢？為什麼在同樣兩個物種間的交互雜交結果中，常常會存在著如此巨大的差異呢？甚至可以這麼問，為什麼會允許有雜種的產生呢？既然給了

物種產生雜種的特殊能力，然後又以不同程度的不育性來阻止雜種進一步繁衍，而這種不育程度又與其雙親間首代配對的難易程度並無嚴格的關聯，這似乎是一種奇怪的安排。

另一方面，上述的諸項規律和事實，依我看來，清晰地表明首代雜交和雜種的不育性，僅僅是伴隨或是有賴雜交物種間（主要在生殖系統中）未知差異的現象。這些差異具有的特殊和嚴格的性質，以至於在同樣兩個物種的交互雜交中，一個物種的雄性生殖質，雖常常能自由作用於另一物種的雌性生殖質，但反之則不然。最好是用一個實例來充分解釋一下，我所謂的不育性是伴隨其他差異而偶發的，並非一種特殊天授的性質。由於一種植物嫁接或芽接到另一植物上的能力，對其在自然狀態下的利益一點也不重要，因此我料想，無人會假定這種能力是一種被**特別**賦予的性質，但是會承認這是伴隨那兩種植物生長法則上的差異而偶發的。有時候，我們可以從樹木生長速率的差異、木質硬度的差異以及樹液流動期和樹液性質的差異等看出，為何一種樹不能嫁接到另一種樹上的原由；但在許多情形下，我們卻又完全找不出任何的理由。兩種植物的大小懸殊，一為木本而另一為草本，一是常綠而另一是落葉，並且適應於廣泛不同的氣候，諸如此類都不會妨礙它們嫁接在一起。嫁接如同雜交，其能力會受到系統親緣關係所限制，因為還無人能夠把屬於極不相同的科的樹嫁接在一起；但另一方面，親緣關係密切的物種以及同一物種的變種，通常（並非總是）能夠很容易地嫁接在一起。然而，這種能力如同在雜交中一樣，也並非絕對受系統親緣關係所支配。雖然同一科裡很多不同的屬可以嫁接在一起，但是在其他一些情形中，同屬的一些物種並不能相互嫁接。儘管梨與

溫桲樹被列為不同的屬，而梨與蘋果被列為同屬[1]，可是把梨樹嫁接到溫桲樹上遠比把梨樹嫁接到蘋果樹上要更加容易。甚至於梨的不同的變種往溫桲樹上嫁接，其難易程度也不盡相同；杏和桃的不同的變種往李子的某些變種上的嫁接，其情形亦復如此。

誠如伽特納所發現的，同樣的兩個物種在雜交中，其不同**個體**有時會有內在的差異；塞伽瑞特相信，同樣的兩個物種的不同個體，在嫁接中也同樣如此。正如在交互雜交中，成功結合的難易程度常常很不相等，在嫁接中有時也是如此。比如，普通鵝莓不能嫁接到黑醋栗上，然而黑醋栗卻可以（儘管會有些困難）嫁接到普通鵝莓上。

我們已經見到，生殖器官不完善的雜種的不育性，與生殖器官完善的兩個純粹物種之難以結合，是完全不同的兩碼事，然而這兩類不同的情形，在某種程度上又是平行的。類似的情形也見於嫁接之中，因為托因發現刺槐屬（*Robinia*）中的三個物種，在自己的根上均可自由結籽，而且將其嫁接到另一物種上，也無大的困難，只是不結籽而已。另一方面，當花楸屬（*Sorbus*）中的某些物種被嫁接到其他物種上時，所結的果實，則是在自己根上所結果實的兩倍。後面這一事實，讓我們想起朱頂紅屬（*Hippeastrum*）、半邊蓮屬（*Lobelia*）等異常的情形，它們由不同物種的花粉受精，反倒比由它們自身的花粉受精，結籽要多的多。

由此可見，儘管被嫁接的砧木之單純癒合，與雌雄生殖質在生

1　譯注：在作者撰寫本書時，確是如此。現今的黎被分在梨屬（*Pyrus*），蘋果則被分在蘋果屬（*Malus*）。

殖中的結合之間，有著清晰和根本的差別，但是不同物種的嫁接和雜交的結果，依然存在著略為平行的現象。正如我們必須把支配樹木嫁接難易的奇異而複雜的規律，視為伴隨植物性生長系統中一些未知差異而偶發的一樣，因此我也相信，支配首代雜交難易程度的更為複雜的法則，是伴隨主要在生殖系統中一些未知差異而偶發的。在兩種情形中，一如所能想像的，這些差異在某種程度上都是遵循系統親緣關係的，而生物之間各類相似與相異的情況，皆是透過這一親緣關係來表現的。對我而言，這些事實似乎完全無法表明各種物種在嫁接或雜交上的困難大小，是一種特殊的天授。儘管在雜交的情形中，這種困難對於物種類型的持續與穩定是重要的，而在嫁接的情形裡，這種困難對於植物的福祉卻無關緊要。

首代雜交不育性和雜種不育性的原因

對於首代雜交不育性的和雜種不育性的可能原因，我們現在可以進行稍微深入一點的討論。這兩種情形是根本不同的，正如剛剛所指出，由於在兩個純粹物種結合時，雌雄生殖質是完善的，而在雜種中則是不完善的。即使在首代雜交的情形中，其成功結合的困難性或大或小，顯然取決於幾種不同的原因。有時由於生理上的原因，雄性生殖質不可能到達胚珠，比如雌蕊過長，以至於花粉管不能到達子房的植物，便是這種情形。也曾觀察到，當把一個物種的花粉放在另一個關係較遠的物種的柱頭上時，雖然花粉管伸出來了，卻無法穿入柱頭的表面。此外，雖然雄性生殖質可達雌性生殖質，卻不能使胚胎得以發育，瑟萊特對墨角藻（*Fuci*）所作的試驗

似乎即是如此。這些事實尚無法解釋，一如無法解釋為何某些樹不能嫁接在其他樹上那樣。最後，也許胚胎可以發育，但早期即行夭折。最後這種情形，尚未得到足夠的研究，然而，根據對家禽雜交極富經驗的休維特先生告知我有關他所做過的觀察，使我相信胚胎的早期夭折，乃是首代雜交不育性極為常見的原因。我起初十分不願意相信這一觀點，因為雜種一旦出生，一般是健康而長命的，猶如我們所看到騾子的情形。然而，雜種在其出生的前後，是處於不同的環境條件下的，當雜種生於、長於其雙親所能生活的地方，它們通常處於適宜的生活條件之下。可是，倘若一個雜種個體只繼承了母體的本性和構造體制的那一半，因此在其出生之前，只要它還在母體的子宮內或在由母體所產生的蛋或種子內被養育著，可能即已處於某種程度的不適宜條件之下了，結果它就容易在早期夭折，尤其是由於所有幼小的生物對於有害或不自然的生活條件似乎都是極為敏感的。

至於兩性生殖質發育不完全的雜種的不育性，情形則大不相同。我已不止一次提出我所蒐集的大量事實，這些事實顯示，當動、植物離開它們的自然條件，其生殖系統便極容易受到嚴重的影響。事實上，這是動物家養馴化的重大障礙。由此而引起的不育性與雜種的不育性之間，存在很多相似點。在這兩種情形裡，不育性均和一般的健康無關，而且常常伴隨著不育個體的碩大或繁茂。在這兩種情形裡，不育性均以各種不同的程度出現，並且雄性生殖質最易受到影響；但有時候則是雌性生殖質比雄性生殖質更易受到影響。這兩種情形裡，不育的傾向在某種程度上與系統親緣關係是相關的，因為整群動物和整群植物中所有物種都由於同樣的不自然條

件而失去生育力，並且這些物種都傾向於產生不育的雜種。另一方面，一群物種中會有一個物種，有時會抗拒環境條件的巨大變化，保持其能育性秋毫無損，而且一群物種中的某些物種會產生異常能育的雜種。未經試驗，無人知曉，任一特定的動物是否能夠在圈養中繁殖，或者任何外來植物是否能夠在栽培下自由地結籽；同時，未經試驗，也無人知曉，一個屬中的任何兩個物種究竟是否會產出或多或少不育的雜種。最後，當生物在幾代之內都處在對其並非自然的條件下，那麼就極易變異，如我所相信的，這是由於其生殖系統受到了特別的影響，儘管這種影響在程度上尚不及那種引起不育性的程度。雜種的情形也是如此，正如每一個試驗者已經觀察到的，雜種在連續的世代中，也是極易發生變異的。

由此可見，當生物處於新的和不自然的條件之下時，以及當透過兩個物種的不自然雜交而生成雜種時，其生殖系統以非常相似的方式受到不育性的影響，這與一般健康狀態均無關聯。在前一種情形下，其生活條件遭到擾亂，儘管這種擾亂的程度很輕微，常常不為我們所察覺；在後一種情形下，亦即在雜種的情形下，外界條件雖保持不變，但是兩種不同的構造和體質混為一體，它的體制便遭擾亂。因為兩種體制混為一體時，在其發育上、週期性的活動上、不同部分和器官的相互關係上，或者不同部分和器官與生活條件的相互關係上，幾乎不可能不出現一些干擾。當雜種能自行相互雜交而生育時，它們就會將同樣的混合體制代代相傳，因此，對於它們的不育性雖有某種程度的變異、卻通常不被削弱這一點，我們也就不必大驚小怪了。

然而，必須承認，除了含糊的假說之外，我們並不能理解有關

雜種不育性的幾項事實。譬如，從交互雜交中產生的雜種，其能育性並不相等；或如，當雜種偶爾格外酷似純粹雙親中的一方，其不育性有所增強。我也不敢說以上的陳述觸及問題的根源：為何一種生物被置於不自然的條件下就會變為不育的，對此尚無任何解釋。我曾試圖說明，這兩種情形（在某些方面是相似的）中，不育性是共同的結果——在前一種情形裡，是因其生活條件遭到了擾亂，在後一種情形裡，是因兩種體制混為一體而使整體組織受到了干擾。

也許聽起來是怪誕的，但我猜想相似的平行現象也見於一類相關但極為不同的事實。生活條件的些微改變，對於所有生物都是有利的，這是一個古老而且幾近普遍的信念，我想這一信念是基於大量證據的。我們看到農民和園藝家就是這樣做的，他們常常從不同土壤及不同氣候的地方交換種子、塊莖等，然後再交換回去。在動物病後復元期間，我們清楚看到，幾乎任何生活習性上的變化，對於牠們都大有裨益。此外，有豐富的證據表明，無論是植物還是動物，同一物種非常不同的個體之間（即不同品系或亞種的成員之間）的雜交，會增強其後代的活力及能育性。從第四章裡曾提及的一些事實，我相信，甚至包括雌雄同體的生物在內，一定量的雜交必不可少。尤其若在同樣的生活條件下持續幾代的話，最近親屬間的近親交配，總是會引起後代的羸弱和不育。

因此，一方面，生活條件的些微變化對所有生物都有利；而且另一方面，輕微程度的雜交，即發生變異並變得稍微不同的同一物種的雌雄之間的雜交，也會增強後代的活力和能育性。但是我們已經看到，更大的變化或是特定性質的變化，往往會給生物帶來某種程度的不育。而較大跨度的雜交，亦即已經變得十分不同或變為異

種的雌雄之間的雜交，則產生出一般在某種程度上不育的雜種。我很難讓自己相信，這一平行現象會出於巧合或幻象。這兩類事實，似乎是被某個共同但卻未知的紐帶連在一起，而這一紐帶在本質上與生命的原理相關。

變種雜交的能育性及其
混種後代的能育性

作為一個極有力的論點，或許有人會主張，物種與變種之間一定有某種本質上的區別，而且以上所述，一定有些錯誤，因為變種無論彼此在外觀上有多大的差異，依然能夠十分容易雜交，且能產出完全能育的後代。我完全承認，情形幾乎確實如此。但是我們若觀察一下自然狀態下所產生的變種，立即就會遇到很多絕望的難點，因為如若兩個先前公認的變種，一旦在雜交中發現它們有任何程度的不育性，大多數博物學家立即就會把它們列為物種。譬如，被大多數優秀的植物學家認為是變種的藍花琉璃繁縷和琉璃繁縷以及櫻草花和立金花，據伽特納稱，它們在雜交中不是相當能育的，因此，他就把它們列為無疑的物種了。倘若我們依此迴圈法爭辯的話，就必然得承認，在自然狀態下產出的一切變種都是能育的了。

如果我們轉向家養狀態下產生或是假定在家養下產生的一些變種，我們依然會陷入困惑。譬如當人們說，德國狐狸犬比其他的狗更容易與狐狸媾和，或是某些南美洲的原生家犬與歐洲狗不易雜交時，浮現在每個人腦海裡的解釋（很可能是正確的解釋）便是：這些狗原本是從幾個不同的原生物種傳下來的。然而，很多家養的

變種，其外觀上有極大的差異，如鴿子或捲心菜卻都有完全的能育性，這是一項值得注意的事實，尤其是當我們想到如此眾多的物種，儘管彼此之間極為相似，當雜交時卻極端不育。然而，若考慮到下述幾點的話，家養變種的能育性，就不會像乍看起來那麼不同尋常了。首先，可以清楚看到，單單是兩個物種之間的外在差異，並不能決定它們在雜交時不育性程度的大小，我們可以將這一相同的規律運用到家養變種的身上。其次，一些著名的博物學家相信，長期的家養馴化，傾向於在連續世代中消除雜種的不育性，這些雜種最初僅有輕微的不育性。果真如此的話，我們斷然不指望會見到，在近乎相同的生活條件下會有不育性的出現與消失。最後，這對我而言似乎是最為重要的一點，即在家養狀態下，動、植物新品種的產生，是人們為了自身的用處或樂趣，透過有意的以及無心的選擇力量來完成的。他們既不想選擇，也不可能選擇生殖系統中的些微差異，或是其他與生殖系統相關體制上的差異。人們給幾個變種提供相同的食物，以幾乎相同的方式對待它們，而且不希望改變它們一般的生活習性。只要對每一生物的自身有利，大自然則會以任何方式，在漫長的時期內，對整個體制結構，一貫地並緩慢地起著作用。因此，它可以直接地（更可能是間接地）透過相關作用，對任何一個物種的幾個後代的生殖系統進行更改。一旦理解了人與大自然所進行的選擇過程的這一差異，我們對其在結果上的某種差異，也就不足為奇了。

我至此談及的，似乎同一物種的變種進行雜交，必然都是能育的。但是，於我而言，從下述幾例中，似乎不能不承認一定程度不育性的證據，對這些例子我將簡述如下。這一證據，與我們所相信

的無數物種不育性的證據，至少不相上下。該證據也來自反對派，他們在其他情形下，都把能育性和不育性視為區別物種的可靠標準。伽特納在他的花園內，連續好幾年培育了一種結有黃籽的矮型玉米，同時在它附近培育了一個結有紅籽的高型玉米變種，這些植物是雌雄異花，但從不自然雜交。於是他把一類玉米的花粉，置於另一類的十三朵花上，令其受精，結果卻僅有一個花穗結籽，而且只結了五顆種子而已。由於這些植物是雌雄異花的，在此情形下，實施人工授精不至於會有害。我相信，無人會猜疑這些玉米的變種屬於不同的物種。重要的是要注意到這一點，即如此培育出的雜種植物，其本身卻是完全能育的。因此，甚至連伽特納也不曾貿然認為這兩個變種有著種一級的區別。

吉魯‧德‧布紮倫格對葫蘆的三個變種進行了雜交，它們與玉米一樣，也是雌雄異花，他認為它們之間的差異愈大，相互受精也就愈不容易。這些實驗究竟有多大的可靠性，我不得而知，但塞伽瑞特（他主要是根據不育性的檢驗標準來分類）是把上述實驗的類型列為變種的。

下面這一情形就更為奇特了，乍看似乎令人難以置信，但這是非常優秀的觀察者和十分堅定的反對派伽特納，在多年間對毛蕊花屬九個物種進行驚人數量的實驗結果，毛蕊花屬中，同一物種的黃色變種與白色變種之間雜交，比之同一物種的黃色或白色的變種接受其中同色花的花粉而受精的，所產的種子要少。此外，他指出，當一個物種的黃色變種和白色變種與另一不同物種的黃色變種和白色變種雜交時，同色花之間的雜交比異色花之間的雜交，能產生更多的種子。然而，毛蕊花屬的這些變種，除了花的顏色之外，並無

任何其他的差異，有時一個變種還可以由另一個變種的種子培育出來。

根據我對蜀葵某些變種所做的一些觀察，我傾向於猜想，它們也顯示了類似的事實。

科爾路特工作的準確性，已被其後每一位觀察者所證實，他曾證明一項奇特的事實，普通煙草的一個變種，在與一個差異十分明顯的物種進行雜交時，要比其他幾個變種更為能育。他對通常被視為變種的五個類型進行了最嚴格的實驗，即採用交互雜交的實驗，他發現它們的混種後代都完全能育。但是這五個變種中之一，無論用其作父本還是作母本，與黏性煙草（*Nicotiana glutinosa*）進行雜交，它們所產生的雜種，總是不像其他四個變種與黏性煙草雜交時所產生的雜種那樣地不育。因此，這一變種的生殖系統，必定發生了某種方式和某種程度上的變異。

根據這些事實；根據確定自然狀態下變種不育性的極大困難，因為一個假定的變種，倘若有任何程度的不育性存在，一般即會被列為物種；根據人們在培育最獨特的家養變種時，只選擇它們的外在性狀，而不願意或不能夠在它們的生殖系統上培育出隱而不露的差異和功能上的差異；根據這幾方面的考慮和事實，我不認為，變種甚為通常的能育性，能夠被證明是普遍存在的現象，或者能夠構成變種與物種間的根本差別。在我看來，變種通常的能育性不足以推翻我下述觀點：首代雜交以及雜種極為普遍但並非絕對的不育性，不是特殊天賦的，而是伴隨著緩慢獲得的變異（尤其是在雜交類型的生殖系統中緩慢獲得的變異）而偶發的。

除能育性外，雜種與混種的比較

　　除能育性的問題之外，雜交物種的後代和雜交變種的後代，還可在其他幾個方面作些比較。伽特納曾熱切地希望在物種和變種之間畫出一條涇渭分明的界線，但他在所謂物種間的雜種後代和所謂變種間的混種後代之間，卻只能找出很少，而且在我看來十分不重要的差異。另一方面，它們在很多非常重要的方面，卻是極為相近一致的。

　　在此我將極為簡略地討論一下這一問題。最重要的區別是，第一代的混種較之雜種更易於變異。但是，伽特納亦承認經過長期培育的物種所產生的雜種，在頭一代裡常常易於變異，我本人也曾見過這一事實的顯著例子。伽特納進而認為，極其密切相似的物種之間的雜種，較之極為不同物種之間的雜種，更易於變異，這顯示了變異性程度的差異是逐漸過渡消融的。眾所周知，當混種與較為能育的雜種被繁殖了幾代之後，其後代有著巨量的變異性；但是還有少數例子表明，雜種或混種長期保持著一致的性狀。然而，混種在連續世代裡的變異性，大概要大於雜種的變異性。

　　混種較雜種有更大的變異性，這一點對我而言，一點也不感到驚奇。因為混種的雙親是變種，且大多是家養的變種（對自然的變種所做過的試驗極少），這便意味著在大多數情形下，這是新近發生的變異性。因此我們可以指望這種變異性常常會繼續，而且會疊加到僅僅是雜交作用所引起的變異性上去。首次雜交或第一代雜種的變異性程度輕微，比之其後連續世代極大的變異性，是一樁奇特的事實，並值得注意。因為這跟我所持普通變異性原因的觀點相

關，並對這一觀點有所證實，亦即由於生殖系統對於生活條件的任何變化是極度敏感的，故此而令生殖系統不起作用，或至少不能執行其固有功能來產生與親本一模一樣的後代。那麼，第一代雜種是從生殖系統未曾受到任何影響的物種傳下來的（長久培育的物種除外），因此不發生變異。但是雜種本身的生殖系統，卻已受到嚴重的影響，故其後代便是高度變異的了。

還是回到混種和雜種的比較上來。伽特納指出，混種比雜種更易恢復到親本類型的任何一方，然而這一點如果屬實，也肯定僅僅是程度上的差別而已。伽特納進而主張，任何兩個物種彼此儘管密切近似，與第三個物種進行雜交時，其雜種彼此間差異很大。可是，若是一個物種的兩個極不相同的變種與另一物種進行雜交的話，其雜種差別並不大。但是據我所知，這一結論是基於單獨一次實驗，而且似乎與科爾路特所做的幾個實驗結果恰好相反。

這些便是伽特納所能指出，雜種和混種植物之間的一些不重要的差異。另一方面，混種與雜種，尤其是從親緣關係相近的物種產生出來的那些雜種，與各自雙親的相似性，依伽特納所言，也遵循同一法則。當兩個物種雜交時，其中一個物種有時具有優勢的力量，使產出的雜種跟自己相像。我相信，植物變種的情形也是如此。至於動物，一個變種肯定也是常常比另一變種具備這種優勢的力量。從交互雜交中產生出來的雜種植物，通常彼此間密切相似，從交互雜交中產生出來的混種植物也是如此。無論是雜種還是混種，倘若在連續世代裡反覆與任何一個親本進行雜交，均能使其復又變成該純粹親本的類型。

上述這幾點顯然也適用於動物。但是有關動物，此處的問題極

端複雜，部分是由於一些次級性徵的存在，另一方面，則特別是由於當一個物種與另一物種間雜交以及一個變種與另一個變種間雜交時，某一性別比另一性別在使產出的雜種或混種更像自己方面，具有更強的優勢力量。譬如，我想那些主張驢比馬更具優勢力量的作者們是正確的，故無論騾子還是驢騾，都更像驢而不是馬；但公驢比母驢具有更強的優勢力量，以至於由公驢與母馬所產出的後代騾子，就比由母驢與公馬所產出的後代驢騾，更加像驢。

一些作者特別強調了下述這一假定的事實：只有混種動物生來就酷似其雙親中的一方。但是，這種情形在雜種裡也時有發生，不過，我承認在雜種裡比在混種裡發生得要少的多。觀察一下我所蒐集的事實，凡由雜交而成的動物，酷似雙親中一方的，其相似之處主要局限於在性質上近於畸形的性狀，而且這些性狀是突然出現的──如白化症、黑化症、缺尾或缺角、多指及多趾，與那些透過選擇而緩慢獲得的性狀無關。結果，雙親任何一方完全性狀的突然重現，也是在混種裡比在雜種裡更易發生，混種是由變種傳下來的，而變種常常是突然產生並具半畸形的性狀，雜種則是由物種傳下來的，而物種則是緩慢而自然產生的。總的說來，我完全同意普羅斯珀‧盧卡斯博士的觀點，他在蒐集了有關動物的大量事實後，得出如下的結論：無論雙親彼此的差異是多還是少，亦即在同一變種的個體結合中、在不同變種的個體結合中、或在不同物種的個體結合中，子代與親代相似性的法則都是相同的。

能育性和不育性的問題姑且不談，物種雜交的後代及變種雜交的後代，在所有方面似乎都有普遍而密切的相似性。如果我們將物種視為特別創造出來的，並且把變種視為是根據次級法則產生出來

的，這種相似性便會是一個令人吃驚的事實。然而，這跟物種與變種之間並無本質區別的觀點，卻完全吻合一致。

本章概述

足以被列為不同物種的類型之間的首代雜交及其雜種，其不育性十分普遍但並非絕對。不育性程度各異，而且往往相差非常微小，以至於兩位最為謹慎的實驗者據此標準，也會在類型的分類級別上得出完全相反的結論。不育性在同一物種的個體中具有內在的變異性，而且對於生活條件的適宜與否極度敏感。不育性的程度，並不嚴格遵循系統的親緣關係，但受制於若干奇妙而複雜的法則。在同樣兩個物種的交互雜交中，不育性通常不同，且有時大不相同。在首代雜交以及由此產生出來的雜種裡，不育性的程度也並非總是相等。

在樹木嫁接中，一個物種或變種嫁接在其他物種或變種上的能力，是伴隨著植物營養系統未知的差異而偶發，而這些差異的性質一般是未知的；同樣，在雜交中，一個物種與另一物種相互結合的難易，也是伴隨著生殖系統裡一些未知的差異而偶發。毫無理由認為，為了防止物種在自然狀態下的雜交和混淆，物種便被特別賦予了各種程度的不育性，正如毫無理由認為，為了防止樹木在森林中的相互接枝，樹木便被特別賦予了類似、不同程度的嫁接障礙。

在具有完善生殖系統的純粹物種之間，首代雜交的不育性，似乎取決於幾種情況：在某些情形中，主要取決於胚胎的早期夭折。至於雜種，由於其生殖系統不完善，而且其生殖系統以及整個

體制被兩個不同物種的混合所干擾，故雜種的不育性，跟生活自然條件被干擾時、常常影響純粹物種的那種不育性，似乎十分類似。這一觀點得到另一種平行現象的證實，僅僅略微不同的類型之間的雜交，對其後代的生命力和能育性是有利的，而生活條件的些微變化，顯然對所有生物的生命力和能育性也是有利的。任何兩個物種結合的困難程度，跟其雜種後代的不育性程度，儘管出於不同的原因，一般來說彼此應當是相應的，這不足為奇，因為二者都取決於雜交物種之間的某種差異量。首代雜交的難易與由此產生的雜種能育性以及嫁接的能力（雖然嫁接的能力取決於非常不同的條件），在某種程度上，都與被實驗類型的系統親緣關係相平行，這也不足為奇，因為系統親緣關係試圖表現所有物種之間無所不包的相似性。

已知為變種的類型之間的首代雜交，或者相似到足以被視為變種的類型之間的首代雜交，以及它們的混種後代，一般都是（但並非絕對）能育的。當我們記得，我們如何慣於用迴圈法來爭辯自然狀態下的變種；當我們記得，大多數變種是在家養狀態下，僅僅根據對外在差異（而不是生殖系統中的差異）的選擇而產生出來的，這種近乎普遍和完全的能育性，也就不足為奇了。除了能育性方面的差異，在所有其他方面，雜種和混種之間，均存在著密切而一般的相似性。最後，本章所簡略地舉出的一些事實，對於我所持的物種與變種間無根本差別這一觀點，在我看來，不僅並非抵觸，而且給予了支援。

第九章
論地質紀錄的不完整性

論當今中間類型的缺失－論滅絕的中間類型的性質及
其數量－論基於沉積與剝蝕的速率推算出來的漫長時
間間隔－論古生物化石標本的貧乏－論地層的間斷－
論單套地層中的中間類型的缺失－論成群物種的突然
出現－論成群物種在已知最底部含化石層位中的突然
出現。

　　在第六章中，我已經列舉了對本書所持觀點可能正當地提出的
一些主要異議。其中的大部分，目前已經討論過了。而其中一個十
分明顯的難點即是：物種類型之間的區別涇渭分明，而且沒有無數
的過渡環節使其混溶在一起。我曾提出理由，解釋為何如今這些環
節，在顯然極其有利於它們存在的環境條件下，亦即在具有漸變物
理條件的廣袤而連續的地域上，卻往往並不存在。我曾試圖表明，
每一物種的生活，對其他已經存在、涇渭分明的生物類型的依存，
甚於對氣候的依存，因此，真正支配生存的條件，並非像熱氣或水
分那樣，悄然逐漸地消失。我也曾試圖表明，由於中間類型在數
量上要少於它們所連接的類型，所以中間類型在進一步變異和改

進的過程中，往往會被淘汰和消滅。然而，無數的中間環節目前在整個自然界中沒有到處出現的主要原因，正是有賴於自然選擇這一過程，因為透過自然選擇這一過程，新的變種不斷替代並終結其親本類型。但是正因為這種滅絕過程曾以巨大的規模發生了作用，按比例來說，以往曾生存過的中間類型，其數量也必定是極大的。那麼，為何在每一套地層以及各個層位中並沒有充滿著這些中間環節呢？地質學實在沒有揭示出任何此類微細過渡的生物鏈條。也許這是反對敝人學說最為明顯及最嚴重的異議，但是，我認為，地質紀錄的高度不完整性，卻可以解釋這一點。

　　首先，永遠應當記住，根據我的理論，哪種中間類型應該是先前曾經生存過的。當觀察任何兩個物種時，我發現很難不去想像那些**直接地**介於兩者之間的類型。然而，這卻是一個完全錯誤的觀點。我們應當追尋介於每一物種與其共同但卻未知的那一祖先之間的類型，而這一祖先通常在某些方面，已不同於它所有已經變異的後代。舉一個簡單的例子：扇尾鴿和凸胸鴿都是從岩鴿傳下來的，倘若我們有了所有先前曾經生存過的中間類型的話，我們在這兩個品種與岩鴿之間，就會各有一條極為密切的過渡系列，但是，我們不會有直接介於扇尾鴿和凸胸鴿之間的任何變種。譬如，不會有結合了這兩個品種特徵的變種，即兼具稍微擴張的尾部以及稍微增大的嗉囊那樣的變種。此外，這兩個品種已變得十分不同，以至於我們如沒有任何有關其起源的歷史證據或間接證據，而只是基於它們與岩鴿在構造上的比較的話，就不可能確定它們究竟是從岩鴿傳下來的，或是從其他某些近似物種〔如皇宮鴿（*C. oenas*）〕傳下來的。

自然界的物種亦復如此，如果我們觀察截然不同的類型，如馬和貘，我們便無任何理由去假定，在牠們之間竟然曾經存在過直接的中間環節，但是馬或貘與一個未知的共同祖先之間，則是可以假定曾存在過中間環節的。牠們的共同祖先在整體結構上，與馬以及貘具有十分普遍的相似性，但在一些個別的構造上，可能與兩者間均有很大的差異，此類差異可能比馬與貘彼此之間的差異還要大。因此在這些情形中，除非我們同時掌握近於完整的中間環節的鏈條，即便將祖先的構造與其變異的後代進行仔細的比較，也無法辨認出任何兩個物種或兩個物種以上的親本類型。

根據我的理論，兩個現存的類型中，其中一個確有可能是從另一個那裡傳下來的，譬如馬源於貘。而且在此情形下，牠們之間應該曾經有過直接的中間環節。這一情形意味著，一個類型在很長時期內保持不變，而它的後代卻在此期間內發生了大量的變異。然而，生物與生物之間、子代與親本之間的競爭原理，將會使這種情形極為罕見，因為在所有情形中，新的以及改進的生物類型，都趨於排除舊的以及未曾改進的類型。

根據自然選擇理論，所有的現存物種都曾經與本屬的親本種之間有著聯繫，它們之間的差異，不會大於如今我們所見同一物種的不同變種之間的差異。這些親本種，目前一般已經滅絕，曾同樣地與更古老的物種有著聯繫，如此回溯上去，總會融匯到每一個綱的共同祖先。所以，介於所有現存物種和滅絕物種之間的中間環節與過渡環節的數目，肯定難以勝計。然而自然選擇的理論若正確的話，這些無數的中間環節必曾在這個地球上生存過。

論時間的逝去

　　暫且不談我們尚未發現如此無限數量的中間環節的化石，還可能有另一種反調，即若是認為所有生物變化都是透過自然選擇緩慢實現的話，那麼時間並不足以產生如此大量的生物變化。如果讀者不是一位職業地質學家，我幾乎不可能使其領會一些事實，令其對時間的逝去如斯能有一鱗半爪的理解。賴爾爵士的《地質學原理》，定會被後世史家視為一次自然科學的革命，大凡讀過這部鴻篇巨制的人，若不承認過去的時代曾是何等難以想像之久遠，盡可立即中止閱讀我這本書。並不是說只研究《地質學原理》或閱讀不同觀察者關於不同地層的專著，而且注意到各作者是如何試圖對於各套地層、甚至各個層位的時間所提出的不成熟想法，就足夠了。時間逝去的遺痕標誌隨處可見，而一個人必須成年累月親自考察大量層層相疊的岩層，觀察大海如何磨蝕掉老的岩石、使其成為新的沉積物，方能希冀對時間的逝去有所了解。

　　沿著不甚堅硬的岩石所形成的海岸線逛逛，觀察一下海浪沖蝕海岸的過程，是大有裨益的。在大多數情況下，海潮抵達岸邊岩崖，每天也僅有兩次，為時很短，而且只有當波浪挾帶著大量沙子或小礫石時，方能剝蝕岸邊的岩崖。有很好的證據表明，單單是清水的話，對岩石的沖蝕效果甚微或根本無效。最終，岩崖的基部被掏空，巨大的石塊墜落下來，堆在那裡，然後一點一點地被磨蝕，直至它們小到能隨波逐流地滾來滾去，才會更快地被磨碎成小礫石、沙或泥。然而，我們在後退的海岸岩崖基部，經常看到一些被磨圓的巨大礫石，上面長滿了許多海洋生物，這顯示了它們很少被

磨蝕而且很少被翻動！此外，倘若我們沿著任何正受到沖蝕作用的海岸岩崖，走上幾英里，我們便會發現，目前正被沖蝕著的岩崖，只不過是斷斷續續、短短的一段而已，或只是環繞著海角而星星點點地分布著。地表和植被的外貌顯示，其餘的部分自從其基部被海水沖刷以來，已歷經很多年了。

　　我相信，那些最仔細地研究過海洋對於海岸侵蝕作用的人，對於海岸岩崖被沖蝕的緩慢性，也是最具深刻印象的。這方面的觀察，要數米勒以及約旦山的優秀觀察家史密斯先生的觀察，最令人刮目相看了。具此深刻之印象，讓任何人考察一下數千英尺厚的礫岩層，這些礫岩的堆積也許比很多其他沉積物要快些，但從構成礫岩的那些被磨圓的小礫石所帶有的時間印記上來看，這些礫岩的累積而成又是何等緩慢啊。在科迪艾拉山，我曾估算過一套礫岩層，厚達一萬英尺。讓觀察者記住賴爾深刻的闡述，沉積岩組的厚度和廣度，乃地殼其他地方所受剝蝕的結果和量度。眾多國家的沉積岩層，暗示了多麼大量的剝蝕啊！拉姆齊教授曾告知我，英國不同部分的每一套地層的最大厚度，大多數情況下是他的實際測量，少數情形下是其估算，結果如下：

古生代地層（未包括火成岩）57,154 英尺
中生代地層 13,190 英尺
第三紀地層 2,240 英尺

　　總共是 72,584 英尺，約合十三又四分之三英里。有些組的地層在英格蘭僅為一些薄層，而在歐洲大陸上，卻厚達數千英尺。此

外，大多數地質學家認為，在每一套相繼的成套地層之間，有一些極為長久的空白時期。所以，英國堆積高聳的沉積岩層，對於其所經歷的沉積時間，也僅給了我們一個不充分的概念。但這所消耗的該是多少時間啊！一些優秀的觀察家估計，密西西比河沉積物的沉積速率每十萬年僅為 600 英尺。這一估算稱不上是嚴格精確的，然而，考慮到海流是在多麼廣泛的空間內搬運這些非常細微的沉積物，在任何一個區域，這一堆積的過程必然是極為緩慢的。

除了剝蝕物的累積速率之外，很多地方地層所遭受的剝蝕量，大概也提供了時間逝去的最佳證據。記得當我看到火山島被波浪沖蝕，四周都被削去而成為高達一兩千英尺的直立懸崖峭壁時，我對剝蝕作用的這一證據曾大為震動。這是因為，由於溶岩流先前曾呈液狀，其凝結而成的緩度斜坡一目了然地顯示出，這堅硬的岩層在大洋裡一度曾伸展得何等遼遠。同一情形，由斷層闡明得更加明白，沿著這些斷層 —— 即那些巨大的裂隙，地層在一邊抬升起來，或者在另一邊陷落下去，其高度或深度竟達數千英尺。因為自從該處地殼產生裂隙以來，地表已經被海洋的作用完全削平，以至於外表上根本看不出這些巨大斷距的任何痕跡。

譬如，克拉文斷層延伸達 30 英里以上，沿著這一線，地層的垂直位移，在 600 到 3,000 英尺之間變化不等。拉姆齊教授曾發表過一篇報告，指出在安格爾西陷落達 2,300 英尺；他還告訴我，他充分相信在梅里歐尼斯郡有一處陷落竟達 12,000 英尺。然而在這些情形中，地表上已沒有任何顯示如此巨大運動的痕跡了，裂隙兩邊的石堆也已夷為平地。考慮這些事實，在我腦海裡所留下的印象，跟徒勞無益地去竭力領會「永恆」這一概念幾近相同。

我想再舉一例，是威爾德那裡剝蝕作用的著名一例。必須承認，跟拉姆齊教授有關專著中闡明的、在一些部分厚達一萬英尺的古生代地層被剝蝕掉的情形相比，威爾德那裡的剝蝕作用是微不足道的。但是，能夠立足於就近的山地上，一方面看著北唐斯，另一方面看著南唐斯，卻是值得稱羨的一課。因為如若記住這南北兩個懸崖在西側不遠之處相遇交會，人們便可以有把握地想像，在如此有限的時期內（自白堊地層沉積的後期[1]以來），巨大的穹形岩層曾經覆蓋著威爾德。拉姆齊教授告訴我，從北唐斯到南唐斯之間的距離大約 22 英里，幾套岩層的厚度平均約 1,100 英尺。然而，倘若像一些地質學家所推測的，在威爾德的下面有很多老的岩層，覆蓋在其周圍之上的沉積岩層，或許比其他地方薄一些，那麼上面的估算就會是錯的。但這方面的疑慮，對於該地西側盡頭的估算，影響大概不會太大。倘若我們知曉海洋通常沖刷掉沿岸任一特定高度岩崖的速率，我們就可以計算出剝蝕威爾德所需要的時間。當然，這是辦不到的，但為了對這一問題形成一個粗略的概念，我們可以假定海洋以每個世紀一英寸的速率，向後沖蝕掉 500 英尺高的懸崖。這個初看起來太少了一些，但與我們假定一碼高的岩崖沿著整個一條海岸線，以幾近每 22 年一碼的速率被海洋向後沖蝕掉，是同樣的道理。我懷疑，除了在最為暴露的海岸之外，是否任何岩石（甚至像白堊岩這樣軟的）會產生這樣的速率，儘管毫無疑問高聳懸崖的剝蝕會更為迅速一些，因為會有很多岩塊因墜落而粉碎。另一方面，我不相信任何長達 10 到 20 英里的海岸線，會沿著整個彎

1　譯注：即晚白堊世。

曲的海岸長度同時遭受剝蝕。而且我們必須記住，幾乎所有的地層都含有較堅硬的岩層或結核，它們由於能夠長期抗拒摩擦，而在岩崖基部形成一道防浪堤。我們至少有把握，沒有任何 500 英尺高的岩石海岸，通常能以每一世紀一英尺的速率因侵蝕退縮，因為這會是等同於一碼高的岩崖在 22 年中後退 12 碼。我認為任何仔細觀察過懸崖基部那些過去墜落下來的石塊形狀的人，無人會承認有任何接近於如此迅速剝蝕的情形。所以，在一般情形下，我應該推測，對於 500 英尺高的岩崖，對其整個長度而言，每個世紀一英寸的剝蝕速率，該是綽綽有餘的估計了。根據上述資料，按照這一速率，威爾德的剝蝕必定需要 306,662,400 年，亦即三億年。也許更保險一點，從寬估算每個世紀二或三英寸的速率，這樣就會把年代減少到一億五千萬年或一億年。

當平緩傾斜的威爾德抬升之後，淡水對此地的侵蝕作用幾乎不可能太大，但多少會減少上述的估算。在海平面升降波動期間（對此我們知道確曾發生過），此地可能升為陸地達數百萬年，因此避免了海水的侵蝕作用；當它深深地沒入海下，經歷或許同樣長的時間，它同樣也躲避了海岸波浪的沖蝕作用。所以，自中生代晚期以來，逝去的時間達三億年之上，也並非不可能。

我之所以做了這些論述，是因為對逝去的時間獲得一些概念，不管它是多麼不完善，對我們來說都極為重要。在逝去的這些歲月中，在整個世界上，無論是在海裡還是在陸上，都曾生存過無數的生物類型。在這漫長的歲月裡，該有多麼不計其數的世代曾代代相傳啊！而我們的腦力竟無法理解這些。那麼，讓我們轉向收藏最豐富的地質博物館吧，看其陳列品是多麼的微不足道！

論古生物化石標本的貧乏

人人都承認，我們所蒐集的古生物化石標本是很不完全的。不應忘記那位令人敬仰的已故古生物學家愛德華・福布斯曾說過，很多化石物種的發現和命名，都是根據單個而且破碎的標本，或是根據採自某一地點的少數幾個標本。地球表面只有很小一部分已經過地質考察，而且從每年歐洲的重要發現來看，沒有一處是充分仔細考察過的。完全軟體的生物，無一能夠保存下來。遺留在海底的貝殼和骨骼，若無沉積物的堆積掩蓋，便會腐爛和消失。我認為，我們一直持有一種十分錯誤的觀點，暗自認為幾乎整個海底皆有沉積物正在堆積，而且堆積速率足夠迅速掩埋並保存化石。海洋的極大部分均呈蔚藍色，正表明了海水的純淨。很多記載在案的例子說明，一套地層經過長久間隔的時期以後，被另一套後來沉積的地層整合地覆蓋起來，而下面的地層在這間隔的時期中，並未遭受任何侵蝕和磨損，這種情形，似乎只有認為海底時常處於長久不變的狀態，方能得到解釋。倘若被埋藏的遺骸是在沙子或礫石之中，當這些地層上升時，一般會被滲入的雨水所溶解。我猜想，許許多多生長在海邊潮間帶沙灘上的動物，其中很少得以保存下來。譬如，藤壺亞科（Chthamalinae，無柄蔓足類的亞科）的若干物種，遍布全世界的海岸岩石上，不計其數。它們都是嚴格的海濱動物，只有一個物種例外，牠生活在地中海的深海中，其化石已發現於西西里，而且沒有任何其他的物種迄今發現於任何第三紀地層中，但是現在已經知道，藤壺屬（*Chthamalus*）曾經生存於白堊紀期間。軟體動物屬石鱉提供了一個部分類似的例子。

關於生活在中生代及古生代的陸生生物，毋庸贅言，我們的化石證據是極其零碎的。譬如，除了賴爾爵士和道森博士在北美石炭紀地層中發現一種陸生貝類的幾塊標本之外，在這兩個漫長的時代中尚未發現過任何其他的陸生的貝殼。關於哺乳動物的遺骸，只要一瞥賴爾《手冊》附錄中所刊載的歷史年表[2]，事實真相便昭然若揭，這比連篇累牘的細節，更能顯示它們的保存是何等地偶然與稀少。若我們記住第三紀哺乳動物的骨骼，其中有多大一部分是在洞穴或湖相沉積物裡所發現的，並且記住沒有一個洞穴或真正的湖相層是屬於中生代或古生代地層的話，那麼，它們的稀少也就不足為奇了。

但是，地質紀錄的不完整，主要還是源自另一個原因，它比上述各種原因更為重要，亦即在幾套地層中，彼此之間有漫長的時間間隔。當我們看到一些論著中地層表上的各套地層時，或者當我們在野外追蹤這些地層時，很難不去相信它們是密切連續的。但是，譬如根據莫企孫爵士關於俄羅斯的巨著，我們知道在那個國家，重疊的各套地層之間有多麼巨大的間斷，在北美以及在世界其他很多地方也是如此。如果最富經驗的地質學家只把其注意力局限在這些廣袤地域的話，那麼他絕不會想像到，在他本國空白荒蕪的時期裡，世界其他地方卻堆積起來了巨量的沉積物，並且其中含有全新而特別的生物類型。同時，在各個分離的地域內，倘若我們對於連續的各套地層之間所逝去的時間長度難以形成任何概念的話，我們

2　譯注：賴爾《手冊》是指他的《基礎地質學手冊》（1852），是賴爾把他的《地質學原理》第四卷抽出來單獨刊行的。

可以推論，這種情況無法在任何地方獲得確鑿無誤的證實。連續各套地層間的礦物組成的頻繁和巨大的變化，一般意味著周圍地域有著地理上的巨大變化，故而產生了沉積物，這與各套地層之間曾逝去了漫長的間隔時期這一信念，也是相符的。

然而，我想我們能夠理解，為何每一區域的地層幾乎總是有間斷的，換言之，為何不是彼此緊密相連續的。當我考查在近期內抬升了數百英尺的南美千百英里海岸時，最引我注意的是，竟沒有任何近代的沉積物，足以廣泛到可以持續即便一個短暫的地質時期。沿著棲息著特別海生動物群的整個西海岸，第三紀地層極不發育，以至於無法留下能保存久遠的紀錄，說明幾個連續而特別的海生動物群的存在。只要稍加思索，我們便能夠解釋，為什麼沿著南美西邊升起的海岸，未能隨處發現含有近代或第三紀化石的廣泛分布的地層，儘管海岸岩石的大量剝蝕和注入海洋且泥沙渾濁的河流，在悠久的年代裡必定提供了豐富的沉積物。無疑，解釋在於，海濱沉積物以及近海濱的沉積物，一旦被緩慢逐漸抬升的陸地帶到海岸波浪磨損作用的範圍內時，便會不斷地被侵蝕淨盡。

我想，我們可以有把握地說，沉積物必須堆積成極厚、極堅實、或者極廣泛的塊體，方能在它最初抬升時以及其後海平面波動期間，去抗禦波浪的不斷作用。如此厚而廣泛的沉積物堆積，可透過兩種方式形成：其一是在海的深處堆積，在此情形下，從福布斯的研究判斷，可以得出如下結論，即深海底部棲息著極少的動物，因此當這一沉積塊體上升之後，所提供的是當時生存的生物類型最不完整的紀錄；其二是，若淺海底部連續緩慢沉陷的話，沉積物能夠以各種厚度與範圍堆積在淺海底部。在後者的情形中，只要海底

沉陷的速率與沉積物的供應彼此之間接近平衡的話，淺海狀態便會保持不變，並且有利於生物的生存，故一套富含化石的地層便得以形成，而且當上升成為陸地時，其厚度也足以抵抗任何程度的剝蝕作用。

我相信，所有富含化石的古代地層，皆是如此在海底沉陷期間形成的。自從我 1845 年發表了有關這一問題的觀點之後，我一直關注著地質學的進展，令我感到驚奇的是，當作者們人復一人地討論到這樣或那樣大套的地層時，均得出相同的結論：它是在海底沉陷期間所堆積的。我可以補充一點，南美西岸唯一古老的第三紀地層，就是在海平面下沉期間堆積起來的，並且因此而達到相當的厚度，儘管這一地層具有足夠的厚度以抵擋它迄今所遭受的剝蝕，但是今後它很難持續到一個久遠的地質時代而不被剝蝕淨盡。

所有地質學上的事實都明白地告訴我們，每個地域都曾歷經無數緩慢的海平面波動，此類波動的影響範圍顯然極廣。結果，富含化石而且廣度和厚度足以抵抗其後剝蝕作用的地層，便是在沉降期間、在廣大的範圍內形成的，但它僅限於在以下這些的地方，即那裡沉積物的供給，足以保持海水的淺度，並且足以令生物遺骸在腐爛之前得以埋藏和保存。另一方面，只要海底保持固定不動，厚的沉積物就無法在最適於生物生存的淺海部分堆積起來。在抬升的交替時期，此種情形就更少發生，更確切地說，那時堆積起來的海床，由於抬升而且進入了海岸作用的範圍之內，便會被破壞了。

所以，地質紀錄幾乎必然是時斷時續的。我對這些觀點的真實性，頗有把握，因為它們與賴爾爵士所諄諄教誨的一般原理是完全一致的。福布斯其後也獨立得出了相似的結論。

有一點值得在此一提。在抬升期間，陸地面積以及毗鄰相連的海的淺灘面積將會增大，常常形成新的生物生活場所，正如先前已經解釋過，那裡的所有條件，都有利於新變種和新種的形成。但是，此類期間在地質紀錄上一般是空白的。另一方面，在沉降期間，生物分布的面積和生物的數目將會減少（除最初分裂為群島的大陸海岸之外），結果，在沉降期間，儘管會發生很多生物的滅絕，新變種或新物種的形成卻會減少。而且也正是在這一沉降期間，大量富含化石的沉積物才得以堆積。幾乎可以這樣說，大自然會謹防它的過渡或中間環節類型被頻繁地發現。

從上述的這些討論，無可置疑，在整體上來看，地質紀錄是極不完整的。但是，我們若把注意力只局限在任何一套地層上，便更難理解為什麼自始至終生活在這套地層中的近似物種之間，也沒有發現緊密過渡的各個變種呢？同一個物種在同一套地層的上部和下部出現一些變種的例子，也有一些見諸記載，但由於很稀少，在此可略去不表。儘管每一套地層的沉積無可爭辯地需要漫長的年月，我還能見到幾種原由說明，為什麼每一套地層中一般並不含有一系列逐漸過渡的環節，介於彼時生活在那裡的物種之間。但是，對於下述諸項理由的輕重分量，我還不能給予適當的評估。

儘管每一套地層可能標誌著一段極為漫長的歲月流逝，但比起一個物種變為另一個物種所需的時間，也許還顯得短了一些。我所了解的兩位意見很值得尊重的古生物學家布隆與伍德沃德曾斷言，每一套地層的平均延續時間，是物種類型平均延續時間的兩倍或三倍。但是，依我之見，我們若想對這一問題做出任何恰當的結論，似乎還有很多難以克服的困難。當我們看到一個物種最初出現在任

何一套地層的中間部分時，便推論它此前未曾在其他地方存在過，會是極其輕率的。再者，當我們發現一個物種在一套地層的最頂部沉積之前消失了，便去假定它在那時已經完全滅絕了，也同樣是輕率的。我們忘記了，與其餘的世界相比起來，歐洲的面積是何等之渺小，況且全歐洲同一套地層的幾個階段，也尚未進行過完全精確的對比。

我們可以有把握地推論，由於氣候及其他變化，所有種類的海洋動物，都曾作過大規模的遷徙。因而當我們看到一個物種首次在任何一套地層中出現時，很可能是這個物種只是在那時剛剛遷入這一區域。譬如，眾所周知，有幾個物種在北美古生代地層中出現的時間，比在歐洲古生代地層中出現的要早。這一時間，顯然是它們從美洲海域遷移到歐洲海域所需的時間。在考察世界各地最近沉積物的時候，到處可見少數於今依然生存的某些物種，在沉積物中雖很普通，但在近旁周圍的海域則已滅絕；或者反之，某些物種在鄰接海域中現在很繁盛，但在這一特定的沉積物中卻很稀少或已經消失。考量一下冰期期間（僅是整個地質時期的一部分）歐洲生物的確實遷徙量，同時考量一下在此冰期期間海平面的巨變與氣候異常極端的變化，以及漫長時間的逝去，都包括在這同一冰期之內，將是頗有教益的。可能值得懷疑的是，是否在世界的任何地方，均有沉積物（**包括化石遺骸**）曾經在整個冰期期間並在同一區域內一直持續堆積著。譬如，密西西比河口附近，在海生動物最為繁盛的深度範圍內，沉積物大概不會是在冰期的整個期間內連續堆積起來的。因為在此期間內，美洲其他地方曾經發生過巨大的地理變化。像在密西西比河口附近淺水中於冰期某段期間內沉積的這些地層，

在上升的時候，由於物種遷徙和地理變化，生物遺骸大概會在不同的層位中，先行消失並隨後出現。在遙遠的未來，如果有一位地質學家考查這些地層，或許會被誘導做出如下的結論，即此處埋藏的化石，其生存的平均延續期要短於冰期，而實際上卻是遠遠長於冰期，也就是說，它們從冰期以前一直延續到現在。

若想在同一套地層的上部和下部得到介於兩個類型之間完整的漸變系列，沉積物必須在非常漫長的期間內一直累積著，方能給緩慢的變異過程足夠的時間，因此，此類沉積物一般必須是極厚的。而經歷變異的物種，也必須在整個期間內一直生活在同一區域內。但是我們已經見到，一套厚的含化石地層，只有在沉降期間方能堆積起來。而且若使同一物種生活在同一空間內，海水深度必須保持大致相同，這就要求沉積物的供給必須與沉降幅度大致持平。然而，這同一沉降運動，往往使供應沉積物的地方，也有下沉的傾向，因而在沉降運動繼續進行的時候，沉積物的供給也會減少。事實上，沉積物的供給與沉降幅度之間能完全接近平衡，大概是少見的偶然情形，因為不止一個古生物學家觀察到，在極厚的沉積物中，除了其上部和下部的界限附近，往往是沒有生物遺骸的。

看來單獨的一套地層，也跟任何地方有著不同組的整套地層一樣，其堆積過程，一般也是有間斷的。當我們看到（就像我們常常所見）一套地層由極其不同的礦物層構成時，我們可能會合理地推測，沉積過程曾經多有間斷，因為海流的變化以及不同性質的沉積物供應的改變，往往是由於地理上的變化，而這些是相當耗費時間的。即使對一套地層進行最細緻的考察，也難以對其沉積所耗費的時間得到任何概念。有很多例子可以顯示，一處僅有幾英尺厚的

岩層，卻代表著其他地方厚達數千英尺、故其沉積需要極漫長時間的好幾套地層。但不明白此一事實的人，壓根不會想到，較薄的這一套地層竟會代表逝去的極漫長時間。還有很多例子可以顯示，一套地層的底層在抬升後，被剝蝕、再沉沒，然後被同一套地層的上部岩層再覆蓋；這些事實也表明，在它的堆積期間，有多麼漫長而又易於被忽視的間隔時期。在另外一些例子裡，根據巨大的樹化石依舊像生長時那樣直立著，我們有了明顯的證據表明，在沉積過程中，有很多漫長的間隔期間以及海平面的變化，倘若不是這些樹化石湊巧保存下來的話，大概完全不會想像到這些時間的間隔和海平面的變化。賴爾和道森兩位先生曾在新斯科舍發現了 1,400 英尺厚的石炭紀地層，內含古樹根的地層，彼此相疊，不下 68 個不同的層位。因此，若同一個物種出現在一套地層的下部、中部和上部時，很可能是這個物種沒有在沉積的全部期間生活在同一地點，而是在同一個地質時代內曾經消失又復現，也許曾經幾度如此。所以，如果這個物種在任何一個地質時代內發生了相當程度的變異，一個剖面不大可能包含所有微細的中間過渡環節（儘管依我的理論是必定存在的），而只有突然的（儘管也許是些微的）變化的類型。

最重要的是要記住，博物學家並沒有什麼金科玉律來區分物種和變種。他們承認，每個物種都有某些細微的變異性，但當他們碰到任何兩個類型之間有較大差異時，便把這兩個類型定為不同的物種，除非他們能找出一些微細的中間過渡環節將二者連接起來。按照前面所列的那些理由，我們幾乎難以希望在任何一個地質剖面中能夠找到這種連接。假定 B 和 C 是兩個種，並且假定在下面較老的層位中發現了第三個種 A。在此情形下，即便 A 嚴格地介於 B

和 C 之間，除非它同時能被一些極密切的中間類型與上述任何一個類型或兩個類型連接起來，A 即會被定為第三個不同的種。切勿忘記，正如上面所解釋的，A 也許是 B 和 C 的實際祖先，然而並不一定在構造的所有方面都嚴格地介於它們二者之間。所以，我們可能從一套地層的下部和上部層位中，找到其親本種及其若干變異的後代，但除非我們同時找到了無數的過渡環節，我們依然辨認不出它們的關係，其結果便不得不把它們定為不同的物種。

眾所周知，很多古生物學家，將他們的物種建立在多麼極端細微的差異上，倘若這些標本是來自同一套地層的不同亞階的話，他們就會更不猶豫地這樣去做。一些有經驗的貝類學者，現在已把道比尼以及其他人所定的很多差異極小的物種降格為變種了。而且從這一角度看，我們確實能發現依照我的理論所理應發現的那一類變化的證據。此外，如果我們觀察一下較久的時間間隔，亦即觀察一下同一大套地層中不同卻連續的一些階的話，我們便會發現其中所埋藏的化石，儘管幾乎普遍地被定為不同的種，但它們彼此之間的親緣關係，比起在層位上相隔更遠的地層中的物種，要遠為密切。但對於這一點，我將在下一章裡再予討論。

另一方面的考慮也值得注意：那些繁殖迅速但移動性不高的動物和植物，如先前所見，我們有理由推測，其變種起先一般是地方性的。此類地方性的變種，除非在相當程度上得以改變與完善，它們是不會廣為分布並排除其親本類型的。根據這一觀點，在任何地方的一套地層中，欲發現任何兩個類型之間所有的早期過渡階段，機會很小，因為連續的變化理應是地方性的，或是囿於某一地點的。大多數海生動物均有廣泛的分布範圍，而且我們看到，在植物

中分布範圍最廣者，最常出現變種。因此，貝類以及其他海生動物中，大概正是那些分布範圍最廣的（已遠遠超出歐洲已知的地層範圍之外），最常先產生出一些地方性變種，最終產生一些新的物種。故而，我們在任何一套地層中追蹤出各個過渡階段的機會，又會大大地減少了。

不應忘記，即使在今天，我們有很多完整的標本可供研究，也很少有可能用一些中間的變種把兩個類型連接起來，進而證明二者屬於同一物種，除非能從很多地方採集到很多的標本。而在化石物種中，這一點是古生物學家很少能夠企及的。若想領會為何不可能透過無數細微、中間的化石環節來連接物種，或許我們最好問一下自己。譬如，地質學家在未來的某一時代，能否證明我們的牛、綿羊、馬以及狗的各個品種是從一個抑或數個原始祖先傳下來的？能否證明棲息在北美洲海岸的某些海貝實際上是變種，還是所謂的不同物種呢？因為牠們被某些貝類學家定為與牠們的歐洲代表不同的物種，卻被另一些貝類學家僅僅定為變種。這一點只有待未來的地質學家發現無數中間漸變階段的化石之後，方能證明，而這種結果的出現，在我看來是極不可能的。

地質學研究，儘管為現存以及滅絕了的屬增添了無數的物種，儘管已縮小了少數一些類群之間原本存在的間隔，卻幾乎未能用無數細微、中間的變種，將一些物種連接起來，從而破除它們之間的界限；正因為這一點辦不到，它很可能成為用來反對我觀點的許多異議中，最為嚴重與最為明顯的一條。因此，很值得用一個想像的比擬，對上面的闡述作一總結。馬來群島的面積，與歐洲自北海角至地中海以及從英國到俄羅斯的面積，約略相等。所以，除了美

國的地層之外，它的面積等於所有曾經精確調查過的地層的全部面積。我完全同意戈德溫－奧斯頓先生的意見，即馬來群島的現狀（它的無數大島已被廣闊的淺海所隔開），大概代表了以前歐洲大多數地層正在堆積時的狀態。馬來群島在生物方面，是全世界最豐富的區域之一。然而，若把所有曾經生活在那裡的物種都蒐集起來，那麼，它們在代表世界自然歷史方面會是何等地不完全啊！

但是，我們有種種理由相信，馬來群島的陸生生物，在我們假定正在那裡堆積的地層中，定會保存得極不完全。我猜想，嚴格的海濱動物，或是生活在海底裸露岩石上的動物，被埋藏在該處的不會很多，而且那些被埋藏在礫石和沙子中的生物，也不會保存到久遠時代。在海底無沉積物堆積之處，或者在堆積的速率不足以保護生物體免遭腐爛之處，生物的遺骸也不會保存下來。

我相信，在群島上含化石地層只有在沉降期間方能形成，而且其厚度在未來時代中，足以延續到猶如過去中生代地層那樣悠久的時間。這些沉降期彼此之間，會被巨大的間隔時期所分開，在這些間隔期內，地面要麼保持不動，要麼繼續上升。當繼續上升時，每一含化石的地層幾乎一經沉積，便會被不停的海岸作用所破壞，宛如我們現今所見發生在南美海岸的情形。在沉降期間，生物滅絕的大概很多。在上升期間，大概會出現很多的生物變異，然而此間的地質紀錄卻又最不完整。

可以質疑的是，群島全部或一部分的沉降，連同與此同時發生的沉積物堆積，它們所延續的任何一個漫長的時期，是否會超過同一物種類型的平均延續期間。此類偶然情況的巧合，對保存任何兩個或兩個以上物種之間的所有過渡性漸變，是必不可少的。倘若這

些漸變未得以全部保存的話，過渡的變種就會僅僅像是很多新的物種。也有可能，每一沉降的漫長期間會被海平面的波動所隔斷，同時在如此漫長的期間內，輕度的氣候變化也可能發生。在這些情形下，群島的生物將不得不外遷，因此，它們變異前後相續的紀錄，便難以保存在任何單獨的一套地層裡。

群島的很多海生生物，現在已超越了原先分布範圍的數千英里以外，以此類推讓我相信，主要是這些分布範圍廣的物種，最常產生一些新的變種。這些變種起初是地方性的，或囿於一處，然而它們一旦獲得了任何決定性的優勢，或當它們進一步變異和改進時，它們就會慢慢擴散開來，並且排擠掉親本類型。當這些變種重返故地時，由於它們已經不同於原先的狀態，就算只是在極其輕微程度上的不同，卻是幾近一律地不同，所以，按照很多古生物學家所遵循的原理，這些變種大概便會被定成新的、不同的物種。

倘若這些闡述在某種程度上是真實的話，我們便無權去期望在地層中發現那些無數、差異極小的過渡類型，而這些類型，按照我的理論，必定能將同一類群所有過去的以及現在的物種，連接成一條長而分枝的生命之鏈。我們只要尋找少數的環節，它們彼此間的關係，有的遠些，有的則近些。而這些環節，即使其關係極為密切，如果是在同一套地層不同層位發現的話，也會被大多數古生物學家定為不同的物種。若非在每一套地層初期及末期所出現的物種之間難以發現無數的過渡環節，並因而對我的理論提出如此嚴重挑戰的話，我承認我怎麼也不會想到，即使有著保存最好的地質剖面存在，生物變化的紀錄竟依然如此地貧乏。

論整群近緣物種的突然出現

物種整群地突然出現在某些地層中，曾被某些古生物學家（如阿格塞、匹克泰特以及立場最為強烈的塞奇威克）視為對物種演變這一信念的致命質疑。如若屬於同屬或同科的無數物種果真會一齊冒出來的話，那麼，這一事實對透過自然選擇緩慢演變的理論，便是致命的。因為所有從某一祖先傳下來的一群類型的發展，必定是一個極其緩慢的過程，而且這些祖先一定在其變異的後代出現之前很久，就已經生存了。但是，我們一直高估了地質紀錄的完整性，而且錯誤地推論，由於某屬或某科未曾發現於某一階段之下，就認為它們沒有在那個階段之前存在過。我們時常忘記，比起仔細被考查過的地層面積，世界是如何之大；我們也忘記了，成群的物種在侵入歐洲及美國的古代群島之前，可能早已在其他地方生存了很久，並已慢慢繁衍開來。對於我們連續的各套地層之間所逝去的間隔時間，我們也沒有妥善地考慮，而在大多情形下，這些逝去的間隔時間，也許比各套地層堆積起來所需的時間還要長。這些間隔會提供充裕的時間，足以使物種從某一個或某幾個親本類型中繁衍起來，而在隨後沉積的地層中，這些物種便像被突然創造出來似的現身了。

在此我要複述一下先前做過的一個評論，一種生物對於某種新而特別的生活方式的適應，大概需要一段長久連續的時期，譬如在空中飛翔。但是一旦獲得這種適應，而且少數幾個物種並因此而比其他生物占有了巨大的優勢，那麼，它們只需要相當短的時間，便能產生出很多分異的類型來，這些類型便能迅速並廣泛地擴散到世

界各地。

　　現在我舉幾個例子，來說明上面的論述，並展示我們對整群物種曾是突然產生的假定，是如何容易陷入謬誤。我還可回顧一項熟知的事實，在沒有多少年前發表的一些地質論文中，皆稱哺乳動物這一大綱是第三紀初期突然出現的。而現在已知最富含哺乳動物化石的堆積物之一，從厚度上看，是屬於中生代中期的，並且在接近中生代初期的新紅沙岩中，發現了真正的哺乳動物。居維葉曾一貫主張，在任何第三紀地層中，都不曾出現過猴類。但是，如今在印度、南美以及歐洲，其滅絕了的種已經發現於早至始新世的地層之中了。若非在美國的新紅沙岩中有足跡被偶然保存下來，又有誰敢設想，除了爬行類之外，在那一時代竟有不下三十種的鳥類（有些體型巨大）曾經存在過呢？而在這些岩層中，沒有發現過這些動物骨骼的任何一塊碎片。儘管化石印痕所顯示的關節數目，與現存鳥足幾個趾的關節數目吻合，卻有些作者懷疑，留下這些印痕的動物是否是真正的鳥類。直到不久以前，這些作者或許會主張（一些確曾主張），整個鳥綱是在早於第三紀突然出現的。然而根據歐文教授的權威意見（在賴爾《手冊》中可見），現在我們知道，有一種鳥生存於上部綠砂岩的沉積期間，是確實無疑的。

　　我可再舉一例，乃我親眼所見，故印象至深。我在一部論無柄蔓足類化石的專著裡曾說過，根據現存與滅絕的第三紀種的數目，根據全世界（從北極到赤道）棲息於高潮線到 50 英尋[3] 各種不同深度中很多種的個體數的異常繁多，根據最老的第三紀地層中標本

3　編按：英制長度單位，1 英尋約合 1.8288 米。

所保存的完整狀態，甚至根據一個殼瓣碎片也能輕易鑑定，根據所有這些條件，我曾推論，倘若無柄蔓足類生存於中生代的話，它們肯定會被保存下來並且已被發現。但是，由於在這一時代的地層中，連一個這樣的種也未曾發現過，因此我曾斷言，這一大類群是在第三紀的初期突然發展起來的。這讓我大傷腦筋，當時我想，這會給一大群物種的突然出現又增添了一個實例。但是，當我的著作即將發表之際，一位老練的古生物學家波斯凱寄給我一張完整標本的插圖，它毫無疑問是一種無柄蔓足類，該化石是他從比利時的白堊層中親自採到的。而且，如同要讓此例愈加動人似的，這種蔓足類是屬於小藤壺屬，這是非常普通、龐大、無處不在的一個屬，迄今為止在該屬中還沒有一個標本曾於任何第三紀地層中發現。所以，我們現在確切地知道無柄蔓足類曾生存於中生代，而且這些無柄蔓足類或許就是我們很多第三紀的種以及現存種的祖先。

有關整群的物種明顯突然出現的情形，被古生物學者最常強調的，便是真骨魚類了，牠們的出現是在白堊紀早期。這一類群包含魚類現存種的大部。最近，匹克泰特教授更將其生存的時代，往早期推了一個亞階。而且一些古生物學家相信，某些更古老的魚類也是真正的真骨魚類，儘管牠們的親緣關係還不清楚。然而，假定（如阿格塞所相信的那樣）牠們全都是在白堊紀初期的地層中出現的，這一事實本身的確是值得高度注意的。但是，除非能展示這一群物種在世界各地均在同一時期內突然、同時地出現了，我看不出牠會對我的理論帶來不可克服的困難。幾乎毋庸贅言，在赤道以南並未發現過任何魚類化石，而且通讀匹克泰特的《古生物學》，可知在歐洲的好幾套地層中也僅發現過極少數的幾個物種。少數幾個

魚科現今的分布範圍是有局限的，真骨魚類從前大概也有過相似的局限的分布範圍，牠們大體在某一海域發展之後，才廣泛地分布開來。同時，我們也無權假定，世界上的各個海域，都是始終像如今這樣從南到北自由開放的。即使在今天，如果馬來群島變為陸地，則印度洋的熱帶部分大概會形成一個完全封閉的巨大盆地，任何大群的海生動物都可能在那裡繁衍。但是，牠們得局限在那裡，直到其中一些物種適應了較冷的氣候，並且能繞過非洲或澳洲的南角，而到達其他遙遠的海域。

出於這些以及類似的一些考慮，但主要是因為我們對歐洲與美國以外地方的地質情況無知，並且由於近十多年來的發現所引起的古生物學觀念革新，在我看來，若對全世界生物類型的演替問題草率立論，無異於一位博物學者在澳洲一處不毛之地剛立足五分鐘，便下車開始去討論那裡的生物數目和分布範圍。

論成群的近緣物種在已知最底部含化石層位中的突然出現

另有一個類似的難點，更為嚴重。我指的是同一類群的很多物種，突然出現於已知最底部含化石層位的情形。絕大多數的論證使我相信，同一類群的所有現存種，都是從單一的祖先傳下來的，這幾乎也同樣適用於最早的已知物種。譬如，所有志留紀的三葉蟲，都是從某一種甲殼類傳下來的，而這種甲殼類必定遠在志留紀之前已經生存了，並且大概與任何已知的動物都大不相同。有些最古老的志留紀動物，如鸚鵡螺和海豆芽等，與現存種並無多大差異。那

麼，按照我的理論就不能去假定，這些古老的物種是其所屬的那些目所有物種的祖先，因為它們不具有任何程度的中間性狀。此外，倘若它們確實曾是這些目的祖先，它們必然在很久以前，已經被它們無數改進的後代所排除而滅絕了。

所以，如若我的理論屬真，那麼無可置疑，遠在志留紀最底部地層沉積之前，必定已經過一個很長的時期，這時期也許與從志留紀至今的整個時期一樣地長久，甚至更加長久。而在這一漫長並且所知甚少的時期內，世界上必然已經充滿了生物。

為何我們沒有發現這些漫長的遠古時期的紀錄？這一問題，我不能給出滿意的回答。以莫企孫爵士為首的幾位卓越地質家相信，我們在志留紀最底部地層中所看到的生物遺骸，是這一星球上生命的曙光。諸如賴爾和福布斯等其他極為稱職的評判者，則質疑這一結論。我們不應忘記，這世界上只有很小一部分是我們已準確了解的。巴蘭德新近為志留系添加了又一個更低的層位，該層富含新的與特別的物種。在巴蘭德所謂的原生帶（primordial zone）以下，朗緬層（the Longmynd beds）也已發現了生命的痕跡。在一些最下部無生物岩層中出現的磷質結核以及含瀝青的物質，很可能暗示了在這些時期中曾存在先前的生物。然而，依照我的理論，在志留紀之前，無疑在某些地方有著富含化石的巨厚地層的堆積，要理解這些堆積何以缺失，確實難度甚大。若說這些最古老的岩層歷經剝蝕作用而消失殆盡，或說經變質作用而面目全非，我們應該會在繼它們之後的相鄰地層中，至少發現一些微小的殘餘吧，而且此類殘餘通常應是變質的。但是，現有關於俄羅斯和北美廣大地域上志留紀沉積物的描述，並不支持下述觀點，即：一套地層愈老，愈會遭到

極度的剝蝕作用和變質作用。

　　這一情形目前尚無解釋，或可確實作為一種有力的論據，來反對本書所持的觀點。為了顯示今後可能會得到某種解釋，我現提出下述假說。根據歐洲和美國幾套地層中的生物遺骸似乎未在深海棲息過的性質，並且根據構成這些地層厚達數英里的沉積物的量，我們可以推斷，沉積物來源的一些大島嶼或大陸塊，始終是處在歐洲和北美現存大陸的附近。然而，我們並不知道，在連續各套地層之間的間隔期間內，曾是何種情形？在這些間隔期間內，歐洲與美國究竟是乾燥的陸地呢？還是沒有沉積物堆積的近陸海底呢？抑或是遼闊且深不可測的海底呢？

　　試看今日海洋，它是陸地的三倍，我們還看到很多島嶼散布其中。然而，據目前所知，沒有一個海島有著任何古生代或中生代地層的殘跡。因此，我們也許可以推斷，在古生代和中生代期間，大陸和陸緣島未曾在現今海洋的範圍存在過。若是它們曾經存在過的話，古生代與中生代的地層，就完全有可能由那些大陸和陸緣島所剝蝕下來的沉積物堆積而成，而且由於海平面的波動（我們較有把握地說，在如此漫長的期間內，這種波動必然發生過），這些地層至少會部分被抬升起來。那麼，如若我們從這些事實出發，可做任何推論的話，我們便可以推斷，在我們現有海洋的範圍之內，自我們有任何紀錄的最遙遠的時代以來，就曾經有過海洋的存在；另一方面，我們同樣可以推斷，在現今大陸存在之處，自志留紀最早期以來也曾有過大片陸地的存在，並且無疑曾經歷過海平面的大幅波動。我論珊瑚礁一書中所附的那張彩色地圖，令我做出如下的結論：大洋於今依然是沉降的主要區域，大的群島依然是海平

面波動的區域，大陸依然是上升的區域。但是，難道我們有任何理由去假定，這些乃亙古如是嗎？大陸的形成，似乎是因為在多次海平面波動時，上升力量占主導所致。但是，經歷主導運動的地域，難道在時代的推移中曾是一成不變的嗎？在距離志留紀之前無限遙遠的某個時期中，在現今的海洋範圍內，可能曾存在過大陸，而現今大陸所在之處，也許曾是清澈遼闊的海洋。譬如，倘若太平洋海底現今變成了一塊大陸，即便那裡有老於志留紀地層的先前沉積物曾經堆積下來，我們也不應該假定，我們就一定能發現這些地層，因為這些地層，由於沉降到更接近地心數英里的地方，並且由於上面有巨量水的壓力，它們所遭到的變質作用，或許要遠遠大於那些更接近於地表的地層。世界上諸如南美一些地方，有大面積的變質岩出露，一定曾在巨大壓力下受過熱力作用，我總感到這些需要一些特別的解釋。我們也許可以相信，在這些廣大的區域裡，我們見到的是很多完全變質了、遠比志留紀還要古老的地層。

這裡所討論的幾個難點是：在連續的各套地層中，我們未能發現介於現存種與以往生存過的物種之間無限多的過渡環節；在歐洲的各套地層中，有整群的物種突然出現的情形；按目前所知，在志留紀地層之下幾乎完全欠缺富含化石的地層；這一切難點的性質，無疑都是最嚴重的。透過下述這一事實，我們最能清楚地看到這一點：最為卓越的古生物學家，如居維葉、阿格塞、巴蘭德、福爾克納、福布斯等，以及所有最偉大的地質學家，如賴爾、莫企孫、塞奇威克等，都一致地而且常常激烈地堅持物種的不變性。但是，我有理由相信，一位偉大的權威，即賴爾爵士，透過進一步的反思，

現在對這一問題[4]持有嚴重的疑問。我們應將我們所有的知識都歸功於上述這些權威以及其他一些人，然而我卻與這些權威持有不同的意見，對此我深感輕率。那些認為自然的地質紀錄大致是完整的人們，那些對本書中的事實以及其他論證視為無足輕重的人們，無疑還會斷然拒絕我的理論。至於本人，我則遵循賴爾的比喻，把地質的紀錄視為一部保存不完整的、並且用變化著的方言寫成的世界史，在這部史書中，我們僅有最後的一卷，而且只是關於兩三個國家的。而在這一卷中，又只是在凌亂幾處保存了短短的一章，每頁也只是在凌亂幾處保存了寥寥數行。這種用來書寫歷史、緩慢變化的語言裡的每一個字，在斷續相連的各章中，又或多或少地有些不同，這些字可能代表埋藏在前後相續但又隔離甚遠的地層中、看似突然改變的各種生物類型。按照這一觀點，上面所討論的諸項難點，便會大大減少，甚或消失盡淨了。

4　譯注：即物種的不變性。

第十章

論生物在地史上的演替

論新種緩慢相繼的出現－論它們變化的不同速率－物
種一旦消失便不會重現－成群物種出現與消失所遵循
的一般規律跟單一物種相同－論滅絕－論生物類型在
全世界同時發生變化－論滅絕物種彼此之間及其與現
存種之間的親緣關係－論遠古類型的發展程度－論相
同區域內相同類型的演替－前一章與本章概述。

　　現在讓我們看一看，與生物在地史上演替有關的幾項事實和規
律，究竟是與物種不變的普通觀點更一致，還是與物種透過傳衍和
自然選擇而緩慢地逐漸發生變化的觀點更一致。

　　無論在陸上還在水中，新物種都是極其緩慢、相繼出現的。賴
爾曾闡明，在第三紀幾個時期裡有關這方面的證據，幾乎是難以抗
拒的，而且每年傾向於填補其間的空白，並使滅絕類型與現存類型
之間的百分比更趨漸進。在一些最新的岩層裡（若以年來計算的
話，無疑很古老），不過只有一兩個物種是滅絕的類型，而且也不
過只有一兩個物種是新的類型，或者是局部性地在此首度出現，或
據我們所知是在地球上的首次出現。倘若我們可以信得過西西里的

菲利皮的觀察，該島海生生物的相繼變化，是眾多的並且是最為漸變的。中生代的地層是比較時斷時續的，但據布隆指出，很多中生代現已滅絕的種，它們在每一套不同地層中的出現和消失，並非都是同時的。

不同綱以及不同屬的物種，並沒有依照同一速率或同一程度發生變化。在第三紀最老的地層裡，在很多滅絕了的類型之中，還可以發現少數現存的貝類。福爾克納曾舉過類似事實的顯著一例，即在亞喜馬拉雅的沉積物中，有一種現存的鱷魚與很多奇怪及消失的哺乳類和爬行類在一起。志留紀的海豆芽與該屬的現存種之間幾無差異，然而，志留紀絕大多數軟體動物和所有的甲殼類，卻已發生了極大的變化。陸生生物似乎比海生生物的變化速率要快，在瑞士曾經見到這方面的顯著例子。有某種理由使人相信，自然階梯上高等的生物，比低等生物的變化要更快，儘管這一規律是有例外的。誠如匹克泰特所指出，生物的變化量，與我們的地層層序並非嚴格地一致，以至於在每兩套相繼的地層之間，生物類型變化的程度，很少是嚴格相同的。然而，除了最緊密相關的地層之外，如果我們把任何地層做一比較，便可發現所有物種都曾經歷過某種變化。當一個物種一旦從地球表面上消失，我們有理由相信，完全一模一樣的類型絕不會重現。這後一條規律最為有力的一個明顯例外，即巴蘭德所謂的「入侵集群」（colonies），它們一度入侵到較老的地層之中，從而讓先前生存過的動物群重現。但我看賴爾的解釋似乎比較令人滿意，他認為這是從一個不同的地理區域暫時遷徙的情形。[1]

這幾項事實與本人的理論十分一致。我不相信固定的發展法

則，造成了一個地域內所有生物都突然、或者同時、或者同等程度地發生了變化。變異的過程必定是極度緩慢的。每一個物種的變異性，與所有其他物種的變異性很不相關。這一變異性是否會為自然選擇所利用，這些變異是否會或多或少地得積累起來，因而引起正在變異的物種產生或多或少的變異量，則取決於很多複雜的偶發因素：取決於變異的有利性質，取決於雜交的力度，取決於繁殖的速率，取決於該地緩慢變化的環境條件，尤其取決於與變化的物種相競爭的其他生物性質。因此，某一物種在保持相同形態上，遠比其他物種為長。或者，即使有變化，也會變化較小，這些都是不足為怪的。在地理分布方面，我們目睹同樣的事實，譬如，馬德拉島的陸生貝類和鞘翅類昆蟲，較之歐洲大陸上與牠們親緣關係最近的一些類型，已有相當大的差異，而海生貝類和鳥類，卻依然如故。根據先前有一章裡所解釋，高等生物與其有機的和無機的一些生活條件之間，有著更為複雜的關係，我們也許便能理解，陸生生物和體制機構更高等的生物比海生生物和低等生物的變化速率，顯然要更快。當一個區域的多數生物已經變異和改進之時，根據競爭的原理

---

1 譯注：巴蘭德所謂的「入侵集群」的概念，是他在研究波西米亞（現捷克一帶）古生代地層古生物時提出的，也是 19 世紀後半葉歐洲大陸地質學界曠日持久的大論戰之一。他看到，一些層位連同其中的化石，在地層層序上不止一次地重複出現，而且新的層位與化石會出現在老的層位之中。由於他信奉居維葉的災變說，便將這些「入侵集群」視為各自獨立創造的產物。現在知道這些所謂的重複出現的「入侵集群」，因為逆沖斷層（reverse-thrust faults）造成了志留紀的含筆石葉岩夾在晚奧陶紀的一套地層中，故給人層位與化石「重現」的假象（參見 Kriz & Pojeta, 1974, *Journal of Paleontology*, 48:489-494）。

以及生物與生物之間的很多最重要的關係，我們便能理解，任何不曾發生過某種程度上的變異和改進的類型，將會趨於滅絕。因此，我們若觀察足夠長的期間，便能理解為何同一個地區的所有物種最終都定要發生變異，因為那些未起變化的物種，便行將滅絕。

同一綱的成員中，在長久而相等期間內，其平均的變化量大概近乎相同。但是，經久的含化石地層的堆積，有賴於大量沉積物堆積在正在沉降的區域，因此，我們的各套地層幾乎必然是在漫長而且不規則的間歇期間內堆積起來。其結果是，埋藏在相繼各套地層內的化石所顯示的生物變化量，便不盡相等了。依此觀點，每套地層並不標誌著一齣全新上演、又完整的造物戲，而僅僅是在舒緩變化著的戲劇中，幾乎隨便出現的偶然一幕罷了。

我們能夠清楚地了解，為何一個物種一旦消失了，即使一模一樣的有機和無機的生活條件再現，該物種也絕不會重現了。一個物種的後代或許在大自然的經濟體制中，能適應於占據另一物種的同一位置（無疑這一情形屢見不鮮），而把另一物種排擠掉，但是新舊兩種類型不會完全相同，因為兩者都必然從其各自不同的祖先遺傳了不同的性狀。譬如，若是我們的扇尾鴿均被消滅了，養鴿者透過長期不懈的努力，或許會培育出一個和現有的品種幾乎難以區別的新品種；可假若原種岩鴿也同樣被消滅了的話，我們有一切理由相信，在自然狀態下，親本類型一般要被其改進的後代所排除和消滅，那麼令人難以置信，竟能從任何其他鴿子的品種（甚或任何其他十分穩定的家鴿品系）中，培育出一個與現有品種一模一樣的扇尾鴿來，因為新形成的扇尾鴿一定會從牠新的祖先那裡遺傳到一些細微的性狀差異。

成群的物種，即屬和科，在出現和消失上所遵循的規律與單一物種相同，其變化有快慢，程度有大小。一群物種，一經消失便不會重現；換言之，一群物種，只要存在，必定是連續的。我知道這一規律有一些明顯的例外，但這些例外是驚人之少，以至於連福布斯、匹克泰特和伍德沃德（雖然他們都強烈反對我這些觀點）都承認這一規律的正確性，而這一規律與本人的理論是嚴格一致的。由於同一群的所有物種皆從某一個物種傳下來，顯然只要該群的任一物種已經出現在長久連續的年代，其成員必然已經連續生存同樣長的時期，以便產生新的、變異的類型，或固有的、未經變異的類型。譬如，海豆芽屬裡的種，必定是透過一條連續不斷的世代系列，從志留紀最底部地層到如今，一直連續地生存著。

　　前一章裡我們已經談及，同群的物種有時會呈現出一種假象，彷彿突然出現的，對這一事實我已試圖予以解釋，此事如若屬實，對我的觀點則會是致命的打擊。但是，這類情形確屬例外，一般規律是，一個物種群的數目逐漸增加，直到該群達到頂點，然後遲早又逐漸地減少。倘若一個屬裡的物種數目或一個科裡屬的數目，用粗細不等的垂直線來代表的話，此線穿過發現那些物種的相繼各組地層，該線有時在底部會給人突然開始的假象，而不是一個尖銳的點。然後此線向上逐漸加粗，有時保持一段相等的寬度，最終在上部地層中又逐漸變細而至消失，顯示這些物種逐漸減少直至最後滅絕。同群物種在數目上的這般逐漸增加，是與我的理論全然相符的，因為同屬的物種和同科的屬，只能緩慢、漸進地增加；因為變異的過程以及一些近緣類型的產生，其過程必然是緩慢、逐漸的 —— 一個物種先產生兩個到三個變種，這些變種再緩慢轉變成物

種，它們轉而又以同樣緩慢的步驟，產生其他的物種，長此以往，直至變成大的類群，如同一棵大樹從單獨一條樹幹上發出很多分枝一般。

論滅絕

至此我們僅僅是附帶地談及物種以及成群物種的消失。根據自然選擇理論，舊類型的滅絕，與改進了的新類型的產生，兩者密切相關。認為地球上所有生物在相繼的時代中曾被災變席捲而去，這個舊觀念已普遍被拋棄了，就連埃利‧德‧博蒙特、莫企孫、巴蘭德等地質學家，也都放棄了這種觀念，而他們的一般觀點會很自然地讓他們得出這一結論。相反，根據對第三紀地層的研究，我們有充分的理由相信，物種以及成群的物種是逐漸消失的，一個接一個，先從一處，然後從另一處，最終從世界上漸次消失。單一的物種以及成群的物種，其延續的期間，都是極不相等的。誠如我們已經所見，有些物種群，從已知最早生命的黎明時代起，一直延續到如今；有些物種群，則在古生代結束之前就已經消失了。似乎尚無固定的法則可以決定任何一個物種或任何一個屬，究竟能夠延續多長的時期。我們有理由相信，一群物種全部消失的過程，一般要比其產生的過程要慢。倘若用前述的一條粗細不等的垂直線來代表它們的出現和消失，便可發現標示其滅絕進程的線的上端，要比標示物種初次出現及數目增多的下端，變細的過程更為逐漸。然而，在某些情形中，整群生物（如接近中生代末期的菊石）的滅絕，曾經是出奇地突然。

物種的滅絕這整個論題，已經陷入最無必要的神祕之中。有些作者甚至假定，物種的存續也有時限，一如個體的壽命會有定數。我認為，無人能像我那樣，曾對物種的滅絕不勝驚異。我曾在拉普拉塔發現，馬的牙齒跟乳齒象、大懶獸、箭齒獸以及其他滅絕的怪獸遺骸埋藏在一起，而這些怪獸在十分晚近的地質時代，曾與而今依然生存的貝類共生過，這真令我驚奇不已。我之所以感到如此驚奇，是因為自從馬被西班牙人引進南美以後，便淪為野生進而遍布整個南美，並以無與倫比的速率增生，於是我曾自問，在如此分明是極其有利的生活條件下，是什麼東西致使先前的馬在這樣近的時期遭到了滅絕呢。然而，我的驚異又是何等的無根無據！歐文教授很快發現，這牙齒雖然與現存馬的牙齒十分相像，卻屬於一個已經滅絕的馬。若是這種馬於今依然存在的話（僅僅是在某種程度上稀少些），大概沒有任何博物學家，會對其稀少感到絲毫的驚奇。因為無論何地、無論隸屬哪個綱，稀少是大多數物種呈現的屬性。如果我們自問，為什麼這一物種或那一物種會稀少呢，那麼我們會回答，是由於其生活條件中有些不利的東西。至於那些不利的東西究竟為何物，我們幾乎總難知悉。假定那種化石馬至今作為一個稀有的物種依然存在，我們根據將其與所有其他哺乳動物（甚至包括繁殖率很低的大象）做一類比，以及根據家養馬在南美洲的歸化歷史，或許會確實地感到牠在更有利的條件下，定會在沒幾年之內遍布整個大陸。但是，抑制牠增加的不利條件究竟是什麼，是由於一種或是幾種偶然變故呢，還是在馬的一生中的哪一個時期、在何種程度上，發生了嚴重的抑制作用，對這些我們都一無所知。倘若這些條件日益變得不利，無論它們是如何地緩慢，我們確實不會覺察

出這一事實，而那種化石馬卻定會漸漸地變少而終至滅絕 —— 於是牠的位置便被某一更加成功的競爭者所奪取。

下面的這一點，最難做到牢記不忘，即每一種生物的增殖，都不斷受到一些未被察覺的有害因素所抑制，而且這些未被察覺的作用，綽綽有餘地能使它變得稀少以至於最終的滅絕。在更近的第三紀各套地層中，我們看到了很多先變得稀少而後滅絕的情形。而且我們知道，由於人為的作用，一些動物局部或整體的滅絕過程，亦復如此。我願重述一下我在 1845 年發表的文章中所言，物種一般是先變得稀少，而後滅絕，就好似疾病是死亡的先驅一樣。倘若對於物種的稀少並不感到奇怪，當它滅絕之時卻大驚小怪，這便形同對於疾病並不為怪，而當病人死去時，卻去詫異並懷疑他是死於某種未知的暴行一樣。

自然選擇理論是基於下述信念：每一個新變種（最終是每一個新種）的產生和存續，是由於它比競爭者占有著某種優勢，故較為劣勢類型的滅絕，幾乎是必然的結果。在我們的家養生物中，亦復如此：當一個新的、稍加改進的變種培育出來之後，它首先會排擠掉其鄰近改進較少的變種，及至大為改進之時，便會像我們的短角牛那樣，被運送到遠近各處，並取代別處的其他品種。因此，新類型的出現和舊類型的消失，無論是自然造的或是人為的，便連為一體了。在某些繁盛的類群裡，在一特定時間內所產生的新物種類型的數目，也許要多於已經滅絕的舊物種類型。但是我們知道，物種數目的增長並非是無限的，至少在新近的地質時期內曾是如此，因而，倘若僅就近期而論，我們可以相信，新類型的產生，引起了幾近同樣數目的舊類型滅絕。

誠如前面已經解釋並以實例所闡明，在各方面彼此最為相似的類型之間，競爭也往往最為激烈。因此，一個改進了以及變異的後代，一般會造成親本種的滅絕。而且，倘若很多新的類型是從任何一個物種發展起來的，那麼與這一物種親緣關係最近者，亦即同屬的其他物種，也最容易滅絕。所以，誠如我所相信，從一個物種傳下來的若干新物種，即一新屬，終將排除掉同一科裡的一個舊屬。但也常常有這樣的情形發生，隸屬於某一類群的一個新物種，奪取了另一類群中一個物種的地位並致使其滅絕。倘若很多近緣類型是從成功的入侵者中發展起來的話，那麼，勢必有很多類型要空出位置，而讓位者卻往往是近緣類型，因為它們受害於某種共同的遺傳劣性。但是，當隸屬同綱或異綱的物種，讓位於其他變異及改進的物種時，這些受害者中往往還有少數可以苟延很長時間，因為它們適於某種特別的生活方式，或者因為它們棲息在遙遠、孤立的地方而避開了激烈的競爭。譬如，三角蛤屬（*Trigonia*）是中生代地層中貝類的一個大屬，其中一個物種還殘存在澳洲的海裡，而且在硬鱗魚類（ganoid fishes）這個幾近滅絕的大類群中，還有少數成員至今依然棲息在我們的淡水之中。所以，誠如我們所見，一個類群的全部滅絕，其過程要慢於類群的產生過程。

至於整個科或整個目看似突然的滅絕，如古生代末的三葉蟲以及中生代末的菊石，我們必須記住前面已經說過的情形，在相繼的各套地層之間，很可能有著漫長的時間間隔，而在這些間隔期間內，可能曾有過十分緩慢的滅絕。此外，當突然的遷入或異常迅速的發展，令一個新的類群的很多物種占據了一個新的地區，它們就會以相應迅速的方式造成很多原住物種的滅絕，而這些讓出自己位

置的類型，通常都是近緣的，因為它們具有某種共同的劣性。

因此，依我看來，單一物種以及整群物種的滅絕方式，是與自然選擇理論十分吻合的。我們對於滅絕，無須驚異，如果我們一定要驚異的話，還是驚異於我們的臆斷吧，這一臆斷讓我們一時認為我們已經理解了每一物種的存在所依賴的很多複雜的偶然因素。每一物種都有過度增殖的傾向，而且我們很少察覺的某種抑止作用總是在作用，如果我們一時忘卻這一點，整個大自然的經濟體系就會變得完全不可理喻。無論何時，一旦我們能夠確切說明為何這個種的個體數會多於那個種，為何是這個種而不是另一個種能在某一地域安身立命，只有到了那時，方能對於我們為何不能說明這一特殊的物種或者物種群的滅絕，正當地感到驚異。

論生物類型在全世界
幾乎同時發生變化

恐怕沒有任何古生物學的驚人發現，堪比下述這一事實，即生物類型在全世界幾乎同時發生變化。因此，在世界上很多遙遠的地方（如北美、赤道地帶的南美、火地島、好望角以及印度半島），在最為不同的氣候下，儘管連白堊礦物的一個碎塊都不曾發現，卻能辨識出歐洲的白堊紀地層。因為在這些遙遠地方某些岩層中的生物遺骸，跟白堊紀地層中的生物遺骸，呈現出明確的類似性。所見到的並非是相同的物種，因為在某些情形中沒有一個物種是完全相同的，但它們卻屬於同一些科、同一些屬以及同一些屬的組合，而且有時在表面紋飾這類細微之點上，均有相似的特徵。此外，未曾

在歐洲白堊紀地層中發現（但卻在其上部或下部的地層中出現）的
一些類型，在世界上這些遙遠的地方，也同樣地缺失。在俄羅斯、
西歐以及北美若干連續的古生代地層中，幾位作者也曾觀察到生物
類型具有類似的平行現象。據賴爾稱，歐洲和北美的第三紀沉積物
亦復如此。即使對新舊大陸所共有的少數化石物種完全視而不見，
在相隔久遠的古生代和第三紀的各階段，在前後相繼的生物類型
中，其一般的平行現象依然是顯著的，而且幾套地層也是易於對比
的。

　　然而，這些觀察都是有關世界上遙遠地方的海生生物，我們尚
無足夠的資料來判斷在遙遠地方的陸生生物以及淡水生物，是否也
以同樣平行的方式發生過變化。我們可以懷疑它們是否曾經如此變
化過：倘若把大懶獸、磨齒獸、長頸駝〔又稱後弓獸〕和箭齒獸從
拉普拉塔帶到歐洲，而沒有任何有關其層位的資訊，恐怕無人會推
想牠們曾與依然生存的海生貝類共生過。但是這些異常的怪獸曾與
乳齒象和馬共生過，故我們至少可以推斷，牠們曾經生存於第三紀
的較晚期。

　　當我們談及海生生物類型曾在全世界同時發生變化時，千萬不
要假定這種說法是指同一個第一千年，或同一個第十萬年，甚至不
能假定其具有十分嚴格的地質學意義。如果把現今生存於歐洲以及
曾經在更新世（若以年數計，這是一個包括整個冰期，極為遙遠的
時期）生存於歐洲的所有海生動物，與現今生存於南美或澳洲的海
生動物加以比較，就算是最老練的博物學家，恐怕也很難說出，究
竟是現存的還是更新世的那些歐洲動物，與南半球動物最為相似。
還有幾位觀察高手相信，美國的現存生物與曾經在歐洲第三紀某

一較晚時期生存的那些生物的關係，比它們與歐洲的現存生物的關係，更為密切。此點屬實的話，那麼，現在沉積於北美海岸的含化石地層，今後很顯然會跟稍老一點的歐洲地層劃歸一類。儘管如此，展望遙遠的未來時代，我認為，所有較近代的海相地層，即歐洲，南、北美洲，以及澳洲的晚上新世的、更新世的以及嚴格的近代地層，由於它們含有某種程度上近緣的化石遺骸，由於它們不含有只見於更古老的下伏沉積物中的那些類型，在地質學的意義上是會被正確地被劃為同時代的。

　　生物類型在世界遙遠的各地，如上所述，廣義地同時發生變化的事實，已深深打動了那些令人稱羨的觀察家，如德韋納伊和達爾夏克。當他們談及歐洲各地古生代生物類型的平行現象之後，又說：「倘若我們被這種奇異的序列所打動，而把注意力轉向北美，並在那裡發現一系列類似的現象，那麼，似乎肯定這些物種的變異、滅絕，以及新物種的出現，不會僅僅是由於海流的變化或多少屬於局部和暫時的其他原因，而是依賴於支配整個動物界的一般法則。」巴蘭德先生已經力陳了完全相同的意思。把海流、氣候或其他物理條件的一些變化，視為處於極其不同氣候下的全世界生物類型變化如此之大的原因，實在是徒勞無益的。正如巴蘭德所指出的，我們必須去尋找某種特定的法則。當我們討論到生物現今分布的情形，同時發現各地的物理條件與其生物性質之間的關聯是何等薄弱時，我們將會更清晰地理解這一點。

　　全世界生物類型平行演替這一有趣的事實，可以根據自然選擇的理論來解釋。新物種由於新變種的產生而得以形成，它們對較老的類型具有某種優勢。那些在自己的地域內已居統治地位、或比其

他類型具有某種優勢的類型，自然最常產生新變種或雛形種，因為它們必定是強中之強的勝者，方能保留及倖存。這一方面的明顯證據，見於占有優勢的植物中，亦即在其本土上最常見，而且分布最廣的植物，它們產生了最大數目的新變種。同樣自然的是，占優勢、變異的、分布廣、而且多少已侵入其他物種領域的物種，會具有最好機會作進一步分布，並在新地區產生新變種以及新種。擴散的過程往往是十分緩慢的，取決於氣候和地理的變化或奇特的偶發事件，但長遠來說，占有優勢的類型一般會擴散成功。在隔離大陸上的陸生生物的擴散，很有可能比相連海洋中的海生生物的擴散要緩慢些。所以，我們或許可以發現（誠如我們明顯地發現），陸生生物中的平行演替程度不及海生生物那麼嚴格。

從任一地區擴散來，具有優勢的物種，或許會遇到更具優勢的物種，那麼它的成功之路甚至於它的存在即會終止。有關所有對新的、占優勢物種的增加最為有利的條件，我們不能全然精確了解。但是我認為，我們能清晰地理解，透過給予很多個體出現有利變異的良機，以及與很多現存類型進行激烈競爭，會是十分有利的，就像擴散到新領域的能力一樣。誠如前面已經解釋過的，一定程度的隔離，並在長時期間隔後重現這種隔離，大概也是有利的。世界上有的地區，對陸地上產生新的、具有優勢的物種是最為有利的，另有一些地區，則對在海域中產生新的、具有優勢的物種最為有利。倘若兩大區域在長期以來有同等程度的優勢條件，無論何時，當它們間的生物一旦相遇，其競爭會是曠日持久而且慘烈的。來自甲地的某些生物或許會勝出，而來自乙地的某些生物也可能勝出。然而，在時間的長河中，具有最高程度優勢的類型，無論產自何方，

自會趨於所向披靡。當其鋒頭正健時，它們便會造成其他劣勢類型的滅絕。這些劣勢類型因遺傳關係而在類群上相關，因而整群會趨於緩慢地消失，儘管四處也許會有單一的成員得以苟延殘喘許久。

故在我看來，全世界相同生物類型的平行演替（廣義上亦為同時演替），與新物種的形成是由於優勢物種廣為擴散和變異的原理，非常相符。如此產生的新物種，其本身即因遺傳而具優勢，亦因它們已經比親本種或其他物種具有某種優越性，並且將進一步地擴散、變異以及產生新種。被擊敗以及讓位給新勝利者的那些類型，由於遺傳了某種共同的劣性，一般都是近緣的類群。所以，當新的並且改進的類群廣布於全世界時，老的類群就會從世界上消失。而這一類型演替的兩種方式，處處都趨於一致。

與此相關的另一點值得提及。我已經給出理由表明我相信：我們所有大套的含化石地層，均是在沉降期間沉積下來的。漫長空白時間的間隔，則出現在海底靜止或抬升時，同樣也出現在沉積物的沉積速度不足以掩埋和保存生物的遺骸時。在這些漫長空白的間隔期間內，我猜想每一地區的生物都曾經歷相當的變異和滅絕，而且從世界其他地方也有大量的生物遷入。我們有理由相信，廣大地域曾受同一運動的影響，因此很可能嚴格的同一時代的地層，常常是在世界同一部分中異常廣闊的空間內堆積起來的。但我們遠沒有任何權利來斷定，此乃一成不變的，也不能斷定廣大地域總是一成不變地受到同一些運動的影響。當兩套地層在兩個地方，在相鄰但又非完全同一的期間內沉積下來時，依照上面一些段落裡所闡明的理由，我們會發現在這兩套地層中，存在著相同生物類型的一般演替，但是物種不見得完全一致，因為對於變異、滅絕和遷徙而言，

一處可能比另一處會有略多一點的時間。

　　我猜想，在歐洲是有這種性質的情形出現。普雷斯特維奇先生在他有關英、法兩國始新世沉積物令人稱羨的專著中，曾在兩國的相繼各套地層之間，找出了相近的一般平行現象。但是，當他把英國某些階段的地層與法國的加以比較時，他發現兩地間隸屬於同一屬的物種數目奇特地一致，然而物種本身卻有相當程度的差異，除非假定有一地峽把兩個海分開，而且在兩個海中棲息著同時代但卻不同的動物群，否則考慮到兩國間如此接近，這些差異非常難以解釋。賴爾對某些較晚期的第三紀地層，也作過類似的觀察。巴蘭德也曾指出，在波西米亞和斯堪的納維亞相繼的志留紀沉積物之間，也有驚人的一般平行現象。儘管如此，他仍發現了那些物種之間有令人吃驚的差異量。倘若這些地區的幾套地層並不是在完全相同的時期內沉積下來，亦即某一地區的一套地層往往相當於另一地方的一段空白間隔期，而且倘若兩地的物種是在幾套地層的堆積期間以及其間長久的間隔期間內，緩慢進行著變化，那麼在此情形下，兩地的幾套地層按照生物類型的一般演替，可以依照同一順序來排列，這一順序或許會不真確地表現出嚴格的平行現象。儘管如此，物種在兩地看似相當的層位中，卻未必是完全相同的。[2]

2　譯注：達爾文在此實際上已經注意到所謂「同層序排列」（homotaxis）這一古生物地層學中的重要現象及其含義，而這一概念的專業術語，是後來由赫胥黎在 1862 年倫敦地質學會年會上的「主席發言」中正式提出來的，一直沿用至今（參見 Huxley, T. H., 1897, "Discourses: Biological and geological essays", 272-304）。

論滅絕物種彼此之間及其與
現存種之間的親緣關係

現在讓我們來看看滅絕物種與現存物種之間的相互親緣關係。它們均屬一個龐大的自然系統──根據生物傳的原理，這一事實立即便可得以解釋。任何類型愈古老，按照一般規律，它與現存的類型之間的差異也就愈大。然而，依巴克蘭很久以前所指出，所有的化石，都可以歸類在至今還在生存的類群裡，或者歸類在這些類群之間。滅絕的生物類型，有助於填滿現存的屬、科以及目之間的廣泛間隔，這是無可置疑的。倘若我們僅把注意力局限於現存或滅絕的類型，則其系列便遠不如將二者結合在一個總的系統中來得完整。有關脊椎動物，從我們偉大的古生物學家歐文教授那裡，得來的例子能夠連篇累牘，顯示滅絕動物是如何地落入現存類群之間。居維葉曾把反芻類和厚皮類列為哺乳動物中兩個最不相同的目。但是，歐文已經發現了眾多的化石環節，他不得不改變這兩個目的整個分類，並將某些厚皮類與反芻類放在同一個亞目之中。譬如，透過一些微細的過渡類型，他消除了豬與駱駝之間看似巨大的差異。至於無脊椎動物，無人能及的權威巴蘭德指出，他每天都受到下述教益：古生代的動物，儘管隸屬於跟現今尚存的動物相同的一些目、科或屬，但在遠古時期，牠們並不僅局限於像如今這樣互不相同的類群裡。

一些作者反對將任何滅絕的物種或物種群，視為介於現存物種或物種群之間的中間類型。倘若這一名詞意味著一個滅絕類型在其所有的性狀上均直接介於兩個現存的類型之間的話，那麼，這一反

對意見很可能是站得住腳的。但是，我認為在完全自然的分類裡，很多化石種必然會處於現存種之間，而且某些滅絕的屬必然會處於現存的屬之間，甚至處於隸屬不同科的一些屬之間。最普通的情形（尤其是十分不同的類群，如魚類和爬行類），似乎是假定牠們現今是由十幾個性狀來區別的，而同兩個類群的古代成員間，藉以區別的性狀的數目要稍少一些，以至於這兩個類群原本雖十分不同，在當時那一時期則多少更為接近一些。

一般的信念是，一個類型愈是古老，它的一些性狀就傾向於愈能將現今彼此關係間隔很遠的類群連接起來。這一說法無疑只能限於在地史時期內經歷過巨大變化的類群。但想證明這一主張的正確性則是困難的，因為有時即使是一現存動物，如南美肺魚（*Lepidosiren*），已被發現與大不相同的類群有著親緣關係。然而，倘若我們把較古的爬行類和無尾兩棲類、較古的魚類、較古的頭足類以及始新世的哺乳類，與各自同一綱較為近代的成員加以比較的話，我們必須承認這一說法是有些真實性的。

讓我們看看這幾項事實和推論與兼變傳衍（descent with modification）的理論相符到何種程度。由於這一論題相當複雜，務請讀者再回頭參閱第四章的插圖[3]。我們可以假設帶數字的字母代表屬，從它們那裡分出來的虛線代表每一個屬的物種。這個插圖過於簡單，列出來的屬以及種也太少，但對於我們說來無關緊要。橫線可以代表相繼的各套地層，並且把最頂上的那一條橫線以下的所有類型都視為已經滅絕。三個現存屬，a^{14}，q^{14}，p^{14} 便形成了一個小的科；b^{14} 和 f^{14} 是一個親緣關係密切的科或亞科；o^{14}，e^{14}，m^{14} 則是第三個科。這三個科，連同從親本類型（A）分出來的幾條譜

系線上很多已滅絕的屬，合起來組成一個目，因為它們都從其古代原始祖先那裡遺傳了某些共同的東西。根據先前這一插圖所表明的性狀不斷分異的原理，愈是近代的類型，一般也就與其古代原始祖先愈是不同。因此，我們便能理解這一規律：最古老的化石，與現存類型之間的差異也就最大。然而，我們絕不能假設，性狀分異是一個必然發生的偶然事件，它完全取決於一個物種的後代，能夠由於性狀的分異，而在自然經濟結構中攫取很多不同的位置。所以，誠如我們所見某些志留紀類型的情形，一個物種隨著一些稍微改變的生活條件而自身不斷地有所改變，並且在漫長的時期內依然保持一些相同的一般性狀，也是十分可能的。這種情形在插圖中用字母 F[14][4] 來表示。

如前所述，所有從（A）傳下來的諸多類型，無論是滅絕的還是現存的，形成一個目。由於滅絕以及性狀分異的持續影響，該目便被分為幾個亞科和科，其中有一些被假定已在不同的時期內消亡了，而有一些卻一直存續到今天。

3　譯注：指本書唯一的插圖，亦即著名的「生命之樹」圖。在本書第一版，插圖是對折的插頁，插在頁 117 與 118 之間，故原文是「第四章的插圖」（「the diagram in the fourth chapter」）。但「牛津世界經典叢書」的 1996 版本及 1998 的重印本，均將該插圖放在書的最前面，故在文中將原文改成「the diagram in the preliminary」。本譯本是根據牛津版 2008 年的「修訂版」（「Revised edition」），但在這一版中，雖然插圖又移回至第四章中（原書第 90 頁），遺憾的是，文字卻並未隨之改動。因此，譯者在此處將其改為「第四章的插圖」。

4　譯注：這裡改正了原文的印刷錯誤（原文為 f[14]）。

只要看一下插圖，我們便能領會：若假定埋藏在相繼各組地層中很多滅絕的類型，見於該系列下方幾個點上的話，那麼，最上頭那一條線上三個現存的科，彼此之間的差異就不會那麼明顯。譬如，倘若 a^1、a^5、a^{10}、f^8、m^3、m^6、m^9 等屬已被發掘出來，那麼，上述這三個科就會密切連結在一起，甚至它們很可能會被合併成一個大科，這與曾經發生於反芻類和厚皮類的情形幾乎一致。然而，有人反對把這些滅絕的屬視為連結起三個科的現存屬的中間環節，或許也是有道理的，因為它們之所以是中間環節，並非是直接的，而是透過很多極不相同的類型，並經過漫長而迂迴的途徑而連接的。倘若很多滅絕的類型，發現於位於中央某一橫線或地層（如 No. VI）之上、但無一發現於這條線之下的話，那麼，只有左方的兩個科（即 a^{14} 等和 b^{14} 等）會併為一個科，兩個其他的科（即現在包含五個屬的 a^{14} 至 f^{14}，以及 o^{14} 至 m^{14}）仍會保持其間的不同。可是，現在這兩個科之間的區別，也不及這些化石發現之前顯得那麼分明了。譬如，倘若我們假定這兩個科的現存屬以十來個性狀而彼此相區別，在此情形下，曾經在 VI 橫線那個早期時代生存過的各個屬，它們之間相互區別的性狀數目則要少一些，因為它們在這樣早期的演化階段，自同一個目的共同祖先下來的性狀分異程度，遠不如其後的分異程度為大。由此而來，古老而滅絕的屬在性狀上便往往介於它們的變異的後代之間，抑或介於它們的旁支親族之間。

　　在自然狀態下，情形遠比插圖所呈現的要複雜得多，因為類群的數目會更多，持續的時間會極端地不等，而且變異程度也大不相同。由於我們僅掌握了地質紀錄的最後一卷，而且是斷章殘卷，除了極為稀少的情形，我們沒有權利去指望能把自然系統中寬廣的

間隙補齊，從而把不同的科或目連結起來。我們所有權指望的，只是那些在已知地質時期中曾經歷過巨大變異的類群，應該在較老的地層中彼此的相似性稍微會接近一些，以至於較古老的成員，比之同一類群的現存成員，在某些性狀上的彼此差異要小一些。而這一點，根據我們最優秀古生物學家的一致證據，似乎常常是如此的。

　　所以，根據兼變傳衍的理論，有關滅絕生物類型彼此之間及其與現存類型之間的相互親緣關係的主要事實，對我而言，已得到了圓滿的解釋。而用任何其他的觀點，是完全不能解釋這些事實的。

　　根據同一理論，顯然地球歷史上任何一個大的時期內，動物群在一般性狀上，將介於該時期之前與其後的動物群之間。因此，生存在插圖上的演化第六個大階段的物種，便是生存在第五個階段的物種的變異的後代，而且是第七個階段更加變異的物種的祖先。所以，它們在性狀上幾乎不可能不是近乎介於上下生物類型之間。然而，我們必須承認某些先前的類型已經完全滅絕了，必須承認在任何一個地區都有新類型從其他地區遷入，還必須承認在相繼的各套地層之間的漫長空白間隔期間曾有大量的變異。除了這些保留之處，則每一個地質時代的動物群在性狀上無疑是介於此前的與其後的動物群之間的。我僅需舉出一例即可，即當泥盆系最初被發現時，古生物學家立即辨識出，其化石在性狀上是介於上覆的石炭系和下伏的志留系之間。但是，每一個動物群未必一定完全介於兩者中間，因為在先後相繼的各套地層中，其間斷的時間是不相等的。

　　每一時代的動物群從整體上看，在性狀上近乎介於此前以及其後的動物群之間，某些屬會表現出這一規律的例外，對這一陳述的真實性，並無真正的異議。譬如，福爾克納博士曾將乳齒象與象類

分為兩個系列，先是按照牠們相互間的親緣關係，然後按照牠們的生存時代，結果二者並不相符。具有極端性狀的物種，既不是最古老的也不是最近代的；具有中間性狀的物種，亦非屬於中間時代的。但是，在此情形以及其他類似的情形中，讓我們暫時假定，物種的初次出現和消失的紀錄是完好的，我們並無理由相信，相繼產生的各種類型，必然也會持續相應長久的時間。一個十分古老的類型偶爾會比在其他地方後起的類型，生存的時間更長，尤其棲居在相互隔離區域內的陸生生物，更是如此。讓我們來以小比大：倘若把家鴿主要的現存族類與滅絕的族類，按照其系列的親緣關係盡可能好地予以排列的話，那麼，這種排列不太會與其產生的順序緊密相符，而且與其消失的順序更不相符，因為岩鴿的親本現今依然生存，而介於岩鴿與信鴿之間的很多變種卻已經滅絕了。在喙長這一重要性狀上，具有極長的喙的信鴿，卻比在同一性狀系列上處於相反一端的短喙翻飛鴿產生的要早。

與這一陳述（即來自介於中間地層的生物遺骸，在某種程度上具有中間的性狀）密切相連的一個事實，亦即所有古生物學家們所主張的，是兩套先後相繼地層中的化石彼此之間的關係，要比兩個層序上相隔較遠地層中的化石之間的關係，遠為密切。匹克泰特曾舉了一個眾所周知的例子，來自白堊紀地層幾個階段的生物遺骸，儘管每一階段的物種各異，但總體上是類似的。單單這一事實，由於其普遍性，似乎動搖了匹克泰特教授對於物種不變的堅定信念。大凡熟悉地球上現存物種分布的人，對於先後緊密相繼的各套地層中不同物種的密切類似性，不會期待以古代各地區間的環境條件一直保持近乎相同來解釋的。讓我們記住，生物類型，至少是海生

生物類型，曾經在全世界幾乎同時發生變化，因而這些變化是在極其不同的氣候和條件下發生的。試想在更新世期間，包含著整個冰期，氣候的變化之異常巨大，請注意海生生物的物種類型所受到的影響卻是何等之小。

緊密相繼的各套地層中的化石遺骸，儘管被定為不同的物種，但其親緣關係非常密切，根據生物傳的理論，這一事實的全部意義是顯而易見的。由於每一套地層的堆積常常中斷，又由於相繼的各套地層之間存在著長久的空白間隔，誠如我在前一章所試圖闡明的，我們不應指望，在任何一套或兩套地層中，發現在這些時期開始和終結時所出現的那些物種間所有的中間變種。但是，在間隔期後（若以年計則是很長，但地質年代上不算很長的時期），我們應該能發現緊密關聯的類型，或者如某些作者所稱的代表性物種，而這些確實曾為我們發現了。總之，誠如我們有權期待的那樣，我們發現了物種類型緩慢以及難以察覺的變異之證據。

論遠古類型的發展程度

新近的類型是否比遠古的類型達到更高的發展程度，這方面的討論已經很多。我在此不進入這一論題，因為何謂高等以及低等的類型，博物學家尚未給出讓他們相互之間皆能滿意的定義。最好的定義大概是，較高等的類型，其器官針對不同的功能，具有更為明顯的特化。而且由於如此生理功能上的分工，似乎對每一個生物體是有利的，故自然選擇便不斷地趨於使後來以及變化更甚的類型，較其早期祖先更為高等，或者比此類祖先稍微變化的後代更為

高等。在更一般的意義上，根據本人的理論，更為新近的類型必然比古老的類型更為高等一些，因為每一個新物種之所以得以形成，都因為它在生存競爭中比其他的、先前的類型，要具有某種優勢。假設在幾近相似的氣候下，世界上某一地區始新世的生物，與同一區域或某一其他區域的現存生物，放在一起進行競爭的話，始新世的動物群或植物群勢必會被擊敗或消滅；猶如中生代的動物群會被始新世的動物群，以及古生代的動物群會被中生代的動物群所擊敗或消滅一樣。我不懷疑，這一改進以顯著可以感知的形式，已經影響了較近以及更為成功的生物類型的組織結構，尤其與古老和被擊敗的類型相比起來，但我無法檢驗這類進步。譬如，甲殼類在本綱內並非最高等，但牠們可能已經擊敗最高等的軟體動物。從歐洲生物近年來擴張到紐西蘭的異常之勢，並且奪取了那裡很多先前已被占據的地盤，我們可以相信，倘若把大不列顛所有動物和植物散布到紐西蘭去的話，隨著時間的推移，很多英國的生物類型便會在那裡徹底歸化，並會消滅很多原生特有的類型。另一方面，從現今在紐西蘭所見的情形，從先前幾乎沒有一種南半球生物曾在歐洲任何地方變為野生來看，我們大可懷疑，若將紐西蘭所有生物散布到大不列顛去，其中是否會有相當數目的生物，將奪取現今被我國土生土長的植物和動物所占據之地。依此觀點，大不列顛的生物在等級上，可說高於紐西蘭的生物。然而，即便是最老練的博物學家，僅根據兩國物種的考查，也未曾預見到此一結果。

阿格塞堅持，古代動物在某種程度上，類似於同一個綱裡近代動物的胚胎；換言之，滅絕類型在地史上的演替，與現存類型的胚胎發育在某種程度上是平行的。我必須步匹克泰特與赫胥黎

之後塵，認為這一信念的真實性遠未被證實。然而，我完全期待它將來被證實，至少對於一些在較近時期內相互分支出來的下級類群而言，因為阿格塞此一信念與自然選擇理論極為相符。在其後一章中，我將試圖表明，由於變異是在一個不算早的時期附加出現，並在相應的時期得以遺傳，故成體不同於其胚胎。這種過程，儘管使胚胎幾乎保持不變，卻在相繼的世代中給成體添加愈來愈多的差異。

因此，胚胎好像是自然界保留下來的一種圖片，記錄著每一動物遠古時、較少改變的狀態。這一觀點可能是正確的，但或許永遠無法完全證實。譬如，目睹最古老的已知哺乳類、爬行類和魚類，都嚴格地屬於它們各自的綱，儘管其中一些老的類型彼此之間的區別，要稍微小於現今同一類群的典型成員彼此之間的區別，但若想尋找具有脊椎動物共同胚胎性狀的動物，在能夠發現遠位於志留紀最底部之下的地層以前，會是徒勞無益的 —— 但發現這種地層的機會，則是微乎甚微的。

論第三紀晚期相同區域內
相同類型的演替

克利夫特先生在很多年前曾表明，於澳洲洞穴內發現的化石哺乳動物，與該大陸現存的有袋類有密切的親緣關係。類似的關係也見於南美，甚至連外行人都能看出，拉普拉塔的若干地方所發現的一些巨大的甲片，與犰狳的甲片很相像；歐文教授曾以生動的方式顯示，埋藏在拉普拉塔的無數哺乳動物化石，大多數與南美的類型

相關。從隆德和克勞森採自巴西洞穴的豐富骨骼化石中，能更清晰地看到這種關係。這些事實給我的印象之深，以至於我曾在1839年和1845年力主「類型演替法則」以及「同一大陸上亡者與生者之間的奇妙關係」。歐文教授後來把這一概論，引申至舊大陸的哺乳動物。在該作者對紐西蘭滅絕的巨鳥所做的復原上，我們看到相同的法則；在巴西洞穴的鳥類中，我們也見到相同的法則。伍德沃德先生已經表明，相同的法則也適用於海生的貝類，但是軟體動物中大多數的屬分布廣闊，因此牠們並未很好地表現出這一法則。還可添加其他一些例子，譬如馬德拉的滅絕的陸生貝類與現存的陸生貝類之間的關係；以及鹹海－裏海（Aralo-Caspian）的滅絕的半鹹水貝類與現存的半鹹水貝類之間的關係。

相同的地域內相同類型的演替，這一不同尋常的法則，究竟意味著什麼呢？倘若有人把同緯度下澳洲和南美某些地方的現今氣候加以比較之後，就試圖一方面以不同的物理條件來解釋這兩個大陸上生物的不同，而另一方面又以相似的條件來解釋第三紀晚期每一大陸上同一類型的一致性，那麼，他可謂勇夫也。同樣也不能臆斷，有袋類主要或僅僅產於澳洲，或貧齒類以及其他美洲的類型僅僅產於南美，是一種不變的法則。因為我們知道，古代歐洲曾有很多有袋類動物棲居過，並且我在上述提及的出版物中曾表明，美洲陸生哺乳類的分布法則，從前與現在是不同的。北美在從前強烈地具有該大陸南半部的特性；而且以前的南半部也比現在更像北半部。從福爾克納和考特利的一些發現，我們同樣地知道，印度北部的哺乳動物，從前比現今更為密切地接近於非洲的哺乳動物。類似的事實，也見於有關海生動物的分布。

按照兼變傳衍的理論，相同地域內相同類型持久但並非不變地演替這一偉大法則，便立即得以解釋。因為世界上每一處的生物，在緊接著下來的時期內，顯然都趨於把親緣關係密切而又有某種程度變異的後代遺留在該處。如果一個大陸上的生物先前曾與另一個大陸上的生物差異很大，那麼它們的一些變異的後代，依然會有著在方式與程度上幾近相同的差異。但是經過了漫長的時間間隔，並且經歷了巨大地理變化之後，其間發生了很多相互間的遷徙，較弱的類型便會讓位於更為優勢的類型，因而，生物的過去和現在的分布法則，便全然不會一成不變了。

或許有人嘲諷地問我，我是否假定先前生活在南美的大懶獸和其他近緣的大怪獸曾留下了樹懶、犰狳和食蟻獸，作為其退化了的後代。這是絲毫不能承認的。這些巨大的動物已經完全滅絕，未留下任何後代。但是在巴西的洞穴裡，有很多滅絕的物種，其大小及其他性狀，皆與南美現存的物種密切近似，這些化石中的一些物種，或也就是現存物種的真實祖先。切莫忘記，根據本人的理論，同一個屬的所有物種都是自某一個物種那裡傳下來的。因此，倘若在同一套地層中，發現有六個屬，而每一個屬各有八個種的話，而在相繼的一套地層中，又發現了六個其他近緣或具代表性的屬，它們也各具同樣數目的種，那麼，我們可以斷定，六個較老的屬裡，每一個屬中僅有一個物種會留下變異的後代，以構成六個新屬。較老的屬中其他七個物種皆已滅絕，未曾留下任何後代。或者，也許是更加常見的情形，即在六個較老的屬中，只有兩三個屬的兩三個物種，會是新屬的親本，而所有其他老的物種以及其他老的屬，皆已完全滅絕。在走下坡路的目裡，明顯地如南美的貧齒類，屬和種

的數目均逐漸減少，因此所能留下變異的嫡系後代的屬和物種，則更是少之又少了。

前一章以及本章的概述

我已試圖表明：地質紀錄極不完整；地球上僅有一小部分，已經進行過仔細的地質調查；只有某些綱的生物，大部分已以化石狀態保存了下來；我們博物館裡所保存的標本與物種的數目，即便跟單獨一套地層中所必然經歷過的無數世代的數目相比，也絕對算不了什麼；由於沉降對於含化石的沉積物堆積到一定厚度方能抗拒未來的剝蝕是必要的，因此，在相繼的各套地層之間，有著極為漫長的間隔期間；在沉降期間，大概有更多的滅絕發生，在抬升期間，大概有更多的變異產生而且紀錄也保存的最不完整；每一單套的地層並非是連續不斷地沉積起來的；每一套地層持續的時間，也許較物種類型的平均壽命為短；在任何一個地域內以及任何一套地層中，遷徙對於新類型的首次出現，均產生重要的作用；分布廣的物種是變異最大、最常產生新種的那些物種；變種最初常常是地方性的。所有這些原因結合起來，便使地質紀錄傾向於極不完整，並在很大程度上可以解釋，為何我們未曾發現不計其數的變種以最細微的步驟把所有滅絕了的以及現存的生物類型連結起來。

凡是反對這些有關地質紀錄性質的觀點的人，自然會反對我的整個理論。因為他會徒勞無益地發問，先前必曾把同一大套地層內的幾個階段中所發現的那些密切近緣的物種或代表性物種連接起來的無數過渡環節，於今何在呢？他可能會不相信，在先後相繼的各

套地層之間，有著漫長的間隔期間。在考察諸如歐洲那樣的任何一個單獨的大區域的各套地層時，他可能會忽略了遷徙必曾起過何等重要的作用；他可能會力主，整群的物種分明（但這種「分明」常常是假象）是突然出現的。他可能會問：遠在志留系的第一層沉積之前，必有無限眾多的生物已經存在，但它們的遺骸於今何在呢？我只能以假設來回答這後一個問題，就我們所知，我們現今的海洋所延伸的範圍，已存既久，而我們現今上下波動著的大陸，也自志留紀以來即已立足此處。遠在志留紀以前，世界可能會是另一番完全不同的景象，由比我們所知的更老地層所形成的古大陸，要麼於今可能全部呈變質的狀態，要麼可能還埋藏在海洋之下。

除去這些難點，古生物學上一些其他主要的重大事實，在我看來，若依據透過自然選擇而兼變傳衍的理論，簡直是順理成章的了。故此我們便能理解，為何新物種是緩慢地、相繼地產生的；為何不同綱的物種未必一起發生變化，抑或以同等的速度或同等的程度發生變化。然而，久而久之，所有的生物都經歷了某種程度的變異。老的類型的滅絕，幾乎是產生新類型的必然結果。我們能夠理解，為何一個物種一旦消失，就不再重現。成群的物種在數目上的增加是緩慢的，其存續時間也不盡相等，因為變異的過程必然是緩慢的，並取決於很多複雜的偶然因素。較大的具優勢的物種群中的優勢物種，趨於留下眾多變異的後代，並因此而形成了新的亞群與群。由於這類新類群的形成，較為弱勢類群中的物種，因從一個共同祖先那裡遺傳了劣性，便趨於一起滅絕、在地球表面上未留下任何變異的後代。但是，整群物種的完全滅絕往往會是一個極為緩慢的過程，因為其中少數後代會在被保護的和隔立的情形下苟延殘喘

下去。當一個群一旦完全滅絕的話，就不會重現，因為世代的環節已經斷開。

我們能夠理解，為何具有優勢的生物類型，也是那些最常變異的類型，它們最終趨於擴散開來，使其近緣但變異的後代遍布於全世界，這些後代一般都能成功地取代那些在生存競爭中較為低劣的類群。因此，經過漫長的時間間隔之後，世界上的生物看起來像是同時發生變化似的。

我們能夠理解，為何古今的所有生物類型匯成一個龐大的系統，因為所有生物皆由世代親緣而相連。從性狀分異的連續傾向，我們能夠理解，為何類型愈古老，它與現存的類型之間的差異一般也就愈大。為何古代的、滅絕的類型往往趨於把現存類型之間的空隙填充起來，而有時則將先前被分屬為兩個不同的類群合而為一，但更通常只是把它們之間的親緣關係稍微拉近一些。類型愈古老，其性狀在某種程度上也就更常明顯地處於現在區別分明的類群之間；因為類型愈古老，它跟廣為分異之後的類群的共同祖先愈接近，因而也就愈加與之相似。滅絕的類型很少直接地介於現存的類型之間，而只是透過很多滅絕的、十分不同的類型，以綿長婉轉的路徑而介於現存的類型之間。我們能夠清楚看到，為何緊密相繼的各套地層中的生物遺骸，彼此間的親緣關係要比那些保存在層位上相隔較遠，更加密切，因為這些類型被世代親緣緊密地連結在一起了；我們能夠清楚看到，為何中間地層的生物遺骸具有中間的性狀。

世界史上每一相繼時代的生物，在生存競爭中擊敗先驅，自然等級上也相應地提高了。這也可以解釋很多古生物學家所持的一個

含糊不清的觀點：體制結構在整體上來說，已經向前發展了。如果今後能夠證明，古代的動物在某種程度上類似於本綱中更近代動物的胚胎，那麼，該事實便可理解。晚近地質時代中相同地域內的相同構造類型的演替，已不再神祕，完全可以用遺傳來予以解釋。

若地質紀錄是如我所相信的那樣不完美，而至少可以斷言，地質紀錄的完整性不會被證明大大超出我所相信的程度，那麼，對於自然選擇理論的一些主要異議，便會大大地減少甚或完全消失。另一方面，依我之見，所有古生物學的主要法則均明白地宣告了，物種是按普通的世代衍傳產生出來的：老的類型被新的且改進的生物類型所取代，後者由仍在我們周圍發生作用的變異法則所產生，並為「自然選擇」所保存。

第十一章
地理分布

現今的分布不是物理條件的差異所能解釋－屏障的重
要性－同一大陸的生物的親緣關係－創造的中心－由
於氣候的變化、陸地水平的變化，以及偶然方式的擴
散方法－在冰期中與世界共同擴張的擴散。

　　當我們思考地球表面的生物分布時，令我們印象至深的頭一件
奇妙事實便是：依據氣候以及其他物理條件，既不能解釋各個區域
間生物的相似性，也不能解釋其非相似性。近來，幾乎每一個研究
這一論題的作者，均得出了這種結論。但就美洲的情形，便幾乎足
以證明其正確性了。因為倘若除了北極周圍幾乎是連續的北部地域
之外，所有的作者均會同意：地理分布上最基本的分界之一，是新
大陸與舊大陸之間的分界。然而，如果我們在美洲的廣袤大陸上旅
行，從美國的中部到其最南端，我們會遭遇多樣的物理條件：潮溼
的地區、乾燥的沙漠、巍巍的高山、草原、森林、沼澤、湖泊以及
大河，處於幾乎各種各樣的溫度之下。舊大陸幾乎沒有一種氣候或
外界條件，不能與新大陸相平行 —— 至少有著同一物種一般所需的
密切的平行，因為一群生物僅局限在很小的、其條件只是稍微特殊

的區域裡，這一現象十分罕見。譬如，可以舉出舊大陸裡有些小塊區域比新大陸的任何地方都熱的例子，然而這些地方並不是棲居著一個特殊的動物群或植物群。儘管舊大陸與新大陸在各種條件上有此種平行現象，可它們的生物是何其不同啊！

在南半球，如果我們將處於緯度二十五度與三十五度之間的澳洲、南非以及南美西部的大片陸地加以比較，我們將發現，一些地方在所有條件上都極為相似，但要指出比它們之間更為不同的三個動物群和植物群，恐怕不可能。再來，我們把南美的南緯三十五度以南的生物與二十五度以北的生物加以比較，兩地的生物棲居是在相當不同的氣候下，然而它們彼此之間的親緣關係，比其與氣候幾近相同的澳洲或非洲的生物之間的關係，卻更加密切。與海生生物相關的類似事實，也可舉出一些。

在我們進行總體回顧時，令我們印象深刻的第二件奇妙事實則是，任何種類的屏障，或阻礙自由遷徙的障礙，都與各個不同區域生物的差異，有密切而重要的關係。從新、舊兩個大陸幾乎所有陸生生物的巨大差異中，我們看到了這一點，只有它們的北部是個例外，那裡的陸地幾乎都相連，而且只要氣候稍有變化，北溫帶的類型或許是可以自由遷徙的，正像那裡現今嚴格的北極生物能自由遷徙一樣。在同緯度下的澳洲、非洲和南美生物之間的重大差異中，我們看到了同樣的事實，因為這些地域的相互隔離幾乎已達極致。在每一個大陸上，我們也看到同樣的事實。在巍峨而連續的山脈、廣袤的沙漠，有時甚至是大河的兩邊，我們發現不同的生物，儘管因山脈、沙漠等並不像隔離大陸的海洋那樣不可逾越，抑或不及海洋持續得那樣久遠，故其生物之間的差異程度，也遠不及不同大陸

上生物之間所特有的差異。

再看海洋，我們發現同樣的法則。沒有哪兩個海洋動物群，較之中南美的東、西海岸的更為不同了，兩者之間幾乎連一種共同的魚、貝類或蟹都沒有。然而這些奇妙動物群，僅被一狹窄但不可逾越的巴拿馬地峽所隔。美洲海岸的西側是廣闊無垠的海洋，沒有一個可供遷徙者駐足的島嶼，在這裡我們見到另一類屏障，一旦越過此處，我們在太平洋的東部諸島便遇到了另一種完全不同的動物群。此處這三個海洋動物群，向北、向南廣闊分布，彼此的平行線相距不是太遠，具有相應可比的氣候。但是，由於彼此間被不可逾越的陸地或大海這樣的屏障所分隔，它們是完全不同的。另一方面，從太平洋熱帶的東部諸島進而西行，我們不再會遇到不可逾越的屏障，而是有無數可以駐足的島嶼或是連續的海岸，直到歷經半個地球的旅程後，我們抵達非洲海岸，在如此廣闊的空間裡，我們不會再遇到界限分明、截然不同的海洋動物群了。儘管在上述美洲東部、美洲西部和太平洋東部諸島的三個相距很近的動物群中，幾乎沒有一種貝類、蟹或魚是共有的，卻有很多魚類從太平洋分布到印度洋，而且處於幾乎完全相反的子午線上的太平洋東部諸島與非洲東部海岸，也有很多共同的貝類。

第三件奇妙的事實，部分已經包括在上面的陳述之中，是同一大陸上或同一海洋裡的生物的親緣關係，儘管物種本身在不同地點與不同場所是有區別的。此乃最廣泛的普遍性法則，每一大陸都提供了無數實例。然而，當博物學家旅行時，絕不會對下述情形視若無睹：譬如從北到南，物種雖不同但其親緣關係顯然相近的生物類群，彼此之間逐次更替。他會聽到親緣關係密切但種類不同的

鳥兒，其鳴聲幾近相似，他會看到牠們的巢構築形似但又不完全一樣，巢中卵的顏色亦復如此。在麥哲倫海峽附近的平原上，棲居著美洲鴕鳥的一個種，而在北面的拉普拉塔平原上，則棲居著該屬的另一個種，但沒有像同緯度下非洲和澳洲那樣的真正鴕鳥或鴯鶓（emu）。在同一拉普拉塔平原上，我們看到刺鼠（agouti）和絨鼠（bizcacha），這些動物與我們的野兔和家兔的習性幾近相同，並屬於齧齒類的同一個目，但是牠們明顯呈現著美洲型的構造。我們登上科迪艾拉山脈巍峨的山峰，發現了絨鼠的一個高山種；我們向水中看去，卻不見海狸或麝鼠，但能見到美洲型的齧齒類河鼠（coypu）和水豚。其他例子不勝枚舉。倘若我們觀察一下遠離美洲海岸的島嶼，無論其地質構造可能會有多大的不同，但棲居在那裡的生物在本質上均屬美洲型式的，哪怕它們可能全都是特殊的物種。誠如前一章所示，我們可以回顧一下過去的時代，我們發現當時在美洲的大陸上和海洋裡到處可見的，也都是美洲類型的生物。從這些事實中，我們窺見某種深層的有機聯繫，貫穿於空間和時間、遍及水域與陸地的同一地域，並且與物理條件無關。如果一位博物學家不去深究這一聯繫究竟為何，那麼，他必然是了無好奇之心。

　　根據我的理論，這一聯繫便是遺傳，就我們確切地了解，單單這一原因便會使生物彼此間十分相像，抑或如我們在變種中所見，令它們彼此間近乎相像。不同地區生物的不相似，可歸因於透過自然選擇所發生的變化，在十分次要的程度上亦可歸因於不同物理條件的直接影響。其不相似的程度，將取決於更為優勢的生物類型，從一地到另一地的遷徙，其過程的難易程度與時間發生的早晚——

取決於它們在相互的生存競爭中的作用與反作用；也取決於生物與生物之間的關係，誠如我常常提及的，這是所有關係中最為重要的。因此，由於阻止遷徙，屏障的高度重要性便開始發揮作用，正如時間對於透過自然選擇的緩慢變異過程所發揮的作用一樣。分布廣泛的物種，其個體繁多，已在它們自身廣布的原居地戰勝了很多競爭對手，當其擴張到新地域時，便有了篡取新地盤的最佳機緣。它們在新家園裡會遭遇到一些新的條件，而且常常會經歷更進一步的變異和改進，因此它們會變得更為成功，並且產生成群變異的後代。依據這一攜變遺傳的原理，我們便能理解，為什麼屬的一些部分、整個的一些屬，甚至於一些科，會局限在相同的地域之內，這一情形是如此常見而且人盡皆知的。

誠如前一章裡所述，我不相信有什麼必然的發展法則。因為每一個物種的變異性皆為獨立的屬性，而且變異性只有在複雜的生存競爭中對每一個個體有利時，才能為自然選擇所利用，故不同物種的變異程度，在量上也是不均等的。譬如，倘若有幾個物種，彼此間原本是直接競爭的，卻集體遷入一個新的、其後變為與外界隔離的地域，那麼，它們便不太會發生什麼變異，因為遷徙也好，隔離也罷，其本身並不能發生任何作用。這些因素只有在生物彼此間產生了新的關係，並與其周圍的物理條件產生了新的關係（這一點較前一點為次要）時，方能發生作用。誠如我們在前一章中所見，有些生物類型從一個極為遙遠的地質時代起，就一直保持著幾近相同的性狀，同樣，某些物種已經遷徙穿越了廣闊的空間，卻並未發生很大的變化。

根據這一觀點，很明顯，同屬的幾個物種儘管如今棲居在相距

遙遠的世界各地，但由於均從同一祖先傳下來的，它們最初肯定是發生於同一原產地。至於那些在整個地質時期裡經歷了很少變化的物種，自不難相信它們皆是從同一個區域遷徙而來的，因為亙古以來地理上和氣候上相伴發生巨大的變化期間，幾乎任何距離的遷徙都是可能的。然而，在很多情形中，我們有理由相信，一個屬中若干物種是在相對較近的時期內產生的，在這方面就有很大的困難了。同樣明顯的是，同一個物種中的個體，儘管現今棲居在相距很遠並相互隔離的地區，它們必定來自同一地點，即它們的雙親最初產生的地方，因為如前一章裡已經解釋過，從不同物種的雙親那裡，透過自然選擇而產生出完全相同的個體，是不可思議的。

轉至博物學家已經廣泛討論過的一個問題：物種是在地球表面上一個地點還是多個地點創造出來的呢？無疑，在眾多情形下極難理解，同一物種怎麼可能從一個地點，遷徙到如今所在的幾個相距很遠且相互隔離的地點的呢？無論如何，每一物種最初皆產生於單一地區之內，這個觀點的簡單性著實引人入勝。排斥此觀點的人，也就排斥了普通的發生及其後遷徙的真實原因，並將引入神奇的作用。普遍承認，在大多數情形下，一個物種棲居的地域總是連續的；當一種植物或動物棲居在彼此相距很遠的兩個地方，或者兩地之間的間隔是這樣一種性質，即這一地帶在遷徙時不易逾越，那麼，這一事實便會被視為不尋常以及例外的情形。陸生哺乳動物的跨海遷徙能力，也許比任何其他生物都更明顯地受到限制，因而我們尚未發現下面這樣難以解釋的情形：相同的哺乳動物棲居在世界上相距很遠的各地。大不列顛與歐洲曾經一度是連結在一起的，其結果具有相同的四足獸類，對此類情形，沒有一個地質學家會感到

難以解釋。但是，若同一個物種能在相互隔離的兩個地點產生的話，那麼，我們為何沒有發現任何一種歐洲與澳洲或南美所共有的哺乳動物呢？其生活的一些條件是幾近相同的，以至於很多歐洲的動物和植物，已在美洲和澳洲歸化了。而且在南北兩半球這些相距遙遠的地方，也有一些完全相同的原生植物。誠如本人所信，其答案是：某些植物由於具有各種各樣的傳布方法，已經在移徙時透過了廣闊而隔斷的中間地域，但是哺乳動物卻不能在遷徙中逾越這一中間地域。各類屏障對於分布曾有過的重大而顯著的影響，只能根據大多數的物種僅產生在屏障的一側、而尚未能遷徙到另一側的這種觀點，才得以解釋。某少數幾個科、很多亞科、更多的屬，以及更為眾多的屬的部分，只局限在一個單一的地域。幾位博物學家已觀察到，最自然的屬，或其物種之間聯繫最為密切的那些屬，一般都是地方性的，或僅局限在一個區域。假設當我們在該系列中往下降一級時，若是對於同一物種內的個體來說，有一個正相反的規律在支配著，並且物種不是地方性的，而是在兩個甚或更多的不同地域內產生出來的，那將是何等奇怪的反常啊！

　　因此，誠如很多其他博物學家所認為，我也認為下述觀點是最可靠的：每一物種僅在一個地方產生，然後從那裡遷徙出去，遷到遠至它在過去與現在條件下的遷徙和生存能力所及之處。無疑，在很多的情形中，我們並不能解釋同一物種是怎麼能夠從一個地點遷到另一個地點。但是，在最近地質時代期間，確實已出現過的一些地理和氣候上的變化，定會阻斷很多物種先前的連續分布或使之不再連續了。所以，我們最終不得不考慮，分布連續性的例外情形是否過多而且太過嚴重，以至於我們應該放棄從一般考慮看來很有可

能的那一信念，即：每一物種都是在一個地方產生的，並且其後從那裡遷徙到盡可能遠的地方。若將於今生活在相距遙遠而且相互隔離的各個地點上同一物種的所有例外情形都加以討論的話，那會是不勝其煩的，我也不會須臾妄言對此類情形能有任何解釋。但是，在一些初步的陳述之後，我會討論一下少數幾類最顯著的事實，亦即同一物種存在於相距很遠的山巒頂峰之上以及北極和南極相距很遠的一些地點；其次，淡水生物的廣泛分布（在下一章裡討論）；第三，同一個陸生的物種，出現在一些島嶼及大陸上，儘管它們之間被數百英里大海所分隔。倘若同一物種存在於地球表面相距很遠而且隔離的地點，能在許多事例中被每一物種乃從單一出生地遷徙出去的觀點所解釋的話；那麼，考慮到我們對於先前氣候、地理上的變化以及各種偶爾的傳布方式的無知，相信這是一個放諸四海皆準的法則，在我看來，則是最可靠不過的了。

在討論這一問題時，我們還應同時考慮對我們來說是同等重要的一點：一個屬裡幾個不同的物種（按本人的理論，是從一個共同祖先傳下來的），是否能從其祖先棲居的那一地區遷徙出去（在遷徙過程中的部分期間發生了變異）。倘若能夠表明下述情形幾乎是一成不變的，即一個地區所棲居的大多數生物，與另一個地區的物種，抑或親緣關係密切，抑或屬於同屬，該地區很可能在以前的某一時代曾接受過自另一個地區遷入的生物，那麼我的理論便得以加強。根據變異的原理，我們便能清晰地理解，為何一個地區的生物竟會與另一個地區的生物相關，因為這一地區的物種是由後者輸入而來。譬如，在距離一個大陸數百英里外，隆起並形成了一個火山島，隨著時間的推移，很可能會從該大陸接受少數的遷入的生物，

而它們的後代，儘管有所變異，依然會由於遺傳，而與該大陸上的生物有著明顯的關係。這類情形是普遍的，而且一如我們此後還要更充分地了解，用獨立創造的理論是難以解釋的。一個地區的物種與另一地區的物種相關的這一觀點，與華萊士先生一篇頗有創意的文章中新近提出的觀點，並無多大不同（只要把物種一詞換成變種即可），他在文中還斷言，「每一物種的產生，均與先前存在、親緣關係密切的物種，在空間和時間上戚戚相關」。而且我現在透過與他的通信已經明白，他把這種戚戚相關歸因於伴有變異的發生（generation with modification）。

先前有關「創造的單中心及多中心」的陳述，對另一個類似的問題，沒有直接的關係，即同一物種的所有個體是否從單獨一對配偶那裡傳下來的，或是從一個雌雄同體的個體那裡傳下來的，或者誠如某些作者所假設的，是從很多同時創造出來的眾多個體那裡傳下來的。至於那些從不雜交的生物（假如它們存在的話），根據我的理論，物種必定是從一連串改進的變種那裡傳下來的，這些變種從來不跟其他個體或變種相混合，而是要彼此取而代之。所以，在變異和改進的每一個相繼階段，每一個變種的所有個體，都是從單一親本那裡傳下來的。但是在大多數情形下，對於每次生育通常都經由交配，或經常進行雜交的生物，我相信在緩慢的變異過程中，透過雜交，該物種的所有個體保持幾近一致。故此很多個體會同時進行變化，而且在每一個階段，變異的總量不會是由於自單一親體傳下來所致。茲舉一例來說明我的意思：英國的賽馬與任一其他品種的馬皆稍有不同，但是，牠們的不同之處以及優越之處，並不是從任何單獨一對親本那裡傳下來的，而是由於在很多世代中，對很

多個體持續地進行了仔細的選擇與訓練所致。

在討論三類事實（已經被我選為對「單一創造中心」理論所帶來的最大難題）之前，我必須對擴散的方法稍加說明。

擴散的方法

賴爾爵士以及其他一些作者已經很得力地討論了這一問題。我在此僅就一些更重要的事實，給出一個最簡略的摘要。氣候的變化必定對遷徙有過強力的影響：一個地域，在其過去的氣候不同之時，可能曾是遷徙的通衢大道，如今卻是不可逾越的了。然而，現在我必須對這一方面的問題，稍作詳細的討論。陸地水平的變化，也必定有著極為重要的影響：例如，一條狹窄的地峽現將兩個海生動物群分隔開來，倘若這條地峽在水中沉沒了，或者從前曾經沉沒過，那麼這兩種動物群就會混合在一起，抑或先前就曾混合過。如今海洋所延伸之處，在先前某一時代，或許曾有陸地將島嶼之間甚至可能將大陸之間連接在一起，故而允許陸生生物從一地通向另一地。陸地水平曾在現存生物的存在期間出現過巨大的變化，對此沒有地質學家會持異議。福布斯力主，大西洋中所有島嶼，在最近的過去一定曾與歐洲或非洲相接，而且歐洲也同樣與美洲相接。其他一些作者故而假設每個海洋都曾有過陸橋相連，而且幾乎把每一島嶼都與某一大陸相連起來。倘若福布斯的論點確實可信的話，就不得不承認，在最近的過去，幾乎沒有一個島嶼是不與某一個大陸相連的。這一觀點，便可快刀斷亂麻般解決了同一物種擴散到天涯海角的問題，而且很多難點也迎刃而解。然而就我所能判斷而

言，我們尚不能就此承認在現存物種存在的期間，確實曾出現過如此巨大的地理變化。在我看來，關於陸地水平的巨大波動，我們有著豐富的證據；但是並無證據表明其位置和範圍也曾出現過如此巨大的變化，以至於它們在近代曾彼此相連，而且曾與幾個介於其間的洋島相連。我坦白地承認，先前存在過的很多島嶼，現在已沉沒在海裡了，這些島嶼從前可能曾作為植物以及很多動物遷徙時的歇足之地。誠如我所相信的，在珊瑚生長的海洋中，這些沉沒的島嶼，現今被立於其上的珊瑚環或環礁所標示。我相信終將有一天，當人們充分承認，每一個物種曾是從單一產地產生，而且隨著時間的推移，當我們了解有關分布方法的確實情形時，我們便能有把握地推測先前陸地的範圍了。然而我不相信最後能夠證明現今分離遙遠的各大陸，在近代曾是彼此相連或幾乎彼此相連在一起，而且還與很多現存洋島相連的。若干分布上的事實，譬如幾乎每一個大陸兩側的海生動物群所存在的巨大差異；若干陸地甚至海洋的第三紀生物，與該處現存生物之間的密切關係；哺乳動物的分布與海洋深度之間，存在著某種程度上的關係（我們此後將會看到）；這類事實，在我看來，皆與承認近代曾經發生過極大的地理變革一說是相違的，但若根據福布斯所提出並為其追隨者所接受的觀點來說，這一說法卻是必然的。洋島生物的性質及其相對的比例，在我看來，同樣也是與洋島先前曾與大陸相連的這一信念相違的。它們幾乎普遍具有火山成分，也無法證明它們是沉沒大陸之殘留物的說法。倘若它們原本是大陸上的山脈，那麼，至少有些島嶼會像其他山峰那樣，由花崗岩、變質片岩、老的含化石岩層或其他此類岩石所構成，而不僅僅是由成堆的火山物質所組成。

現在我必須略表一下所謂意外的分布方法，或稱之為偶然的分布方法，更為適當。在此我僅談談植物。在植物學論著裡，會談及某些植物不適於廣泛傳播，但是，對於跨海的傳送，其難易程度可以說是幾乎一無所知。在伯克利先生幫助我做了幾種試驗之前，甚至關於種子抗拒海水侵害作用的能力究竟有多大，也不得而知。我驚奇地發現，在 87 種的種子中，有 64 種當浸泡過 28 日後還能發芽，而且有少數經浸泡過 137 日後仍能生存。為方便起見，我主要試驗了那些沒有蒴果或果肉的小種子，因為所有這些種子在幾天之內都得沉下去，故無論其是否會受海水的侵害，都不能漂過廣闊的海面。其後我試驗了一些較大的果實以及蒴果等，其中有一些能夠長時間地漂浮。眾所周知，新鮮的與乾燥木材的浮力差異極大。我還意識到，大水或許會把植物或枝條沖倒，這些可能在岸上被風乾，然後又被新上漲的河流沖刷入海。因此，這讓我想到把 94 種植物的有成熟果實的樹幹和枝條弄乾後，放入海水中。大多很快沉下去了，而有一些在新鮮時只能漂浮很短一段時間，但乾燥後卻能漂浮很長的時間；譬如，成熟的榛子迅即下沉，但乾燥後卻能漂浮 90 天之久，而且此後將其種植尚能發芽；帶有成熟漿果的蘆筍（asparagus）能漂浮 23 天，經乾燥之後竟能漂浮 85 天，而且這些種子在之後仍能發芽；苦爹菜（*Helosciadium*）成熟的種子兩天後便下沉，乾燥後能漂浮 90 天以上，其後也能發芽。總計在這 94 種乾燥的植物中，18 種漂浮了 28 天以上，而且這 18 種中還有一些漂浮了更長的時間。故此，64/87 的種子，泡在水中 28 日後還能發芽；並且 18/94 的帶有成熟果實的植物（與上述試驗的物種不盡相同）在乾燥之後能漂浮 28 天以上。倘若我們可從這些零星的事

實做出任何推論的話，那麼，我們便可斷言，任何地域的 14/100 的植物種子或可在海流中漂浮 28 天，仍能保持其發芽的能力。在《約翰斯頓自然地圖集》中，有一些大西洋海流的平均速率為每日 33 英里（有些海流的速率為每日 60 英里）。按照這一平均速率，屬於一個地域的 14/100 的植物種子，或許會漂過 924 英里的海面而抵達另一個地域。當擱淺之時，若被內陸大風刮到一個適宜的地點，它們還會發芽。

繼我的這些試驗之後，馬騰斯也做了相似的試驗，但方法要好得多，因為他把種子放在一個盒子裡，讓它在海上漂浮，故種子時而被浸溼，時而被暴露在空氣中，就像真實的漂浮植物一般。他試了 98 類種子，大多數都與我的不同，但他選用的是很多濱海植物的大的果實以及種子，這或許會有利於其漂浮以及抵禦海水侵害的平均長度。另一方面，他沒有預先把帶有果實的植物或枝條弄乾，誠如我們已經所見，預先乾燥的話，可使其中一些植物漂浮得要長得多。結果是，他的 18/98 的種子漂浮了 42 天，而且其後還能發芽。但我不懷疑，暴露在波浪中的植物，要比起我們試驗中未受劇烈運動影響的植物，在漂浮的時間上要短一些。所以，也許可以有把握地假定，一個植物群中約 10/100 的植物種子在乾燥之後，可能會漂越 900 英里寬的海面，而且其後還會發芽。大的果實常常比小的果實漂浮得更長久，此一事實很有趣，由於具有大種子或果實的植物，幾乎很難用其他任何方法來傳送，按照德康多爾已經顯示的，此類植物一般有著局限的分布範圍。

而種子偶爾可透過另一種方法來輸送。漂流的木材會被沖到大多數島上去，甚至會被沖到位於廣闊的洋中央的島嶼上去。太平洋

珊瑚島上的土著居民，製作工具用的石子，全是從漂來的樹木根部弄出來的，這些石子還作為貴重的貢稅。[1] 我在觀察中發現，當形狀不規則的石子夾在樹根中，往往有小塊泥土充填在縫隙或包裹在後面，它們填塞得如此之好，以至於歷經極為長久的搬運，也不會有一粒被沖刷掉。一株樹齡約 50 年的橡樹，有一小塊泥土被完全地包藏在木頭裡，從泥土中竟萌發出三株雙子葉植物，我對這一觀察的準確性很有把握。我還能顯示，鳥類的屍體漂浮在海上，有時不至於立即被吞食掉，其嗉囊裡有很多種類的種子，經久仍能保持其萌發力。譬如，豌豆與巢菜屬的一些植物，浸泡在海水裡的話，不出幾日便一命嗚呼，然而，在人造海水中漂浮過 30 天的一隻鴿子，其嗉囊內的此類種子取出來之後，則出乎我的意料之外，竟幾乎全部萌發了。

在搬運種子方面，活的鳥也不失為極為有效媒介。我能舉出很多事實，以顯示很多種類的鳥，是何等頻繁地被強勁大風吹過遼闊的海面。我認為可以有把握地假定，在此情形下，其飛行速度可能往往是每小時 35 英里，而有些作者的估算要遠高於此。我尚未見過營養豐富的種子，能在鳥的腸子裡穿腸而過[2] 的情形，但是果實內的堅硬種子，甚至能夠透過火雞的消化器官而毫髮無損。在兩個月期間，我曾在我的花園裡，從小鳥的糞便中揀出了 12 個種類的種子，似乎均完好，我試種了其中的一些，它們也能發芽。但下述事實尤為重要：鳥的嗉囊並不分泌胃液，而且誠如我經由試驗所了解到的，毫不損害種子的發芽；那麼，當一隻鳥尋覓到並吞食了大批的食物之後，可以肯定地說，不是所有穀粒在 12 甚或 18 小時之內，都進入到嗉囊裡。在這段時間裡，該鳥可能會很容易地被風吹

到 500 英里開外的地方，而且我們知道，鷹類總是尋獵倦鳥的，故此倦鳥被撕裂的嗉囊中的食物極易散布開來。布蘭特先生告訴我，他一個朋友放棄了自法國向英國放飛信鴿，因為這些信鴿一抵達，很多便被英國海岸的鷹類所消滅。有些鷹類和貓頭鷹把獵物整隻吞下去，經過十二到二十小時，吐出一些小的團塊，根據動物園裡所做的試驗，我了解到，這些團塊中還包含能發芽的種子。有些燕麥、小麥、粟、鸝草（canary）、大麻、三葉草以及甜菜的種子，待在不同猛禽的胃裡十二到二十一小時之後，依然能夠發芽；兩顆甜菜的種子經過了兩天零十四個小時之後，還能生長。我發現，淡水魚類吞食多種陸生植物和水生植物的種子，而魚又常常被鳥所食，故此種子便可能從一處被輸送到另一處。我曾把很多種類的種子，塞入死魚胃內，然後拿它們去餵魚鷹、鸛以及鵜鶘。隔了很多小時之後，這些種子便在小團塊裡被吐了出來，或者隨著糞便排了出來。在其中的幾個種子，依然保持了發芽的能力。然而，某些種子總是在這一過程中致死。

儘管鳥的喙與足通常是很乾淨的，但我仍能證明它們有時也沾有泥土：有一次我曾從一隻鷓鴣的腳上，扒下來 22 粒乾黏土，並且在泥土中有一塊接近巢菜種子一樣大的石子，可見種子偶爾有可能被搬運到極遠的地方，因為很多事實表明，幾乎到處的土壤裡都

1　譯注：該處的原文是：「these stones being a valuable royal tax」；這裡的「royal tax」與英國王室毫無關係，這是達爾文作為維多利亞時代的大英臣民，對島上的原住民部落社會結構比照大英的王室制來加以描述，故這裡的「王室稅」，實際上是指原住民居民對其部落首領上繳的貢稅。

2　譯注：即不被消化。

有種子。只要想一想數以百萬計的鶴鶉每年飛越地中海，牠們腳上黏帶的土裡有時會包含幾小粒種子，對此我們還能有所懷疑嗎？但是對這一問題，我將會回過頭來再予以討論。

據知冰山有時滿載著泥土和石頭，甚至挾帶著灌木叢、骨頭以及陸生鳥的穴巢，因此我幾乎不能懷疑，誠如賴爾所指出，牠們必定有時會把種子從北極和南極區域的一處搬運到另一處；而且在冰期期間，從現今的溫帶的一個地方把種子搬運到另一個地方。在亞佐爾群島上，較之更接近大陸的其他洋島上的植物來說，它有大量的植物物種與歐洲相同，而且若以緯度來比較，這些植物多少帶有北方的特徵（誠如沃森先生所指出），我猜想，該群島上的植物，部分是在冰期期間由冰體帶去種子而生成的。經我請求，賴爾爵士曾致信哈同先生，詢問他在這些島上是否見到過漂礫，他回覆稱，他確曾發現大塊的花崗岩和其他岩石的碎塊，而這些岩石不是該群島所原生的。因此，我們可以有把握地推論，冰山過去曾把運載來的岩石卸到這些洋中島嶼的岸上，而下述這點至少是可能的：這些岩石或許曾給那裡帶來了一些北方植物的種子。

考慮到上述這幾種傳送方法，以及其他幾種得留待今後發現的傳送方法，多少世紀以及千百萬年來，年復一年地產生作用，我想，很多植物若未曾因此而得以廣泛傳布開來的話，反倒是一樁奇事了。這些傳送方法有時被稱為是意外的，但嚴格說來這並不正確。海流並非意外，強勢大風的風向亦非意外。應注意的是，任何傳送的方法，很少能把種子搬運到極為遙遠的地方。因為種子若受海水作用時間太久，就難以保持存活力，而且它們也不能在鳥類的嗉囊或腸道裡停留太久。然而，這些方法對於跨越數百英里寬

的海面，或者島嶼與島嶼之間，或者從一個大陸到其鄰近的島嶼之間偶然的輸送，卻是足夠了，但對於從一個遙遠的大陸傳送到另一個大陸，則是不夠的。相距遙遠的各大陸的植物群，不至於因這些方法而在很大的程度上混淆，而是像現今一樣，依然保持著明顯的區別。海流因其走向，絕不會把種子從北美帶到不列顛，儘管它們或許會而且確實把種子從西印度群島帶到了英國的西海岸，在那裡，即便種子未因海水長久的浸泡而死去，恐怕也難以忍受我們的氣候。幾乎每一年，總有一兩隻陸生鳥類被風吹過大西洋，從北美抵達愛爾蘭與英格蘭的西海岸。但是，種子只有一種方法可以透過這些流浪者來傳送，即附著於黏在鳥足上的泥土裡，而這本身卻是罕見的意外。即便在此情形下，一粒種子剛好落在適宜的土壤上竟至成熟，其機會是何等渺小啊！但是，不能因為像大不列顛這樣生物繁多的島，據知（但很難證明）在新近幾個世紀內，沒有透過偶然的傳送方法從歐洲或其他任何大陸接納過移入者，從而主張一個離大陸更遠但生物貧乏的島，不會用類似的方法接納過移入者，那就大錯特錯了。我不懷疑，如若二十種種子或動物被搬運到一個島上，就算該島的生物遠不如不列顛繁多，幾乎不會有一個以上的種類，能夠如此好地適應新的鄉土而終至歸化。然而，依我之見，在漫長的地質時期內，當一個島嶼正在隆起及形成而生物尚未遍布之前，對於偶然的傳送方法所能產生的作用，若用上述的議論來加以反對的話，則是站不住腳的。在一個近乎不毛之地的島上，僅有極少數甚或完全沒有為害的昆蟲或鳥類的存在，幾乎每一粒偶然而至的種子，倘若適應於那裡的氣候，大概總會發芽與存活。

在冰期中的擴散

有一些山峰，被好幾百英里的低地所隔開，而這些山頂上的很多植物與動物卻是相同的，但高山物種無法生存於低地，這是所知相同物種生活在相距遙遠的地點、但顯然不可能由一地遷往另一地的顯著例子之一。目睹這麼多相同的植物，生長在阿爾卑斯山或庇里牛斯山的積雪區以及歐洲極北的部分，實在是引人注目的事實。但是，更不同尋常的是，美國懷特山上的植物，與拉布拉多的那些植物完全相同，而按照阿薩·格雷的說法，它們與歐洲最巍峨山峰上的植物，也幾乎完全相同。甚至早在 1747 年以前，這樣的事實就使葛莫林斷言，相同的物種必定是在幾個不同的地點被一一獨立創造出來的，若非阿格塞以及其他一些人生動地喚起了眾人對冰期的注意，我們也許依然持此信念呢。誠如我們即將看到，冰期為這些事實提供了一個簡單的解釋。我們有幾乎每一種可以想像到、有機以及無機的證據表明，在很近的地質時期之內，中歐與北美均曾遭受北極的氣候。蘇格蘭和威爾斯的山嶽，以其山側的劃痕、磨光的表面以及高置的漂礫，表明那裡的山谷晚近時期曾經布滿了冰川，這比火災之後的房屋廢墟，更能清晰地昭示既往的情形。歐洲氣候變化之大，以至於古代冰川在義大利北部所留下的巨大冰磧上，現在已經長滿了葡萄和玉蜀黍。在美國廣博地域上所見的漂礫，以及被漂移的冰山與海岸冰體留下劃痕的岩石，均清晰地揭示出先前曾有過的一個寒冷時期。

先前冰期氣候對於歐洲生物分布的影響，誠如福布斯十分清楚解釋過的，其要點如下。但是，我們若假定新的冰期是緩慢降臨

的，然後又緩慢逝去，就像先前所發生的情形，我們將會更容易追尋這些變化。當寒冷到來，隨著每一個較偏南的地帶變得適於北極生物，而不適於其原來較為溫帶的生物時，後者便會被排除，北極生物便會取而代之。同時，較為溫帶的生物便會向南遷徙，除非它們被屏障所阻擋，如果被屏障所阻的話，它們就會滅亡。山會被冰雪覆蓋，而先前的高山生物便會向下遷移到平地上去。待寒冷達到極點時，我們便會有清一色的北極的動物群與植物群，遍布歐洲中部各地，向南直至阿爾卑斯山以及庇里牛斯山，甚至一直伸延到西班牙。現今美國的溫帶地區，當時同樣也會布滿北極的植物與動物，並且與歐洲幾近相同，因為現今北極圈的生物（我們假定它們曾向南方各地遷徙），在全世界都是驚人的一致。我們可以假定，冰期降臨北美的時間比在歐洲稍早或稍晚，那麼在那裡的南遷也曾稍早或稍晚一點，但這並不影響最終的結果。

當回暖之時，北極的類型便會向北退去，緊隨其退卻後塵的則是較為溫帶的生物。當山麓的冰雪消融時，北極的類型旋即占據了這一雪融盡淨的地方，隨著溫度的升高，它們總是愈攀愈高，而它們的一些同類「弟兄」則向北推進。因此，待到完全恢復溫暖時，新近曾經共同生活在新、舊兩個大陸低地上相同的北極物種，又會被孤立地留在相隔遙遠的山峰之上（而在所有較低處的北極物種皆已消亡）以及兩半球的極地之內。

故此我們能夠理解，在諸如美國與歐洲的高山之類相隔極為遙遠的一些地方，竟有很多相同的植物。我們故此也能理解，每一山脈的高山植物，與其正北方或接近正北方所生活的北極類型之間的關係，更是特別接近，因為寒冷降臨時的遷徙以及回暖時的再

遷徙，一般是朝著正南與正北方向。譬如，蘇格蘭的高山植物（誠如沃森先生所指出）以及庇里牛斯山的高山植物〔如拉蒙德所說的〕，與斯堪的納維亞北部的植物，其間的關係尤為相近；而美國的植物與拉布拉多的植物更相近；西伯利亞高山的植物，則與該國北極區的相近。由於這些觀點是基於先前確實曾出現冰期，在我看來，它十分圓滿地解釋了現今歐美高山以及北極生物的分布，以至於當我們在其他地區發現相同物種生活在相距遙遠的山頂上，即使沒有其他證據，我們也幾乎可以斷定，較冷的氣候曾經允許它們先前透過低的中間地帶進行遷徙，而於今那裡則已變得太溫暖，故不再適於其生存了。

自冰期以來，若曾出現過在任何程度上比現今要溫暖的氣候〔美國有一些地質學家主要根據頜齒蛤（*Gnathodon*）的分布，相信曾出現這種情形〕，那麼，北極與溫帶的生物會在較近的一個時期曾向北挺進更遠一些，而其後又退到它們現今的家園。然而，我尚未發現令人滿意的證據，表明自冰期以來曾插入這稍暖一點的時期。

北極類型，在其南遷及復又北遷的長期過程中，會遭遇近乎相同的氣候，而且，誠如已特別提及的，它們會是集體的遷徙。結果是它們的相互關係不會受到太大干擾，因而，根據本書所反覆陳述的原理，它們也不太會發生多大的變異。但是，對於我們的高山生物來說，一旦氣候回暖，它們即被隔離了，起初在山麓，最終在山頂上，故其情形便會多少有些不同了。因為不太可能所有相同的北極物種，都會留在彼此相隔很遠的山中，並且自那時起一直在那裡生存著，它們還很可能與古代的高山物種相混合，這些古代的高山

物種必定在冰期開始以前已經生存於山上，而且在最寒冷的時期，必定曾被暫時驅至平原，它們多少也會遭受到有些不同的氣候影響。因而，它們的相互關係，在某種程度上會受到干擾，結果它們也就易於變異，而這正是我們所發現的情形。因為我們只要比較一下歐洲幾座大山上現今的高山植物和動物，儘管很多物種是一模一樣的，有些卻成為變種，而有些則被定為懸疑類型，還有少數一些則是顯著不同但密切相似或具代表性的物種了。

在說明冰期期間實際發生（誠如我所相信）的情形時，我曾假定，冰期伊始，環繞北極區域的北極生物，具有與現今一樣的一致性。但是，上述有關分布的論述，不僅嚴格地適用於北極類型，也同樣適用於很多亞北極類型以及某些少數的溫帶類型，因為其中一些跟北美與歐洲的低坡及平原上的類型相同。據此人們可以合理地發問，我如何解釋在冰期開始時全世界的亞北極類型與溫帶類型所必然具有的某種一致性呢？如今舊大陸與新大陸的亞北極帶以及北溫帶的生物，彼此間被大西洋以及太平洋的最北部分隔開來了。冰期中，舊大陸和新大陸的生物，棲居在比現今更向南的位置，它們必定更是被寬闊的海洋所分隔了。我相信，藉由審視更早時期相反的氣候變化，便可克服以上的困難。我們有很好的理由相信，在晚近的上新世時期，在冰期之前，儘管世界上大多數生物在種一級上與今日相同，但當時的氣候要比如今暖和一些。因此，我們可以假定，如今生活在緯度六十度氣候之下的生物，在上新世期間，卻生活在更北之處，即在緯度六十六到六十七度之間的北極圈；而嚴格意義上的北極生物，當時則生活在更接近北極的斷續陸地上。現在我們看一看地球儀，就會看到在北極圈下，從歐洲西部透過西伯利

亞直達美洲東部，有著幾乎連續的陸地。我把舊大陸與新大陸的亞北極生物以及北溫帶生物在冰期以前所必然具有的某種一致性，歸因於這種環極陸地的連續性，以及它所帶來的生物可在較適宜的氣候下自由遷徙。

根據先前提及的一些理由，相信我們的各個大陸雖曾受到巨大但部分的水平變動，卻長久地保持了幾近相同的相對位置，我很想引申上面這一觀點，並推論：在更早以及更溫暖的時期，例如早上新世的時期，大量相同的植物和動物，均棲居在幾乎連續的環極陸地上。而且，這些植物和動物（無論舊大陸還是新大陸的），遠在冰期開始之前，便隨著氣候的逐漸變冷，開始緩慢南遷。誠如我所相信的，我們在歐洲中部以及美國，現今可以看到它們的後代，大多已發生了變化。依此觀點，我們便能理解為什麼北美與歐洲的生物之間的關係很少是相同的，考慮到兩個大陸距離以及它們被大西洋所分隔，這一關係便最引人注目了。我們還可進一步理解一些觀察者所論及的獨特事實：在第三紀晚期階段，歐洲與美洲的生物之間的相互關係比現今更為密切。因為在這些比較溫暖的時期內，舊大陸和新大陸的北部幾乎被陸地連續相接，可作為兩處生物相互遷徙的橋樑，其後則因寒冷而不再能夠通行無阻了。

在上新世的氣溫緩慢降低期間，一旦棲居在新大陸與舊大陸的共同物種遷移到北極圈以南，它們彼此之間必定就要完全隔離。對較為溫暖地方的生物而言，這種隔離必定發生在很久以前。而且當這些植物與動物向南遷徙時，便會在一個大的區域內，與美洲的本土的生物相混合，且勢必與其競爭；在另一個大的區域，則與舊大陸的生物相混合、相競爭。結果，對產生更大變異的有利因素無一

所缺，使這些生物的變異遠勝於高山生物，因為後者在更新近的期間內，仍被隔離在新舊兩個大陸的幾條山脈以及北極陸地之上。因此看起來，當我們比較新大陸和舊大陸的溫帶地區現存生物時，我們發現很少相同的物種（儘管阿薩‧格雷最近表明，兩地植物的相同處多於過去的推想），但我們在每一個大綱裡都可以找到很多類型，有些博物學家把它們定為地理種族，而另外一些博物學家則把它們定為不同的物種；還有很多親緣關係極為密切的或代表性的類型，則被所有的博物學家均定為不同的物種。

海水中的情形一如陸地之上，在上新世甚或稍早一些時期，海洋動物群沿著北極圈的連綿海岸，幾乎一致地緩慢南遷，根據變異的理論，便能夠解釋為何很多親緣關係密切的類型現今卻生活在完全隔離的海域裡。故此，我認為我們能夠理解，很多現存以及與其相連的第三紀代表類型，存在於溫帶的北美東西兩岸；我們也能理解一個更引人注目的事實，即棲居在地中海與日本海的很多甲殼類〔如達納的令人稱羨的著作中所描述〕、一些魚類以及其他海洋動物之間，有著密切的親緣關係，而地中海與日本海現今已被一個大陸以及將近一個半球的赤道海洋所隔開了。

現今隔離海域中的生物，還有北美與歐洲的溫帶陸地現在以及過去的生物，它們之間存在關係，卻沒有相同的物種，這些例子是創造的理論所無法解釋的。我們不能說，由於這些地區的物理條件幾乎相似，所以相應創造出來的生物也是相似的。譬如我們比較一下南美的某些地區與舊世界的南方大陸，我們看到這些區域的所有物理條件都是極為相應的，但是其生物卻全然不同。

然而，我們必須回到我們更近的論題，即冰期。我深信，福布

斯的觀點還可大為延伸。在歐洲，我們有最明顯的寒冷時期的證據，從不列顛西海岸到烏拉爾山脈，而且向南直到庇里牛斯山。從冰凍的哺乳動物以及山上植被的性質，我們也可以推斷，西伯利亞曾受到相似的影響。沿著喜馬拉雅山，在相隔900英里的地點，冰川留下了先前曾向低處下降的痕跡；在錫金，胡克博士曾見到生長在巨大的古代冰磧上的玉蜀黍。在赤道之南，我們有直接證據表明，紐西蘭從前曾有過冰川活動；在該島上相隔遙遠的山上所發現的相同植物，也訴說著同樣的故事。倘若所發表的一個報導是可信的話，我們也有了澳大利亞東南角冰川活動的直接證據。

轉向美洲，在北半部，東側向南遠至緯度36度至37度處，曾見冰川攜來的岩石碎塊，而在如今氣候大為不同的太平洋沿岸，南至緯度46度處，亦復如此。在洛磯山上也曾見到過漂礫。在近赤道的南美科迪艾拉山，冰川曾經一度擴張到遠在它們現今的高度以下。在智利的中部，我驚見一個巨大的岩屑堆，高約800英尺，橫穿安第斯山的一個山谷，我現在深感那是巨大的冰磧，遺留在遠比現存的任何冰川要低的地方。在該大陸兩側更南，自緯度41度直至最南端，我們有從前冰川活動最清楚的證據，即遠離其母岩的巨大漂礫。

在世界相對兩側、相距遙遠的這幾處地方，冰期是否是嚴格同時的，我們不得而知。然而，在幾乎每一例中，都有很好的證據顯示：這一時期是包含在最晚近的地質時期之內。我們也有極好的證據表明：在每一地點，若以年來計算的話，這一時期都持續了極為漫長的時間。寒冷在地球上一個地點降臨或終止比在另一處要早一些，但鑑於其在每一地點均持續很久，而且從地質意義上來說是同

374

時代的，那麼，在我看來，很可能至少這時期的一部分時間，全世界實際上是同時的。如果沒有某種明顯的相反證據，我們至少可以承認下述是可能的：在北美的東西兩側、在赤道和溫帶之下的科迪艾拉山脈、在該大陸極南端的兩側，冰川作用是同時發生的。倘若承認這一點，則很難拒不相信全世界的氣溫在這一時期是同時降溫的。倘若沿著某些寬廣的經度帶，氣溫同時很低的話，對於我的目的來說就足夠了。

根據這一觀點，即全世界或至少寬廣的經度帶，在南北極之間，是同時變冷的，那麼便足以顯示同一以及近緣物種現今的分布。在美洲，胡克博士已經顯示，火地島的顯花植物（占該地貧乏的植物群中不小的一部分）中，有四十到五十種與歐洲相同，而這兩地相距極為遙遠；此外還有很多近緣的物種。在赤道下的美洲巍巍高山之上，出現了很多屬於歐洲一些屬的特殊物種。在巴西最高的山上，伽德納發現了少數幾個歐洲的屬，而它們卻不存在於寬廣的炎熱的中間地帶。在卡拉卡斯的西拉山上，大名鼎鼎的洪堡在很久以前就發現了屬於科迪艾拉山特有的一些屬的物種。在阿比西尼亞的山上，出現了幾個歐洲的類型以及好望角獨特的植物群少數幾個代表。在好望角，有極少數據信並非人為引進的歐洲物種，並且在山上有少數幾個歐洲類型的代表，而這些尚未發現於非洲的間熱帶部分。在喜馬拉雅山，在印度半島各個孤立的山脈上，在錫蘭的高地上，以及在爪哇的火山錐上，很多植物要麼是完全相同的，要麼是互為代表類型而且同時也代表歐洲的植物，但這些植物卻未見於中間的炎熱低地。在爪哇更為高聳的山峰上採集到各個屬的植物名錄，竟像是一幅歐洲山丘中所採集的植物圖！更驚人的事實是，

婆羅洲山頂上生長的植物，竟然代表了南澳的類型。我從胡克博士處得知，這些澳洲類型中的一些植物，沿著麻六甲半島的高地延伸出去，一方面稀疏地散見於印度，另一方面向北延伸直至日本。

在澳洲南部的山上，米勒博士已經發現了幾個歐洲的物種，其他的物種，並非人為引進，卻出現在低地上。胡克博士知會我，可以列出一長串的歐洲植物屬，它們只見於澳洲，卻不見於中間的炎熱地區。在胡克博士令人稱羨的《紐西蘭植物群概論》書中，對於這一大島的植物，也列舉出了類似的驚人事實。由此可見，在世界各地，生長在高山上的植物，與生長在南北半球溫帶低地上的植物，有時是完全相同的；更常見的是，儘管它們彼此間有最為驚人的關係，卻在種一級上是區別分明的。

這一簡述僅適用於植物，有關陸生動物的分布，也有一些完全類似的事實。海洋生物中，也出現類似的情形。茲舉最高權威達納教授的一段話為例，他說，「紐西蘭的甲殼類，與處於地球上正相反位置的大不列顛的，較之世界任何其他部分的，更為密切相似，這實在是一個奇妙的事實」。理查森爵士也談及，在紐西蘭、塔斯馬尼亞等海岸，有北方類型的魚類重現。胡克博士告訴我，紐西蘭與歐洲之間，藻類中有二十五個種是相同的，但它們卻未見於中間的熱帶海內。

應該注意的是，發現於南半球南部以及間熱帶地區山脈上的一些北方物種及類型，並不是北極型的，而屬於北溫帶。誠如沃森新近指出，「從極地向赤道緯度後退的過程中，高山或山地植物群實實在在變得愈來愈不像北極的了」。生活在地球較溫暖地區的山上以及南半球的很多類型，其價值是可疑的，因為有些博物學家將其

定為不同的物種，而另一些博物學家則將其定為變種。但是有一些確實是同種的，而很多雖跟北方類型密切相近，卻必須被定為不同的種。

現在讓我們看一看，根據被大量地質學證據所支持的信念：在冰期期間，整個（或大部分）世界普遍要比現在冷得多，如何讓上述一些事實更加明確呢。冰期若以年來計算的話，必定極為漫長。當我們想到一些歸化的植物和動物，在幾個世紀之內，曾經分布到何其廣大的空間，那麼，冰期對於任何程度的遷徙，都會是綽綽有餘的。當寒冷逐漸降臨之時，所有熱帶的植物與其他生物，必將從兩側向赤道退卻，緊跟其後的是溫帶生物，然後則是北極生物，但對於後者，我們現在不予考慮。熱帶植物很可能遭到了很大程度的滅絕，而究竟有多少，無人可知，或許先前的熱帶，曾經容納了我們現今所見擠在好望角以及部分澳洲溫帶那麼多的物種。我們知道，很多熱帶的植物和動物，能夠禁受住相當程度的寒冷，很多在中等降溫情況下可能免遭滅頂之災，更多的則特別地透過逃到地勢最低、受到保護以及最溫暖的地區而得以倖存。然而，應該記住的一個重要事實是，所有的熱帶生物都會在一定程度上受損。另一方面，溫帶生物在遷徙到更接近赤道之後，儘管它們處於比較新的條件下，受損程度也定會較小。顯然，倘若免受競爭者侵犯的話，很多溫帶植物是能夠經受得住比其原先要溫暖得多的氣候。因此，記住熱帶生物是處在受難的狀態下，對入侵者的抵禦並非牢不可破，那麼，一定數量更有活力以及占優勢的溫帶類型，或許會穿入其領地、到達甚或穿越赤道，依我看來都是可能的。誠然，這一入侵大大地得益於高地，也許還有乾燥的氣候。因為法爾考納博士告知

我，熱帶的溽熱對來自溫帶氣候的多年生植物危害最甚。另一方面，最為潮溼與炎熱的地區，將為熱帶的本土的生物提供避難所。喜馬拉雅西北的山脈以及綿延的科迪艾拉山脈，似乎提供了兩個入侵的路線。最近胡克博士知會我，這是一個令人驚異的事實，即所有火地島與歐洲間共有的開花（被子）植物（約有四十六種），現今依然生存於北美，北美必定是處在進軍的路線上。然而，我並不懷疑，在最寒冷之時，一些溫帶生物曾進入甚至於穿過了熱帶的低地，亦即當一些北極類型從原產地遷徙了約二十五度的緯度而覆蓋了庇里牛斯山麓的大地時。在極度寒冷的這一時期，我相信那時赤道上位於海平面的氣候，與現今那裡六七千英尺高處所感到的約略相同。在這最為寒冷的時期，我猜想，大片的熱帶低地曾覆蓋著熱帶與溫帶混雜的植被，宛若現今奇異地繁生在喜馬拉雅山麓一樣的植被，也一如胡克所生動描述地那樣。

因此，誠如我所相信的，在冰期期間，相當多的植物、少數陸生動物以及一些海洋生物，從南、北溫帶遷至間熱帶地區，有一些甚至於穿過了赤道。當回暖之時，這些溫帶類型會自然地登上更高的山上，留在低地的則遭到滅亡；那些尚未抵達赤道的類型，會重新向北或向南遷徙，以回到從前的家園；但是已經穿過赤道的類型（主要是北方的），則會繼續行進，離其原先家園愈來愈遠，而進入相反半球上更像溫帶的緯度地帶。我們根據地質學上的證據可以相信，在長期的南遷復又北移期間，北極貝類在整體上幾乎沒有經歷任何變化，但對於那些在南半球間熱帶山脈上定居的入侵類型，情形可能卻是截然不同。這些為陌生者所包圍的類型，不得不與很多新的生物類型競爭。很可能在構造、習性以及組織結構方面的某

些特定的變異，將對其有益。因此，這些「流浪者」，儘管在遺傳上明顯與其北半球或南半球的兄弟相關，如今卻以明確的變種或不同的物種而生存在它們新的家園了。

就像胡克對於美洲、德康多爾對於澳洲所力主的，一個不同尋常的事實是，相同的植物以及近緣的類型自北向南遷徙，要多於自南向北遷徙。然而，我們在婆羅洲和阿比西尼亞的山上，依然見到少數南方的植物類型。我猜想，這種偏重於自北向南的遷徙，緣於北方的地域更為廣闊，也緣於北方類型在其故土生存的數量更為眾多，結果，透過自然選擇與競爭，它們便比南方類型的完善化程度更高，或占有優勢的力量。因此，當它們在冰期期間相混合時，北方類型便能戰勝較弱的南方類型。這恰如我們於今所見，非常多的歐洲生物遍布拉普拉塔，在較小的程度上分布在澳洲，並在一定程度上戰勝了那裡的本土的生物。然而，儘管在近兩三個世紀從拉普拉塔以及近四五十年從澳洲，大有一些易帶種子的獸皮、羊毛以及其他物品輸入歐洲，卻極少有南方的類型在歐洲任何地方得以歸化。某種同類的情況必定曾出現在間熱帶的山脈上：無疑在冰期之前，間熱帶的山上必定曾滿布特有的高山類型。但是，這些類型幾乎處處讓位給在北方更廣的地域以及更有效的作坊中所產出的更占優勢的一些類型。在很多島上，外來的歸化生物幾乎趕上甚或超出了本土的生物的數目，而且本土的生物實際上還未被消滅的話，其數目已經大量減少，這是它們走向滅絕的第一步。山即是陸上之島，冰期前的間熱帶山脈，必然是完全隔離的。而且我相信，這些陸上之島的生物已經屈服於在北方較廣地域內產出的生物，正如真正的島上生物已在近期處處屈服於由人力而歸化的大陸類型一般。

我不認為，有關生活在北、南溫帶和間熱帶地區山脈上相同物種與近緣物種的分布及親緣關係的觀點，能夠消除所有的難點。還有很多的難點尚待解決。我並不奢望能夠指出遷徙的精確路線及方法，抑或說明為何某些物種遷徙了而其他的則沒有；為何某些物種變異了並且產生了新的類群，而其他的則保持不變。我們不能希冀去解釋這些事實，除非我們能說明，為何一個物種而不是另一個物種，能夠借人力在外鄉歸化；為何在其本土之上，一個物種比另一個物種分布得遠至兩三倍，且又多至兩三倍。

　　我已經講過，很多難點仍待解決，一些最為顯著的難點，已為胡克博士在其南極地區的植物學論著中十分清晰地闡明了。這些無法在此予以討論，我只點到為止，僅就在克爾葛蘭島、紐西蘭以及富吉亞如此相距遙遠的不同地點，卻出現相同的物種而言，我相信接近冰期結束時，誠如賴爾所建議的，冰山應該與這些物種的分布大有關係。然而，根據我的兼變傳衍理論，非常困難的明顯一例是，生存於南半球的這些以及其他一些相隔遙遠地區的幾個十分不同的物種，卻屬於僅局限在南方的一些屬。由於這些物種中的一些是如此不同，以至於我們不能設想，自冰期開始以來，竟有足夠的時間令其遷徙並達到其後所必需具備的變異程度。這些事實，依我之見，似乎顯示了特別的以及十分不同的物種，是從某一共同的中心點向外呈輻射狀路線遷徙；而且我傾向於著眼於南方（如同北半球一樣），在冰期開始之前，曾有一段比較溫暖的時期，那時的南極陸地（現在為冰所覆蓋），曾支持了一個極為特殊且孤立的植物群。我推測，在這一植物群被冰期消滅之前，透過偶然的傳送方法，並借助於當時存在但現已沉沒的島嶼作為歇腳點，少數類型曾

廣泛擴散到南半球一些地方。誠如我所相信的，透過這些方式，美洲、澳洲以及紐西蘭的南岸，便會略帶同樣一些特殊類型植物的色彩了。

賴爾爵士曾在一段動人的文字裡，用幾乎與本人完全相同的語句，推測氣候的巨大轉變對於地理分布的影響。我相信，世界新近經歷了它巨大變化的輪迴之一。根據這一觀點，加上透過自然選擇的變異，有關相同或近緣生物類型於現今分布的諸多事實，便能夠得到解釋。可以說，生命的水體，曾在一個短暫的時期內，自北而流，自南而流，並穿越赤道，但是自北而流者具有更大的力量，以至於它得以在南方自由氾濫。正如潮水將其攜帶的漂浮物遺留在水平線上（儘管水平線在潮水最高的岸邊升得更高）一般，生命的水體，也沿著從北極低地到赤道高地這一條徐緩上升的線，把其攜帶的生命漂浮物，留在了我們的高山之巔。由此擱淺而留下形形色色的生物，大可與人類的未開化種族相比，它們被驅趕到幾乎每一塊陸地的山間險要之處，並在那裡苟延殘喘，而這些地方便成為我們極感興趣的一種紀錄，它記載了周遭低地上先前居民的景況。

第十二章
地理分布（續）

淡水生物的分布－論大洋島上的生物－兩棲類與陸生哺乳類的缺失－論海島生物與最鄰近的大陸生物的關係－論生物從最鄰近原產地移居落戶及其後的變化－前一章及本章的概述。

由於湖泊與河系為陸地的屏障所隔開，因此人們或許會認為淡水生物在同一地域內不會分布得很廣，又由於大海顯然更是難以逾越的屏障，因此可能會認為淡水生物絕不會擴展到遠隔重洋的地域。然而，實際情形卻恰恰相反。非但分屬於不同綱的很多淡水物種有著極為廣大的分布，而且近緣物種也以驚人的方式遍布於全世界。我記的十分清楚，當初次在巴西的淡水水體中進行採集時，我對於那裡的淡水昆蟲、貝類等與不列顛的相似程度，而對周圍陸生生物與不列顛的不相似程度，感到非常地吃驚。

我認為，淡水生物這樣廣布的能力，儘管如此出人意料，但在大多數情形下，可以作此解釋：它們以一種對自己極為有用的方式，適應於在池塘與池塘、河流與河流之間進行經常而且短途的遷徙，由這種能力而導致廣泛擴散的傾向，則幾乎是必然的結果了。

我們在此只能考慮少數幾例。關於魚類，我相信相同的物種，絕不會出現在相距遙遠、不同大陸上的淡水裡。但在同一個大陸上，物種常常分布很廣，而且幾乎變化無常，因為兩個河系裡會有些魚類是相同的，而有些則是不同的。有幾項事實似乎支持淡水魚類經由意外的方法而被偶然傳送的可能性，例如在印度，活魚被旋風捲到他處的情形並不少見，而且牠們的卵脫離了水體依然保持活力。但是，我還是傾向於將淡水魚類的擴散，主要歸因於在晚近時期內陸地水平的變化而致河流彼此匯通之故。此外，這類情形的例子，也曾出現於洪水期間，而陸地水平並無任何的變化。在萊茵河附近的黃土中，我們發現了十分晚近的地質時期內陸地水平有過相當大的變化的證據，而且當時地表上布滿了現存的陸生及淡水貝類。大多數連綿的山脈，亙古以來肯定就分隔了河系並完全阻礙了它們的匯合，故兩側的魚類大為不同，這似乎也導致了相同的結論。至於有些近緣的淡水魚類出現在世界非常遙遠的不同地點，無疑有很多情形在目前仍難以解釋，但是有些淡水魚類屬於很古老的類型，在這些情形下，便有充分的時間經歷巨大的地理變遷，結果也便有了充分的時間與方法進行很大的遷徙。其次，海水魚類經過小心的處理，能夠慢慢地習慣於淡水生活，依瓦倫西尼斯之見，幾乎沒有一種魚類類群，是毫無例外只局限在淡水裡的，故我們可以想像到，淡水類群的一個海生成員可沿著海岸游移得很遠，而且其後發生變化並適應於遠方的淡水水體。

　　淡水貝類的有些物種分布極廣，而且近緣的物種（根據本人的理論，是從共同祖先傳下來的，且必定是來自單一發源地的）也遍及世界各地。牠們的分布最初令我大惑不解，因為牠們的卵不太可

能被鳥類傳送，而且其卵與成體一樣，都會立即為海水所扼殺。我甚至於難以理解某些歸化的物種何以能夠迅速地在同一地區內傳布開來。但是，兩項事實（這僅是我已經觀察到的，無疑很多其他的事實猶待發現）對此有所啟迪。當一隻鴨子從滿布浮萍的池塘突然冒出來時，我曾兩次見到這些小植物附著在牠的背上。我還見到過這樣一幕：把少許浮萍從一個水族箱移至另一個水族箱裡時，我曾十分無意地把一個水族箱裡的一些淡水貝類也移至另一個水族箱裡。然而，另一種媒介或許更為有效，我把一隻鴨子的腳懸放在一個水族箱裡（這或許可以代表浮游在天然池塘中的鳥足），其中有很多淡水貝類的卵正在孵化。我發現了很多極為細小、剛剛孵出來的貝類爬在鴨子的腳上，而且附著得很牢固，以至於鴨腳離開水之時，它們也不會被震落，但它們再稍微長大一些便會自動脫落。這些剛剛孵出的軟體動物在本性上是水生的，但它們在鴨腳上、潮溼的空氣中，能夠存活十二至二十個小時。在這麼長的一段時間裡，鴨或鷺也許至少可飛行六七百英里。倘若它們被風吹過海面抵達一個海島或任何其他遙遠的地方，一定會降落在池塘或小河裡。賴爾爵士也曾告訴過我，他曾捉到過一隻龍虱（Dyticus），其上牢固地黏附著一隻曲螺〔（Ancyius），一種類似帽貝（limpet）的淡水貝類〕，而且同科的一隻水甲蟲〔細紋龍虱（Colymbetes）〕，有一次飛到「小獵犬號」船上，而當時這艘船距離最近的陸地有四十五英里。沒有人知道，倘若遇上順風的話，它還會被吹到多遠去呢。

關於植物，我們早已知道很多淡水以及沼澤的物種分布極廣，不僅分布到各個大陸上，而且分布到最為遙遠的洋島之上。據德康

多爾稱，這一點最為顯著地表現在很多陸生植物大的類群裡，這些類群中僅含有極少數的水生成員。這些陸生植物大的類群，似乎由於那些水生的成員而能立刻獲得廣泛的分布範圍。我想，這一事實可以由有利的擴散方法而得以解釋。我過去曾提及，一定量的泥土有時（儘管很少見）會黏附在鳥類的腳上以及喙上。常在池塘泥濘的邊緣徘徊的涉禽類，若突然受驚飛起，腳上極有可能帶有爛泥。我能夠顯示，這個目的鳥是最佳漫遊者，牠們偶爾被發現在遠洋最為遙遠的荒島。牠們不太可能會降落在海面上，故牠們腳上的泥土不會被沖洗掉，當著陸之時，牠們必定會飛到天然的淡水棲息地。我不相信植物學家能意識到池塘的泥裡所含的種子如何之多，我曾做過幾個小試驗，但在此我僅舉出最顯著的一例：我在二月間，從一個小池塘邊水下的三個不同地點，取出了三湯匙的淤泥，風乾之後僅重六又四分之三盎司。我把它蓋起來，在書房裡放了六個月，每長出一株植物，即將其拔起並加以計算。這些植物種類繁多，共計有 537 株，而那塊黏軟的淤泥，可以全部裝在一個早餐用的杯子裡！考慮到這些事實，我想，倘若水鳥不把淡水植物的種子傳送到遙遠的地方，倘若這些植物結果沒有極為廣大的分布範圍，反倒不可思議了。同樣的媒介，也會對某些小型淡水動物的卵產生作用。

其他未知的媒介，很可能也曾起過作用。我已說過，淡水魚類會吃某些種類的種子，儘管牠們吞食很多其他種類的種子後又吐出來，甚至小魚也能吞下中等大小的種子，如黃睡蓮與眼子菜（*Potamogeton*）的種子。鷺及其他鳥類，一世紀又一世紀地每天都在吃魚，吃完魚之後，便飛往其他的水域，或被風吹得跨洋過

海。而且我們知道，在很多個小時之後，牠們吐出來的團塊中所含的種子或隨著糞便排出來的種子，依然保持著發芽的能力。當我見到那美麗蓮花（*Nelumbium*）很大的種子，同時憶起德康多爾對這種植物的評述時，我想，其分布必定是難以解釋的。但是奧杜邦指出，他在一隻鷺的胃裡發現很大的南方蓮花〔據胡克博士稱，很可能是北美黃蓮花（*Nelumbium luteum*）〕種子。儘管我不知道這一事實，但是類比令我相信，一隻鷺飛往另一個池塘並在那裡飽餐一頓魚，很可能會從胃裡吐出一個團塊，其中含有一些尚未消化的蓮花種子；或者當該鳥餵其雛鳥時，種子或許掉落下來，正如同有時魚也是這樣掉落的。

在考慮這幾種分布方式時，應該記住，譬如當一個池塘或一條河流最初在一個隆起的小島上形成時，裡面是沒有生物的，因而一粒單個的種子或一個卵，將會有良好的機會得以成功。儘管在已經占領了同一池塘的物種（無論為數是多麼的少）個體之間，總會有生存競爭，然而由於與陸地上相比，其數很小，故水生物種之間的競爭，很可能就不像陸生物種那麼激烈。結果，來自外地水域的入侵者，也就會比陸上的移居者，有較好的機會去占據一席之地。我們還應記住，很多淡水生物在自然階梯上是低級的，而且我們有理由相信，如此低等的生物比高等生物變化或變異得要慢，水生物種能在比平均起來更長的時間內保持同種不變，得以（作為同一物種）進行遷徙。我們不應忘記這一可能性，即很多物種先前曾在遼闊的地域上連續分布著，並達到淡水生物連續分布能力的極限，其後卻在中間地帶滅絕了。但是淡水植物與低等動物的廣泛分布，無論它們是否保持完全相同的類型，抑或產生了某種程度的變化，我

相信主要還是有賴於動物來廣為擴散它們的種子與卵，特別是借助飛行能力強、並且自然地從一片水域飛往另一片遙遠水域的淡水鳥類。因而，自然界宛若一位細心的花匠，從一個特定類型的花圃上取出一些種子，然後將它們撒落在另一個同樣適合於它們生長的花圃上。

論大洋島上的生物

相同物種與近緣物種的所有個體，都是從一個親本那裡傳下來的，因而它們全都起源於一個共同的誕生地，儘管隨著時間的推移，它們現今已棲居在地球上相隔遙遠的不同地點。我曾選出對上述觀點構成最大難點的三類事實，現在我們就來討論其中的最後一類事實。我已經指出，老實說我不能承認福布斯的大陸擴展觀點，這一觀點若合理推導，便會導致如下的信念：在晚近時期內，現存的所有島嶼都幾近或完全與某一大陸相連。這一觀點儘管可能會消除很多困難，但我認為它並不能解釋與島嶼生物相關的全部事實。在以下論述中，我將不限於討論單純的分布問題，而且也要討論一些其他的事實，這些跟獨立創造論與衍變理論的真實性有關。

棲居在洋島上的各類物種的數量，比同等面積大陸上的物種數量要少：德康多爾承認這在植物方面是如此，沃拉斯頓則認為在昆蟲方面亦復如此。如果我們看一看面積龐大且地形多樣的紐西蘭，南北長達 780 英里，卻僅有 960 種顯花植物，這跟好望角或澳洲同等面積上的物種數相比的話，我想我們必須承認，有某種與不同的物理條件無關的原因，引起了物種數目上如此巨大的差異。即使地

勢單一的劍橋，也有 847 種植物，而安格爾西小島則有 764 種，但是這些數目中含有少數幾種蕨類植物以及引進的植物，而且在其他一些方面，這一比較也並非十分公道。我們有證據表明，阿森松這一荒島上原本只有不到六種顯花植物，現在卻有很多顯花植物已在島上歸化了，就像它們在紐西蘭以及任一其他洋島上得以歸化的情形一樣。在聖海倫納，有理由相信，歸化的植物和動物已幾乎或者澈底消滅了很多原生的生物。但凡信奉每一物種是被分別創造此一信條的人，就必須承認，大洋島上並未能創造出足夠多最為適應的植物和動物。而人類不經意的舉動卻巧奪天工，從四面八方給這些大洋島帶來了更為眾多、更為完美的生物。

大洋島上生物種類的數目雖少，但特有種類（即未見於世界其他地方的種類）的比例往往極大。譬如，倘若我們把馬德拉島上土著陸生貝類的數目，或加拉帕戈斯群島上特有鳥類的數目，與發現在任何大陸上的特有種數目相比，再把這些島嶼的面積與那個大陸的面積相比的話，我們就會看到這是千真萬確的。這種事實根據本人的理論，或可料想到的，因為正如已經解釋過的，物種經過漫長的間隔期之後，偶然到達一個新的隔離地區，不得不跟新同伴競爭，就必然極易發生變異，並且常常產生出成群的變異後代。但這並不表明，正因為一個島上的一個綱裡幾乎全部物種都是特殊的，則另一個綱的所有物種或是同一綱的另一部分物種，就是特殊的。這一差異，似乎部分由於未曾變化的物種一股腦兒整體遷入，故其相互關係未曾受到多大的擾亂；部分則由於未曾變化的物種經常從原產地移入，結果與它們進行了雜交。至於這一雜交的效應，應該記住，這樣雜交的後代，活力幾乎一定會增強。因此，就算偶然

發生的一次雜交，也能產生超過原本可能預期的更多效果。茲舉幾例：在加拉帕戈斯群島上，幾乎每一個陸棲的鳥都是特殊的，而在十一種海鳥裡只有兩種是特殊的。顯然，海鳥要比陸棲的鳥能更容易抵達這些島上。另一方面，百慕達與北美之間的距離，跟加拉帕戈斯群島與南美之間的距離約略相同，而且它還有一種很特殊的土壤，但它連一種原生的陸鳥也沒有；我們從鐘斯先生有關百慕達的精采記述中得知，有許多北美鳥類在一年一度的大遷徙中，定期或偶然地光顧該島。誠如哈考特先生告知我，馬德拉島沒有一種原生的鳥，而且幾乎每年都有很多歐洲以及非洲的鳥類被風吹到那裡。所以，百慕達與馬德拉這兩個島上有很多的鳥，在其先前的故土上，曾長期在一起競爭，而已經變得相互適應了。當牠們在新的地方定居下來時，每一種類都將被其他種類所鉗制而保持其適當的位置與習性，結果也就很少會發生變化。任何變異的傾向，還會受制於牠們與來自原產地未曾變異的移入者之間的雜交。此外，馬德拉島上棲居著非常多特殊的陸生貝類，卻沒有一個海生貝類種是局限在其沿海的。雖然我們不知道海生貝類是如何擴散的，但是我們能夠理解，牠們的卵或幼蟲，也許會附著在海藻或漂浮的木材上，或是附著在涉禽類的腳上，這樣便遠比陸生貝類更容易被傳送，穿過三四百英里的開闊海面，也不在話下。馬德拉島上的各目昆蟲，也明顯呈現出類似的情形。

大洋島有時缺少某些綱的生物，其位置明顯為其他綱的生物所占據。占據了哺乳動物位置的動物，在加拉帕戈斯群島是爬行類，在紐西蘭則是巨大的無翼鳥類。加拉帕戈斯群島的植物中，胡克博士已經表明，其不同目之間比例數目，與它們在其他地方的比例數

目十分不同。這類情形一般都是用島嶼的物理條件來解釋的，但這種解釋在我看來大可懷疑。我相信，遷徙的難易至少與環境條件同樣重要。

有關遙遠海島的生物，還有很多值得注意的細枝末節。譬如，在某些沒有哺乳動物棲居的島上，有些原生植物具有美妙帶鉤的種子。然而，帶鉤的種子是對憑藉四足獸的毛以及毛皮傳布的適應，很少有比這種關係更為明顯的了。這一例子對我的觀點，並不造成困難，因為帶鉤的種子或許可以透過其他的方法傳布到島上。隨後那一植物略經變異，但依然保留其帶鉤的種子，便形成了一個特有物種，卻具有像任何發育不全器官一樣的無用附屬物，就像很多島嶼甲蟲，在牠們已經癒合的鞘翅下仍保留著皺縮的翅一樣。此外，島上還常有一些樹或灌木，牠們所屬的目，在其他地方僅含有草本物種，而根據德康多爾所顯示的，不管其原因何在，這些樹一般有著局限的分布範圍。因此，樹木很少可能會到達遙遠的洋島。一株草本植物，儘管沒有機會能在高度上與一棵成年樹木成功地進行競爭，一旦當它定居在島上，並僅僅跟其他的草本植物競爭，便會透過不斷地長高進而超過其他的植物，很容易占有優勢。若是如此，無論這些草本植物屬於哪一個目，當其生長在大洋島上，自然選擇往往就會傾向於增加其高度，使其先轉變成灌木並最終變成喬木。

至於大洋島上整個一些目的缺失，聖凡桑早就說過，大洋上鑲嵌著很多的島嶼，但從未在任何一個島上發現過兩棲類（蛙類、蟾蜍、蠑螈）。我曾力圖證實這一說法，並發現它是千真萬確的。然而，我曾被告知有一種蛙類確實生存在紐西蘭這一大島的山中，但

我猜想這一例外（若該資訊是準確的話）可以用冰川的作用來解釋。如此多的大洋島上，一般都沒有蛙類、蟾蜍以及蠑螈的存在，是不能用大洋島的物理條件來解釋的。實則，島嶼似乎特別適於這些動物。因為蛙類已被引進馬德拉、亞速爾以及模里西斯，並在那裡滋生之繁，竟令人生厭。由於這些動物以及牠們的卵一遇海水頃刻即亡，根據我的觀點，我們便能理解牠們是極難於漂洋過海的，也便能理解牠們為何不存在於任何大洋島上了。但是，若按照創造的理論，就極難解釋牠們為何未在那裡被創造出來了。

哺乳動物提供了另一相似的情形。我已仔細地查詢最早的航海紀錄，但我的查詢尚未結束。迄今我尚未發現任一個毫無疑問的例子，以表明陸生哺乳動物（土人所飼養的家畜除外）棲居在距離大陸或大型陸島 300 英里開外的島嶼上，很多距離大陸更近的島嶼亦復如此。福克蘭群島棲居著一種類似於狼的狐狸，便幾近是一種例外了。但是，這一群島位於與大陸相連的海下沙堤（暗沙）之上，所以不能被視為洋島。此外，冰山從前曾把漂礫攜帶到它的西海岸，故那些冰山從前也可能把狐狸帶了過去，這在現今的北極地區司空見慣。然而，並不能說，小島就不能養活小型的哺乳類，因為在世界上很多地方，牠們都出現在非常小的島上（如若靠近大陸的話），而且幾乎無法舉例出一個島來，那裡小型四足獸未曾得以歸化並繁衍甚盛。按照特創論的普通觀點，不能說那裡尚無足夠的時間來創造出哺乳動物，從很多火山島曾經受過的巨大剝蝕作用以及根據它們的第三紀地層來看，這些火山島是十分古老的，那裡也有足夠的時間產生出屬於其他綱一些特有的物種。而且在大陸上，哺乳動物被認為要比其他較低等的動物，出現與消失的速率

更快。儘管陸生哺乳動物未出現於大洋島之上，但飛行的哺乳動物卻幾乎出現在每個島上。紐西蘭有兩種蝙蝠，是世界上其他地方所沒有的：諾福克島、維提群島（the Viti Archipelago）、小笠原群島（the Bonin Islands）、卡羅林（the Caroline）與馬里亞納（the Marianne）群島以及模里西斯，均有其特殊的蝙蝠。那麼，可以作如是問：為什麼那假定的創造力，在遙遠的島上能產生出蝙蝠，卻不能產生出其他的哺乳動物來呢？根據我的觀點，這一問題則極易解答，因為沒有陸生動物能夠跨過廣闊的海面，但是蝙蝠卻能飛越過去。人們曾見到蝙蝠大白天在大西洋上雲遊極遠，而且有兩個北美的蝙蝠物種，或經常或偶然地飛抵距大陸 600 英里之遠的百慕達。我從專門研究這一科動物的托姆斯先生那裡得知，很多相同的物種均具廣大的分布範圍，並見於各大陸以及遙遠的大洋島之上。因此，我們只要設想，這類漫遊的物種在它們新的家園根據其新的位置透過自然選擇而發生了變異，我們便能理解，為何海島上雖有原生蝙蝠的存在，卻不見任何陸棲哺乳動物。

　　除了陸生哺乳動物的缺失與島嶼距離大陸的遠端有關之外，還有一種關係，在某種程度上與距離無關，亦即分隔島嶼與相鄰大陸的海水深度，與兩者是否共同具有相同哺乳類物種或多少變異的近緣物種有關。厄爾先生對與大馬來群島相關的這一問題，已經做出一些引人注目的觀察，馬來群島在鄰近西里伯斯處被一條深海的空間所切斷，這一空間分隔出兩個極不相同的哺乳動物群。[1] 深海空

1　譯注：這就是現今生物地理學上所稱的著名的「華萊士線」，是現代動物區系中的東洋區與澳大利亞區之間的分界線。

間任何一側的島嶼，皆位於中等深度的海下沙堤之上，這些同側島上棲居著親緣關係密切或完全相同的四足獸。無疑在這大的群島上存在少數異常的現象，而且有些哺乳動物很可能透過人為作用而歸化，對某些情況做出判斷，也有很大的困難。但華萊士先生令人稱羨的熱忱與研究，很快將會對該群島自然史的了解大有啟迪。我還沒來得及對世界其他所有地方的這類情形予以探究，但據我迄今的研究所及，這一關係一般說來是站得住腳的。我們看到，不列顛與歐洲為一條淺海峽所隔，兩邊的哺乳動物是相同的；在澳洲附近，被相似的海峽所隔的很多島嶼上，也見到了類似的情形。西印度群島位於一個很深（近 1,000 英尋之深）的海下沙洲上，發現了美洲的類型，但是物種甚至於屬卻是不同的。由於所有情形中其變異量在某種程度上取決於歷時的長短，並由於在海平面變化期間，很明顯被淺海峽所隔離的島嶼，要比被深海峽所隔離的島嶼，更有可能在晚近時期內與大陸連在一起，所以我們便能理解，海的深度跟島嶼與鄰近大陸間的哺乳動物親緣關係度之間所存在的頻繁關係，而這種關係根據獨立創造行動的觀點是無法解釋的。

所有以上有關大洋島生物的敘述，即種類的稀少、某些特殊的綱或某些綱的特殊的部分中特有類型的豐富、整個類群的缺失（如兩棲類、除飛行的蝙蝠之外的陸生哺乳動物）、植物中的某些目的特殊的比例、草本類型發展成為樹木等，依我之見，更符合於那種認為偶然的傳布方法在長久的時期中是大為有效的觀點，而不是那種認為我們所有的大洋島從前曾透過連續的陸地與最近的大陸相連的觀點，因為按照後者，遷徙大概會更為完整。而且倘若考慮到變異的話，那麼按照生物與生物之間關係的頭等重要性來說，所有的

生物類型勢必會更為均等地發生變異。

　　較為遙遠的海島上的幾種生物（無論是依然保持了相同的物種類型還是自抵達以來已發生了變異）究竟如何能抵達它們現在的新家，我不否認，在理解這一問題上，存在著很多嚴重的難點。但是，曾經作為歇腳點而存在過的很多島嶼，現在卻沒有留下一丁點兒的遺跡，這種可能性絕不應該被忽視。在此我將舉出這些困難情形中的一個例子。幾乎所有的大洋島，即便是最為孤立的以及最小的島子，都棲居著陸生的貝類，牠們通常是特有物種，但有時也有其他地方發現的物種。古爾德博士曾舉了幾個有關太平洋島嶼上陸生貝類的有趣例子。眾所周知，陸生貝類很容易因鹽致死，牠們的卵，至少是我曾試驗過的卵，在海水裡下沉並致死。可是，根據我的觀點，必定會存在一些未知、極為有效的方法來傳布牠們。剛孵化出來的幼體，會不會有時爬到並附著於棲息地面的鳥腳上，因而得以傳布呢？我還想到，在休眠期內，陸生貝類的貝殼口上具有薄膜罩，牠們有可能夾在漂木的縫隙中，得以漂過相當寬的海灣。而且我發現，有幾個物種在此狀態下浸入海水中達七天而不受損害：其中一種羅馬蝸牛（*Helix pomatia*），在牠再度休眠之後，我將牠放入海水中二十天，牠卻完全復甦。由於這個物種有一個很厚的鈣質口蓋（operculum），我將口蓋除去，待新的膜質口蓋形成之後，我把牠浸入海水中十四天，結果牠又復活並且爬走了。在這方面，有待更多的實驗。

　　對我們來說，最引人注目以及最重要的事實是，棲居在島嶼上的物種與最鄰近的大陸上的物種之間有著親緣關係，但實際上並非是相同的物種。有關這一事實的例子，不勝枚舉。我僅舉一例，是

加拉帕戈斯群島的例子，它位於赤道上，距離南美洲的海岸在 500 到 600 英里之間。在此處，陸上與水中的幾乎每一生物，都帶有明顯無誤的美洲大陸印記。那裡的二十六種陸棲鳥中，有二十五種被古爾德先生定為不同的物種，而且假定是在此地創造出來的。然而，這些鳥中的大多數，均與美洲的物種有著密切親緣關係，它表現在每一性狀上，表現在其習性、姿態與鳴聲上。其他的動物亦復如此，誠如胡克博士在他令人稱羨的該群島的植物志中所顯示的，幾乎所有的植物，也是如此。一個博物學家，在遠離大陸數百英里的這些太平洋火山島上觀察生物時，卻感到自己彷彿駐足於美洲大陸。情形何以如此呢？為什麼假定是在加拉帕戈斯群島創造出來、而不是在其他地方創造出來的物種，卻與在美洲創造出來的物種有著如此明顯的親緣關係印記呢？在生活條件、島上的地質性質、島的高度或氣候方面，或者在生活在一起的幾個綱的比例方面，無一與南美沿岸的各種條件密切相似，事實上，在所有這些方面，均有相當大的不同。另一方面，加拉帕戈斯群島與佛德角群島之間，在土壤的火山性質方面，在島嶼的氣候、高度與大小方面，卻有相當程度的相似性，可是，它們的生物卻是何等地絕對不同呀！佛德角群島的生物，與非洲的生物相關，恰似加拉帕戈斯群島的生物與美洲的生物相關一樣。我相信，這一重大的事實，根據獨立創造的一般觀點，是難以得到任何解釋的。而根據本書所主張的觀點，很明顯，加拉帕戈斯群島很可能接受了來自美洲的移居者，無論是透過偶然的傳布方法抑或透過先前連續的陸地；而佛德角群島則接受了來自非洲的移居者，並且此類移居者也易於發生變異 —— 遺傳的原理依然洩露了它們的原始誕生地。

類似的事實不勝枚舉，島嶼上的本土的生物與最鄰近的大陸上的或其他附近島上的生物相關，幾乎是一個普遍的規律，很少有例外，而且大都可以得到解釋。因此，儘管克葛蘭陸地離非洲要比離美洲更近，但是我們從胡克博士的陳述中得知，它的植物卻與美洲的植物相關，而且還十分接近。若根據下述觀點，那麼這一反常現象便迎刃而解，即該島植物的種子來源主要是靠盛行海流漂來的冰山泥土和石頭攜帶而來的。紐西蘭在原生植物方面，與最近的大陸澳洲的關係，要遠比與其他地區的關係更加密切，這大概在意料之中；可是它又明顯與南美相關，儘管南美是僅次於澳洲距其最近的大陸，但畢竟相距極為遙遠，故這一事實也便成為一種反常現象了。但若根據下述觀點，這一難點也就幾乎煙消雲散了，即紐西蘭、南美以及其他南方陸地的生物，一部分是在很久以前來自一個近乎中間的、儘管很遙遠的地點，亦即南極諸島，那是在冰期開始之前，其時這些島上遍布植物。澳洲西南角與好望角的植物群的親緣關係，儘管薄弱，但是胡克博士讓我確信這是實實在在的，這是遠較異常的情形，目前還無法解釋。但是這種親緣關係只局限於植物，而且我不懷疑，這總有一天會得到解釋。[2]

　　我們有時可以看到，造成群島生物與最鄰近的大陸生物之間的密切親緣關係（儘管在物種一級上不同）的法則，在同一群島的範圍之內，也以較小規模但十分有趣的方式表現。誠如我在別處已經

2　譯注：達爾文的這一預見，在半個世紀後即得以實現，魏格納提出的大陸漂移假說，部分地解釋了這一「異常現象」。及至 1970 年代板塊構造理論的出現，南方古陸植物群之間的親緣關係，旋即得到了更為圓滿的解釋。

闡明的，在加拉帕戈斯群島的幾個島嶼上，以非常奇異的方式，棲居著一些親緣關係十分密切的物種，以至於每一單獨島嶼上的生物，儘管大多相互有別，但彼此之間的關係比它們與世界任何其他地區的生物之間的關係，有著無可比擬的相近。按照我的觀點，這大概正是在意料之中的，因為這些島嶼彼此相距如此接近，它們幾乎必然會從相同的原產地抑或彼此之間接受移居者。但是，這些島嶼上的本土的生物之間的不同，或可用來反駁我的觀點，因為人們或許會問：既然這幾個島，彼此間雞犬之聲相聞，並具有相同的地質性質、高度、氣候等，其上的很多移居者怎麼會發生不同（雖程度很小）的變異呢？對我來說，長期以來看似是個難點。但是，這主要是由下述這一根深柢固的錯誤觀點而引起的，即認為一個地區的物理條件對居住在那裡的生物是最為重要的。然而，我認為，不可辯駁的是，其他生物的性質至少是同等的重要，而且通常是成功的一個遠遠更為重要的因素，因為每一生物都必須跟其他的生物競爭。現在，我們來看一看那些加拉帕戈斯群島上、同時也見於世界其他地方的生物（暫將特有物種擱置一邊，由於它們抵達之後如何發生變異的問題，仍在探討之中，故無法在此公道地包括土著物種），我們可以發現它們在幾個島上有相當大的差異。這一差異或許確實是可以預料的，如果認為島嶼上的生物來自偶然的傳布方法──譬如，一種植物的種子被帶到了一個島上，而另一種植物的種子卻被帶到了另一個島上。因此，從前當一種移居者在這些島嶼中的任何一個或多個島上定居下來時，或者當它其後從一個島擴散到另一個島上時，它無疑會在不同的島上遭遇不同的生活條件，因為它勢必要與不同組合的生物競爭。比如，某種植物會發現，在島與

島之間，最適於它的土地，被不同的植物所占據的程度有所不同，而且會遭受到多少有所不同的敵害襲擊。如果此時它變異，自然選擇大概就會在不同的島上垂青不同的變種。然而，有些物種可能擴散並且在整群中保持相同的性狀，正如我們在一些大陸上所見，一些物種廣泛擴散但又始終保持不變。

加拉帕戈斯群島的這種情形，以及在較小程度上一些類似的情形，其中真正令人驚異的事實則是，在不同的島上形成的新種，並沒有迅速擴散到其他島上。這些島之間儘管雞犬之聲相聞，卻被很深的海峽所隔開，在大多數情況下比不列顛海峽還要寬，而且沒有理由假定它們在從前的任何時期曾連結在一起。各島之間的海流急速且迅猛，大風異常稀少。因此，各島彼此之間的隔離度，實際上遠甚於它們在地圖上所顯現的那樣。儘管如此，還是有相當多的物種（既有發現於世界其他地方的、也有僅局限於該群島的），是幾個島嶼所共有的，而且我們根據某些事實可以推想，它們很可能是從某一個島上擴散到其他島上去的。但是，我想我們對於親緣關係密切的物種之間在自由往來時，會彼此侵入對方領土的可能性，常常持有一種錯誤的看法。毫無疑問，如若一個物種比另一物種占有任何優勢的話，它便會在極短的時間內全部地或部分地把對方排擠掉；然而倘若兩者能同樣好地適應它們各自在自然界中的位置，那麼，兩者大概都會幾乎無限期地保住它們各自的位置。透過人為的媒介而歸化的很多物種，曾以驚人的速度在新的地域內擴散，一旦熟悉了這一事實，我們便很容易推想，大多數物種就是如此擴散開來的。但是我們應該記住，在新的地域歸化的類型，一般來說與本土的生物在親緣關係上並不密切，而是十分不同的物種，誠如德

康多爾所表明，在大多情況下則屬於不同的屬。在加拉帕戈斯群島，甚至很多鳥類，儘管如此地適於從一個島飛往另一個島，但在每一個島上還是各不相同的；故嘲鶇（mocking-thrush）中有三個親緣關係密切的物種，每一個物種都局限在自己的島上。現在讓我們來設想一下，查塔姆島的嘲鶇被風吹到了查爾士島，而查爾士島上已經有自己的一種嘲鶇，牠憑什麼道理能在那裡成功地扎下根來呢？我們可以有把握地推測，查爾士島已經繁衍著自己的物種，因為每年所產的卵要多於所能被養育的鳥；而且我們還可以推測，查爾士島特有的嘲鶇，對於其家園的良好適應，至少不亞於查塔姆島所特有的種對查塔姆島的適應。有關這一論題，賴爾爵士與沃拉斯頓先生曾函告我一個引人注目的事實，即馬德拉和附近的聖港島，各有很多不同並具代表性的陸生貝類，其中有些生活在石頭縫裡，儘管每年有大量的石塊從聖港運到馬德拉島上，可是馬德拉並未被聖港的物種所占據。然而，這兩個島上卻都有歐洲的陸生貝類移居進來，這些貝類無疑比原生物種占有某種優勢。出於這些考慮，我認為，對於棲居在加拉帕戈斯群島幾個島上的土著及具有代表性的物種，未曾在島與島之間廣布開來一事，我們也無需大驚小怪了。在很多其他的情形中，譬如說在同一大陸上的幾個地區內，「捷足先登」對於阻止相同生活條件下的物種混入，很可能也有重要的作用。因此，澳洲的東南角與西南角，有著幾近相同的物理條件，其間又有連續的陸地相連，可是，它們卻棲居著大量互不相同的哺乳動物、鳥類以及植物。

決定大洋島動、植物群一般特徵的原理，即當其生物不完全相同時，卻明顯地與它們最可能源自該處的那一地區的生物相關

（這些移居者其後發生了變異，並且更適應於它們的新家），這一原理在整個自然界中有著最為廣泛的應用。我們在每一座山頂上、每一個湖泊與沼澤中，均可看到這一原理。因為，除非是相同的類型，高山物種（主要是植物）在晚近的冰期期間已經廣泛擴散，都與其周圍低地的那些物種是相關的。因此，在南美我們就有了高山蜂鳥、高山齧齒類、高山植物等，全部為嚴格的美洲類型，而且很明顯，當一座山緩慢隆起時，生物便會自然地從周圍的低地移居而來。湖泊與沼澤的生物亦復如此，除非極為便利的傳布給整個世界帶來了相同的普遍類型。在棲居於美洲與歐洲洞穴裡的目盲動物身上，我們也可看到這同一原理。還可舉出其他一些類似的事實。我相信，下述情形將是放諸四海而皆準：在任何兩個地區，無論彼此相距多遠，大凡有很多親緣關係密切或具有代表性的物種出現，在那裡也便同樣會發現一些相同的物種，而且根據上述觀點，顯示出兩地間在從前曾有過混合或遷徙。而且無論何地，凡有很多密切近緣的物種出現，在那裡也定會發現很多類型，它們會被某些博物學家定為不同的物種，卻被另一些博物學家們定為變種。這些懸疑類型，向我們展示了變異過程中的一些步驟。

　　一個物種在現時或在不同物理條件下的從前某個時期的遷徙能力與範圍，跟與其密切近緣的其他物種在世界一些遙遠地點的存在，這兩者之間關係，還以另一種更為普通的方式展現。古爾德先生早就告訴過我，在廣布世界的那些鳥類的屬中，很多物種的分布範圍很廣。儘管很難給予證明，我對這一規律的普遍真實性難以懷疑。在哺乳動物中，我們看到這一規律顯著地表現在蝙蝠中，並在稍次的程度上表現在貓科與犬科中。倘若我們比較一下蝴蝶與甲蟲

的分布，我們也可見到同一規律。大多數的淡水生物亦復如此，其中很多的屬遍布全世界，很多單一的物種分布範圍極廣。這並不意味著，在世界範圍分布的屬裡，所有的物種都有很廣的分布範圍，甚至於也不意味著，它們**平均**有很廣的分布範圍；而僅僅意味著，其中有些物種的分布範圍很廣；因為分布範圍廣的物種的變異及其產生新類型的難易，將在很大程度上決定其平均的分布範圍。譬如，同一物種的兩個變種棲居在美洲與歐洲，因而這一物種就有了極廣的分布範圍。但是，倘若變異的程度更大一些，那麼，這兩個變種就會被定為不同的物種了，因而其共同的分布範圍便將大大地縮小了。這更不意味著，一個明顯能跨越屏障並分布廣泛的物種，如某些羽翼強大的鳥類，就必然分布得很廣，因為我們絕對不應忘記，分布廣遠不僅意味著具有跨越屏障的能力，而且意味著具有更加重要的能力——能在遙遠的地方，在與異地生物進行生存競爭中獲勝。但是，若按照下述觀點，即一個屬的所有物種，儘管現在分布到世界最遙遠的地方，皆是從單一祖先傳下來的，我們應該就能發現（而我相信一般而言我們確能發現），至少有些物種是分布得很廣的。因為未變異的祖先必定應該分布得很廣、在擴散期間經歷了變異、並必定應將其自身置於多種多樣的條件下，而這些條件有利於其後代先是轉變成一些新的變種，最終並變為一些新種。

在考慮某些屬的廣泛分布時，我們應該記住，一些屬是極為古老的，必定是在很遙遠的時代，從其共同祖先那裡分支出來。在此情形下，便有大量的時間出現氣候與地理上的巨變以及意外的傳布，結果可使一些物種遷徙到世界各地，在那裡它們可能已根據新的條件而輕微地變異。從地質證據看來，也有某種理由相信，在

每一個大的綱裡，比較低等的生物一般來說要比那些比較高等的類型，變化速率緩慢一些。結果是低等的類型便有更好的機會，得以廣泛分布卻又依然保持同一物種的性狀。這一事實，連同很多低等類型的種子和卵都很小並且更適於遠端搬運的事實，大概說明了一個久已察覺的、新近又為德康多爾就植物方面所精闢討論過的法則，即生物類群愈低等，其分布範圍則趨於愈廣。

才討論過的關係，即低等生物比高等生物的分布更廣，分布廣的屬中的一些物種，本身的分布也很廣，還有諸如此類的事實：高山、湖泊與沼澤的生物，一般與棲居在周圍低地和乾地的生物相關（除去前面指出的例外情形），儘管這些地點是如此地不同。棲居在同一群島各個小島上的不同物種，有非常密切的親緣關係，特別是每一個整個的群島或島嶼，其上的生物與最鄰近大陸上的生物之間明顯相關。我認為，根據每一物種均為獨立創造的普通觀點，這些事實都是完全難以得到解釋的，但是若根據下述觀點，這一困難便迎刃而解：這是緣於從最近或最便利的原產地移居，加之移居者其後的變異以及對新居適應良好所致。

前一章及本章的概述

在這兩章裡，我力圖表明，如果我們適當地承認，對於所有在晚近時期內確曾發生過的氣候變化與陸地水平變化以及在同一時期內可能發生過的其他相似的變化所產生的充分影響，我們是無知的話；如若我們記得，對於很多奇妙的偶然的傳布方法（而對這一論題從未曾進行過適當的實驗），我們是何等地極度無知的話；如若

我們記住，一個物種可能在廣大的面積上連續地分布，而後在一些中間地帶滅絕了，是何等地司空見慣的話，那麼，我認為，相信同一物種的所有的個體，無論其居於何處，均源於共同的祖先，便沒有不可逾越的困難了。我們是根據各種一般的考慮，尤其是考慮到各種屏障的重要性以及亞屬、屬與科的類似的分布，而得出這一結論，很多單一造物中心旗號下的博物學家，也得出了這一結論。

　　至於同一屬的不同物種，按照我的理論，均是從同一個原產地擴散開來的。如果我們像以前那樣承認我們的無知，並且記得某些生物類型變化得最為緩慢，因而有大量的時間供其遷徙，那麼，我不認為這些困難是不可克服的。儘管在此情形下，以及在同種個體的情形下，這些困難常常是極大的。

　　為了舉例說明氣候變化對於分布的影響，我已試圖表明，當代冰期產生了何等重要的影響，我完全相信它同時影響了全世界，或至少影響了廣大的子午線地帶。為了表明偶然的傳布方法是何等地五花八門，我已稍微詳細討論了淡水生物的擴散方法。

　　倘若承認同一物種的所有個體以及近緣物種的所有個體，在漫長的時期中，均出自同一原產地，並沒有什麼不可克服的困難的話，那麼我認為所有關於地理分布的大格局，都可以根據遷徙的理論（一般地是較為主導的生物類型的遷徙），以及其後新類型的變異與繁衍，而得以解釋。因而，我們便能理解，屏障（無論是陸地還是水體），在隔離幾個動物與植物區系上，所產生的極為重要的作用。我們因此還能理解，亞屬、屬以及科的地方化，以及在南美，平原與山脈的生物以及森林、沼澤與沙漠的生物，是如何透過親緣關係以奇妙的方式相聯在一起的，而且同樣與先前棲居在同一

大陸上滅絕的生物相互關聯。倘若記住生物與生物之間的相互關係是最為重要的，我們便能理解，為何具有幾近相同物理條件的兩個地區，常常棲居著十分不同的生物類型，因為按照自移居者進入一個地區以來所經過的時間長度，按照允許某些類型而不讓其他類型（以或多或少的數量）遷入的交流性質；按照那些移入生物是否在彼此之間以及與本土的生物之間，發生或多或少的直接競爭；並且按照移入生物多少能夠發生迅速的變異，結果就會在世界上不同、大的地理區系中的不同地區（無論其物理條件如何）裡，產生無限多樣性的生活條件，也就會有幾乎無限的生物間的作用與反作用。而且我們就會發現（誠如我們確實發現），有些類群的生物變異極大，而有些類群的生物只有輕微變異，有些類群的生物大量發展了，而有些類群的生物僅少量地存在著。

根據這些相同的原理，誠如我力圖表明的，我們便能理解，為何大洋島上只有少數生物，而其中的大部分又是土著的或特殊的——由於與遷徙方法的關係，為何一群生物（甚至於在同一個綱之內）的所有物種都是土著的，而另一群的所有物種卻跟世界其他地方是共同的。我們也能理解，為何像兩棲類與陸生哺乳類這樣整群、整群的生物，竟在大洋島上缺失，而一些最為隔絕的島嶼上卻有其特有物種的飛行哺乳類或蝙蝠。我們還能理解，為何島上哺乳動物的存在（在多少有些變化了的條件下），與該島跟大陸之間的海的深度，有某種關係。我們能夠清晰地理解，為何一個群島的所有生物，儘管在幾個小島上在種一級不同，彼此卻有密切的親緣關係，而且跟最鄰近的大陸或移入者大概發源的其他原產地的生物同樣有親緣關係，只不過密切程度較低而已。我們能夠理解，為何在

兩個地區內（無論彼此相距多遠），在完全相同的物種的存在上、在變種的存在上、在懸疑物種的存在上、在不同卻具有代表性的物種的存在上，竟然也存在著一種相互關係。

誠如已故的福布斯所曾力主，生命的法則在時間與空間中，存在著一種顯著的平行現象。支配過去時期內生物類型演替的法則，與支配現今不同地區內差異的法則，幾乎相同。我們可在很多事實中見到這一情形。每一物種以及每一群物種的存在，在時間上都是連續的，因為這一規律的例外是如此之少，以至於這些例外大可歸因於我們尚未在中間沉積物裡發現其中所缺失的類型而已，而這些類型卻出現在該沉積物之上及之下；在空間上亦復如此，一般規律其實是，一個物種或一群物種所棲居的地區是連續的，雖例外的情形不少，但誠如我已試圖表明的，這些例外都可根據以下予以解釋：從前某一時期在不同條件下的遷徙，或者偶然的傳布方法，或者物種在中間地帶的滅絕。在時間與空間裡，物種以及物種群皆有其發展的頂點。屬於某一時期或某一地區的物種群，常常有共同的微細性狀（如雕紋或顏色）為特徵。當我們觀察漫長時代的演替時，誠如我們現在觀察全世界各個遙遠地域一樣，我們發現有些生物的差異很小，而另一些卻有很大的不同，屬於一個不同的綱，或者一個不同的目，甚或僅僅是同一個目裡的不同的科。在時間與空間裡，每一個綱較低等的成員比之較高等的成員，一般說來變化較少，可是在這兩種情形裡，對這一規律都有一些顯著的例外。根據本人的理論，在時間與空間裡的這些關係，都是可以理解的，因為無論我們是觀察在世界同一地區、在相繼時代中已經發生變化的生物類型，還是觀察那些在遷入遙遠地方之後已經發生變化的生物類

型，這兩種情形中，每一個綱裡的類型都被普通世代的同一紐帶連結了起來。任何兩個類型的血緣關係愈近，它們通常在時間與空間裡彼此間的位置也愈近；在這兩種情形中，變異法則都是相同的，而且這些變異都是由相同的自然選擇的力量累積而成的。

第十三章

生物的相互親緣關係：形態學、胚胎學、發育不全的器官

分類，類群之下復有從屬的類群－自然系統－分類中
的規則與困難，用兼變傳衍的理論予以解釋－變種的
分類－世系傳總被用於分類－同功的或適應的性狀－
一般的、複雜的與輻射型的親緣關係－滅絕分開並
界定了生物類群－形態學：見於同綱成員之間、同一
個體各部分之間－胚胎學之法則：根據變異不在早期
發生，而在相應發育期才遺傳來解釋－發育不全的器
官：其起源的解釋－本章概述。

　　自從生命的第一縷曙光開始，所有的生物均依漸次下降的方式
在不同程度上彼此相似，因此，它們能夠在類群之下復又分為從屬
的類群。這一分類分明不像將星體歸入不同星座那樣地隨意。倘若
一個類群徹頭徹尾適於棲居陸地，而另一個類群則徹頭徹尾適於棲
居水中；一群完全適於食肉，而另一群完全適於食植物，凡此等

等，那麼，類群存在的意義也就太過簡單了。但是，自然界中的情形遠非如此，因為眾所周知，甚至在同一亞群裡的成員中，通常也具有非常不同的習性。在第二章與第四章討論「變異」與「自然選擇」時，我已試圖表明，正是那些分布範圍廣、十分分散並且常見的，才是屬於較大的屬裡的優勢物種，也是變異最大的。誠如我所相信，由此而產生的變種或雛形種，最終轉變成新的、不同的物種，而且根據遺傳的原理，這些物種趨於產生其他新的以及優勢的物種。結果，現如今那些大的、通常含有很多優勢種的類群，繼續無限增大。我還曾進一步試圖表明，由於每一物種變化的後代，都力圖在大自然的經濟體制中，占據盡可能多以及盡可能不同的位置，它們也就不斷地趨於性狀分異。若要證明這一結論，只要看一眼在任何小的地區內生物類型之繁多、競爭之激烈，以及有關歸化的某些事實便可。

我也曾試圖表明，大凡數量正在增加、性狀正在分異的類型，不斷地趨於排除以及消滅那些分異較少、改進較少，以及先前的類型。我請讀者回過頭，參閱先前解釋過、用以說明這幾項原理的作用的圖解，便可見下述的必然的結果：從一個祖先傳下來的變異後代，在類群之下又分裂成從屬的類群。在圖解中，頂線上每一個字母，代表一個含有幾個物種的屬，而這條頂線上所有的屬在一起形成一個綱。由於全都是從同一個古代、但尚未見到的祖先那裡傳下來的，因而它們遺傳繼承了一些共同的東西。然而，根據這同一原理，左邊的三個屬有很多共同之點，而形成了一個亞科，不同於右邊毗鄰的兩個屬所形成的亞科，後者是從譜系第五個階段的共同祖先那裡分歧出來的。這五個屬依然有很多（儘管稍少一些）共同

之點。它們組成一個科，不同於更右邊、更早時期分歧出來的那三個屬所組成的科。所有這些屬都是從（A）傳下來的，故組成一個目，並區別於從（I）傳下來的那幾個屬。所以，在此我們將從一個祖先傳下來的很多物種歸入了屬，而這些屬被包括在或從屬於亞科、科與目，所有的都歸入一個綱裡。因此，在類群之下再分類群的自然歷史中的這一偉大事實（此乃司空見慣，故令我們對其熟視無睹），在我看來，便得到解釋了。

博物學家試圖根據所謂的「自然系統」，排列每一個綱裡的種、屬與科。但是，這一系統的意義何在呢？有些作者僅將其視為一種方案，以把最相似的生物排列在一起，而把最不相似的生物劃分開來；或將其視為盡可能簡要闡明一般命題的人為手段，譬如，用一句話來描述所有哺乳動物所共有的性狀，用另一句話來描述所有肉食類所共有的性狀，再用另一句話來描述犬屬所共有的性狀，然後再加上一句話，以全面地描述每一類的狗。這一系統的巧妙與實用，是毋庸置疑的。然而，很多博物學家認為，「自然系統」的意義，尚不止於此。他們相信，它揭示了「造物主」的計畫。但是，除非能夠具體說明它在時間上或空間上的順序，或者具體說明「造物主」計畫的任何其他含義，否則，依我之見，我們的知識並未因此而增加分毫。像林奈那句名言的表述（我們所常見的，則是一種或多或少隱晦了的形式），即不是性狀造就了屬，而是屬產生了性狀，似乎意味著我們的分類中所包含的，不僅僅是單純的相似性。我相信，它所包含的委實不止於此；我還相信，譜系傳上的相近（生物相似性的唯一已知的原因）便是這種聯繫，這種聯繫儘管為各種不同程度的變異所掩蓋，卻也被我們的分類部分地披露了。

現在讓我們來考慮一下分類中所採用的規則，並且考慮一下根據下述觀點所遭遇到的一些困難。這一觀點亦即分類要麼揭示了某種未知的造物計畫，要麼僅僅是一種簡單的方案，用以闡明一般命題以及把彼此最為相似的類型放在一起。也許有人曾認為（古時候即是如此認為的），決定生活習性的那些構造部分，以及每一生物在大自然的經濟體制中的一般位置，在分類上極為重要。沒有什麼比這一想法更大錯特錯的了。無人會認為老鼠與鼩鼱、儒艮與鯨、鯨和魚的外表的相似有任何重要性。這些類似，儘管與生物的整個生活如此密切關聯，但只是被列為「適應的或同功的性狀」，然而，我們得留待以後再來考慮這些類似。甚至可以作為一般規律的是，體制結構的任何部分與特殊習性關聯愈少，則其在分類上就愈加重要。譬如，歐文在談及儒艮時說：「生殖器官作為與動物的習性和食物最不相關的器官，我卻總認為，它們非常清晰地顯示了真正的親緣關係。在這些器官的變異中，我們最不大可能將僅僅是適應的性狀誤認為是本質的性狀。」植物也是如此，它們的整個生命所繫的營養器官，除了在最初主要的分類劃分外，卻很少有意義，這是多麼地奇特啊，而其生殖器官，連同它的產物——種子，卻是頭等重要的！

所以，在分類中，我們必須不去信任體制結構部分的相似性，無論這些部分對生物與外部環境關係上的福祉可能是多麼重要。也許部分是由於這一原因引起的，幾乎所有的博物學家，均極為強調高度重要或具生理重要性的器官的相似性。毫無疑問，這種把重要器官視為在分類上也重要的觀點，一般來說是正確的，但絕不意味著它永遠正確。我相信，它們在分類上的重要性，取決於它們在

412

大群物種中的較高的恒定性，而這種恒定性，則依賴於器官在物種適應其生活條件的過程中經歷了較少的變化。因此，一種器官單純在生理上的重要性，並不決定它在分類上的價值，這幾乎已為下述事實所表明：在親緣關係相近的類群中，儘管我們有理由設想，同一器官具有幾近相同的生理價值，但其在分類上的價值卻大不相同。但凡研究過任何一個類群的博物學家，無人會對這一事實視若無睹，而且在幾乎每一位作者的著作中，它都得到了充分的承認。在此僅引述最高權威羅伯特·布朗在講到山龍眼科的某些器官時所說的話就夠了。他說，它們在屬一級的重要性，「像它們所有部分的重要性一樣，不僅在這一個科中，而且據我所知在每一個自然的科中，都是非常不等的，並且在某些情形下，似乎完全消失了」。他在另一著作中又說道，牛栓藤科的各個屬「在子房為一個或多個上，在胚乳的有無上，在花蕾內的花瓣作覆瓦狀或鑷合狀上，均不相同。這些性狀中的任何一個，孤立地看時，其重要性經常在屬一級之上，然而在此將其合在一起來看時，它們似乎尚不足以區別納斯蒂思屬（*Cnestis*）與牛栓藤屬（*Connarus*）」。舉昆蟲中的一個例子，誠如韋斯特伍德已指出，在膜翅目的一個大的類群裡，觸角的構造最為固定；而在另一類群裡，則差異甚大，因而這些差異在分類上僅有十分次要的價值。然而無人會說，在這同一個目的兩個類群裡，觸角在生理上的重要性是不相等的。在同一類群生物中，同一重要的器官在分類上的重要性卻有所不同，此等事例實乃不勝枚舉。

再者，無人會說發育不全或萎縮的器官在生理上或存亡上極為重要。可是，這種狀態的器官無疑在分類上經常有極高的價值。也

無人會對此持有異議，即幼小反芻類上頜中的殘留牙齒以及腿部某些退化的骨骼，極有力地顯示出反芻類與厚皮類之間有著密切的親緣關係。布朗曾經極力堅持，禾本科草類的殘跡小花的位置，在分類上是極端重要的。

那些必被認為是在生理上不太重要、但卻被公認在界定整個類群上極為有用的部分所顯示出的性狀，其眾多例子俯拾皆是。譬如，從鼻孔到口腔有無一個通道，歐文認為，這是絕對地區別魚類與爬行類的唯一性狀；又如，有袋類頜骨角度的彎曲變化、昆蟲翅膀的折合方式、某些藻類的顏色、禾本科草類的花在各部分上的細毛，以及脊椎動物中的真皮被覆物（如毛或羽毛）的性質。倘若鴨嘴獸被覆的是羽毛而不是毛的話，那麼我認為，這種不重要的外部性狀，在決定這一奇怪的動物與鳥類及爬行類的親緣關係的程度上，定會被博物學家認為是一種重要的幫助，就像以任何一種內部重要器官的構造為分類途徑一樣。

微不足道的性狀對於分類的重要性，主要有賴於它們與幾個其他重要程度不一的性狀之間的關係而定。集合性狀的價值，在博物學中是非常明顯的。因此，正如經常指出的，一個物種可以在幾種性狀（既具有生理上的高度重要性、也具有幾乎一致的普遍性）上，與它的近緣物種有所區別，可是對於其分類位置的安放，我們卻毫無疑慮。所以，我們也已經發現，倘若僅將一種分類建立在任何一個單獨的性狀上，無論這一性狀是何等的重要，總歸是要失敗的。因為在體制結構上，沒有任何一個部分是普遍而恒定不變的。我以為，集合性狀（即使其中連一個重要的性狀也沒有）的重要性，便可獨自解釋林奈的格言：不是性狀造就了屬，而是屬產生

了性狀。因為這一格言似乎是建立在對於很多微不足道相似之點的鑑賞上，儘管它們微不足道到難以界定的程度。屬於金虎尾科的某些植物，具有完全的以及退化的花。在退化的花中，如朱希鍔所指出，「種、屬、科、綱所固有的性狀，大多皆已消失，此乃對我們的分類的嘲笑」。當艾斯皮卡巴屬（*Aspicarpa*）在法國幾年之內只產生這些退化的花，從而在很多構造上最為重要之點上，與該目特有的模式大相逕庭時 —— 誠如朱希鍔所觀察的那樣 —— 理查卻敏銳地看出這一屬仍應保留在金虎尾科之中。此例在我看來充分說明了我們的分類有時所必須植根的精神。

實際上，當博物學家在工作時，他們對界定一個類群，或歸屬任一特定物種所用的性狀，並不在意其生理價值。如若他們找到一種幾近一致，並為很多類型（而不為其他的類型）所共有的性狀，他們就把它用作具有極高價值的性狀之一；倘若僅為較少數類型所共有，他們就把它用作具有次等價值的性狀。這一原則已廣為一些博物學家認為是正確的，而且無人能像卓越的植物學家聖提雷爾那樣表述地如此明瞭。倘若某些性狀總是與其他的性狀相關出現，即使它們之間並無明顯的聯繫紐帶，也會賦予它們特殊的價值。在大多數的動物類群中，重要的器官，諸如推送血液的器官、為血液輸送空氣的器官或傳宗接代的器官，如果幾近一致的話，它們在分類上就會被視為是極為有用的；但是在某些動物類群中，所有這些最為重要的維持生命的器官，僅能提供非常次要價值的性狀。

由於我們的分類自然而然地包括每一個種的所有發育階段，因此，我們便能夠理解，為何胚胎的性狀與成體的性狀有同等的重要性。然而，根據一般觀點，下面這一問題絕非顯而易見，即為何胚

胎的構造在這一目的上竟然比成體的構造更為重要，而只有成體的構造才在自然經濟結構中發揮充分的作用。可是，諸如愛德華茲和阿格塞這樣偉大的博物學家極力主張的，在動物分類中，胚胎的性狀在任何性狀中是最為重要的，而且這一信念已經被普遍認為是正確的。這一事實也同樣適用於顯花植物，而顯花植物的兩個主要類別，正是基於胚胎的性狀，即根據胚葉或子葉的數目與位置，以及基於胚芽與胚根的發育方式。在我們討論胚胎學時，根據分類不言而喻地包括了傳的概念這一觀點，我們便能理解，為何這些胚胎性狀是如此有價值了。

我們的分類常常明顯受到親緣關係的鏈環的影響。沒有什麼比界定所有鳥類共有的很多性狀更容易的了，可是在甲殼類裡，這種界定至今依然是不可能的。在該系列的兩個極端，有一些甲殼類，幾乎無一性狀是共同的。然而處於這兩個極端的物種，因為很明顯地與其他物種親緣關係相近，而這些物種又與另一些物種親緣關係相近，如此延展下去，牠們便無可爭辯地被識別為屬於節肢動物的這一個綱，而不屬於其他綱。

儘管並不十分合乎邏輯，地理分布也常常被用於分類之中，尤其是被用於對親緣關係密切的類型中很大的類群進行分類時，更是如此。特明克力主這一方法在鳥類的某些類群中的實用性，甚或必要性；幾位昆蟲學家以及植物學家也已步其後塵。

最後，至於諸如目、亞目、科、亞科以及屬此類的各個物種群，其相對等級的分量，在我看來，至少在目前幾乎是隨意而定的。幾位最優秀的植物學家，如本瑟姆先生及其他人，都曾強烈主張這些相對等級的分量是隨意而定的。茲舉一些有關植物與昆蟲方

面的例子，如一個類群最初被老練的植物學家僅僅定為一個屬，其後又被提升到亞科或科一級。這樣做，並非由於進一步的研究發現了起初被忽視的重要構造差異，而是由於其後發現了很多不同程度差異的無數近緣物種。

倘若我的想法沒有大錯特錯，所有上述的有關分類上的規則、方法及困難所在，均可根據下述觀點得以解釋——自然系統是建立在兼變傳衍學說之上的。博物學家視為表明兩個或兩個以上物種之間真實親緣關係的性狀，是那些從共同祖先遺傳下來的性狀，故所有真實的分類都是以譜系為依據的。共同的譜系實乃博物學家無意識所尋求的隱藏紐帶，而不是一些未知的造物計畫或一般命題的闡述，更不是僅僅把或多或少相似的東西聚合在一起以及劃分開來。

但是，我必須更加充分地解釋我的意思。我相信，在每一個綱裡，類群的**排列**（按照與其他類群適當的從屬關係以及相互關係來排）必須完全依據譜系，才會是自然的。然而，有幾個分支或類群，雖與其共同祖先在血統關係上程度相等，但因經歷了不同程度的變異，其差異**量**卻大不相同，這表現在這些類型被定為不同的屬、科、派（sections）或目。讀者若能不辭煩勞去參閱一下先前的圖解，便能完全理解此處的意思。我們假定從 A 到 L 的字母代表生存於志留紀的近緣的屬，而且它們都是從某一個更早而未知的物種那裡傳下來的。其中三個屬（A、F 及 I）的物種，均有變異的後代傳至今天，由最頂上那條橫線上的十五個屬（a^{14} 到 z^{14}）來代表。那麼，從單獨一個物種傳下來的所有這些變異後代，代表在血統上或譜系上有同等程度的關係，它們可以被喻為同是第一百萬

代的宗兄弟，然而它們彼此之間卻有廣泛及不同程度的差異。從 A 傳下來的類型，現在分成兩個或三個科，並構成了一個目，而且有別於那些從 I 傳下來的類型，後者也分成了兩個科。從 A 傳下來的現存物種，則不能與親本種 A 定為同一個屬了；同樣，從 I 傳下來的現存物種，也不能與親本種 I 歸入同一個屬了。但是可以假定現存的屬 F[14] 變異甚微，那麼它便可以定為親本屬 F，恰似少數幾個現今依然生存的生物屬於志留紀的屬一樣。所以，這些在血統上以同等程度彼此相關的生物，它們之間差異的量或差異的級別，就變得大不相同了。儘管如此，它們的譜系排列不僅在現在依然是完全真實的，而且在傳的每一個相繼的時期亦復如此。從 A 傳下來的所有變異後代，均從其共同祖先處繼承了一些共同的東西，從 I 傳下來的所有後代同樣如此，在每一相繼的時期，其後代每一從屬的分支也是如此。然而，如果我們樂意假定 A 或 I 的任何後代變異得如此之大，以至於完全喪失了其身世的痕跡，在此情形下，它們在自然分類中的位置也就完全喪失了，就像有時候似已出現在現生生物中的情形一樣。F 屬的所有後代，沿著它的整條譜系線，假定只發生很少的變化，它們便形成單獨的一個屬。但是這個屬，儘管孤立，仍將會占據它應有的中間地位；因為 F 在性狀上原本就是居於 A 與 I 之間，而自這兩個屬傳下來幾個屬，在某種程度上會繼承它們的性狀。這一自然排列在圖解中顯示了出來（至少在紙面上可能的情況下），不過僅僅是一種過於簡單的方式。若不是用一個分支圖解、而只是把類群的名字寫在一條直線系列上的話，就更不太可能給出自然的排列了。而且，我們在自然界中同一類群的生物間所發現的親緣關係，若想用平面上的一個系列來表示，顯然不可能。

所以，依據我所持的觀點，像宗譜一樣，自然系統在排列上是依據譜系，但是不同的類群所經歷過的變異量，不得不用以下的方式來表達，即把它們列在不同的所謂屬、亞科、科、派、目以及綱裡。

用語言的例子來說明對於分類的這種觀點，或許是值得的。如果我們擁有完整的人類譜系，那麼，人種的譜系排列就會對現今世界上各種語言提供最好的分類。如果把所有已經廢棄不用的語言以及所有中間的、緩慢變化的方言也包含在內，那麼，我認為這種排列將是唯一可能的分類。然而，一些非常古老的語言可能很少有什麼改變，而且也未演衍出什麼新的語言，但另一些古老的語言（因同宗各族的散布及其後的隔離與文明狀態所致）則已有很大的改變，因而演衍出了很多種新的語言與方言。同一語系諸語言之間的各種程度差異，必須用類群之下再分類群來表達。但是恰當的，甚或是唯一可能的排列，則依然是根據譜系的，這將是完全自然的，因為它透過最密切的親緣關係，把廢棄的語言與現代的所有語言連在一起，並且令每一種語言都得以追本溯源。

為證實這一觀點，讓我們一瞥變種的分類，據信變種是從同一個物種傳下來的。這些變種列於物種之下，而亞變種又列於變種之下。至於我們的家養生物中，如我們所見家鴿的情形，還需要有幾個其他的差異級別。類群之下再分類群的存在起源，對變種來說，與物種不無二致，即兼帶不同程度變異的世代傳所呈現的緊密程度。變種的分類所依據的規則，與物種的分類幾近相同。作者們已經堅持依據自然而非人為的系統來對變種進行分類的必要性，比如，我們被告誡，不要僅僅因為鳳梨的果實（儘管這是最重要的部

分）碰巧幾乎一模一樣，便將其兩個變種分類在一起；無人會把瑞典蕪菁與普通蕪菁歸在一起，儘管其可食用的肥大塊莖是如此相似。大凡最為穩定的部分，則被用於變種的分類：因此，偉大的農學家馬歇爾說，角在牛的分類中很有用處，因其比身體的形狀或顏色等的變化為小；而對綿羊來說，由於牠們的角比較不穩定，用處也就大為減少。在變種的分類中，我覺得如果我們有真實譜系的話，那麼，譜系的分類就會被普遍採用，而且已有幾位作者進行過這方面的嘗試。因為我們感到很有把握，無論有過多少的變異，遺傳原理總會把那些相似點最多的類型歸在一起。在翻飛鴿中，儘管某些亞變種在具有較長的喙這一重要性狀上，不同於其他的亞變種，然而由於全體都具有翻飛的共同習性，牠們還是被歸在一起；但是短面的品種，幾乎或完全喪失了這種習性。儘管如此，對這一問題不加推理或思考，這些翻飛鴿均被歸入同一類群，因為牠們既在血統上相近，也在其他方面頗為相似。倘若能夠證明霍屯督人是自黑人傳而來的話，那麼我認為，他們就應歸入黑人族群，無論其膚色以及其他一些重要性狀與後者是多麼地不同。

關於自然狀態下的物種，實際上每一位博物學家都已經把世系傳納入分類，因為他把兩性都包括在最低單位，即物種中。而每一位博物學家也都了解，兩性有時在一些最重要的性狀上會有多麼巨大的差異。某些蔓足類的雄性個體與雌雄同體之間，在成年時幾乎無一共同處，然而卻無人會夢想將其分開。博物學家把同一個體的幾個不同幼體階段都包含在同一物種之內，無論牠們彼此之間以及與成體之間的差異如何巨大；正像他同樣包括了斯汀斯特魯普所謂交替的世代一樣，這些交替的世代僅在技術性的含義上，方能被視

為同一個體。博物學家把畸形歸在同一物種中；他把變種也歸在同一物種中，並非僅僅因為它們與親本類型極為相似，而是因為它們都是從親本類型那裡傳下來的。相信立金花是從報春花那裡傳下來（或者是後者自前者傳下來）的博物學家，自會把它們放在一起定為同一個種，並給其以相同的定義。先前曾被列為三個不同屬的蘭科植物類型〔和尚蘭（*Monachanthus*）、蠅蘭（*Myanthus*）與龍鬚蘭（*Catasetum*）〕，一旦發現它們有時會產於同一穗上時，它們便即刻被歸入同一個物種。

因為世系傳被普遍用於把同一物種的個體分類在一起，儘管雄體、雌體以及幼體有時極為不同；又因為世系傳被用來對發生過一定量（有時相當大的量）變異的變種進行分類，難道世系傳這同一因素不曾無意識地被用來把種歸於屬、把屬歸入更高的類群嗎？儘管在這些情形中，變異的程度更大、完成變異所用的時間更長？我相信它已被無意識地應用了，並且惟有如此，我方能理解我們最優秀的系統分類學家所遵循的幾項規則與指南。我們沒有記載下來的宗譜，我們不得不透過任何類型的相似去釐清共同的世系傳。所以，我們才會在我們所能判斷的範圍內，選擇那些最不大會由於每一物種新近所處的相關生活條件中而變化的性狀。根據這一觀點，退化的構造比之體制結構的其他部分，其分類價值不分伯仲，有時甚或更高。我們不在乎一種性狀是多麼微不足道，哪怕只是頜骨角度的彎曲、昆蟲翅膀的折合方式、皮膚覆毛或是覆羽，倘若它普遍存在於很多不同（尤其是在那些生活習性大不相同）的物種裡，它便有了高度的價值，因為我們只能用來自一個共同祖先的遺傳，解釋它存在於習性如此不同的眾多類型裡。若僅僅依據構造上單獨的

各點，我們有可能在這方面犯錯，然而當幾個性狀（哪怕它們微不足道之極）同時出現於習性不同的一大群生物裡，根據世系傳的理論，我們幾乎可以有把握地認為，這些性狀是從共同的祖先那裡遺傳下來的。而且我們明白，此類相關或集合的性狀在分類上具有特殊的價值。

我們能夠理解，為何一個物種或一群物種，可能在幾個最為重要的性狀上，與其近緣的物種不同，但仍可與它們可靠地分類在一起。只要有足夠數目的性狀（無論它們多麼不重要）暴露了共同的世系傳這一隱蔽的聯繫，便能可靠地如此予以分類，而且也常常確是如此做的。哪怕兩個類型之間無一共同的性狀，但是，如果這些極端的類型之間有一連串的中間類群將其連接在一起，我們便可立刻推斷出它們共同的世系傳，並把它們全部置於同一個綱內。因為我們發現生理上極為重要的器官，那些在最多樣化的生存條件下用以維繫生命的器官，一般來說是最為穩定的，故我們賦予它們特殊的價值；但是，倘若同樣這些器官，在另一類群或一個類群的另一部分裡差異很大的話，我們立刻在分類中降低其價值。我以為，我們即將清晰地看到，為何胚胎的性狀在分類上具有如此高度的重要性。地理分布在對一些廣布的、大的屬進行分類時，也會時而有用，因為大凡棲居在任何獨特及隔離地區同一個屬裡的所有物種，十有八九都是從同一親本那裡傳下來的。

根據這些觀點，我們便能理解真正的親緣關係與同功或適應的類似之間，極為重要的區別了。[1]拉馬克首先喚起了人們對這一區別的注意，其後得到麥克力及其他一些人的強力推崇。在儒艮（厚皮類動物）與鯨魚之間以及這些哺乳動物與魚類之間，牠們在體形

上以及鰭狀前肢上的類似，都是同功的。在昆蟲中，這樣的例子也不勝枚舉，故林奈曾被外觀所誤導，竟把一個同翅類的昆蟲劃定為蛾類。類似的情形我們甚至於也見於家養變種之中，一如普通蕪菁與瑞典蕪菁的肥大塊莖。靈緹犬與賽跑馬之間的類似，比起一些作者所描述大相逕庭的動物之間的奇特類似，也許還略遜一籌。只有當性狀揭示了世系傳時，方在分類上具有真正的重要性，根據我這一觀點，我們便能清晰地理解，為何對於系統分類學家來說，同功或適應的性狀卻幾乎毫無價值，即使它們對於生物的福祉極為重要。因為屬於兩條極不相同世系的動物，可能很容易適應於相似的條件，而使其在外表上密切類似。但是，這種類似非但不會揭示，反而會趨於掩蓋它們與其原本的世系之間的血緣關係。我們也能理解以下看起來明顯矛盾的情形——同樣的一些性狀，在一個綱或目與另一個綱或目相比較時，是同功的，但是當同一個綱或目的成員之間相互比較時，卻揭示了真實的親緣關係。因而，體形與鰭狀前肢只有在鯨與魚類相比時，才是同功的，都是兩個綱對水中游泳的適應；但是，在鯨科的幾個成員之間，體形與鰭狀前肢卻是顯示其真實親緣關係的性狀。這些鯨類在很多大小俱全的性狀上是如此一致，以至於我們對於牠們的一般體形與肢的構造是從共同祖先那裡傳下來的這一點，無可置疑。魚類的情形亦復如此。

由於不同綱的成員透過連續的、些微的變異，常常適應於生活在近於相似的條件之下（譬如棲居在陸、空、水這三種環境中），

1　譯注：後來，「真正的親緣關係」被納入「同源」（homology）的概念，而「同功或適應的類似」即融入與之對應的「同功」（analogy）的概念。

我們或許能夠理解，不同綱的亞群之中為什麼有時會見到一種數位上的平行現象。被任何一個綱裡的這種平行現象所打動的自然學者，透過任意提高或降低其他綱裡類群的級別分量（我們的一切經驗表明這種評價迄今依然是任意的），便會很容易把這種平行現象廣泛延伸，因而，很可能就產生了七級、五級、四級與三級的分類法。

　　屬於比較大的屬的優勢物種，其變異的後代，趨於繼承一些優越性，這種優越性曾使它們所屬的類群增大並使其親本占有優勢，故此它們幾乎肯定會廣為散布，並在自然經濟組成中獲取愈來愈多的位置。較大與較占優勢的類群，便趨於繼續增大，結果它們便會排擠掉很多較小與較弱的類群。因此，我們便能解釋下述事實：所有的生物（現代的和已滅絕的），都包含在少數的大目以及更少數的綱裡，而且全部都被納入一個巨大的自然系統之中。一個驚人的事實可以顯示，高級類群在數目上是何等之少，而在全世界的分布又是何等之廣，那就是在澳洲的發現，並未增加任何一種可以關為一個新綱的昆蟲；而且在植物界，據我自胡克博士處得知，所增加的也僅僅是兩三個小的目而已。

　　在有關地史上的演替一章裡，根據每一類群的性狀長期連續的變異過程中一般分異很大的原理，我曾試圖表明，為何較古老的生物類型，常常呈現出在某種輕微程度上介於現生類群之間的性狀。少數古老、中間的親本類型，偶爾會將變化甚少的後代傳到如今，就成了我們所謂的銜接類型或畸變類型（osculant or aberrant forms）。根據我的理論，任何類型愈是異於常態，已滅絕以及完全消失的連結類型的數目也就必然愈大。我們有某種證據表明，畸

變的類群因滅絕事件而嚴重受損，因為它們一般僅有極少數的物種，而那些確實存在的物種，一般彼此間的差異也極大，這再度暗示著滅絕。譬如，鴨嘴獸屬與南美肺魚屬，即便是每一個屬由十多個物種代表、而不是僅由單一物種代表的話，它們異於常態的程度也未必會更輕。誠如我經過一番調查所發現的，這種物種豐富的情況，通常並輪不到畸變屬的頭上。我想，我們若要解釋這一事實，只要把畸變的類群視為被較為成功的競爭者所征服的衰落類型，其中的少數成員在異常巧合的有利條件下得以保存下來。

沃特豪斯先生指出，當屬於一個動物群的成員表現出與一個十分不同的類群有親緣關係時，這種親緣關係大多只是一般的而非特殊的。因而，據沃特豪斯先生稱，在所有齧齒類中，絨鼠與有袋類的關係最為接近。但是在牠向這個「目」靠近的諸點中，其關係只是一般的，而不是說，牠跟有袋類的一個種之間的關係，要比牠跟有袋類另一個種之間的關係更近。由於絨鼠與有袋類的親緣關係的諸點據信是真實的，而不僅僅是適應性的，按照我的理論，牠們就得歸因於共同的遺傳。所以，我們必須假定，要麼所有的齧齒類（包括絨鼠在內）都是從某種古代有袋類分支出來的，而這種古代有袋類相對於所有現生的有袋類來說，有著某種程度上的中間性狀；要麼齧齒類與有袋類兩者均從一個共同的祖先分支而來，而且自那之後均在不同的方向上發生了很大的變化。無論依據哪一種觀點，我們均可假定，絨鼠透過遺傳比其他齧齒類保存了更多古代祖先的性狀。因而，牠雖不會與任何一個現生的有袋類有特殊的關係，但由於部分地保留了牠們共同祖先的性狀（抑或這一類群一個早期成員的性狀），而間接地與所有的或幾乎所有的有袋

類有關係。[2] 另一方面，據沃特豪斯先生所指出，在有袋類中，袋熊（phascolomys）與整個齧齒目最相似、而不是與齧齒類的任何一個物種最相似。然而，在此情形中，大可猜測這種類似只是同功的，因為袋熊已經適應了齧齒類那般的習性。老德康多爾在植物中不同目的親緣關係的一般性質上，也已做過一些幾近相似的觀察。

　　根據從一個共同親本傳下來的物種會繁殖而且其性狀會逐漸分異的原理，並根據它們會透過遺傳保留一些共同的性狀，我們便能理解，同一個科或更高類群的所有成員，均由極為複雜的輻射形親緣關係連結在一起。因為整個科物種的共同親本，現在被滅絕事件而分裂成不同的類群與亞群，可是它將某些性狀，經不同方式與不同程度的變化，遺傳給了該科的全部物種。結果，透過各種長度的迂迴的世系線（正如常常提及的那個圖解中所示），幾個物種彼此得以相關聯，並透過很多先祖而向上攀升。由於即使借助譜系樹，也很難顯示出任何古代貴族家庭無數親屬之間的血緣關係，而不靠這種幫助，卻又幾乎無從下手，故而我們便能理解，博物學家在沒有圖解的幫助下，若要描述他們所察覺的同一個大的自然綱裡，眾多現生成員與滅絕成員之間各種各樣的親緣關係，他們該經歷多麼不同尋常的困難啊！

　　誠如我們已在第四章裡看到的，滅絕在界定與加寬每一綱裡幾個類群之間的距離上，有重要的作用。因而，我們便可依據下述信

2　譯注：由於受當時認識的局限，作者這裡對絨鼠與有袋類關係接近的說法是錯誤的。現在我們知道，齧齒類與有袋類的關係並不很近，故絨鼠與有袋類之間類似的性狀，是趨同演化（convergence）的結果。儘管此處所引實例不當，但達爾文所討論的原理依然是站得住腳的。

念，來解釋何以整個綱與綱之間竟界限分明，譬如鳥類與其他脊椎動物的界限。這一信念便是：很多古代的生物類型已完全消失，正是透過這些類型，先前曾把鳥類的遠祖與其他脊椎動物各綱的遠祖連結在一起。一度曾把魚類與兩棲類連結起來的生物類型，遭到全面滅絕的則少得多。在其他一些綱裡則更少，譬如甲殼類，因為此處最奇異且不同的類型，依然由一長串（但有斷裂）的親緣關係綁在一起。滅絕僅僅分隔了類群，它絕不意味著造出類群。如果曾經生活在這個地球上的每一個類型都突然重新出現的話，也極不可能去界定每一個類群，以使之與其他的類群區分開來，因為透過諸如介於差別最細微的現生變種之間那樣的微細步驟，所有的都會混合在一起。無論如何，一個自然的分類，或者至少一個自然的排列，依然會是可能的。再去參閱圖解，我們便可理解這一點：字母 A 到 L 可代表十一個志留紀的屬，其中有些已產出變異後代的大類群。這十一個屬與它們原始親本之間的每一個中間環節，以及它們後代的每一支及亞支的每一個中間環節，可以假定現今依然存在，而這些環節精細地如同那些差別最為細微的變種之間的環節一樣。在此情形下，便極不可能給出一個定義，就能把幾個類群的若干成員與其更為直接的親本區分開來；或是把這些親本與其未知的古代祖先區分開來。可是，圖解上的自然排列，依舊是有效的，而且根據遺傳的原理，所有從 A 或 I 傳下來的類型，都會有某些共同點。在一棵樹上，我們能夠區別出這一支與那一支，儘管在實際的分叉處，它們是相交並融合在一起的。誠如我已經指出，我們不能界定幾個類群，但是我們卻能挑出代表每一類群的大多數性狀的模式或類型，不管該類群是大還是小，對它們之間差異的等級分量提出一

般的概念。倘若我們真能蒐集到曾在全部時空生活過的任何一個綱的所有的類型，這便是我們要致力達到的結果。當然，我們永遠不能成功地完成如此全面的蒐集：儘管如此，在某些綱裡，我們正朝著這個方向趨近。愛德華茲新近在一篇很棒的論文裡，力主採用模式的高度重要性，不管我們能否劃分以及界定這些模式所隸屬的類群。

最後，我們看到，自然選擇是生存競爭的結果，並且幾乎必然在任何優勢親本種的很多後代中，導致滅絕與性狀分異，而自然選擇卻解釋了所有生物的親緣關係中那一重大而又普遍的特點——生物隸屬於層層相嵌的類群。我們用世系傳此一要素，把兩性的個體以及所有年齡的個體，分類在一個物種之下，即便它們的共同性狀很少；我們用世系傳，對已知的變種進行分類，無論它們與其親本可能有很大的不同。我相信，世系傳，便是博物學家在「自然系統」這個術語下所尋求的那條潛在的聯繫紐帶。自然系統（就其已達到的理想範圍而言），在排列上是依據譜系的，而共同親本的後代之間的等級差別，則是由屬、科、目等來表達的，根據這一概念，我們便能理解我們在分類中不得不遵循的規則了。我們可以理解，為何我們看重某些類似性遠勝於其他的類似性；為何我們可以採用退化、無用的器官，或其他在生理上無關緊要的器官；為何在比較一個類群與另一不同類群時，我們毫不猶豫地捨棄同功或適應的性狀，可是在同一類群的範圍之內，我們卻又用同樣這些性狀。我們能夠清晰地看出，所有的現生以及滅絕的類型，是如何能一起歸入一個大的系統裡；每一個綱裡的幾個成員，又是如何透過最複雜、輻射形的世系線而連在一起。或許我們永遠都解不開任何一個

綱的成員之間錯綜複雜的親緣關係網。然而，當我們觀念上有了一個明確的目標，而且不去訴諸某種未知的造物計畫，那麼，我們便可望取得實實在在的，是緩慢的進步。

形態學

我們已經看到，同一綱的成員，不論其生活習性如何，在它們體制結構的一般設計上，是彼此相類似的。這種類似性常常以「型式的統一性」一詞來表達；換言之，同一個綱不同物種的幾個部分與器官是同源的。這整個論題可以包含在「形態學」的總稱之下。這是自然史中最為有趣的部門之一，也可以稱之為自然史的靈魂。人用於抓握的手、鼴鼠用於掘土的前肢，還有馬的腿、海豚的鰭狀肢以及蝙蝠的翅膀，竟然都是由同一型式構成、竟然包含相似的骨頭，而且處於同樣的相對位置上，還有什麼比這更為奇怪的呢？聖提雷爾已極力主張，同源器官中相互關聯的高度重要性。這些部分在形狀和大小上，幾乎可以變化到任何程度，卻總是以同樣的順序連在一起。比如，我們從未發現過臂骨與前臂骨，或大腿骨與小腿骨的位置顛倒過來的情形。所以，在極不相同的動物中，可以給其同源的骨頭以相同的名稱。我們在昆蟲口器的構造中，也目睹這一偉大的法則：天蛾（sphinxmoth）極長的、呈螺旋狀的喙，蜜蜂或臭蟲奇異而折疊的喙以及甲蟲巨大的顎，有什麼比牠們更加不同呢？可是，所有這些器官，用於如此不同的目的，皆是由一個上唇、一對上顎及兩對下顎，經過無窮盡的變異而形成。類似的法則也支配著甲殼類的口器與肢體的構造。植物的花亦復如此。

企圖用功利或用終極目的教義，來解釋同一個綱的諸成員這種型式上的相似性，是最無望的了。歐文在其《四肢的性質》這部饒有趣味的著作中，坦承這種企圖的無望。按照每一種生物均為獨立創造的一般觀點，我們只能說它就是如此，亦即將每一種動物與植物造成這樣，本是「造物主」的興致所在。

　　根據連續輕微變異受到自然選擇的理論，其解釋便昭然若揭了──每一變異都以某種方式有利於變異的類型，但又由於生長相關性而常常影響體制結構的其他部分。在這種性質的變化中，將很少甚或沒有改變原始型式或調換各部分位置的傾向。肢骨可能會縮短及加寬到任何程度，而且可能逐漸被包在很厚的膜裡，以作為鰭用；抑或蹼足可以令其所有的骨頭（或某些骨頭）加長到任何程度，而且連結它們的膜也可能擴大到任何程度，以作為翅膀用。然而，這一切巨量的變異，卻沒有一種趨向去改變骨骼的總體構架或改變幾個部分的相互關係。如果我們假定所有哺乳類的早期祖先〔也可稱之為原型（archetype）〕，其四肢是按現存的一般型式建立的，無論其用途何在，我們都能立刻看出在整個綱的動物中四肢同源構造的明顯意義。昆蟲的口器也是如此，只要假定牠們的共同祖先曾有一個上唇、一對上顎及兩對下顎，而這些部分在形狀上或許都很簡單，然後自然選擇透過對某種原始創造的形狀發生作用，便可用來解釋昆蟲口器在構造與功能上無限的多樣性。儘管如此，可以想像到，透過某些部分的萎縮及至最終的完全終止發育，透過與其他部分的融合，以及透過其他部分的重複或增生，諸如此類的變異皆在我們所知的可能範圍之內，這些變異可能致使一種器官的一般型式變得模糊不清以至於最終消失。已經滅絕的巨型海蜥蜴的

橈足，還有某些吸附性甲殼類的口器，其一般的型式，似乎因此而在某種程度上已經模糊不清了。

　　現在這一論題還有另一個同樣引人好奇的分支，即並不是同一個綱不同成員的同一部分相比較，而是同一個體的不同部分或器官相比較。大多數生理學家都相信，頭骨與一定數目的椎骨，基本部分是同源的，亦即在數目上和相互關聯上是對應的。脊椎動物和環節動物各綱的每一成員，前肢與後肢明顯是同源的。在比較甲殼類異常複雜的顎與足時，我們目睹同樣的法則。幾乎每一個人都熟悉，一朵花上的萼片、花瓣、雄蕊與雌蕊的相互位置以及它們的內部構造，若從它們由螺旋狀排列的變形葉子所組成的觀點看，便可一目了然。在畸形的植物中，我們常常可以獲得一種器官可能轉化成另一種器官的直接證據，而且我們在胚胎期的甲殼類、其他很多的動物以及花中，能夠實際地看到：在成熟期變得極不相同的器官，在生長的早期階段卻是一模一樣的。

　　這些事實若依照造物的一般觀點，該是多麼不可理喻啊！為何腦子要被裝在一個由數目眾多、形狀奇異的骨片所組成的盒子裡呢？誠如歐文所指出，分離的骨片便於哺乳動物的分娩，而這一好處絕不能用來解釋鳥類頭骨的相同結構。為何創造出相似的骨頭，以形成蝙蝠的翅膀與腿，而它們卻被用於完全不同的目的呢？為何一種甲殼類有著很多部分組成的複雜口器，其結果是腿的數目卻總是較少；反之，具有很多腿的甲殼類，其口器則較為簡單呢？為何每一朵花中的萼片、花瓣、雄蕊及雌蕊，雖然適於如此大不相同的目的，卻是由相同的型式所構成的呢？

　　根據自然選擇的理論，我們便能圓滿地回答這些問題。在脊椎

動物中，我們見到一系列的內部脊椎骨，帶有某些突起以及附屬結構；在環節動物中，我們見到其身體被分成一系列的體節，帶有外部的附屬結構；在顯花植物中，我們見到一系列呈螺旋輪狀的葉子。同一部分或器官的無限重複，是所有低等或很少變化的類型共同的特徵（如歐文所指出）。所以，我們可以欣然相信，脊椎動物的未知祖先具有很多脊椎骨；關節動物的未知祖先具有很多體節；顯花植物的未知祖先具有很多呈螺旋輪狀的葉子。我們先前看到，但凡多次重複的部分，在數目與形狀上，都極易發生變異。結果，下述情形是非常可能的：在長期連續的變化過程中，自然選擇應該會抓住一些多次重複的原始相似部分，令其適應於最不相同的目的。而且，由於整個變異都會由細微連續的步驟來完成，那麼，當我們發現在這些部分或器官中，有某種程度上的基本相似性，並透過扎實的遺傳原理所保留的話，那也就無需大驚小怪了。

在軟體動物這一大綱中，儘管我們能夠說明一個物種的一些部分與其他不同物種的一些部分是同源的，但我們能指出的系列同源卻很少，也就是說，我們很少能夠說出，同一個體的某一部分或器官與另一部分是同源的。而且我們能夠理解這一事實：因為在軟體動物中，即令在該綱最低等的成員裡，我們幾乎找不到任何一個部分，像我們在動物界與植物界的其他大綱裡所看到的那樣，有著如此無限的重複。

博物學家經常談及，頭骨是由很多變形的脊椎骨所形成；蟹的顎是由一些變形的腿所形成；花的雄蕊與雌蕊是由變形的葉子所形成，但是正如赫胥黎教授所指出的，在這些情形中，也許較為正確的說法是，頭骨與脊椎骨、顎與腿等，並不是從彼此之間變形而來

的，而是從某個共同的構造變形而成。然而，博物學家只是在隱喻的意義上作如是說的，他們並非認為，在世系傳的漫長過程中，任何原始器官（在一個例子中是脊椎骨，在另一個例子中則是腿）實際上已經變成了頭骨或顎。可是，由於這類變化曾出現的表象如此可信，以至於博物學家幾乎難以避免要使用帶有這種明顯含義的語言。按照在下的觀點，這些名詞或可照字義來使用，那麼譬如蟹的顎這一奇異的事實也得以解釋，亦即，如果蟹的顎確實是在世系傳的漫長過程中，從真正的腿或某種簡單的附肢變形而來，那麼，它們所保持的無數性狀，很可能便是透過遺傳而得以保存的。

胚胎學

先前已順便指出，同一個體的某些器官，在胚胎期一模一樣，成熟後才變得大不相同，並且用於不同的目的。同樣地，同一個綱內的不同動物的胚胎，也常常是驚人地相似。要證明這一點，沒有比阿格塞所提及的例子更好了，即由於忘記了給某一脊椎動物的胚胎加上標籤，他現在無法辨識牠究竟是哺乳動物、還是鳥類或是爬行類。蛾類、蠅類以及甲蟲等蠕蟲狀的幼體，彼此間遠比成蟲更為相似，但在幼體情形中，胚胎是活躍的，並適應於特殊的生活途徑。胚胎相似性法則，有時在相當晚的生長階段依然有跡可循，因而，在鳥類中，同屬以及親緣關係相近的屬，其第一身與第二身羽衣往往彼此相似，一如我們在鷸類中所見帶斑點的羽毛。在貓族中，大多數物種都具有條紋或排成條帶的斑紋，幼獅也都有清晰可辨的條紋。在植物中，我們也偶爾（儘管極少）見到類似的情形：

例如，金雀花（ulex）或荊豆（furze）的胚葉以及假葉金合歡屬（phyllodineous acaceas）的初葉，像豆科（leguminosae）植物的普通葉子一樣，均呈羽狀或分裂狀。

　　同一個綱裡極為不同的動物的胚胎，在構造上彼此類似的各點，與生存條件常常沒有什麼直接的關係。比如，我們不能假定，在脊椎動物的胚胎中，動脈在鰓裂附近的特殊環狀構造，是與相似的條件有關，試看：幼小哺乳動物是滋養在母體的子宮內，鳥卵在巢中孵化，蛙類在水中產卵。我們毫無理由相信這等關係的存在，是與牠們相似的生活條件有關，一如我們沒有理由相信人的手、蝙蝠的翅膀、海豚的鰭中相同的骨頭，是關乎於牠們生活條件的相似。無人會假定，幼獅的條紋或黑鶇雛鳥的斑點，對於這些動物有何用處，或是跟牠們所遭遇的條件有關。

　　然而，如果一種動物在胚胎期的任何階段是活動的，並需自行維持生計的話，情形便有所不同了。活動期在一生中可以來得的較早或較晚；然而一旦來臨，則幼體對其生活條件的適應，便像成體動物一樣地完善與美妙。出於此等特殊的適應，近緣動物在幼體或活躍胚胎上的相似性，有時便十分模糊。可以舉出這樣的例子：兩個物種或兩個物種群的幼體彼此之間的差異，與其成體彼此之間的差異差不多甚或更大。但在大多數情形下，幼體（儘管是活動的）多少仍然遵循著胚胎相似性的普通法則。蔓足類便是很好的一例，連大名鼎鼎的居維葉也未曾看出藤壺是一種甲殼動物，儘管牠確實是甲殼動物，可是只要一瞥其幼蟲，便會明白無誤地看出這一點了。蔓足類的兩個主要部分也是如此，有柄蔓足類與無柄蔓足類，儘管在外表上大不相同，但牠們的幼蟲在各個階段上，兩者之間卻

幾乎難以區別。

　　發育過程中的胚胎，其體制結構一般也在提高，我使用這一表述，但我知道，體制結構上的較高等或較低等到底意味著什麼，幾乎是無法定義清楚的。但要說蝴蝶比毛毛蟲更為高等，大概沒有人會提出異議吧。然而，在某些情形裡，一般認為成體動物在等級上低於幼體，如某些寄生性甲殼類。再看看蔓足類：第一階段的幼蟲有三對足、一個很簡單的單眼以及一張吻狀的嘴，並用這張嘴大量捕食，因為牠們的個頭要大大地增加。在第二階段中，相當於蝶類的蛹期，牠們有六對構造精美的泳足、一對巨大而美妙的複眼以及極為複雜的觸角，但是牠們卻有一張閉合的、不完全的嘴，不能進食。牠們這一階段的使命在於，用其十分發達的感覺器官尋找適宜的地點、用其靈敏的游泳能力抵達該處，以便附著其上並進行牠們的最後變態。變態完成之後，牠們便終生固著了：牠們的足，現在變成了抓握的器官；牠們重又獲得一張結構完好的嘴；牠們的觸角沒了，牠們的兩隻眼重又變成了細小、單一、極為簡單的眼點。在這最後長成的狀態中，蔓足類可被視為在體制結構上高於或低於其幼蟲狀態皆可。但是在某些屬內，幼蟲可以發育成具有普通構造的雌雄同體，抑或發育成我所謂的「補充雄體」（complemental males），後者的發育其實是退化的，因為這一雄體只是一個能在短期內生活的囊，除了生殖器官之外，牠缺少口、胃以及其他的重要器官。

　　我們是如此習慣看到胚胎與成體間的構造差異，同樣也習慣地看到同一個綱內極不相同的動物的胚胎密切相似，以至於可能導致我們把這些事實視為必然在某種方式上是伴隨生長的結果。但是，

也沒有什麼明顯的理由可以說明，為何諸如蝙蝠的翅膀或海豚的鰭，在胚胎中當其任何構造一經可辨時，牠們的各部分卻並不立即以適當的比例顯現出來呢。在某些整個類群的動物中以及其他類群的某些成員中，胚胎在任何時期與成體的差別都不大，一如歐文曾就烏賊的情形所指出的，「此中沒有變態，遠在胚胎的各部分發育完成之前，頭足類的性狀即已顯現出來」；在蜘蛛中也是如此，「沒什麼值得稱之為變態」的。昆蟲的幼蟲，無論是適應於最為多樣與活躍的習性，還是由母體養育或處於適宜的營養之中而不太活動，卻幾乎全部得經過一個相似的蠕蟲狀發育階段。但是像蚜蟲這樣少數的情形中，倘若我們看一下赫胥黎教授對於這一昆蟲發育的優秀插圖，卻看不到蠕蟲階段的任何蹤跡。

那麼，對胚胎學中這幾項事實，亦即胚胎和成體之間在構造上的通常，但並非毫無例外的差異。同一個體胚胎的各部分，最終雖變得大不相同並用於不同的目的，但生長早期卻很相像；同一個綱裡不同物種的胚胎，彼此間通常（但並非毫無例外）很相似；胚胎的構造並不與其生存條件密切相關，除非幼體在任何期間變得自行活動、並且不得不自謀生計；胚胎在體制結構的等級上有時明顯高於它們將要發育成的成體。對這一切，我們該作何解釋呢？我相信，所有這些事實，均可根據兼變傳衍的理論而做如下的解釋。

也許由於畸形往往影響極為早期的胚胎，所以人們通常便以為，輕微的變異也必然出現於同樣早的時期。但我們在這一方面沒有什麼證據，而實際上證據偏又指向相反的一面。眾所周知，牛、馬以及各種玩賞動物的飼養者，直到動物出生後的一段時間以後，並不能有把握地確定其最終有何優點或長成什麼樣子。這種情形，

我們從自身的孩子也清晰可見，我們無法確知一個孩子將來是高還是矮，或者將來的確切容貌如何。問題不在於任何變異是發生在生命的什麼時期，而是在於在哪一個時期變異充分地表現出來了。變異的原因，可能在胚胎形成之前就已經發生作用，我相信通常也確實如此，而且變異可能由於雄性及雌性的性元素受到了其親本或祖先所遭遇條件的影響。儘管如此，在很早時期（甚至在胚胎形成之前）由此而產生的效果，可能在生命的晚些時候出現，一如僅在晚年出現的遺傳性疾病，卻是透過親本一方的生殖元素傳給後代的。或是像雜交的牛的角，也受到了任一方親本角的形狀的影響。對於一個非常幼小的動物的福祉來說，只要牠還留在母體的子宮內（或卵內），或者只要牠得到親體的營養和保護，那麼，牠的大多數性狀無論是在生命的稍早時候還是較晚時期才完全獲得的，對於牠來說都必定是無關緊要的。譬如，對於一種具有長喙即可最有利於覓食的鳥，只要當牠還由雙親餵養時，至於牠是否具有這種特定長度的喙，是沒什麼大不了的。因此，我得出如下的結論：每一物種獲得現在的構造所靠的很多變異，其中的每一個變異，很可能不是發生在生命中的很早時期，家養動物中有一些直接的證據證實了這一觀點。但是在其他情形中，很可能每一個相繼的變異（或其中的大多數）都是在極早的時期便已出現。

　　我在第一章中曾指出，有某些證據表明下述是極有可能的：一種變異無論最初出現在親本身上的時間是何年齡段，這一變異就趨於在後代的相應年齡段上重現。某些變異只出現在相應的年齡段，譬如，蠶蛾在幼蟲、繭或成蟲的狀態時的特點；或者，一如幾近成體的牛角的特點。但是更進一步說，據我們所知，一些變異在生命

中的出現可能或早或晚，但牠們趨於在後代與親本的相應年齡段中出現。我絕不是說這是一成不變的情形。而且我可以舉出很多例子說明，這些變異（就該詞的最廣義而言）意外發生在子代身上的時期，要早於發生在親代身上的時期。

倘若承認這兩項原理是真實的話，那麼我相信，它們將會解釋胚胎學中所有的上述主要事實。但是，首先讓我們來看一看家養變種中幾個類似的例子。[3] 某些作者曾經著文論犬，他們主張，靈緹犬與鬥牛犬雖看起來大不相同，但其實是親緣關係很近的不同變種，很可能從同一個野生品種傳下來，因此，我十分好奇牠們的幼崽彼此間的差異究竟有多大。育種者告訴我，幼崽之間的差異與其親本之間的差異一模一樣，憑肉眼判斷，看起來幾乎就是這麼回事，但在實際測量老狗以及生下來六天的幼崽時，我發現幼崽之間在比例上的差異量遠未達到成體間的差異。另外，我被告知，駕車馬與賽跑馬的小馬駒之間的差異，與完全長成的馬之間的差異一樣，而這卻大大地出於我的意料之外，因為我認為這兩個品種之間的差異，很可能完全是馴化下的選擇所致。但是仔細測量賽跑馬與重型拉車馬的母馬跟牠們生下來三天的小馬駒之後，我才發現小馬駒之間在比例上的差異量遠未達到成體間的差異。

3　譯注：作者言及的這兩項原理是：一是在發育中，相繼的變異出現得遲而不是早，就像是在不斷添加似的，亦即作者上面剛剛講過的：「每一物種獲得現在的構造所靠的很多變異，其中的每一個變異，很可能不是發生在生命中的很早時期」；二是變異在親本與後代中出現的時間趨於相當，即作者在上一段裡講的：「一些變異在生命中的出現可能或早或晚，但牠們趨於在後代與親本的相應年齡段中出現。」

幾個家養的鴿子品種都是從同一野生種傳下來的，在我看來這方面的證據是確定的，故我對孵化後十二小時以內各個品種的雛鴿進行了一番比較。對野生的親本品種、凸胸鴿、扇尾鴿、侏儒鴿、巴巴鴿、龍鴿、信鴿以及翻飛鴿，我仔細地測量了（但在此不詳細列出）牠們喙的比例、嘴的寬度、鼻孔和眼瞼的長度、足的大小及腿的長度。在這些鴿子中，有一些在成年之後，牠們在喙的長度與形狀上彼此間的差異之大，以至於牠們若是自然產物的話，我毫不懷疑，牠們一定會被定為不同的屬。但是，把這幾個品種的雛鳥排成一列時，儘管其中的大多數彼此能被區分開來，可是在上述幾點的比例差異，遠不及成鳥之間那麼大。差異的某些特點（如嘴的寬度），在雛鳥中幾乎難以察覺出來。但是，此一法則有個顯著的例外，因為短面翻飛鴿的雛鳥在其所有的比例上，與野生岩鴿以及其他品種的雛鳥之間的差異，幾乎與成鳥之間完全一樣。

在我看來，上述兩項原理已解釋了關於我們家養變種的較晚胚胎階段的這些事實。育種者在馬、狗、鴿幾近完全成年時，才對其進行選育。只要完全成年的動物能具有他們所希冀的特性與構造，他們並不在意這些特性與構造獲得的時間早晚。剛才所舉的例子（尤其是關於鴿子的）似乎顯示了，給予每一品種價值、由人工選擇所累積起來的那些特徵性的差異，最初一般並不出現在生命的早期，而且也不是在相應的早期被後代所承繼的。然而，短面翻飛鴿的例子，即剛生下來十二個小時就獲得了應有的比例，證明這並不是普遍的規律。因為在這一例子中，特徵的差異要麼出現在比一般更早的時期，要麼若非如此，這些差異便是在較早的生長階段遺傳下來的，而不是在相應的生長階段遺傳的。

現在讓我們將這些事實與上述兩項原理（後者儘管不能證實，但能夠顯示在一定程度上是極為可能的），應用於自然狀態下的物種。讓我們看一下鳥類的一個屬，根據我的理論它是從某一個親本種傳下來的，其中幾個新種針對各種各樣的習性、透過自然選擇而發生了變異。那麼，由於很多輕微、連續的變異出現在相當晚的生長階段，並且是在相應的生長階段得以遺傳的，故而我們所假定的屬的新種，將會有以下明顯的傾向：其幼體彼此間的相似遠大於成體間的相似，一如我們所見的鴿子裡的情形。我們可以把這一觀點引伸到整個一些科，甚至於整個一些綱。譬如前肢，在親本種中曾作為腿用，透過漫長的變異過程，在一類後代中可能變得適應於作為手用，在另一類中則作為鰭足用，在又一類中作為翅膀用。但是根據上述兩項原理（即每一連續的變異發生在一個甚晚的生長階段，並在相應甚晚的生長階段得以遺傳），該親本種幾個後代胚胎中的前肢，彼此間依然密切相似，因為它們不會有什麼變異。但是，在我們這些新種中的每一個種，其胚胎中的前肢與成年動物的前肢卻差異極大，後者的前肢在發育的甚晚時期經歷了很多的變異，因而有的變成了手，有的則變成了鰭足或翅膀。一方面是長久持續的鍛鍊或使用，另一方面則是不使用，無論這些對改變一個器官可能發生何種影響，這類影響主要是對成年動物起作用，因為這些成年動物已達到活動體能的全盛階段，並不得不自謀生路，此類影響所產生的效果，也將在相應的成年期得以遺傳。而幼體卻不為器官使用或不使用的效果所改變，抑或被改變的程度較小。

在某些情形中，緣於我們一無所知，連續的逐級變異可能發生於生命的很早時期，或者每一級變異可能在早於它初次出現的生長

階段得以遺傳。在任一種情形（如短面翻飛鴿的情形）中，幼體或胚胎便會密切地類似於成年的親本類型。在如烏賊、蜘蛛此類的整個類群的動物中，或是在昆蟲這一大綱裡的少數成員（如蚜蟲）中，我們已經見到，這是發育的規律。至於在這些情形中幼體不經過任何變態，或在最早的階段跟其親本密切相似之終極原因，我們所能看到的是源於下述兩種可能性：首先，由於在持續很多世代的變異過程中，幼體在發育的很早階段不得不自行維生；再者，由於牠們要沿襲與親本一模一樣的生活習性，因為在此情形下，牠們在很早的生長階段就得按照親本的同樣方式發生變異，以適應於其相似的習性，這對於物種的生存是不可或缺的。然而，對胚胎不經歷任何變態，也許還需要進一步的解釋。另一方面，幼體的生活習性倘若稍微不同於其親本類型，故而結構上也稍有不同，並對其是有利的話，那麼，按照在相應生長階段遺傳的原理，活躍的幼體或幼蟲由於自然選擇的原因，很容易變得與親本不同，甚至不同到任何可以想像的程度。此類差異也可變得與發育的相繼階段相關，以至於第一階段的幼蟲與第二階段的幼蟲，可能會大不相同，一如我們所見的蔓足類。成體也可能變得適應於某些地點或習性，以至於運動器官或感覺器官等在那裡都派不上用場了。在此情形下，最終的變態便會被稱之為退化了。

因為曾經在這個地球上生存過的所有生物（滅絕的與現生的），都得放在一起分類，又因為所有的生物均被細微的逐次變化連結在一起，如果我們的收藏幾近完全，那麼，最好或確實是唯一可能的分類，便是依據譜系的分類。依我之見，世系傳便是博物學家在自然系統這一術語下所要尋求的潛在聯繫紐帶。根據這一觀

點，我們便能理解，在大多數博物學家的眼裡，就分類而言，為什麼胚胎的構造甚至比成體的構造更為重要。因為胚胎是動物呈較少改變的狀態，因而它揭示了其祖先的結構。在兩個動物類群中，無論牠們現在彼此之間在構造與習性上有多麼大的差異，如果牠們經過了相同或相似的胚胎階段，我們便可確定牠們都是從同一個或幾乎相似的親本類型傳下來的，因而也是在相應程度上密切相關的。因此，胚胎構造中的共同性便揭示了世系傳的共同性。無論成體的構造可能有多大的變異或變得撲朔迷離，胚胎構造將會揭示這種世系傳的共同性。比如，我們看到，透過蔓足類的幼蟲可以立刻辨識出牠們是屬於甲殼類這一大綱。由於每一個種或成群的種的胚胎狀態，向我們部分地顯示了牠們變異較少、古代祖先的構造，因此我們便能理解、滅絕的古代生物類型，何以與其後代（即我們現存的物種）的胚胎竟然如此相似。阿格塞相信這是一條自然法則，但我不得不承認我僅希望看到這一法則此後被證明是真實的。可是，只有在現今假定被現生胚胎所代表的那一古代狀態還沒有被湮沒之下，它才能被證明是真實的，即這種古代狀態，既沒有由於漫長變異過程中連續變異出現於發育的很早時期而湮沒，亦沒有由於這些變異在早於牠們初次出現時的發育階段得以遺傳而湮沒。還須記住的是，古代生物類型與現生類型的胚胎相似的此一假定的法則，儘管可能是真實的，但由於地質紀錄在時間上追溯得還不夠久遠，這此一法則也可能長期甚至永遠地以得到確證。

因此，依我之見，胚胎學上的這些在自然史中頭等重要的事實，均可根據下述原理得以解釋：某一古代祖先，其很多後代中一些輕微的變異，不曾出現在每一後代生命的很早時期（儘管也許是

源於最早期），而且曾在相應的時期而不是早期得以遺傳。如果我們把胚胎視為一幅多少有些模糊的圖畫，表現動物每一大綱的共同親本類型，那麼，胚胎學的趣味也就會大大提升。

退化的、萎縮的或不發育的器官

處於這種奇異狀態中的器官或部分，帶有無用的印記，在整個自然界中極為常見。譬如，退化的乳頭在哺乳動物的雄性個體中非常普遍；我認為鳥類的小翼羽可以看成是呈退化狀態的趾；在很多蛇類中，肺的一葉是退化的；在其他的蛇裡，存在著骨盆與後肢的殘跡。有些退化器官的例子極為奇怪，譬如，鯨的胎兒生有牙齒，而當牠們成長後連一顆牙齒都沒有；未出生的小牛的上頜生有牙齒，但從不穿出牙齦之外。有可靠的說法稱，在某些鳥類胚胎的喙上發現牙齒的殘跡。翅膀的形成是用於飛翔的，這是再明顯不過的了，但我們見到有多少昆蟲，其翅膀縮小到根本不能飛翔，常常位於鞘翅之下，牢牢地接合在一起啊！

退化器官的意義常常是再清楚不過的了，譬如有些同屬（甚至於同一物種）的甲蟲，彼此在各方面都極為相似，其中有一個具有正常大小的翅，另一個卻只有膜的殘跡，在此不可能對該殘跡代表翅這一點加以懷疑。退化器官有時還保持著它們的潛在能力，只是不曾發育而已，雄性哺乳動物的乳頭，似乎就是這種情形，因為有很多記錄在案的例子顯示，這些器官在雄性成體中發育完好而且分泌乳汁。牛屬也是如此，其乳腺通常有四個發達的以及兩個殘跡的乳頭，但是在我們家養的乳牛裡，後兩個有時變得發達，而且分泌

乳汁。在同一物種的植物中，花瓣有時僅以殘跡出現，而有時則是十分發育的狀態。在雌雄異花的植物中，雄花常具有退化的雌蕊；科爾路特發現，將這樣的雄花與雌雄同花的物種進行雜交，在雜種後代中那退化的雌蕊便增大許多，這表明退化的雌蕊與完全的雌蕊在性質上是基本相似的。

　　一個兼有兩種用處的器官，對於一種用處（甚至更為重要的用處），可能變得退化或根本不發育，而對另一種用處卻完全有效。比如，在植物中，雌蕊的功用在於使花粉管達到被保護在子房內底部的胚珠。雌蕊由一個為花柱所支持的柱頭構成；但是在某些菊科植物中，一些雄性小花（當然是不能受精的）有一個呈退化狀態的雌蕊，因為其頂部沒有柱頭。可是，它的花柱依然發育，並且像其他菊科植物一樣被有細毛，用以掃下周圍花藥內的花粉。此外，一種器官原有的用處可能退化了，而被用於截然不同的目的：在某些魚類，魚鰾對於其原有的漂浮機能來說幾近退化，但是它已轉變成初生的呼吸器官或肺。其他相似的例子還有許多。

　　不論器官如何地不發育，倘若有用，便不應稱其為是退化的，它們也不適合稱為處於萎縮的狀態，它們可被稱之為初生的，而且此後透過自然選擇可能發達到任何程度。另一方面，退化器官基本上了無用處，一如從未穿出牙齦的牙齒，在更不發育的狀態下，它們會更沒什麼用。因此，在它們現有的狀態下，它們不可能是透過自然選擇而產生出來，因為自然選擇僅僅作用於保存有用的變異，誠如我們將要看到的，它們是透過遺傳被保存下來，並與其持有者先前的狀態有關。很難知道什麼是初生器官，放眼未來，我們自然不能判斷任何部分將會如何發展，以及它現在是否是初生的；

回溯過去，具有初生狀態器官的動物，已被具有更完善、更發達器官的後繼者所排除及消滅掉了。企鵝的翅膀有高度的用處，並可當作鰭，因此它可能代表鳥類翅膀的初生狀態，這並非是我相信它即是如此，它更可能是一種縮小了的器官，為適應新的機能而發生變化。無翼鳥的翅膀是十分無用的，而且確實是退化的。與乳牛的乳腺相比，鴨嘴獸的乳腺也許可以被視為初生狀態。某些蔓足類的卵帶，僅僅輕微發育而且已停止作為卵的附著物，乃是初生的鰓。

同一物種的不同個體，其退化器官在發育程度上以及在其他方面，都極易發生變異。此外，在親緣關係密切的物種中，同一器官的退化程度，有時也差異很大。後一項事實，在某些類群雌蛾的翅膀狀態上，得到很好的例證。退化器官可能完全不發育，這就意味著，依據類比原理，我們原本指望在某些動物或植物中會發現某一器官，結果卻連蛛絲馬跡也找不到，而是在該物種的某些畸形個體中可以偶爾見到這一器官。因此，在金魚草（antirrhinum）中，我們一般不會發現第五條雄蕊的殘跡；但有時也可能見到。當追索同一綱的不同成員之相同部分的同源關係時，最常見、最為必要的方法是使用並發現退化器官。歐文所用的馬、牛與犀牛的腿骨圖，便很好地說明了這一點。

這是一個重要的事實，諸如鯨以及反芻類上頜的牙齒之類的退化器官，常常見於胚胎，但此後卻完全消失了。我相信，這也是一條普遍的規律，退化的部分或器官與相鄰的各部分比起來，在胚胎中要比在成體中大一些。所以該器官在這一早期階段，退化程度較小，甚或不能說有任何程度的退化。因此，成體的退化器官，也往往被說成是保留了它們胚胎的狀態。

至此我列舉了有關退化器官的一些主要事實。回想這些事實時，每個人必定會感到驚訝不已，因為同樣的推理，既清晰地告訴我們大多數部分與器官巧妙地適應於某些用處，也同樣清晰地告訴我們這些退化或萎縮的器官是不完全的、無用的。在自然史著作中，退化器官一般被說成是「為了對稱之故」或是為了要「完成自然的設計」而被創造出來的，但這對我來說什麼也沒解釋，而僅僅是事實的重述而已。因為行星是依橢圓形軌道繞著太陽運行的，故而衛星為了對稱之故、為了完成自然的設計，也是循著相同的軌道繞著行星運行的，難道這麼一說就夠了嗎？有一位著名的生理學者，曾透過假設退化器官是用來排除過剩或對生物體有害的物質，來解釋退化器官的存在；但是我們能假定那微小的乳突（它常常代表雄花中的雌蕊、而且只是由細胞組織所構成的）也能發生如此的作用嗎？難道我們能假定退化的牙齒（此後因吸收而消失），是為了透過把寶貴的磷酸鈣排除出去，而對迅速生長的胎牛有利嗎？當人的手指被截斷時，不完全的指甲有時會出現於殘指上：若是我相信這些指甲殘餘的出現，不是由於一些未知的生長法則，而是為了排除角質物質，那我就得相信海牛鰭上的退化指甲也是為此同樣的目的而形成。

　　按照本人兼變傳衍的觀點，退化器官的起源便很簡單。在我們的家養生物中有很多退化器官的例子，如：無尾品種的尾的殘跡、無耳品種的耳的殘餘、無角牛品種〔據尤亞特稱，尤其是牛犢〕下垂小角的重現，以及花椰菜整個花的狀態。我們在畸形生物中常常看到各種部分的殘跡。然而我懷疑，任何此類例子除了顯示退化器官可以產生出來之外，能否揭示自然狀態下退化器官的起源呢？

因為我懷疑，自然狀態下的物種根本經歷過一些突然的變化。我相信，器官的不使用是主要原因，它在相繼的世代中導致各種器官的逐步縮小，直至它們成為退化器官，一如棲居在黑暗洞穴內的動物眼睛，以及棲居在大洋島上的鳥類翅膀之情形，這些鳥極少被迫起飛，最終喪失飛翔能力。再者，一種器官在某些條件下有用，在另一些條件下可能有害，比如棲居在開闊小島上的甲蟲翅膀便是如此，在此情形下，自然選擇會持續緩慢地使該器官縮小，直到成為無害與退化的器官。

　　功能上的任何變化，凡能由難以察覺的細小步驟完成，均在自然選擇的力量範圍之內。因此，在改變的生活習性期間，一種器官對某一目的而言，變得無用抑或有害，可能經過改變而用於另一目的。或者一種器官有可能只保存它先前諸項功能之一。一種器官，一旦變得無用時，大可發生很多變異，因為它的變異已不再受到自然選擇的抑制了。不管是在生命哪一個時期不使用或選擇令一種器官縮小，這一般都發生在生物步入成熟期並達到其全部活力之時。在相應生長階段遺傳的原理，就會使呈縮小狀態的器官在同一生長階段重新出現，結果很少會使胚胎中的這一器官受到影響或縮小。因此我們便能理解，胚胎中的退化器官相對大小較大，而在成體中其相對大小則較小。然而，如若縮減過程的每一步不是在相應的生長階段得以遺傳，而是在生命的極早期得以遺傳（我們有很好的理由相信這是可能的），那麼，退化的部分就會趨於完全消失，我們便會遇到完全不發育的情形。在前面有一章裡曾解釋過有關生長的經濟學原理，根據這一原理，形成任何部分或構造的物質，如若對於其所有者無用的話，就會盡可能地被節省掉；這一原理很可能會

在此產生作用，這就趨於造成一種退化器官的完全消失。

因為退化器官的存在，是由於生物體制結構的每一部分均具有被遺傳的趨向，並且這種趨向一直長期存在，因而，根據分類的譜系觀點，我們便能理解，為何分類學家發現退化器官跟生理上極重要的部分一樣有用，有時甚至於比後者更有用。退化器官可以與一個字詞中的一些字母相比擬，它們雖依然保存在拼寫中，但卻不發音了，不過還可用作追尋那個字詞來源的線索。根據兼變傳衍的觀點，我們可以斷言，呈退化、不完全以及無用狀態（或完全不發育）的器官的存在，在此遠非是個奇異的難點（對普通的造物信條來說，無疑是個難點），甚至是可以預料到的，而且能為遺傳法則所解釋。

本章概述

在本章中我已試圖表明：在所有的時期，所有的生物中，類群與類群之間的隸屬關係；所有現生與滅絕的生物，均被複雜、放射狀，以及曲折的親緣關係線連結成為一個巨大系統；博物學家在分類中所遵循的一些法則以及所遭遇到的種種困難；給予性狀（只要它們是穩定的、普遍的）的分量，無論它們是至關重要還是不太重要，或像退化器官那樣毫無重要性；同功或適應的性狀與真實親緣關係的性狀之間，在分量上的大相逕庭；以及其他這類的規則；——所有這些，按照以下觀點，都便是自然而然的了，即被博物學家視為親緣關係相近的那些類型，有著共同的祖先，它們透過自然選擇而發生變化，並且有滅絕以及性狀分異的意外發生。在考慮

這一分類觀點時，應該記住，世系傳這一因素，曾被普遍用來把同一物種的不同性別、年齡以及公認的變種分類在一起，無論它們在構造上彼此是多麼不同。倘若把世系傳這一因素（這是生物相似性的唯一確知的原因）擴大應用的話，我們便能理解自然系統的含義了：它是力圖依照譜系來進行排列，用變種、物種、屬、科、目，以及綱這些術語，來表示所獲得的差異的各個等級。

根據同樣的兼變傳衍的觀點，形態學中的所有重大事實，都成為可理解的了，無論我們去觀察同一綱不同物種的同源器官（不管其有何用處）所表現的同一形式；還是去觀察每一動物和植物個體中按同一形式構建的同源部分。

根據相繼、些微的變異未必或者通常不在生命的極早期發生，並且在相應的時期得以遺傳的原理，我們便能理解胚胎學中一些重大的主要事實，即同源的部分在個體胚胎中的相似性，一旦成熟時，這些同源的部分在構造上與功能上就變得大不相同了，在同一個綱不同物種中的那些同源部分或器官的相似性，儘管這些同源器官在成體成員中適應於盡可能不同的目的。幼蟲是活動的胚胎，它們隨著生活習性的變化，根據變異在相應的生長階段得以遺傳的原理，而發生了特殊的變異。根據此一相同原理——而且要記住，器官由於不使用或由於自然選擇而縮小，一般發生在生物不得不自維生計的時期，同時還須記住，遺傳的原理是多麼的強大——退化器官的出現以及最後的完全不發育，並不存在什麼不可解釋的難點；相反，它們的存在甚至是可以預料的。根據分類排列唯有按照譜系方是自然的這一觀點，胚胎的性狀以及退化器官在分類中的重要性，便皆可理解了。

最後，本章中已討論過的幾類事實，依我之見，是如此清晰地表明，棲居在這個世界上的無數物種、屬與科的生物，在它們各自的綱或類群的範圍之內，皆從共同祖先傳而來，而且皆在生物的世系傳過程中發生了變異，因此，即令沒有其他的事實或論證的支持，我也應毫不猶豫地接受這一觀點。

第十四章
複述與結論

複述自然選擇理論的難點－複述支持該理論的一般與
特殊情況－一般相信物種不變的原因－自然選擇理論
可引伸多遠－該理論的採用對自然史研究的影響－結
語。

　　由於全書乃是一長篇的論爭，故把主要的事實與推論略加複
述，可能會便利於讀者。

　　我不否認，對於透過自然選擇而兼變傳衍的理論，可以提出很
多嚴重的異議。我已經努力使這些異議發揮得淋漓盡致。較為複雜
的器官與本能的完善，居然不是透過類似於人類理性但又比之高明
的方法，而是透過無數輕微變異的累積，其中每一個變異對其持有
者個體又都是有利的，乍看起來，沒有什麼比這更難令人置信的
了。不過，儘管這一難點在我們的想像中似乎大得難以逾越，但
是我們如果承認下述一些命題，它就不能被視為是一個真正的難
點了，這些命題即是：我們所考慮的任一器官或本能，其完善經過
（無論現存的還是先前存在過的）逐級過渡，而每一級過渡都是各
有益處的；所有的器官與本能均有變異，哪怕程度極輕微；最後，

生存競爭導致了構造上或本能上每一個有利偏差的保存。我以為，這些命題的正確性是無可爭辯的。

毫無疑問，哪怕是猜想一下很多構造是經過什麼樣的逐級過渡而得以完善的，也極為困難，尤其是對那些不完整、衰敗的生物類群而言，更是如此。可是，我們在自然界裡看到那麼多奇異的逐級過渡，因而當我們說任何器官或本能，抑或任何整個生物，不能透過很多逐級過渡的步驟而達到其目前的狀態時，我們真該極為謹慎。必須承認，在自然選擇理論上，委實存在著一些特別困難的事例。其中最奇妙者之一，便是同一蟻群中存在著兩到三種工蟻（或不育雌蟻）的明確等級，但是，我已試圖表明這些難點是如何得以克服。

物種在首代雜交中近乎普遍的不育性，與變種在雜交中近乎普遍的能育性，兩者之間形成了極其明顯的對照，對此我必須請讀者參閱第八章末所提供的一些事實的複述，這些事實，在我看來，已經確鑿地表明，這種不育性宛若兩個不同物種的樹木不能嫁接在一起一樣，絕非是一種特殊的天授，而只是由於雜交物種生殖系統的結構差異所引發的情形而已。當同樣的兩個物種進行交互雜交（即一個物種先作父本後作母本）時，我們可從其結果的巨大差異中，看到這一結論的正確性。

變種雜交的能育性及其混種後代的能育性，不能被視為一成不變，當我們記住它們的體制構成或生殖系統不大可能產生深刻變化的話，那麼，它們十分普通的能育性，也不值得大驚小怪。此外，經實驗過的變種，大多數是在家養狀態下產生的，而且由於家養狀態（我不是說單是圈養）明顯趨於根除不育性，故我們不應該指望

它又會產生不育性。

　　雜種的不育性與首代雜交的不育性大不相同，因為前者的生殖器官在功能上或多或少是不起作用的，而首代雜交中雙方的生殖器官均處於完善的狀態。因為我們不斷地看到，各種各樣的生物因稍微不同以及新的生活條件干擾了它們的體制構成，而造成了一定程度的不育，故而我們對雜種的某種程度上的不育，也無需感到驚奇，因為兩個迥然不同的體制結構混合，幾乎不可能不干擾它們的機體構成。這一平行現象為另一組（但正相反的）平行的事實所撐腰，即所有生物的活力與能育性，透過其生活條件一些輕微的變化而得以提高，由雜交而產生的稍微變異類型或變種的後代，其活力與能育性也得以提高。因而，一方面，生活條件相當大的變化以及經歷較大變化類型之間的雜交，會降低能育性；另一方面，生活條件較小的變化以及變化較小類型之間的雜交，則會提高能育性。

　　轉向地理分布，兼變傳衍理論所遭遇的難點十分嚴重。同一物種的所有個體、同一屬（甚或更高級的類群）的所有物種必定是從共同的祖先傳下來的，因此，無論它們現在見於地球上何等遙遠與隔離的地方，它們必定是在相繼世代的過程中從某一處傳布到其他各地的。至於這是如何發生的，我們甚至連猜測都完全做不到。然而，我們有理由相信，某些物種曾保持同一類型達很長的時間（若以年計，則極為漫長），因此不應過分強調同一物種偶爾的廣布，因為在很長的時期裡，透過很多方法，總會有很多廣泛遷徙的良機。不連續或中斷的分布，常常可以由物種在中間地帶的滅絕來加以解釋。不可否認，我們對現代時期內曾經影響地球的各種氣候與地理變化之全貌，還十分無知，而這些變化顯然大大地有利於遷

徙。作為例證，我曾試圖表明冰期對於同一物種與具有代表性物種在全世界的分布之影響，曾是如何有效。我們對於很多偶然的傳布方法也還深刻地無知。至於生活在遙遠而隔離地區的同屬的不同物種，由於變異的過程必然是緩慢的，故在漫長的時期內，所有的遷徙方法都是可能的；結果，同屬物種廣布的難點，在某種程度上也就減小了。

根據自然選擇理論，一定有無數的中間類型曾經存在過，這些中間類型如同現今變種般一些微細的逐級過渡，把每一類群中的所有物種都連結在了一起，那麼，我們可以問：為什麼在我們的周圍看不到這些連結類型呢？為什麼所有的生物並沒有混雜在一起，而呈現出解不開的混亂狀態呢？有關現生的類型，我們應該記住，我們無權去指望（除稀有情形之外）在它們之間發現直接連結的環節，但僅能在每一現生類型與某一滅絕、被排擠掉的類型之間發現這種環節。即便一個廣闊的地區在一長久時期內曾經保持了連續的狀態，並且其氣候與其他的生活條件不知不覺從某一個物種所占據的區域，逐漸地變化到為一個親緣關係密切的物種所占據的區域，我們也沒有正當的權利去指望能在中間地帶經常發現中間變種。因為我們有理由相信，在任何一個時期內，只有少數物種正經歷著變化，而且所有的變化都是緩慢完成的。我也已表明，起初很可能只在中間地帶存在的中間變種，會易於被任何一邊的近緣類型所排擠掉，而後者由於其數目更多，比起數目較少的中間變種來說，一般能以更快的速率發生變化與改進。長此以往，中間變種便會被排擠掉、被消滅掉。

世界上現生的生物與滅絕的生物之間，以及每一個相繼時期內

滅絕的物種與更加古老的物種之間，均有無數的連結環節已經滅絕了，根據這一信條來看，為何在每一套地層中，沒有充滿著此類的環節類型呢？為何每一處蒐集的化石遺骸，並沒有提供出生物類型逐級過渡與變異的明顯證據呢？我們見不到此類證據，這在很多可能用來反對我的理論的異議中，是最明顯與有力的了。再者，為何整群的近緣物種好像是突然出現在幾個地質階段之中呢（儘管這常常是一種假象）？為何我們在志留系之下，沒有發現大套含有志留紀化石群的祖先遺骸之地層呢？因為，按照本人的理論，這樣的地層一定在世界歷史上這些古老的以及完全未知的時期內沉積於某處了。

　　我只能根據下述假設來回答這些問題與重大的異議，即地質紀錄遠比大多數地質學家所相信的更為不完整。沒有足夠的時間以產生任何程度的生物變化之觀點，不能用來作為反對的理由，因為流逝的時間是如此漫長，以至於人們的智力根本無法估量。所有博物館內的標本數目，較之確實生存過的無數物種的無數世代而言，根本不值一提。我們難以看出一個物種是否是任何一個或多個物種的親本，即便我們對它進行十分仔細的研究也很難看出，除非我們能夠獲得它們過去（或親本）的狀態與目前狀態之間很多的中間環節，但由於地質紀錄的不完整，我們幾乎不能指望能夠發現這麼多的環節。可以列舉出無數現生的懸疑類型，很可能皆為變種，然而，誰又敢說在未來的時代中會發現如此眾多的化石環節，以至於博物學家根據一般的觀點，便能夠決定這些懸疑類型是否為一些變種呢？只要任何兩個物種之間的大多數環節是未知的話，若只是任何一個環節或中間變種被發現，那麼它只不過會被定為另一個不

同的物種而已。世界上只有很小一部分地區已作過地質勘探。只有某些綱的生物，能以化石狀態（至少是大量地）被保存下來。廣布的物種變化最多，而且變種最初往往是地方性的，這兩個原因使中間環節更不太可能被發現。地方性變種只有在經歷了相當的變異與改進之後，才會分布到其他遙遠地區。當它們真的散布開來了，倘若是發現於一套地層中的話，它們就像在那裡被突然創造出來似的，於是會被直接定為新的物種了。大多數地層的沉積是時斷時續的，其延續的時間，我傾向於相信要比物種類型的平均延續時間為短。相繼的各套地層彼此之間，均為漫長、空白的間隔時間所分隔開來，因為含化石的地層（其厚度足以抵抗未來的剝蝕作用）的沉積，只能出現在海底下降並有大量的沉積物堆積的地方。在水平面上升與靜止的交替時期，地質紀錄會是空白的。在後面的這些時期中，生物類型很可能會有更多的變異性；而在下降的時期中，很可能會有更多的滅絕。

至於志留系地層最下部之下沒有富含化石的地層，我只能回到第九章所提出的假說。大家都承認地質紀錄是不完整的，然而，傾向於承認它不完整到我所需要的那種程度的人，卻為寥寥無幾。若是我們觀察到足夠漫長的時間間隔的話，地質學便會清晰地表明，所有物種都已經歷了變化，而且它們是依照我的理論所要求的那種方式發生變化的，因為它們都是緩慢、逐漸發生變化的。我們在化石遺骸中清晰地看到這一點，相繼地層中的化石遺骸彼此之間的關係，比時間上相隔遙遠地層中的化石遺骸，總是更加密切。

這就是可能正當地用來反對本人理論的幾種主要異議及難點的概要，我現已扼要地複述了能夠給出的回答與解釋。多年來我曾感

到這些難點是如此之嚴重，以至於不會去懷疑其分量。然而值得特別注意的是，較為重要的一些異議，則與我們坦承對其無知的一些問題有關，而且我們還不知道我們究竟有多無知呢。我們不知道在最簡單的與最完善的器官之間的所有可能的過渡階段；我們也不能假裝我們已經知道，在漫長歲月裡「分布」的各種各樣途徑，或者假裝我們已經知道「地質紀錄」是如何地不完整。儘管這幾項難點是嚴重的，但據我判斷，它們不會推翻自少數幾個創造出來的類型發生傳兼有後隨變異的理論。[1]

現在讓我們轉向爭論的另一方面。在家養狀態下，我們看到了大量的變異性。這似乎主要是生殖系統極易受到生活條件變化的影響所致；因此，這一系統在仍有作用時，未能產出與其親本類型一模一樣的後代。變異性受到很多複雜的法則所支配 —— 它受生長相關性、器官的使用與不使用，以及周圍物理條件的直接作用所支配。要確定我們的家養生物究竟曾經發生過多少變化，困難很大。但是我們可以有把握地推斷，變異量很大，而且這些變異能夠長期遺傳下去。只要生活條件不變，我們則有理由相信，一種已經遺傳了很多世代的變異，可以繼續被遺傳到幾乎無限的世代。另一方面，我們有證據表明，變異性一旦發生作用，就不太會完全停止，因為我們最古老的家養生物，也還會偶爾地產生新的一些變種呢。

---

1 譯注：請注意本書第二版出版時間（1860 年 1 月 7 日）與第一版出版時間（1859 年 11 月 24 日）僅隔六週，為了應對批評，達爾文已在此處加上了「創造出來」一詞；在第一版中這最後半句話是簡單明瞭的：「它們不會推翻兼變傳衍的理論。」

變異性實際上不是由人類引起的，人們只是無意識地把生物置於一些新的生活條件之下，然後大自然便對其體制結構產生了作用，並引起了變異性。但是人類能夠選擇、並且確實選擇自然所給予他的變異，從而依照任何希冀的方式使之累積起來。因此，他便可以使動物與植物適應於他自身的利益或喜好。他可以刻意這樣做，或者可以無心地這樣做，這種無心之舉便是保存那些在當時對他最為有用個體，但並沒有改變其品種的任何想法。無疑，他能夠透過在每一相繼世代中，選擇那些為外行的眼睛所不能辨識出來，極其微細的個體差異，來大大地影響一個品種的性狀。這一選擇過程，在形成最為獨特以及最為有用的家養品種中，一直產生很大的作用。人類所育成的很多品種，在很大程度上具有自然物種的狀況，這一點已為很多品種究竟是變種還是原生物種這一難解的疑問所表明了。

　　在家養狀態下已如此有效地發生了作用的原理，為何就不能在自然狀態下發生作用呢？這是說不出什麼明顯道理的。在不斷反覆發生的「生存競爭」中保存被青睞的個體或族群，從中我們看到了一種有力並總是在發生作用的選擇方式。所有的生物皆依照幾何級數在高度繁殖，因此生存競爭是不可避免的。這種高度的增加速率可透過計算而得以證明——很多動物與植物在一連串特殊的季節中，或者在新地區得以歸化時，均會迅速增加，亦可證明這一點。產生出來的個體，多於可能生存下來的個體。平衡上的毫釐之差，便會決定哪些個體將生存、哪些個體將死亡——哪些變種或物種的數目將增加、哪些變種或物種的數目將減少抑或最終滅絕。由於同一物種的個體在各方面進行著最密切的競爭，故它們之間的競爭一

般也最為激烈；同一物種的變種之間的競爭也幾乎是同樣地激烈，其次便是同一個屬不同物種之間的競爭。在自然階梯上相差很遠的生物之間的競爭，也常常是十分激烈的。某一個體在任何年齡或任何季節，只要比其競爭對手占有最輕微的優勢，或者對周圍物理條件稍有微小程度的較好適應，便會改變平衡。

至於雌雄異體的動物，在大多情形下，雄性之間為了占有雌性，就會發生競爭。最剛健的雄性，或在與其生活條件的競爭中最成功的雄性，一般會留下最多的後代。但是成功常常取決於雄性具有特別的武器或防禦手段，抑或靠其魅力，哪怕是最輕微的優勢，便會導向勝利。

由於地質學清楚地宣告了每一陸地均已經歷過巨大的物理變化，因此我們可以料到，生物在自然狀態下也曾發生過變異，正如它們在改變的家養條件下一般曾發生過變異一樣。若是在自然狀態下存在任何變異性，那麼，要是說自然選擇未曾起過什麼作用的話，則是無法解釋的事實了。常常有人主張（但這一主張很難證實），在自然狀態下，變異量是嚴格有限的。儘管人類的作用僅限於外部的性狀、而且作用經常是變化無常的，卻能在短期內透過累積家養生物的一些個體差異而收到極大的結果，而且每一個人都承認，自然狀態下的物種至少存在著個體的差異。然而，除了這些差異之外，所有的博物學家也都承認變種的存在，他們並認為這些變種有足夠的區別而值得被載入分類學著作之中。無人能夠在個體的差異與細微的變種之間、抑或在更為顯著的變種與亞種，以及物種之間劃出任何涇渭分明的界線。看一看博物學家在將歐洲與北美的很多代表類型予以分類時，是多麼地不同吧。

那麼，如果我們看到在自然狀態下確有變異性，並有強大的力量總是在「蠢蠢欲動」地要發揮作用並進行選擇，為何我們竟會懷疑以任何方式對生物有用的一些變異，在異常複雜的生活關係中會得以保存、累積，以及遺傳呢？如果人類既然能夠耐心地選擇對其最為有用的變異，為何大自然竟不能選擇對它自己的生物在變化的生活條件下有用的那些變異呢？對於在長時期內發生作用並嚴格仔細檢查每一生物的整個體制結構、構造與習性，並垂青好的而排除壞的這種力量，能夠加以何種限制呢？對於緩慢並美妙地使每一類型適應於最為複雜的生活關係的這種力量，我難以看到會有什麼限制。即使我們僅僅看到這一點，自然選擇的理論，在我看來其本身也是很可信的。我已盡可能公正地複述了用於反對的難點與異議，現在讓我們轉向對這一理論有利的特殊事實與論述吧。

　　根據物種只是性狀極為顯著且持久的變種以及每一物種起初均以變種而存在之觀點，我們便能理解，為何在通常假定是由特殊的造物行動產生出來的物種與公認的由次級法則產生出來的變種之間，卻無界線可劃。根據同一觀點，我們還能理解，為何在一地區如果有很多物種從一個屬產生出來，而且於今在該地區仍很繁盛，這些相同物種便會顯現出很多的變種。因為在物種形成很活躍的地方，依照一般的規律，我們可以預料這一過程仍在進行著，如果變種是雛形種的話，那麼情形即是如此。此外，在較大一些屬裡的物種，提供較大數量的變種或雛形種，在某種程度上也保持了變種的性狀，因為它們彼此間的差異量要小於較小屬的物種之間的差異量。大屬裡親緣關係密切的物種，明顯具有局限的分布範圍，並且它們在親緣關係上圍繞著其他物種聚集成小的類群 —— 在這些

方面，它們與變種類似。根據每一物種都是獨立創造出來的觀點，這些關係便很奇特了，但若是每一物種起初都是作為變種而存在的話，那就是可以理解的了。

由於每一物種都趨於依照幾何級數的繁殖率在數目上過度地增長；又由於每一物種變異的後代，愈是在習性與構造上更加多樣化，進而在自然經濟組成中攫取很多大不相同的位置，愈能大為增加，因此自然選擇便經常趨於保存任何一個物種的最為分異的後代。所以，在長期連續的變異過程中，作為同一物種的各個變種特徵的一些微小差異，便趨於擴大為同一個屬的物種特徵較大的差異。新的、改進的變種，不可避免要排除並消滅掉較舊的、改進較少以及中間的變種；因而物種在很大程度上便成為界限確定、區別分明的對象了。屬於較大類群的優勢物種，趨於產生新的與優勢的類型，因此每一較大的類群便趨於變得更大，同時在性狀上也更加分異。然而，由於所有的類群不能夠都如此成功地增大，因為這世界容納不下它們，所以優勢較大的類型就要擊敗優勢較小的類型。這種大的類群不斷增大以及性狀不斷分異的傾向，加之幾乎不可避免大量滅絕的事件，便解釋了所有的生物類型都是依照類群之下又分類群來排列的，所有這些類群都被包括在少數幾個大綱之內，它們現今在我們的周圍隨處可見，而且曾始終如一地占有著優勢。這種把所有的生物都歸在一起的偉大事實，依我之見，根據特創論是完全說不通的。

由於自然選擇僅能透過累積些微的、連續的、有利的變異來起作用，所以它不能產生巨大或突然的變化；它只能透過一些很短而且緩慢的步驟來發生作用。因此，「自然界中無飛躍」這一格言，

趨於每每為所增的新知而進一步證實，而根據這一理論，則是極易理解了。我們能夠清晰地理解，為何自然界變異繁多，卻少有新創。但是，倘若每一物種都是獨立創造出來的話，為何這竟會成為自然界的一條法則，便無人能夠解釋了。

依我之見，根據這一理論，很多其他的事實也可得到解釋。這是何等的奇怪：竟會創造出一種像啄木鳥形態的鳥，在地面上捕食昆蟲；高地的鵝很少或從不游泳，卻具有蹼足；竟會創造出一種鷉鳥，能夠潛水並以水中的昆蟲為食；竟會創造出一種海燕，具有適合於海雀或鸊鷉生活的習性與構造！諸如此類的例子，無窮無盡。但是根據以下的觀點，每一物種都不斷在力求增加數目，而且自然選擇總是使每一物種緩慢變異的後代適應於任何自然界中未被占據或被占據得不穩的地方，那麼，這些事實就不再奇怪了，或者是可以預料到了。

由於自然選擇透過競爭而起作用，所謂它使每一地方的生物得以適應，僅僅是相對於它們周遭相處的生物的完善程度而言；所以，任何一個地方的生物，儘管依一般的觀點被認為是為該地特別創造出來並適應於該地的，卻被從另一地遷入的歸化生物所擊敗並排除掉，我們對此無需大驚小怪。自然界中並非所有的設計（就我們的判斷所及）都是絕對完美的，而且其中有一些與我們有關適應的觀念大不相容，我們也不必驚奇。蜜蜂的刺，會引起蜜蜂自身的死亡；產出大批的雄蜂，卻僅為了一次的交配，大多數則被其不育的姊妹所屠殺；樅樹花粉的驚人浪費；后蜂對其能育的女兒們所持本能的仇恨；姬蜂取食於毛毛蟲的活體之內；以及其他類似的例子，我們也無需驚奇。根據自然選擇的理論，真正奇怪的倒是沒有

觀察到更多缺乏絕對完善的例子。

就我們所知，支配產生變種的複雜而不甚明瞭的法則，與支配產生所謂物種類型的法則，是相同的。在這兩種情形中，物理條件似乎產生了僅僅很小的直接效果，然而當變種進入任何地帶之後，它們便部分獲得了該地帶物種所特有的一些性狀。器官的使用與不使用對變種和物種，似乎均 產生了一些效果，因為當我們看到下述例子時，就難以拒絕得出這一結論。比如，呆頭鴨的翅膀沒有飛翔能力，其所處的條件幾乎與家鴨不無二致；還有，穴居的櫛鼠有時是目盲的，而某些鼴鼠則慣常是目盲的，其眼睛被皮層所遮蓋；或是棲居在美洲與歐洲黑暗洞穴裡的很多動物，也是目盲的。生長相關性對於變種及物種，似乎產生最為重要的作用，因此，當某一部分發生變異時，其他一些部分也必然會發生變異。消失已久的性狀會在變種與物種中重現。馬這一屬中的幾個物種及其雜種，偶爾會在肩部和腿部生出條紋，根據特創論，這會是多麼地不可思議！若我們相信這些物種都是從具有條紋的祖先那裡傳下來的，一如鴿子的幾個家養品種都是從藍色具有條紋的岩鴿那裡傳下來的，那麼，對這一事實的解釋又會是多麼簡單啊！

按照每一物種都是獨立創造出來的一般觀點，為什麼物種一級的性狀，亦即同一個屬內的各物種彼此相異的性狀，要比它們所共有的屬一級的性狀更易變異呢？譬如，一個屬任何一個物種的花的顏色，為何當該屬其他物種（假定是被分別獨立創造出來的）具有不同顏色的花時，要比當該屬所有物種的花都是同樣顏色時，更易於發生變異呢？若說物種只是特徵很顯明的變種，而其性狀已經變得高度固定了，那麼我們便能理解這一事實。因為這些物種從一個

共同祖先分支出來以後，它們在某些性狀上已經發生變異，而這些性狀也就是它們彼此之間賴以區別的性狀，所以，這些性狀就比那些經過長時期遺傳而未曾變化的屬一級的性狀，更易於發生變異。根據特創論，就不能解釋在一個屬的任何一個物種裡，以十分異常的方式發育起來的、故而我們可能很自然推想是對於該物種極為重要的部分，為何竟然顯著地易於變異。但是，根據我的觀點，自從幾個物種由一個共同祖先分支出來以後，這一部分就已經歷了超乎常量的變異與變化，因此我們可以預料這一部分還會發生變異。但是，一個部分（如蝙蝠的翅膀）可能是透過最為異常的方式發育起來的，卻並不比任何其他構造更易於發生變異，倘若該部分是很多層層隸屬的類型所共有，亦即倘若它是經過甚為長久的世代遺傳的話，在此情形下，它會由於長久而連續的自然選擇而變得穩定了。

　　略看一下本能，儘管有一些很奇特，然而根據連續的、些微的、但卻有益的變異之自然選擇理論，它們並不比身體構造更難理解。因此我們便能理解，為何自然是以逐漸過渡的步驟來賦予同綱不同動物若干本能的。我已試圖表明，逐級過渡的原理，對於認識蜜蜂令人稱羨的建築能力，提供了許多啟迪。習性無疑在改變本能方面有時會發生作用，但顯然並非是不可或缺的，誠如我們在中性昆蟲中所見，它們並無後代可遺傳其長久連續的習性效果。根據同屬所有物種都是從一個共同親本傳下來，並且遺傳繼承了很多共同性狀的觀點，我們便能夠理解，當近緣物種被置於相當不同的條件之下時，怎麼還會具有幾近相同的本能。譬如，為何南美的鶇類與不列顛的物種一樣，將巢的內側糊上泥土。根據本能是透過自然選

擇而緩慢獲得的觀點，我們對某些本能並不完善，且容易出錯，而且很多本能會加害於其他動物，也就不必大驚小怪了。

如果物種僅僅是特徵顯著以及穩定的變種，我們立即可理解，為何它們的雜交後代在類似其親本的程度與性質方面（如透過連續雜交而彼此融合方面，以及其他類似情形方面），像公認的變種的雜交後代一樣，都遵循著一些同樣的複雜法則。另一方面，如果物種是獨立創造出來的，而且變種是透過次級法則產生出來的話，那麼，這種類似便是奇怪的事實了。

倘若我們承認地質紀錄是極不完整的話，那麼，地質紀錄所提供的此類事實，便支援了兼變傳衍的理論。新的物種緩慢地在相繼的間隔時期內登台亮相；而不同的類群經過相等的間隔時期之後，其變化量是大不相同的。物種以及整群物種的滅絕，在生物史中已經發生如此顯著的作用，這幾乎不可避免地是遵循自然選擇原理的結果，因為舊的類型要被新的以及改進的類型所取代。普通世代的鏈條一旦中斷，無論是單獨一個物種，還是成群的物種，均不會重新出現。優勢類型的逐漸擴散，伴隨著其後代的緩慢變異，使得生物類型經過長時期的間隔之後，看起來好像是在全世界同時發生變化似的。每套地層中化石遺骸的性狀，在某種程度上是介於上覆地層與下伏地層的化石遺骸之間，這一事實便可直接由它們在譜系鏈中所處的中間地位來解釋。所有滅絕生物都與現生生物屬於同一個系統，要麼屬於同一類群，要麼屬於中間類群，這一重大事實是現生生物與滅絕生物都是共同祖先之後代的結果。由於從一個古代祖先傳下來的生物類群一般已在性狀上發生了分異，該祖先連同其早期的後代比之其較晚的後代，便經常呈現出中間的性狀。故此我

們便能理解，為何一種化石愈古老，在某種程度上，它就愈會經常處於現生與近緣的類群之間。在某種含糊的意義上，現代的類型一般被視為高於古代以及滅絕的類型，而它們是較高等的，只是因為後來較為改進的類型在生存競爭中戰勝了較老、改進較少的生物類型。最後，同一大陸上的近緣類型（如澳洲的有袋類、美洲的貧齒類與其他此類的情形）長久延續的法則，也是可以理解的，因為在一個局限的地域內，現生與滅絕的生物由於世系傳的關係，親緣關係自然會是密切的。

　　試看地理分布，若是我們承認在漫長的歲月中，由於從前的氣候與地理變化以及很多偶然與未知的擴散方法，曾經發生過從世界某一處向另一處的大量遷徙，那麼，根據兼變傳衍的理論，我們便能理解大多數「分布」上的主要事實。我們便能理解，為什麼生物在整個空間上的分布以及在整個時間上的地質演替，會有如此驚人的平行現象。因為在這兩種情形中，生物均為普通世代的紐帶所連結，而且變異的方式也是相同的。我們也理解了曾打動每一位旅行者的奇異事實的全部含義，亦即在同一大陸上，在最為多樣化的條件下，在炎熱與寒冷之下，在高山與低地之上，在沙漠與沼澤之中，每一個大綱裡的大多數生物均明顯相關，它們通常都是相同祖先以及早期移入者的後裔。根據這一昔日遷徙的相同原理，伴之大多數情形下的變異，再借助於冰期，我們便能理解，在最遙遠的高山上以及在最不同的氣候下，有少數幾種植物是相同的，而很多其他的植物是十分相近的；同樣，儘管為整個熱帶海洋所隔，北溫帶與南溫帶的海中的某些生物卻十分相近。儘管兩地有著相同的生活物理條件，倘若它們彼此之間長期地完全分隔的話，那麼，我們便

無需對其生物的大不相同感到詫異，因為生物與生物之間的關係是所有關係中最為重要的，而且該兩地會在不同時期、以不同的比例組合，接受來自第三處或來自彼此之間的移居者，故這兩地的生物變異過程就必然是不同的了。

根據遷徙連同其後變異的這一觀點，我們便能理解為何在大洋島上僅有少數物種的棲息，而這少數的物種中間，很多竟還是特殊的。我們能夠清楚地理解，如蛙類與陸生哺乳類那些不能跨越遼闊海面的動物，為何不曾棲居在大洋島上；另一方面，為何能夠飛越海洋，特殊的新蝙蝠物種，則往往見於遠離大陸的島上。大洋島上有蝙蝠的特殊物種存在，卻沒有其他哺乳動物的存在，此類事實根據獨立創造的理論，是完全無法解釋的。

按照兼變傳衍的理論，任何兩個地域內若存在親緣關係密切的物種或具有代表性的物種，便意味著相同的親本以前曾經棲居在這兩個地區。而且我們總是會發現，但凡很多親緣關係密切的物種棲居在兩地，兩地所共有的一些完全相同的物種也就依然存在。大凡有很多親緣關係密切卻是不同物種出現的地方，同一物種中很多懸疑類型以及變種，也同樣會在那裡出現。每一地區的生物，與移居者來自的最近原產地的那些生物相關，這是一個具有高度普遍性的法則。加拉帕戈斯群島、胡安·斐爾南德斯群島以及其他美洲島嶼上幾乎所有的植物與動物，與相鄰的美洲大陸上的植物和動物，均呈現出最顯著的相關性，從中我們看到了上述法則；還有佛德角群島以及其他非洲島嶼上的生物與非洲大陸上生物的關係，也能看到這一點。必須承認，這些事實根據特創論是得不到解釋的。

誠如我們所見，所有過去與現生的生物，構成了一個宏大的自

然系統，在類群之下又分類群，而滅絕的類群常常介於現生的類群之間，這一事實，根據自然選擇連同其引起的滅絕與性狀分異的理論，是可以理解的。根據同樣這些原理，我們便能理解，每一個綱裡各個種與各個屬的相互親緣關係，為何是如此複雜與曲折。我們還能理解，為什麼某些性狀在分類上要比其他性狀更為有用；為什麼適應性的性狀儘管對於生物自身極端重要，然而在分類上卻幾乎沒有任何重要性；為什麼來自退化器官的性狀，儘管對生物本身無甚用處，卻往往有很高的分類價值；為何胚胎的性狀在所有的性狀中最有價值。所有生物的真實的親緣關係，均是緣自遺傳或世系傳的共同性。自然系統是一種依照譜系的排列，從中我們必須透過最穩定的性狀去發現譜系線，不管這些性狀在生活上可能是多麼地無足輕重。

人的手、蝙蝠的翼、海豚的鰭、馬的腿，其骨骼框架是相同的——長頸鹿與大象的頸部脊椎數目也是相同的——以及無數其他的此類事實，依據伴隨著緩慢、些微的連續變異的兼變傳衍理論，立刻可以自行得到解釋。蝙蝠的翼與腿，螃蟹的顎與腿，花的花瓣、雄蕊與雌蕊，儘管用於如此不同的目的，但其型式的相似性，根據這些部分或器官在每一個綱的早期祖先中相似、其後漸變的觀點，亦可得以解釋。相繼變異並非總是出現在早期發育階段，並在相應的、而不是更早的發育階段得以遺傳，根據這一原理，我們更能清晰地理解，為何哺乳類、鳥類、爬行類以及魚類的胚胎會如此密切相似，而與成體類型又會如此大不相像。呼吸空氣的哺乳類或鳥類的胚胎，一如必須借助發達的鰓來呼吸溶解在水中的空氣的魚類，也具有鰓裂和弧狀動脈，對此我們也大可不必感到驚詫了。

當一個器官在改變的習性或變更的生活條件下變得無用時，不使用（有時借助於自然選擇）常常趨於使該器官縮小，根據這一觀點，我們便能清晰地理解退化器官的意義。然而，不使用與選擇，一般是在每一生物達到成熟期並且必須在生存競爭中發揮充分作用時，方能對該生物產生作用，對於早期發育階段的器官很少有什麼影響力，所以該器官在這一早期發育階段，不太會被縮小或淪為退化。比如，小牛犢從生有發達牙齒的早期祖先那裡遺傳繼承了牙齒，而其牙齒從不穿出上頜的牙齦。我們可以相信，這些成熟動物的牙齒，在連續世代中已經縮小了，因為不使用或是由於舌與齶透過自然選擇，變得無需牙齒之助反而更適宜於吃草之故。可是在小牛犢中，牙齒卻沒有受到選擇或不使用的影響，並且根據在相應發育階段遺傳的原理，它們從遙遠的過去一直被遺傳到如今。根據每一生物以及每一不同的器官都是被特別創造出來的觀點，諸如小牛胚胎的牙齒，或一些甲蟲癒合的鞘翅下萎縮的翅，這一類器官竟然如此經常帶有毫無用處的鮮明印記，這是何等地、徹頭徹尾地不可理喻啊！可謂「大自然」曾經煞費苦心利用退化器官以及同源構造來揭示她對變異的設計，而對這一設計，看起來我們卻執意不解。

　　現在我已複述了一些主要的事實與思考，這些已令我完全相信，物種在長期的世系傳過程中，透過保存或自然選擇很多連續輕微有利的變異，已經發生了變化。我不能相信，一種謬誤的理論，何以能夠解釋以上特別陳述的幾大類事實，而在我看來，自然選擇理論確實解釋了這些事實。至於本書所提出的觀點何以震撼任何人的宗教情感，我卻看不出任何合適的理由。一位著名的作者兼神學

家致信給我，說「他已逐漸搞清，相信『上帝』創造出能自行發展成為其他所需類型的少數幾個原始類型，這與相信『上帝』需要用從頭開始的造物行為去充填『上帝』法則作用所造成的虛空，同樣都是尊崇『神性』的理念」。

也許有人會問，為什麼所有健在的、最為卓越的博物學家與地質學家，都反對物種可變性這一觀點呢？不能斷言生物在自然狀態下不會發生變異；不能證明變異量在漫長歲月的過程中是有限的，在物種與特徵顯著的變種之間沒有或不能劃出涇渭分明的界線。不能堅持認為物種雜交時一成不變地皆是不育的，而變種雜交時則一成不變地皆是能育的；或者堅持認為不育性是一種特殊天授與造物的標誌。只要把世界的歷史視為是短暫的，幾乎難免就得相信物種是不變的產物。而現在我們既然對於逝去的時間已經獲得了某種概念，我們便會毫無根據地、過於輕易地假定地質紀錄是如此完整，以至於物種若是經歷過變異的話，地質紀錄即會向我們提供物種變異的明顯證據。

我們之所以很自然地不甘承認一個物種會產生其他不同物種，主要原因乃在於我們若看不到任何巨大變化的一些中間步驟的話，我們總是不會很快承認這一變化。當賴爾最初主張長排的內陸峭壁的形成以及巨大山谷的凹陷都是海岸波浪緩慢沖蝕所致時，當時很多地質學對此均難以承認，其感受正像上述情形一樣。即使對一億年這個詞，人們的思想也不可能領會其全部意義，而對於在幾乎無限的世代中所累積起來的很多輕微變異，其全部效果則更加難以綜合與領悟了。

儘管我確信本書以摘要形式提出來的一些觀點的正確性，但

470

是，我並不指望能夠說服那些富有經驗的博物學家，因為他們的腦子裡，裝滿了在漫長歲月中用與我完全相反的觀點來審視的大量事實。在「造物的計畫」、「設計的一致」之類的論調下，是多麼容易掩蓋我們的無知啊，又是多麼容易把事實的重述當成是做出了一種解釋啊。無論何人，但凡他的性格導致他把尚未得到解釋的難點看得比很多事實的解釋更重的話，他就必然會反對本人的理論。少數的博物學家，在思想上賦有很大的靈活性，並已開始懷疑物種的不變性，則可受到本書的影響。但是我滿懷信心著眼於未來，著眼於年輕、後起的博物學家，他們將會不偏不倚地審視這一問題的正反兩面。已被引領到相信物種可變者，無論何人，若是能懇切地表達其信念，他便加惠於世，唯此方能解除這一論題所深受的偏見之累。

有幾位著名的博物學家，新近發表了他們的見解，他們認為每一屬中都有很多所謂的物種並非是真實的物種，但其他一些物種才是真實的，亦即是被獨立創造出來的。依我之見，得到這樣的一個結論實為奇怪。他們承認，直到最近還被他們自己認為是特別創造出來，並且大多數博物學家也作如是觀，有著真實物種所有外部特徵的很多類型，是由變異產生的，但是他們拒絕把這同一觀點引伸到其他略有差異的類型。儘管如此，他們並不假裝他們能夠界定，甚或猜測，哪一些是被創造出來的生物類型，哪一些則是由次級法則產生出來的。他們在一種情形下承認變異是**真實的原因**（vera causa），在另一種情形下卻又武斷地否認它，但又不指明這兩種情形有任何的區別。總有一天，這會被當作一個奇怪的例子，用來說明先入之見的盲目性。這些作者對奇跡般的造物行動，似乎並不

比對普通的生殖更覺驚奇。然而，他們是否真的相信，在地球歷史的無數時期中，某些元素的原子會突然被命令瞬間變成了活的組織呢？他們相信在每一個假定的造物行動中，都有一個或多個個體產生出來嗎？所有不計其數的種類的動植物在被創造出來時，究竟是卵或種子呢，還是完全長成的成體呢？至於哺乳動物，牠們在被創造出來時，就帶有從母體子宮內獲取營養的虛假標記嗎？儘管博物學家十分得體地向那些相信物種可變的人，要求他們拿出對每一個難點的充分解釋，但在他們自身那一方面，他們卻以他們認為是恭敬的沉默，忽視物種首次出現的整個論題。

也許有人會問，我要把物種變異的學說引申多遠。這個問題很難回答，因為我們所討論的類型愈是不同，其說服力也就同樣程度地減弱。但是一些最有分量的論證可以引申很遠。整個綱的所有成員均能被一條條親緣關係的鎖鏈連結在一起，均能按同一原理來分類，在類群之下再分類群。化石遺骸有時趨於把現生各個目之間極寬的空檔填補起來。退化狀態下的器官清楚顯示，這種器官在一種早期祖先身上是完全發育的，這在某些情形中必然意味著其後代已有巨量的變異。在整個綱裡，各種構造都以同一型式形成，而且在胚胎階段物種彼此間密切相似。所以，我不能懷疑，兼變傳衍的理論包容了同一個綱裡的所有成員。我相信，動物至多是從四種或五種祖先傳下來的，植物是從同等數目或更少數目的祖先傳下來的。

類推法引導我更進一步，我相信所有的動植物都是從某一原型傳下來的。但是，類推法也可能是騙人的嚮導。儘管如此，所有的生物，在其化學成分、胚胞、細胞構造，以及生長與生殖法則上，都有很多共同之處。我們甚至在下述之類的無足輕重的情形中，也

能看到這一點，同一種毒質常常同樣地影響到各種植物與動物，癭蜂所分泌的毒質會引起野薔薇或橡樹的畸形增生。所以，我應該從類推法中推論，很可能曾經在這地球上生活過的所有生物，都是從某一原始類型傳下來的，最初則由「造物主」將生命力注入這一原始類型。[2]

我在本書中所提出，以及華萊士先生在《林奈雜誌》所提出的觀點，或者有關物種起源的類似觀點，一旦被普遍接受之後，我們便能隱約預見到自然史中將會發生相當大的革命。系統分類學家將能跟目前一樣地工作，但是，他們不再會被這個或那個類型是否在實質上是一個物種此一如影隨形的疑問所不斷地困擾。這一點，我確信（而這是我的經驗之談），絕非是微不足道的解脫。對不列顛懸鉤子屬植物的五十多個物種究竟是否為真實物種，這一無休止的爭論將會結束。系統分類學家只要決定（這一點亦非易事）任何類型是否足夠穩定並足以與其他類型區分開來，而能對其予以界定即可。如果是可以定義的，那就要決定這些差異是否足夠重要到值得給予種名的地步。後面這一點將遠比它現在的情形更為重要，因為任何兩個類型的差異（無論其如何輕微），倘若不被中間的逐級過渡混淆的話，就會被大多數的博物學家視為足以把這兩個類型均提升到物種的等級。此後我們將不得不承認，物種與特徵顯著的變種之間的唯一區別在於，變種之間在現在確知或據信被中間的逐級過

2　譯注：在本書的第一版，這裡是沒有「由造物主」（by the Creator）這一短語的。從第二版開始，便在這裡以及本章最後一句中，兩處添加了「造物主」一詞。

渡連接起來，而物種則是過去曾被這般過渡連接起來的。因此，在不拒絕考慮任何兩個類型之間現存的中間逐級過渡的情況下，這將使我們更為仔細地去衡量類型之間的實際差異量，並給予更高的分量。很有可能，現在被公認為只是變種的類型，今後可能被認為值得給予種名，就像報春花與立金花那樣。在此情形下，科學語言與普通語言就會變得一致了。簡言之，我們必須以一些博物學家對待屬那樣的方式來對待物種，這些博物學家承認，屬僅僅是為了方便而做出的人為組合而已。這可能不是一種令人歡欣的前景，但是，對於物種一詞尚未發現以及難以發現的本質，至少我們不會再去做徒勞的探索。

對自然史的其他更為普通部門的興趣，將會大為提高。博物學家所用的術語，諸如親緣度、關係、型式的同一性、父系、形態學、適應性性狀、退化器官與不發育的器官等，將不再是隱喻了，將會有明確的意義。當我們看生物不再像未開化人看船那樣，把它們視為完全不可理解的東西之時；當我們將自然界的每一產物，都視為具有歷史的東西之時；當我們把每一種複雜的構造與本能都視為集眾多發明之大成，各自對其持有者皆有用處，幾乎像我們把任何偉大的機械發明視為集無數工人的勞動、經驗、理智甚至於錯誤之大成一樣之時；當我們這樣審視每一生物之時，自然史的研究（以本人經驗之談）將會變得更加趣味盎然啊！

在變異的原因與法則、生長相關性、器官使用與不使用的效果、外界條件的直接作用等方面，將會開闢一片廣大、幾乎無人涉足的研究領域。家養生物研究的價值，將極大地提高。人類培育出來一個新品種，將會成為更為重要以及更為有趣的研究課題，而不

只是在記錄在案的無數物種中增添一個物種而已。我們的分類，將變成盡可能依照譜系來分類，那時它們才會真正體現出所謂「創造的計畫」。當我們有一確定的目標在望時，分類的規則無疑會變得更為簡單。我們沒有掌握任何的宗譜或族標，我們不得不依據任何種類的長期遺傳下來的性狀，去發現和追蹤自然譜系的很多分歧的世系傳路線。退化器官將會確鑿無誤地說明一些消失既久的構造性質。被稱為異常，也可形象地稱為活化石的物種及物種群，將幫助我們構成一幅古代生物類型的圖畫。胚胎學將向我們揭示出每一大綱一些原型的構造，只不過多少有些模糊而已。

當我們能夠確知同一物種的所有個體，以及大多數的屬所有密切近緣的物種，曾在不太遙遠的時期內，從一個親本傳下來，並且從某一出生地遷移出去；當我們更加了解到遷徙的諸多方法，而且透過地質學目前（將來還會繼續）所揭示的過往氣候變化以及地平面變化，那麼，我們就必然能夠以令人稱羨的方式，追索出全世界的生物從前遷徙的情況。即便在現在，透過比較一個大陸相對兩邊的海相生物之間的差異，以及比較該大陸上各種生物與其明顯遷徙方法相關的性質，也會顯示出一些古地理的狀況。

地質學這門傑出的科學，由於地質紀錄的極端不完整而黯然失色。埋藏著生物遺骸的地殼，不應被視為一座藏品豐富的博物館，而是收藏了胡亂採自支離破碎時段的一些藏品而已。每一大套含化石地層的堆積，應被視為靠著難得的一些情形碰巧湊在了一起，而且相繼階段之間的一些空白間隔，應被視為極為長久的。但是透過先前以及其後生物類型的比較，我們多少能夠有些把握估算出這些間隔的持續時間。在試圖根據生物類型的一般演替，將兩套僅含有

甚少相同物種的地層進行嚴格屬於同一時代的對比時，我們必須要謹慎從事。由於物種的產生與滅絕因為緩慢發生作用、於今尚存的一些原因所致，而非奇跡般的造物行動以及災變所致；並且由於生物變化的所有原因中最重要的原因，乃是一種與改變的、抑或是突然改變的物理條件幾乎無關的原因，這就是生物與生物之間的相互關係，即一種生物的改進會引起其他生物的改進或滅絕。因而，相繼各套地層化石中的生物變化量，大概可以用作測定實際時間流逝的一種合理尺度。然而，作為一個整體的很多物種，可能歷久而不變，而在這同一時期內，其中的幾個物種，因遷移到一些新的地區並與那裡新的同棲者競爭，便可能發生變異，所以，我們不必過高地估計用生物的變化來度量時間的準確性。在地球歷史的早期，生物類型的變化很可能更慢一些；而在生命的第一縷曙光初現時，僅有極少數構造最為簡單的生物類型存在，其變化速率可能是極度緩慢的。就目前所知的整個世界史，儘管對我們來說其時間長得難以領會，但比起自第一個生靈（無數滅絕以及現生的後裔的祖先）被創造以來所逝去的時間，此後必將被視為只不過一瞬間而已。

放眼遙遠的未來，我看到了涵括更為重要的研究領域的廣闊天地。心理學將會建立在新的基礎上，每一智力與智慧，都必然是由逐級過渡而獲得的。人類的起源及其歷史，也將從中得到啟迪。

最為卓越的一些作者們，對於每一物種曾被獨立創造出來的觀點，似乎感到十分滿意。依敝人之見，這更加符合我們所知道的造物主在物質上留下印記的一些法則，亦即世界上過去的與現在的生物之產生與滅絕，應該歸因於次級的原因，一如那些決定生物個體的生與死之因。當我把所有的生物不看作是特別的創造產物，而

把其視為是遠在志留系第一層沉積下來之前就業已生存的少數幾種生物的直系後代的話，我覺得它們反而變得高貴了。以過去為鑑，我們可以有把握地推想，沒有一個現生的物種會將其未經改變的相貌傳至遙遠的將來。在現生的物種中，很少會把任何種類的後代傳至極為遙遠的將來。因為從所有生物得以分類的方式看來，每一個屬的大多數物種以及很多屬的所有物種，均未曾留下後代，早已灰飛煙滅了。偶開天眼覷前程，我們或可預言，操最後勝券並產生優勢新物種者，將是一些常見而且廣布，屬於較大優勢類群的物種。既然所有現生生物類型都是遠在志留紀之前便已存在的生物直系後裔，我們可以確信，普通的世代演替從未有過一次中斷，而且也從未有過曾使整個世界夷為不毛之地的任何災變。因此，我們可以稍有信心地展望一個同樣不可思議般久長、安全的未來。由於自然選擇純粹以每一生靈的利益為其作用的基點與宗旨，故所有身體與精神的天賜之資，均趨於走向完善。

凝視紛繁的河岸，覆蓋著形形色色茂盛的植物，灌木枝頭鳥兒鳴囀，各種昆蟲飛來飛去，蠕蟲爬過溼潤的土地；復又沉思：這些精心營造的類型，彼此之間是多麼不同，而又以如此複雜的方式相互依存，卻全都出自作用於我們周圍的一些法則，真是饒有趣味。這些法則，採其最廣泛之意義，便是伴隨著「生殖」的「生長」；幾乎包含在生殖之內的「遺傳」；由於外部生活條件間接與直接的作用以及器官使用與不使用所引起的「變異」：「生殖率」如此之高而引起的「生存競爭」，並從而導致了「自然選擇」，造成了「性狀分異」以及改進較少類型的「滅絕」。因此，經過自然界的戰爭，經過饑荒與死亡，我們所能想像的最為崇高的產物，即各

種高等動物，便接踵而來了。生命及其蘊含之力能，最初由造物主注入到寥寥幾個或單個類型之中。當這一行星按照固定的引力法則持續運行之時，無數最美麗與最奇異的類型，即是從如此簡單的開端演化而來、並依然在演化之中。生命如是之觀，何等壯麗恢弘！

譯後記

　　1978 年 7 月裡的一個上午，在北京中國科學院古脊椎動物與古人類研究所周明鎮先生的辦公室裡，正舉行一場文革後該所古哺乳動物研究室首批研究生入學考試的口試，周先生問了一位考生下面這個問題：「你能說出達爾文《物種源始》一書的中、英文副標題嗎？」當年未能回答出周先生這一提問的那位考生，正是你手中這本書的譯者。

　　我進所之後，有一次跟周先生閒聊，周先生打趣地說：「德公，口試時我問你的那個問題有點兒 tricky（狡猾），因為葉篤莊以及陳世驤的兩個譯本都沒有把副標題翻譯出來，所以，問你該書中、英文的副標題，是想知道你究竟看過他們的譯本沒有，當然啦，也想知道你是否讀過達爾文的原著，以及對副標題你會怎麼個譯法。」記得我當時對周先生說，我一定會去讀這本書的。周先生還特別囑咐我說，一定要讀英文原著。

　　1982 年，經過周先生的舉薦和聯繫，我到了美國伯克利加州大學學習，在那裡買的第一本書就是《物種源始》（第六版）。1984 年暑假回國探親時，我送給周先生兩本英文原版書，一本是《物種源始》，另一本是古爾德的《達爾文以來》。周先生一邊信手翻著《物種源始》，一邊似乎不經意地對我說，你以後有時間的

話，應該把《物種源始》重新翻譯一遍。我說，您的老朋友葉篤莊先生不是早就譯過了嗎？周先生說，那可不一樣，世上只有永恆不朽的經典，沒有一成不變的譯文，葉篤莊自己現在就正在修訂呢！其後的許多年間，周先生又曾好幾次跟我提起過這檔子事，說實話，我那時從來就未曾認真地考慮過他的建議。

　　周先生 1996 年去世之後，張彌曼先生有一次與我閒聊時，曾談到時下國內重譯經典名著的風氣盛行，連諸如《綠野仙蹤》一類的外國兒童文學書籍，也被重譯，而譯文品質其實遠不及先前的譯本。我便提到周先生生前曾建議我重譯《物種源始》的事，她說，我們在翻譯《隔離分化生物地理學譯文集》時，有的文章中用了《物種源始》的引文，我們是按現有譯本中的譯文來處理的，當時也感到有些譯文似乎尚有改進的餘地，如果你真有興趣去做這件事的話，這確實是一件很值得做的事。她接著還鼓勵我說，我相信你是有能力做好這件事的。可是，正因為我讀過這本書，深知要做好這件事，需要花多麼大的工夫和心力，所以我對此一直缺乏勇氣，也著實下不了決心。那麼，後來是什麼樣的機緣或偶然因素，讓我改變了主意的呢？

　　在回答上面這一有趣的問題之前，先容我在這裡將這一譯本獻給已故的周明鎮院士、葉篤莊先生、翟人傑先生以及目前依然在科研崗位上勤勉工作的張彌曼院士。周先生不僅是這一項目的十足的「始作俑者」，而且若無跟他多年的交往、有幸跟他在一起海闊天空地「侃大山」，我如今會更加地 孤陋寡聞；葉先生是中國達爾文譯著的巨人，他在那麼艱難的條件下，卻完成了那麼浩瀚的工程，讓我對他肅然起敬；翟老師是我第一本譯著的校閱者，也是領

我入門的師傅；張先生既是我第二部譯著的校閱者，又是近 20 年來對我幫助和提攜最大的良師益友。若不是他們，也許我根本就不會有這第三部譯著，我對他們的感激是莫大的，也是由衷的。這讓我想起著名的美國歷史學家與作家亨利·亞當所言：「師之影響永恆，斷不知其影響竟止於何處。」（Henry Adams, "A teacher affects eternity; he can never tell where his influence stops."）

現在容我回到上述那一問題。起因是 2009 年 10 月，為紀念達爾文誕辰 200 週年暨《物種源始》問世 150 週年，在北京大學舉辦了一個國際研討會，領銜主辦這一活動的三位中青年才俊（龍漫遠、顧紅雅、周忠和）中，有兩位是我相知相熟的朋友，亦即龍漫遠與周忠和。會後，時任南京鳳凰集團旗下譯林出版社的人文社科編輯的黃穎女士找到了周忠和，邀請他本人或由他推薦一個人來重新翻譯《物種源始》，周忠和便把我的聯繫方式給了黃穎。黃穎很快與我取得了聯繫，但我幾乎未加思索地便婉拒了她的真誠邀請。儘管如此，我想，此處是最合適不過的地方，容我表達對周忠和院士的感謝 —— 感謝他多年來的信任、鼓勵、支持和友誼。

黃穎是個 80 後學哲學出身的編輯，她很快在網上「人肉」出我是她的南京大學的校友以及我與南京的淵源，有一搭沒一搭地繼續跟我保持著電子郵件的聯繫。當她得知我 2010 年暑假要去南京地質古生物研究所訪問時，便提出屆時要請我吃頓飯。我到南京的那天，她和她的領導李瑞華先生請我一道吃飯。我們席間相談甚歡，但並未觸及翻譯《物種源始》的話題，他們只是希望我今後有暇的話，可以替他們推薦甚或翻譯一些國外的好書。幾個月之後的耶誕節前夕，我收到了小黃一個祝賀聖誕快樂的郵件，其中她寫

道：「我心裡一直有個事情，不知道該不該再提起。……看過您寫的東西，聽您談及您和《物種源始》的淵源，我始終很難以接受其他的譯者來翻譯這麼重要的一本書。您是最值得期許的譯者，從另一個角度說，您這樣的譯者，只有《物種源始》這樣的書才能配得上，現在好書即使有千千萬萬，但是還會有一本，更值得您親自去翻譯的嗎？想提請您再一次考慮此事，我知道這是一個不情之請。我的心情，對於您和您的譯文的期待，您能理解嗎？也許給您添了麻煩和更多考慮，但那是傳世的……」我怎麼能拒絕這樣的邀請呢？

就在我的譯文剛完成三分之一的時候，我收到了小黃的一個郵件，她知會我：由於家庭和學業等原因，她決定辭職；但她讓我放心，譯林出版社對這本書很重視，李瑞華先生會親自接手該書的編輯工作。這件事深深地打動了我，最近我在《紐約書評》網站上讀到的英國著名作家蒂姆·帕克斯的一篇博文，恰恰反映了我當時的心情，他說：作者希望得到出版社的重視，以證明其能寫、能將其經歷付諸有趣的文字。我有幸遇到像黃穎女士以及李瑞華先生這樣的編輯和出版人，他們沒有向我索取隻字片句的試譯稿便「盲目地」信任我、與我簽約，並在整個成書的過程中，給了我極大的自由與高度的信任，在此我衷心地感謝他們。在本書編輯出版階段，譯林編輯宋暘博士做了大量的工作，她認真敬業的精神讓我感佩，對我的信任和鼓勵令我感動，也由於她的推進和辛勤勞動，使本書得以早日與讀者見面，謹此向她致以謝意。

我還要感謝周志炎院士、戎嘉余院士、邱占祥院士、沈樹忠研究員、王原研究員、于小波教授、王元青研究員、張江永研究員、

孫衛國研究員、鞏恩普教授、Jason A. Lillegraven 教授以及 Larry D. Martin 教授等同事和朋友們的鼓勵和支持；感謝堪薩斯大學自然歷史博物館、中科院古脊椎所、南京地質古生物所現代古生物學和地層學國家重點實驗室的大力支持；感謝張彌曼院士、周志炎院士、戎嘉余院士、邱占祥院士、周忠和院士、于小波教授以及沈樹忠研究員閱讀了《譯者序》，並提出了寶貴的意見；感謝沙金庚研究員對一瓣鰓類化石中文譯名的賜教、倪喜軍研究員和王甯對鳥類換羽的解釋。此外，在翻譯本書的漫長時日裡，是自巴赫以來的眾多作曲家的美妙音樂，與我相伴於青燈之下、深夜之中，我對他們心存感激。

我要至為感謝一位三十餘年來惺惺相惜的同窗好友于小波教授，由於特殊的經歷，他在弱冠之年便已熟讀諸多英文經典，在我輩之中實屬鳳毛麟角，故其對英文的駕馭在我輩中也鮮有人能出其右。他在百忙之中撥冗為我檢校譯文並提出諸多寶貴意見，實為拙譯增色匪淺。毋庸贅言，文中尚存疏漏之處，全屬敝人之責。

最後我想指出的是，儘管漢語是我的母語，而英語則是我 30 年來的日常工作與生活語言，然而在翻譯本書過程中，依然常常感到力不從心；蓋因譯事之難，難在對譯者雙語的要求極高。記得 Jacques Barzun 與 Henry Graff 在《現代研究人員》一書中說過：「譯者若能做到『信』的話，他對原文的語言要熟練如母語、對譯文的語言要游刃如作家才行。」（"... one can translate faithfully only from a language one knows like a native into a language one knows like a practiced writer."）加之，達爾文的維多利亞時代的句式雖然清晰卻大多冗長，翻譯成流暢的現代漢語也實屬不易。此外，在貼近原

著風格與融入現代漢語語境的兩難之間,我儘量做到兩者兼顧,但著意忠實於原著的古風。因此,在翻譯本書時,我常懷臨深履薄之感,未敢須臾掉以輕心、草率命筆;儘管如此,限於自己的知識與文字水準,譯文中的疏漏、錯誤與欠妥之處,還望讀者賜函指正(email:dmiao@ku.edu),不勝感謝之至。

2012 年 8 月 5 日記於五半齋

附錄
譯名芻議

在全世界語言「大一統」之前，不同語種之間的互譯，是難以回避的一種增進相互了解的途徑。尤其是自 20 世紀中葉以來，英語已經在國際範圍內取得了強勢地位，中國科研人員，時常要為如何把英文科技詞彙翻譯成確切的中文而冥思苦想，可謂「為求一字穩，拈斷三根鬚」。

在近代中國與生物演化有關的英譯漢書籍中，開先河者當推嚴復所譯英人赫胥黎的《天演論》（亦即《進化論與倫理學》）。按照今天的標準，嚴復所譯的《天演論》，跟林琴南翻譯的英文小說差不多，充其量只能說是編譯，很難與原著逐字逐句地予以對照。但頗具諷刺意味的是，正是在《天演論》的「譯例言」中，嚴復開宗明義地提出了一百多年來中國譯者所極力追求的境界：「譯事三難：信、達、雅。」嚴復並給出了「信、達、雅」三字箴言的出處：「《易》曰：『修辭立誠。』子曰：『辭達而已。』又曰：『言之無文，行之不遠。』三曰乃文章正軌，亦即為譯事楷模。故信達而外，求其爾雅，此不僅期以行遠已耳，實則精理微言。」按照嚴復的標準，檢視他本人的譯文，達固達也，雅則爾雅，唯獨與

「信」之間，差之豈止毫釐。

　　嚴復不僅深知這「三曰」之難，而且還洞察難在何處：「求其信已大難矣，顧信矣不達，雖譯猶不譯也，則達尚焉。海通已來，象寄之才，隨地多有，而任取一書，責其能與於斯二者則已寡矣。其故在淺嘗，一也；偏至，二也；辨之者少，三也。」

　　嚴復上述文字寫於戊戌變法發生前的一個來月，距今已近 115 年。其間，僅就生物學領域而言，從英文原著翻譯過來的書籍和文章，就難以勝計，「象寄之才」，似是多如牛毛。然而，嚴幾道先生所感慨的譯文之劣相以及個中之緣由，依然歷久而彌真。

　　「淺嘗」者，不求甚解之謂也。魯迅先生所嘲諷的「牛奶路」的翻譯，固然是望文生義的極端例子，而把蔣介石的英譯名返回來譯作常凱申，委實是該打屁股的。不少人以為能讀「懂」原著就可以成為「象寄之才」，則更是一種誤解。詞不達意，也屬淺嘗輒止、未予深究之故，比如把 population 譯作種群（實為種內居群）。另外，翻譯「紅皇后假說」時，對 van Valen 的用典，是否探究清楚，亦未可知。若是的話，那是非常令人佩服的。

　　「偏至」者，以象寄之心度著者之腹所致也。比如，近年來對 evolution 譯作「進化」還是「演化」的爭論，若是按達爾文的原義，譯作進化是完全沒有問題的[1]。當然，依照現在的認識，譯作演化似更合適一些。究竟取何種譯法，則視譯者的偏好而定了。類似的還有「絕滅」與「滅絕」（extinction）之爭。

　　「辨之者少」，此乃語言、文化、歷史、風俗諸項之「隔」所致也。因「隔」而不「辨」，這是象寄之大無奈也。像喬伊斯的一些書，連母語為英語的人且視為畏途，遑論我們這些少壯之年才

呀呀學舌者，怎能不將其視為天書呢？看來「辨之者少」，也不只限於譯者範疇。比如，達爾文在《物種源始》一書中並沒有使用 evolution 一詞，而是用 descent with modification，後來人們逐漸把二者看成是可以互換的。竊以為，達爾文之所以青睞 descent with modification（兼變傳衍），應該自有他的道理。演化僅意味著歷時而變，而兼變傳衍則有共同祖先的含義。[2]

語言文字雖然也是與時俱進的，但其慣性一般說來還是很大的。因此，我們在翻譯一個新詞時，無論多麼謹慎，也不為過；「恒慮一文苟下，重誣後世」（包世臣）。另一方面，約定俗成的東西，要想更改，也不是一件很容易的事。例如，像「七月流火」這類現今被廣泛誤用的典故，似也無傷大雅。誠如莎翁所言：「名字有啥關係？玫瑰不叫玫瑰，依然芳香如是。」[3]

苗德歲 2013 年 2 月 19 日

1　筆者注：「No doubt, Darwin believed in progressive evolution.」

2　筆者注：「Evolution means change through time, whereas descent with modification indicates common ancestry.」

3　筆者注：「What's in a name? That which we call a rose by any other name would smell as sweet.」

索引

人物

1-5 畫

凡蒙斯　Jean-Baptiste Van Mons　76

小聖提雷爾　Isid. Geoffroy Saint-Hilaire　41, 46, 61, 176, 180, 185

匹克泰特　François Jules Pictet de la Rive　313, 315, 322, 325, 341, 343

厄爾　George Windsor Earl　393

尤亞特　William Youatt　78, 82, 446

巴克利　Buckley　82

巴克曼先生　James Buckman　60

巴克蘭　William Buckland　336

巴登‧鮑維爾　Baden Powell　49

巴賓頓　Cardale Babington　95

巴蘭德　Joachim Barrande　317, 319, 322-323, 326, 332, 335-336

戈斯　Philip Henry Gosse　95, 193, 389-390, 396, 398-399, 400, 467

戈德溫－奧斯頓　Robert Alfred Cloyne Godwin-Austen　311

付瑞斯　Elias Magnus Fries　48, 102

古爾德　Augustus Addison Gould　166-167, 395-396, 401, 479

古爾德　John Gould　166-167, 395-396, 401, 479

史密斯　Frederick Smith　193, 242-243, 244, 258-259, 297

史密斯上校　Colonel Hamilton Smith　193

布利斯　Edward Blyth　67

布萊斯　Charles Loring Brace　42, 271

布隆　Heinrich Georg Bronn　305, 322

布達赫　Karl Friedrich Burdach　48

布魯爾　Thomas Mayo Brewer　240

布蘭特　Brent　237, 365

弗瑞克博士　Dr. Henry Freke　47

弗雷德里克·居維葉　Frederick Cuvier　232

本瑟姆　George Bentham　95, 416

瓦倫西尼斯　Achille Valenciennes　384

皮爾斯　Pierce　131

6-10 畫

伊拉茲馬斯·達爾文　Dr. Erasmus Darwin　41

伍德沃德　Samuel Woodward　305, 325, 345

休維特　Hewitt　280

吉魯·德·布紮倫格　Charles Girou de Buzareingues　285

托因　André Thouin　278

托姆斯　Robert Fisher Tomes　393

朱希鍔　Antoine Laurent de Jussieu　415

米勒　Hugh Miller　248, 297, 376

米勒教授　Prof. Miller　248

米爾恩·愛德華茲　Milne Edwards　151, 219

老聖提雷爾　Augustin Saint-Hilaire　58, 178

老德康多爾　Augustin Pyramus de Candolle　107, 178, 426

考林斯　Collins　81

考特利　Proby Cautley　345

艾略特　Hon. W. Elliot　69

西利曼教授　Prof. Silliman　171

亨特　William Hunter　182

伯吉斯　Burgess　82

伯奇　Samuel Birch　75

伽特納　Karl Friedrich von Gaertner　96, 136, 264-265, 266-267, 269, 272, 274-275, 278, 283, 285, 287-288

伽德納　George Gardner　375

克利夫特　William Clift　344

克勞森　Peter Clausen　345

希阿特　Jørgen Matthias Christian Schiødte　171

希爾　Oswald Heer　143, 243

李文斯頓　David Livingstone　81

李洛伊　Le Roy　237

沃拉斯頓　Thomas Vernon Wollaston　95, 98, 166, 169-170, 203, 388, 400

沃特豪斯　Henry Waterhouse　151, 181-182, 246, 425-426

沃森　Mr. H. C. Watson　95, 99, 103, 173, 203, 366, 370, 376

沙福豪生　Hermann Schaaffhausen　49

貝克韋爾　Robert Bakewell　81-82, 83

亞格伯汗　Akbar Khan　75

佩利　William Paley　225

帕拉斯　Pallas　192, 271

拉伯克爵士　Sir John Lubbock　93

拉姆齊　Ramsay　297-298, 299

拉菲納斯克　Constantine Samuel Rafinesque　43

拉蒙德　Louis Ramond de Carbonnières　370

法孔納博士　Dr. Hugh Falconer　109

法布爾　M. Jean-Henri Fabre　241

波伊列　Jean Louis Marie Poiret　48

波斯凱　Joseph Bosquet　315

阿格塞　Louis Agassiz　172, 313, 315, 319, 343-344, 368, 416, 433, 442

阿紮拉　Félix de Azara　115

阿薩・格雷博士　Dr. Asa Gray　138, 150, 203

哈同　Georg Hartung　366

哈考特　Edward Vernon Harcourt　390

威爾斯博士　Dr. H. C. Wells　41-42, 46

施萊格爾　Hermann Schlegel　176

查理斯・賴爾　Charles Lyell　52

派翠克・馬修先生　Mr. Patrick Mathew　43

科爾比　William Kirby　168

科爾路特　Joseph Gottlieb Kölreuter　136, 264-265, 266-267, 275, 286,
　288, 444

約翰・西布賴特爵士　Sir. John Sebright　78

約翰・赫舍爾　John Herschel　49, 51

耐特　Andrew Knight　57

胡伯　Pierre Huber　232, 241-242, 243, 247, 251-252

胡克　Joseph Dalton Hooker　50, 52, 99, 138, 173, 177, 374-375, 376,
　378-379, 380, 387, 390, 396-397, 424

茅敦爵士　Lord Morton　194

韋斯特伍德　John O. Westwood　102, 187, 413

倫格　Johann Rudolph Rengger　115, 177, 285

唐寧　Andrew Jackson Downing　125

埃利‧德‧博蒙特　Jean-Baptiste Élie de Beaumont　326

格雷斯　Clair Grece　41

特明克　Coenraad Jacob Temminck　416

特蓋邁爾　William Bernhardt Tegetmeier　249, 254

紐曼先生　Mr. H. Newman　116-117

翁格　Franz Unger　48

馬丁先生　Mr. William Charles Linnaeus Martin　194

馬歇爾　Geoffrey W. Marshall　87, 420

馬騰斯　Martin Martens　363

高德龍　Dominique Alexandre Godron　48

11-15 畫

勒考克　Henri Lecoq　49

梅丁博士　Dr. Karl Meding　41

理查　Achille Richard　207, 376, 415

理查森爵士　Sir John Richardson　207, 376

莫企孫爵士　Sir Roderick Murchison　302, 317

陶什　Ignaz Friedrich Tausch　178

麥克力　William Sharp Macleay　422

凱西尼　Henri Cassini　177

凱薩林伯爵　Count Alexander von Keyserling　48

博羅　Borrow　82

斯布倫葛爾　C. C. Sprengel　136

斯汀斯特魯普　Japetus Steenstrup　420

普雷斯特維奇　Prestwich　335

普爾上校　Colonel Edward Poole　192-193, 194

普羅斯珀・盧卡斯博士　Dr. Prosper Lucas　289

華萊士先生　Mr. Wallace　43, 46, 49, 52, 359, 394, 473

萊普修斯教授　Prof. Carl Richard Lepsius　75

隆德　MM. Peter Wilhelm Lund　345

馮巴哈　Christian Leopold von Buch　43

馮貝爾　Karl Ernst von Baer　49

塞伽瑞特　Sagaret　278, 285

塞奇威克　Adam Sedgwick　313, 319

塞韋茲　George Henry Kendrick Thwaites　173

奧杜邦　John James Audubon　211, 235, 387

奧根　Lorenz Oken　48

愛德華・福布斯　Edward Forbes　301

瑟萊特　Gustave Thuret　275, 279

聖凡桑　Jean Baptiste Bory de Saint-Vincent　391

聖文森特　Bory Saint-Vincent　48

聖約翰先生　Mr. St. John　130

葛莫林　Samuel Gottlieb Gmelin　368

葛蘭特　Robert Edmond Grant　43

道比尼　Alcide d'Orbigny　309

道森　Sir John William Dawson　302, 308

達納教授　Prof. Dana　172, 373, 376

達爾夏克　Adolphe d'Archiac　332

瑪泰西　Carlo Matteucci　217-218

福布斯　Edward Forbes　166, 202, 301, 303-304, 317, 319, 325, 360-
　　361, 368, 373-374, 388, 406

蒲林尼　Pliny　75, 81, 83

赫伯特·斯賓塞　Herbert Spencer　47

赫伯特牧師　Rev. William Herbert　42, 267

赫胥黎　Thomas Henry Huxley　50, 138, 335, 343, 432, 436, 485

赫倫爵士　Sir R. Heron　129

赫恩　Hearne　210

德韋納伊　Édouard de Verneuil　332

德馬留斯·達羅伊　M. J. d'Omalius d'Halloy　45

德康多爾　Alphonse Pyramus de Candolle　99, 107, 150, 178, 202, 363,
　　379, 385-386, 387-388, 391, 399-400, 403, 426

摩奎因－譚頓　Alfred Moquin-Tandon　166

歐文　Richard Owen　45-46, 168, 180-181, 216-217, 314, 327, 336,
　　344-345, 412, 414, 430-431, 432, 436, 445

潘德爾　Heinz Christian Pander　48

魯道夫·瓦格納　Rodolph Wagner　49

16 畫以上

穆勒　Fritz Müller　60

諾丁　Charles Victor Naudin　48

諾布林　C. Noble　269

霍依辛格　Karl Friedrich Heusinger　61

霍納　Leonard Horner　67

霍爾德曼　Samuel Stehman Haldeman　44

默里閣下　Hon. C. Murray　69

戴爾頓　Eduard Joseph d'Alton　48

薩默維爾勳爵　Lord Kenelm Somerville　78

羅伯特・布朗　Robert Brown　413

羅利先生　Robert S. Rowley　42

鐘斯　John Matthew Jones　390

文獻

《大千世界統一性文集》　*Essays on Unity of Worlds*　49

《加那利群島自然地理記述》　*Description Physique des Isles Canaries*　43

《北美新植物志》　*New Flora of North America*　43

《四肢的性質》　*Nature of Limbs*　45, 430

《布魯塞爾皇家學會學報》　*Bulletins de l'Acad. Roy. Buxelles*　45

《石蒜科》　*Amaryllidaceae*　42

《地質學會會刊》　*Bulletin de la Soc. Geolog.*　48

《自然哲學》　*Natur Philosophie*　48

《作為博物學家的歌德》　*Goethe als Naturforscher*　41

《林奈學報》　*Linnean Journal*　43

《柳葉刀》　*Lancet*　43

《美國北部植物手冊》　*Manual of the Flora of the Northern United States*　150

《美國波士頓博物學報》　*Boston Journal of Nat. Hist. U. States*　44

《倫敦植物名錄》　*London Catalogue of plants*　103

《倫敦論評》　*London Review*　46

《脊椎動物解剖學》　*Anat. of Vertebrates*　46

〈動物界的持續生存類型〉　Persistent Types of Animal Life　50

《動物哲學》　*Philosophie Zoologique*　40

《動物論評雜誌》　*Revue et Mag. de Zoolog.*　46

《動物學》 *Zoonomia* 41

《造船木材及植樹》 *Naval Timber and Arboriculture* 43

《都柏林醫學通訊》 *Dublin Medicaid Press* 47

《創世的遺跡》 *Vestiges of Creation* 44, 53

《創世的遺跡》 *Vestiges of Creation* 44, 53

《博物學通論》 *Hist. Nat. Generale* 41, 47

《博物館新報》 *Nouvel les Archives du Museum* 48

《無脊椎動物自然史》 *Hist. Nat. des Animaux sans Vertebres* 40

《進化法則之研究》 *Untersuchungen uber die Entwickelungs-Gesetze* 48

《園藝師紀事》 *Gardener's Chronicle* 43

《園藝學報》 *Horticultural Transactions* 42

《園藝學論評》 *Revue Horticole* 48

《愛丁堡哲學學報》 *Edinburgh Philosophical Journal* 43

《領袖》 *Leader* 47

《澳洲植物志導論》 *Introduction to the Australian Flora* 50

《聽診術》 *Physicae Auscultationes* 41

地名

1-5 畫

小馬德拉群島 little Madeira group 95

小笠原群島 the Bonin Islands 393

加那利群島 Canaries 43, 96

加拉帕戈斯群島 Galapagos Archipelago 95, 389-390, 396, 398-399, 400, 467

北唐斯 North Downs 299

北海角　North Cape　310

卡拉卡斯　Caraccas　375

卡茨基爾山脈　Catskill Mountains　131

卡羅林　Caroline　393

6-10 畫

安格爾西　Anglesea　298, 389

西西里　Sicily　301, 321

西里伯斯　Celebes　393

西拉山　Silla　375

克葛蘭陸地　Kerguelen Land　397

克爾葛蘭島　Kerguelen Land　380

罕布希爾　Hampshire　243

亞佐爾群島　Azores　95, 173, 366

拉布拉多　Labrador　368, 370

拉普拉塔　La Plata　109, 211, 327, 331, 344, 354, 379

法納姆　Farnham　115

法羅群島　Faroe　174

阿比西尼亞　Abyssinia　375, 379

阿森松　Ascension　389

南唐斯　South Downs　299

威爾德　Weald　299-300

查塔姆島　Chatham Island　400

查爾士島　Charles Island　400

科迪艾拉山　Cordillera　297, 354, 374-375, 378

科摩林角　Cape Comorin　109

約旦山　Jordan Hill　297

胡安‧斐爾南德斯群島　Juan Fernandez　467

馬里亞納　Marianne　393

馬德拉　Madeira　95, 98, 143, 169-170, 171, 323, 345, 389-390, 392,
　400

11-15 畫

梅里歐尼斯郡　Merionethshire　298

富吉亞　Fuegia　380

斯代福特郡　Staffordshire　114, 116

斯特里克蘭　Strickland　72

斯塔利亞　Styria　170

菲利皮　Philippi　322

新斯科舍　Nova Scotia　308

聖海倫納　St. Helena　389

聖港島　Porto Santo　400

圖盧茲　Toulouse　86

福克蘭群島　Falkland　174, 392

維提群島　the Viti Archipelago　393

赫里福德　Hereford　76

德塞塔群島　Desertas　169

16 畫以上

諾福克島　Norfolk Island　393

薩里　Surrey　115

薩塞克斯　Sussex　243

薩瑞　Surrey　243

懷特山　White Mountains　368

物種與分類

1-5 畫

三色菫　heartsease (*Viola tricolor*)　80, 83, 116

三角蛤屬　*Trigonia*　329

三葉草　clover　116, 133, 365

土棲膜翅類　fossorial hymenoptera　187

大頭鴨　logger-headed duck　168, 208

大懶獸　*Megatherium*　327, 331, 346

小亞細亞杜鵑花　*Rhod. ponticum*　269

小唇沙蜂　*Tachytes nigra*　241

小紫羅蘭　*Matthiola annua*　275

小蘗　barberry　136

山柳菊屬　*Hieracium*　93

山龍眼科　Proteaceae　413

川續斷草　*Dipsactus*　77

中國鵝　*A. cygnoides*　270

介殼蟲　coccus　93, 243

反芻類　Ruminants　336, 339, 414, 445

天竺葵屬　*Pelargonium*　177, 268

天蛾　sphinxmoth　429

木吸蟲科　Engidae　187

毛領鴿　Jacobin　70, 72

毛蕊花屬　*Verbascum*　268, 285

水貂　*Mustela vison*　207

水雉鳥　*Puffinuria berardi*　211

水螅　*Hydra*　215

牛栓藤科　Connaraceae　413

牛栓藤屬　*Connarus*　413

犬科　Canidae　401

丘鷸　woodcocks　130

凸胸鴿　pouter　70-71, 72, 74, 85, 184, 188, 294, 439

北美山杜鵑花　*Rhod. catawbiense*　269

半邊蓮屬　*Lobelia*　267-268, 278

四甲石砌屬　*Ibla*　179

四甲藤壺屬　*Pyrgoma*　182

布萊尼姆長耳獵狗　Blenheim spaniel　68

弗吉納利斯羌鹿　*Cervulus vaginalis*　270

白化病　albinism　62, 192

石竹屬　*Dlanthus*　273-274

石鱉　Chiton　301

立金花　veris　96, 265, 283, 421, 474

6-10 畫

吊金鐘屬　*Fuchsia*　268

安康羊　Ancon sheep　77

尖頭蘋果　Codlin-apple　76

曲螺　*Ancyius*　385

朱頂紅　*Hippeastrum aulicum*　268, 278

朱頂紅屬　*Hippeastrum*　268, 278

羽冠烏鴉　hooded crow　235

肉色三葉草　incarnatum　133

艾斯皮卡巴屬　*Aspicarpa*　415

艾爾斯伯里鴨　Aylesbury duck　168

血蟻　*Formica sanguinea*　242-243, 244-245

西番蓮屬　*Passiflora*　268

杜鵑花屬　*Rhododendron*　173, 269

沙錐鳥　snipes　130

豆科植物　Leguminosae　131, 265

車前葉蒲包花　*Calceolaria plantaginea*　269

乳齒象　mastodon　327, 331, 340

侏儒鴿　runt　70-71, 439

刺菜薊　cardoon　109

刺鼠　agouti　354

刺槐屬　*Robinia*　278

卷葉文殊蘭　*C. revolutum*　267

和尚蘭　*Monachanthus*　421

岩鴿　*Columba livia*　71-72, 73-74, 75, 82, 188-189, 191, 294, 324, 341,
　439, 463

東亞雉　*Phasianus colchicus*　270

河烏　waterouzel　211

河鼠　coypu　354

波音達獵犬　pointer　81-82

泥蜂科　Sphegidae　241

泥鰍　*Cobites*　215

盲螈　*Proteus*　172

盲鱂　*Amblyopsis*　172

花楸屬　*Sorbus*　278

芽變植物　sporting plants　59

虱蠅　hippobosca　110

金虎尾科　Malpighiaceae　415

金雀花　ulex　434

金魚草　*Antirrhinum*　190, 445

長耳獵狗　spaniel　65, 68

長筒紫茉莉　*Mirabilis longiflora*　275

長葉文殊蘭　*Crinum capense*　267

阿佩勒蜣螂　*Onites apelles*　169

青色岩鴿　*C. intermedia*　72

亮毛半邊蓮　*Lobelia fulgens*　136

南美禿鷹　condor　110

南美肺魚　*Lepidosiren*　143, 337, 425

厚皮類　Pachyderms　336, 339, 414, 422

後弓獸　Macrauchenia　331

珍珠雞　guineafowl　66

皇宮鴿　*C. oenas*　294

紅三葉草　*Trifolium pratense*　116, 133

紅松雞　Red grouse　45-46, 95, 125

紅門蘭屬　*Orchis*　218

紅蟻　*Formica*　241, 243, 245-246

美麗諾羊　merino sheep　78

苦爹菜　*Helosciadium*　362

英國信鴿　English carrier　69, 71-72, 75

㹴犬　terrier　65, 238

倒鉤鴿　barb-pigeon　190

原型　archetype　45, 147, 430, 472, 475

埃西頓蟻　*Eciton*　258

姬蜂　ichneumonidae　224, 262, 462

扇尾鴿　fantail　70-71, 72-73, 74-75, 85, 183, 188, 294, 324, 439

挽牛　draught cattle　81

浮羽鴿　turbit　70, 85

琉璃繁縷　*Anagallis arvensis*　265, 283

笑鴿　laughter　70

納斯蒂思屬　*Cnestis*　413

荊豆　furze　434

起絨草　fuller's teasel　77

馬利筋屬　*Asclepias*　218

高薊　tall thistle　109

鬥牛犬　bull-dog　65-66, 68, 237, 438

11-15 畫

假葉金合歡　phyllodineous acaceas　434

寄生石砌屬　*Proteolepas*　179

淡水海綿　*Spongilla*　43

眼子菜　*Potamogeton*　386

細紋龍虱　*Colymbetes*　385

袋熊　phascolomys　426

野芥菜　charlock　119

野驢　hemionus　192, 194-195

麥瓶草屬　*Silene*　274

喇叭鴿　trumpeter　70

報春花　*Primula vulgaris*　96, 265, 421, 474

尋獵犬　retriever　236

帽貝　limpet　385

斑驢　quagga　192, 194-195

普通鵝莓　common gooseberry　278

智利尖葉煙草　*N. acuminata*　274

無毛紫羅蘭　*Matthiola glabra*　275

無尾兩棲類　Batrachians　337

無翼鳥　Apteryx　45-46, 209, 390, 445

短面翻飛鴿　shortfaced tumbler　69, 71-72, 75, 183, 439, 441

短喙鴿　barb　70-71, 72-73, 124

硬鱗魚類　ganoid fishes　143, 329

紫茉莉　*M. jalapa*　275

絨鼠　bizcacha　354, 425-426

菊芋　Jerusalem artichoke　174

菊科　*Compositae*　177, 444

菜豆　kidney-bean　175

萊斯特綿羊　Leicester sheep　82

象鼻蟲　curculio　125

黃蓮花　*Nelumbium luteum*　387

黃蟻　*F. flava*　244, 259

黑蟻　*F. fusca*　242-243, 244

嗅血警犬　bloodhound　65, 68, 77

塞特犬　setter　82

煙草屬　*Nicotiana*　274

瑞外西羌鹿　*Reevesii*　270

瑞典蕪菁　Swedish turnip　189, 420, 423

矮牽牛屬　Petunia　269

矮腳雞　bantam　77, 129

道金雞　Dorking fowl　183

鳩鴿　dovecot-pigeon　72, 74

鳩鴿科　Columbidae　72, 74

歌鶇　song-thrush　118

管鼻鸌　Fulmer petrel　110

綠雉　*P. versicolor*　270

蒲包花屬　*Calceolaria*　269

蜜蟻　*Myrmecocystus*　258

酸模植物　dock-plant　234

嘲鶇　mocking-thrush　400

墨西哥半邊蓮　*Lobelia fulgens*　116

墨西哥蜂　*Melipona domestica*　247-248, 254-255

墨角藻屬　*Fuci*　275

皺葉蒲包花　*Calceolaria integrifolia*　269

箭齒獸　Toxodon　327, 331

膜翅目　Hymenoptera　413

蓮花　*Nelumbium*　387

蔓生竹　trailing bamboo　221

頜齒蛤　*Gnathodon*　370

16-20 畫

橘蘋　Ribston-pippin　76

磨齒獸　Mylodon　331

蕪菁甘藍　Rutabaga　189

貓形鷦鶯　Kitty-wrens　262

貓猴　Galeopithecus　208

鞘翅類　coleopterous　101, 323

鴕鳥　ostrich　29, 110, 168, 208, 231, 240-241, 354

鴨嘴獸　*Ornithorhynchus*　143, 162, 414, 425, 445

龍虱　*Dyticus*　385

龍鬚蘭　*Catasetum*　421

槲鶇　missel-thrush　118

櫛鼠　tuco-tuco (*Ctenomys*)　170

環頸雉　*P. torquatus*　270

糞金龜　*Ateuchus*　169

薔薇屬　*Rosa*　93

鍬形蟲　stag-beetles　128

隱角蟻　*Cryptocerus*　258

鴯鶓　emu　354

黏性煙草　*Nicotiana glutinosa*　286

獵狐犬　fox hound　82

藍花琉璃繁縷　*Anagallis coerulea*　265, 283

轉叉狗　turnspit dog　77

雞科　Gallinaceae　240

藤壺亞科　Chthamalinae　301

藤壺屬　*Balanus*　182, 203, 301, 315

小藤壺屬　Chthamalus　182, 203, 301, 315

蠅蘭　*Myanthus*　421

關節動物　Articulata　213-214, 432

懸鉤子屬　*Rubus*　93, 473

蘆筍　asparagus　362

21 畫以上

霸鶲　*Saurophagus sulphuratus*　210

驅逐蟻　*Anomma*　259-260

鷦鷯　*Troglodytes*　262

靈緹犬　greyhound　65, 68, 77, 130-131, 237, 423, 438

鷚草　canary　365

其他

克拉文斷層　Craven fault　298

皇家研究院　Royal Institution　50

英國科學協會　British Association　45

原生帶　primordial zone　317

朗緬層　the Longmynd beds　317

馬爾薩斯學說　doctrine of Malthus　54, 108

單眼　ocelli　259, 435

關於達爾文

查爾斯・勞勃・達爾文（Charles Robert Darwin，1809 年 2 月 12 日～1882 年 4 月 19 日），英國博物學家、地質學家和生物學家，最著名的研究成果是天擇演化，認為所有物種都是從少數共同祖先演化而來。達爾文的理論是對演化機制的主要詮釋，是唯一能完全滿足在生物學、古生物學、分子生物學、遺傳學、人類學及其他各領域中所觀察到的現象的理論，是現今生物學的基石。

在愛丁堡大學研讀醫學期間，達爾文對自然史逐漸產生興趣。退學後至劍橋大學學習神學。畢業後不顧父親反對參與小獵犬號的五年航行，在途中進行了相當多對南美洲生物群相的調查。回英國後出版的《小獵犬號航行之旅》讓他一舉成為著名作家。由於在航行期間對所見生物與化石的地理分布感到困惑，達爾文開始對物種轉變進行研究，並且在 1838 年得出了他的自然選擇理論。1858 年，華萊士寄給他一篇含有相似理論的論文，促使達爾文決定與其共同發表這項理論。

1859 年出版的《物種起源》，使起源於共同祖先的演化，成為對自然界多樣性的一項重要科學解釋。達爾文在後續出版的《人類與動物的情感表達》以及《人類由來與性擇》中，闡釋人類的演化與性擇演化的作用。達爾文死後安葬於英國倫敦西敏寺，牛頓與約翰・赫雪爾的墓旁。

達爾文生平年表

1809 年　生於英國舒茲伯利鎮。

1825 年　進入愛丁堡大學醫學系就讀。

1827 年　自愛丁堡大學退學，進入劍橋大學神學部。

1828 年　結識恩師漢斯洛，學習植物學。

1831 年　自劍橋大學畢業並接到漢斯洛的邀請，開始小獵犬號之旅。

1832 年　一月，小獵犬號抵達維德角。二月抵達南美洲，開始對南美洲東岸進行為期兩年的踏查。

1833 年　抵達福克蘭群島。

1834 年　抵達火地島，開始南美洲西岸的調查。

1835 年　抵達加拉巴哥群島。

1836 年　回到英國，開始發表科學文章。

1837 年　開始出版《小獵犬號之旅動物學》（*Zoology of the Voyage of H.M.S. Beagle*）。

1839 年　和表姐伊瑪（Emma Wedgwood）結婚。出版《小獵犬號航海記》（*Voyage of the Beagle*）並入選皇家學會。

1856 年　在賴爾的建議下開始準備計畫中的大書，原題《自然選擇》。

1858 年　收到正在印尼採集標本的華萊士的來信，信中有關物種與變種的文章與達爾文自己的自然選擇理論高度重疊。賴爾（Charles Lyell）和胡克（Joseph Hooker）在倫敦林奈學會上宣讀達爾文與華萊士的文章

1859 年　《物種源始》第一版問世。

1860 年 《物種源始》第二版問世。

1861 年 《物種源始》第三版問世。

1862 年 初次與華萊士會面。

1864 年 獲頒倫敦皇家學會最高榮譽的科普利獎章（Copley medal）。

1866 年 《物種源始》第四版問世。

1869 年 《物種源始》第五版問世。

1871 年 出版《人類的由來與性擇》。

1872 年 《物種源始》最後一個版本問世。出版《人類與動物的感情表達》。

1876 年 開始撰寫自傳，於 1887 年出版。

1877 年 獲劍橋大學榮譽學位。

1882 年 四月逝世，享壽 73 歲。葬於西敏寺。

貓頭鷹書房 270
物種源始

作　　者　達爾文
譯　　者　苗德歲
責任編輯　王正緯
校　　對　魏秋綢
版面構成　張靜怡
封面設計　徐睿紳
行銷統籌　張瑞芳
行銷業務　何郁庭
總編輯　謝宜英
出版者　貓頭鷹出版

發 行 人　涂玉雲
發　　行　英屬蓋曼群島商家庭傳媒股份有限公司城邦分公司
　　　　　104 台北市中山區民生東路二段 141 號 11 樓
　　　　　劃撥帳號：19863813；戶名：書虫股份有限公司
城邦讀書花園：www.cite.com.tw　購書服務信箱：service@readingclub.com.tw
購書服務專線：02-2500-7718~9（周一至周五上午 09:30-12:00；下午 13:30-17:00）
24 小時傳真專線：02-2500-1990；25001991
香港發行所　城邦（香港）出版集團／電話：852-2877-8606／傳真：852-2578-9337
馬新發行所　城邦（馬新）出版集團／電話：603-9056-3833／傳真：603-9057-6622
印 製 廠　中原造像股份有限公司
初　　版　2021 年 3 月
定　　價　新台幣 660 元／港幣 220 元（紙本精裝）
　　　　　新台幣 462 元（電子書）
Ｉ Ｓ Ｂ Ｎ　978-986-262-457-9（紙本精裝）
　　　　　978-986-262-461-6（電子書 EPUB）

讀者意見信箱　owl@cph.com.tw
投稿信箱　owl.book@gmail.com
貓頭鷹臉書　facebook.com/owlpublishing

【大量採購，請洽專線】(02) 2500-1919

城邦讀書花園
www.cite.com.tw

國家圖書館出版品預行編目資料

物種源始／達爾文著；苗德歲譯 . -- 初版 . -- 臺北
市：貓頭鷹出版：英屬蓋曼群島商家庭傳媒股
份有限公司城邦分公司發行，2021.03
面；　公分 . --（貓頭鷹書房；270）
譯自：The origin of species by means of natural
selectionm, or, the preservation of favoured
races in the struggle for life.
ISBN 978-986-262-457-9（精裝）

1. 達爾文主義　2. 演化論

362.1　　　　　　　　　　　　　110001943